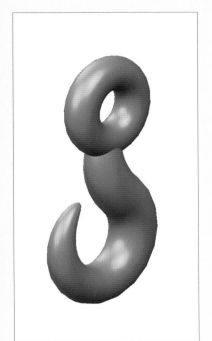

吊钩

支座

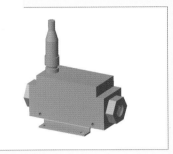

检查开关

盘盖

活塞

轴承端盖

切割机

电动机吊座

电动机吊座结构分析

电饭煲分析动画

方向盘

油底壳

筒身

塑料壶

蒸锅

饭勺

仪器后盖

机座

垫圈

电饭煲

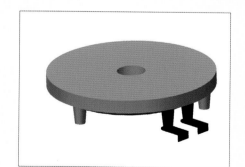
锅体加热贴

周铣刀

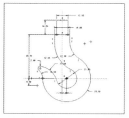
挂钩

盘盖工程图

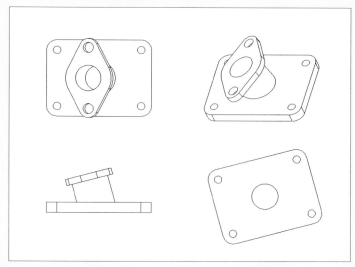

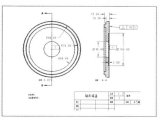
轴承端盖工程图

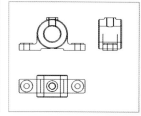
轴承座工程图

支座工程图

锅体

前罩

锅盖

沐浴露瓶

锁紧螺母

筒身上沿盖

凸轮从动机构

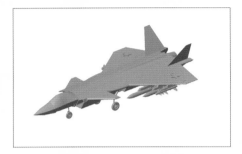

战斗机

滑动带连接

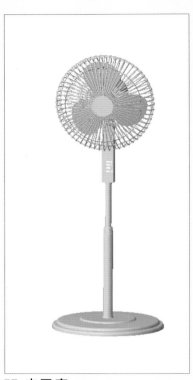

电风扇

齿轮副定义

艺术灯

压力机

清华社"视频大讲堂"大系

CAD/CAM/CAE技术视频大讲堂

Creo Parametric 6.0 中文版
从入门到精通

CAD/CAM/CAE 技术联盟　编著

清华大学出版社

北　京

内 容 简 介

《Creo Parametric 6.0 中文版从入门到精通》重点介绍了 Creo Parametric 6.0 在工程设计中的应用方法与技巧。全书共 16 章，分别介绍 Creo Parametric 6.0 基础、绘制草图、基准特征、基础特征建立、工程特征建立、实体特征编辑、曲线概述、曲面造型、高级曲面特征、钣金设计、装配设计、动画制作、检测开关设计综合实例、工程图绘制、模型的渲染、机构的运动仿真与分析等内容。另附 2 章线上扩展学习内容，主要讲解切割机设计综合实例和有限元分析。书中知识点都配有案例讲解，使读者对知识点有更进一步的了解，并在章节最后配有上机操作实践练习，使读者能够对知识点综合运用。

另外，本书随书资源包中还配备了丰富的学习资源，具体内容如下。

1. 45 集高清同步微课视频，可像看电影一样轻松学习，然后对照书中实例进行练习。

2. 36 个经典中小型实例，用实例学习上手更快，更专业。

3. 30 个实践练习，学以致用，动手会做才是硬道理。

4. 附赠 5 套大型图纸设计方案及同步教学视频，可以拓宽视野，增强实战能力。

5. 全书实例的源文件和素材，方便按照书中实例操作时直接调用。

本书实例丰富，讲解透彻，是面向 Creo Parametric 初、中级用户的一本实用教程，可以作为高校计算机辅助设计专业的技能培训教材，同时也适合学习者自学使用。

图书在版编目（CIP）数据

Creo Parametric 6.0 中文版从入门到精通 / CAD/CAM/CAE 技术联盟编著. —北京：清华大学出版社，2020.7（2024.7重印）

（清华社"视频大讲堂"大系 CAD/CAM/CAE 技术视频大讲堂）

ISBN 978-7-302-55951-1

Ⅰ．①C… Ⅱ．①C… Ⅲ．①计算机辅助设计—应用软件 Ⅳ．①TP391.72

中国版本图书馆 CIP 数据核字（2020）第 120438 号

责任编辑：贾小红
封面设计：李志伟
版式设计：文森时代
责任校对：马军令
责任印制：刘 菲

出版发行：清华大学出版社
    网 址：https://www.tup.com.cn，https://www.wqxuetang.com
    地 址：北京清华大学学研大厦 A 座   邮 编：100084
    社 总 机：010-83470000   邮 购：010-62786544
    投稿与读者服务：010-62776969，c-service@tup.tsinghua.edu.cn
    质量反馈：010-62772015，zhiliang@tup.tsinghua.edu.cn
印 装 者：三河市龙大印装有限公司
经 销：全国新华书店
开 本：203mm×260mm 印 张：30.25 插 页：2 字 数：889 千字
版 次：2020 年 9 月第 1 版 印 次：2024 年 7 月第 3 次印刷
定 价：99.80 元

产品编号：074124-01

前 言
Preface

Creo 是一个整合 Pro/ENGINEER、CoCreate 和 ProductView 三大软件并重新分发的新型 CAD 设计软件包，针对不同的任务应用将采用更为简单化子应用的方式，所有子应用采用统一的文件格式。Creo 推出的目的在于解决目前 CAD 系统难用及多 CAD 系统数据共用等问题。

作为 PTC 闪电计划中的一员，Creo 具备互操作性、开放、易用三大特点。在产品生命周期中，不同的用户对产品开发有着不同的需求。

一、本书的编写目的和特色

鉴于 Creo Parametric 强大的功能和深厚的工程应用底蕴，我们力图开发一本全方位介绍 Creo Parametric 在工程行业应用实际情况的书籍。不求事无巨细地将 Creo Parametric 知识点全面讲解清楚，而是针对工程设计行业需要，利用 UG 大体知识脉络作为线索，以实例作为"抓手"，帮助读者掌握利用 Creo Parametric 进行工程设计的基本技能和技巧。

具体而言，本书具有一些相对明显的特色。

☑ **讲解细致规范**

本书作者拥有多年计算机辅助设计领域的工作经验和教学经验，他们总结多年的设计经验以及教学的心得体会，历时多年精心编著，力求全面、细致地展现 Creo Parametric 6.0 在工程设计应用领域的各种功能和使用方法。在具体讲解的过程中，严格遵守工程设计相关规范和标准，将这种一丝不苟的写作风格融入字里行间，目的是培养读者严格细致的工程素养，传播规范的工程设计理论与应用知识。

☑ **忠实工程实际**

本书中有很多实例本身就是工程设计项目案例，经过作者精心提炼和改编。不仅保证了读者能够学好知识点，更重要的是能帮助读者掌握实际的操作技能。全书结合实例详细讲解 UG 知识要点，让读者在学习案例的过程中潜移默化地掌握 UG 软件操作技巧，同时培养了工程设计实践能力。

☑ **内容全面具体**

本书在有限的篇幅内，包罗了 Creo Parametric 6.0 常用的几乎全部的功能讲解，涵盖了 Creo Parametric 6.0 基础、绘制草图、基准特征、基础特征建立、工程特征建立、实体特征编辑、曲线概述、曲面造型、高级曲面特征、钣金设计、装配设计、动画制作、检测开关设计综合实例、工程图绘制、模型的渲染、机构的运动仿真与分析、切割机设计综合实例和有限元分析等知识。"秀才不出屋，能知天下事"。读者只要有本书在手，将实现 Creo Parametric 知识全精通。同时，通过实例的演练，能够帮助读者找到一条学习 Creo Parametric 的终南捷径。

二、本书的配套资源

本书提供了极为丰富的学习配套资源，可扫描封底的"文泉云盘"二维码，获取下载方式，以便读者朋友在最短的时间内学会并掌握这门技术。

1．配套教学视频

针对本书实例专门制作了 45 集同步教学视频，读者可以扫描书中的二维码观看视频，像看电影一样轻松愉悦地学习本书内容，然后对照课本加以实践和练习，可以大大提高学习效率。

2．附赠 5 套不同领域的大型设计图集及其配套的视频讲解

为了帮助读者拓宽视野，本书配套资源赠送了 5 套设计图纸集、图纸源文件，以及长达 150 分钟的视频讲解。

3．全书实例的源文件和素材

本书配套资源中包含实例和练习实例的源文件和素材，读者可以安装 Creo Parametric 软件后，打开并使用它们。

4．线上扩展学习内容

本书附赠 2 章线上扩展学习内容，主要讲解切割机设计综合实例和有限元分析等内容，学有余力的读者可以扫描封底的"文泉云盘"二维码获取学习资源。

三、关于本书的服务

1．"Creo Parametric 6.0 简体中文版"安装软件的获取

按照本书上的实例进行操作练习，以及使用 Creo Parametric 6.0 进行绘图，需要事先在电脑上安装 Creo Parametric 6.0 软件。Creo Parametric 6.0 软件可以登录官方网站联系购买正版软件，或者使用其试用版。另外，当地电脑城、软件经销商一般有售。

2．关于本书的技术问题或有关本书信息的发布

读者朋友遇到有关本书的技术问题，可以扫描封底"文泉云盘"二维码查看是否已发布相关勘误/解疑文档。如果没有，可在页面下方找到相关联系方式，我们将及时回复。

3．关于手机在线学习

扫描书后刮刮卡（需刮开涂层）二维码，即可获取书中二维码的读取权限，再扫描书中二维码，可在手机中观看对应教学视频。充分利用碎片化时间，随时随地提升。需要强调的是，书中给出的是实例的重点步骤，详细操作过程还需读者通过视频来学习并领会。

四、关于作者

本书由 CAD/CAM/CAE 技术联盟组织编写。CAD/CAM/CAE 技术联盟负责人由 Autodesk 中国认证考试中心首席专家担任，全面负责 Autodesk 中国官方认证考试大纲制定、题库建设、技术咨询等培训工作。其创作的很多教材成为国内具有引导性的旗帜作品，在国内相关专业方向图书创作领域具有举足轻重的地位。

在本书的写作过程中，策划编辑贾小红女士给予了我们很大的帮助和支持，并提出了很多中肯的建议，在此表示感谢。同时，还要感谢清华大学出版社的所有编审人员为本书的出版所付出的辛勤劳动。本书的成功出版是大家共同努力的结果，谢谢你们。

编　者

2020 年 9 月

目　录

Contents

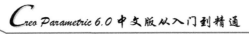

Note

Creo Parametric 6.0 基础

本章介绍了软件的工作环境和基本操作，包括 Creo Parametric 6.0 的界面组成、基本的文件操作和系统环境配置。目的是让读者尽快地熟悉 Creo Parametric 6.0 的用户界面和基本技能。这些都是后面章节 Creo Parametric 建模操作的基础，建议读者仔细掌握。

- ☑ Creo Parametric 6.0 工作界面
- ☑ 文件操作
- ☑ 配置系统环境

任务驱动&项目案例

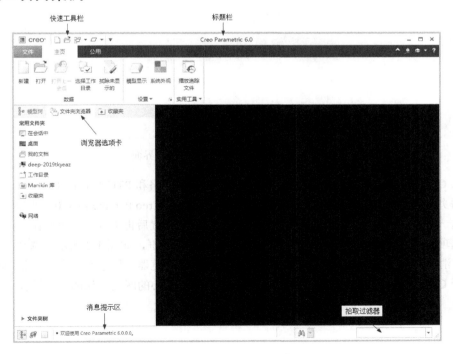

1.1 进入 Creo Parametric 6.0 工作界面

Creo Parametric 作为参数化建模的名字，它包含 Creo Elements/Pro 也就是 Pro/ENGINEER 的所有功能。

出现闪屏后，将打开如图 1-1 所示的 Creo Parametric 6.0 工作界面。

图 1-1　Creo Parametric 6.0 工作界面

一进入 Creo Parametric 6.0 工作界面，系统会直接通过网络和 PTC 公司的 Creo Parametric 6.0 资源中心的网页链接上（如果网络通的话）。如果要取消一打开 Creo Parametric 6.0，就和资源中心的网页链接上这一设置（可以先跳过这个操作，看过工作窗口的布置后再进行这一个操作），可以选择"文件"→"选项"命令，系统打开"Creo Parametric 选项"对话框，如图 1-2 所示。选择"窗口设置"选项卡，取消选中"浏览器设置"选项组中的"启动时展开浏览器"复选框，然后单击"确定"按钮，以后再打开 Creo Parametric 6.0 时就不会再直接链接上资源中心的网页，如图 1-3 所示。

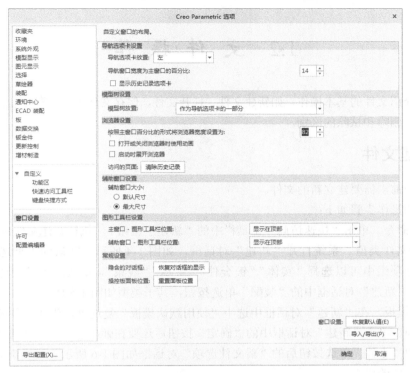

图 1-2 "Creo Parametric 选项"对话框

图 1-3 Creo Parametric 6.0 窗口布置

1.2 文 件 操 作

本节主要介绍文件的基本操作，如新建文件、打开文件、保存文件等，注意硬盘文件和进程中文件的异同，以及删除和拭除的区别。

1.2.1 新建文件

建立新模型前，需要建立新的文件。

新建文件的操作步骤如下：

（1）执行命令。单击"快速访问"工具栏中的"新建"按钮，执行新建文件命令。

（2）选择文件类型。系统打开"新建"对话框，如图 1-4 所示。默认的类型选项为"零件"，在"子类型"选项组中可以选择"实体""钣金件""主体""线束"，默认的子类型选项为"实体"。

（3）选中"新建"对话框中的"装配"单选按钮，其子类型如图 1-5 所示。

（4）选择模板。在"新建"对话框中选中"使用默认模板"复选框，生成文件时将自动使用默认的模板，否则在单击"新建"对话框中的"确定"按钮后还要在弹出的"新文件选项"对话框中选取模板。如选中"零件"单选按钮后的"新文件选项"对话框如图 1-6 所示。在"新文件选项"对话框中可以选取所要的模板。

图 1-4 新建零件

图 1-5 新建装配

图 1-6 选取模板

1.2.2 打开文件

在 Creo Parametric 6.0 中，可以打开已存储的文件，对其进行相应的编辑和操作。

打开文件的操作步骤如下：

（1）执行命令。单击"快速访问"工具栏中的"打开"按钮，执行打开文件命令。

（2）选择文件。此时系统打开"文件打开"对话框，如图1-7所示。在此对话框中，可以选择并打开Creo Parametric的各种文件。单击"文件打开"对话框中的"预览"按钮，则在此对话框的右侧打开文件预览框，可以预览所选择的Creo Parametric文件。

图1-7 "文件打开"对话框

1.2.3 打开内存中的文件

在Creo Parametric 6.0中，可以打开内存中的文件，对其进行相应的编辑和操作。

打开内存中文件的操作步骤如下：

（1）执行命令。单击"文件打开"对话框上部的"在会话中"按钮，执行打开内存文件命令。

（2）打开文件。可以选择当前进程中的文件，单击"文件打开"对话框中的"打开"按钮就可以打开此文件。同样，打开的文件也是进程中的最新版本。

1.2.4 保存文件

已编辑的图形只有保存起来，在需要时才能打开该文件对其进行相应的编辑和操作。

保存文件的操作步骤如下：

（1）执行命令。当前设计环境中如有设计对象时，单击"快速访问"工具栏中的"保存"按钮，执行文件保存命令。

（2）保存文件。此时系统打开"保存对象"对话框，在此对话框中可以选择保存目录、新建目录、设定保存文件的名称等操作，单击此对话框中的"确定"按钮就可以保存当前设计的文件。

1.2.5 删除文件

删除文件的操作步骤如下：

（1）删除旧版本文件。选择"文件"→"管理文件"→"删除旧版本"命令，用于删除同一个文件的旧版本，就是将除了最新版本的文件以外的所有同名的文件全部删除。注意，使用"旧版本"命令将删除数据库中的旧版本，而在硬盘中这些文件依然存在。

（2）删除所有版本文件。选择"文件"→"管理文件"→"删除所有版本"命令，删除选中文件的所有版本，包括最新版本。注意，此时硬盘中的文件也不存在了。

1.2.6 删除内存中的文件

删除内存中文件的操作步骤如下：

（1）删除当前文件。选择"文件"→"管理会话"→"拭除当前"命令，用于擦除进程中的当前版本。

（2）删除不显示的文件。选择"文件"→"管理会话"→"拭除未显示的"命令，用于擦除进程中除当前版本之外的所有同名的版本。

1.3 Creo Parametric 6.0 系统环境的配置

Creo Parametric 6.0 功能强大，命令菜单和工具按钮繁多，为了界面的简明，可以将常用的工具显示出来，而非常用的工具按钮没有必要放置在界面上。

1.3.1 界面定制

Creo Parametric 6.0 支持用户界面定制，可根据个人、组织或公司需要定制 Creo Parametric 用户界面。

界面定制的操作步骤如下：

（1）执行命令。选择"文件"→"选项"命令，系统打开如图 1-8 所示的"Creo Parametric 选项"对话框。

（2）界面定制。

在对话框中选择"自定义"→"功能区"选项卡。默认情况下，所有命令（包括适用于活动进程的命令）都将显示在对话框中，如图 1-9 所示。

在对话框中选择"快速访问工具栏"选项卡，如图 1-10 所示。在该选项卡中主要包括两个部分，左边部分用来控制工具栏在屏幕上的显示。所有的工具栏都在该列表中，如果要在屏幕上显示该工具栏，就将其前面的复选框选中，然后单击"将选定项添加到功能区"按钮，将选定的工具栏添加到右侧部分；如果要在屏幕上移除该工具栏，就取消选中该工具栏前面的复选框，然后单击"从功能区移除选定项"按钮，将选定的工具栏移除右侧部分，工具栏可以显示在图形区的顶部、右侧和左侧。

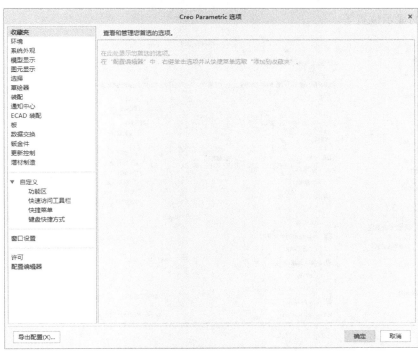

图 1-8　"Creo Parametric 选项"对话框

图 1-9　"自定义"→"功能区"选项卡

在对话框中选择"窗口设置"选项卡，如图 1-11 所示，它负责设定导航器的显示位置以及显示宽度、消息区的显示位置等。

Note

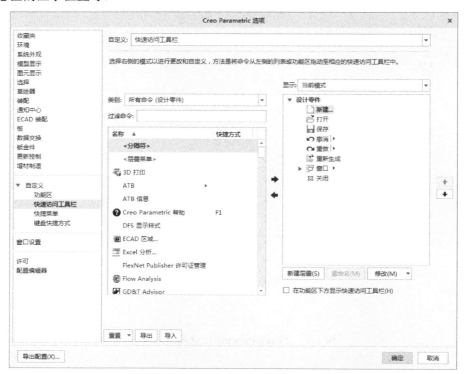

图 1-10 "快速访问工具栏"选项卡

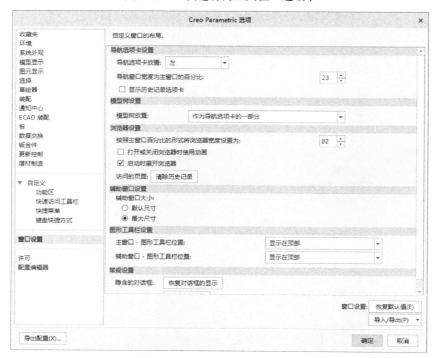

图 1-11 "窗口设置"选项卡

1.3.2　配置文件

　　配置文件是 Creo Parametric 系统中最重要的工具，它保存和记录了所有参数设置的结果，默认配置文件名为 config.pro。系统允许用户自定义配置文件，并以.pro 为文件扩展名保存，大多数的参数都可以通过配置文件对话框来设置。

Note

　　配置文件的操作步骤如下：

　　（1）执行命令。选择"文件"→"选项"命令，执行选项命令。

　　（2）配置文件。系统打开"Creo Parametric 选项"对话框，选择"配置编辑器"选项卡，系统将列出全部的配置选项，左侧列表框按种类列出了所有选项，右侧列表框列出了对应选项的值、状况和说明，如图 1-12 所示。

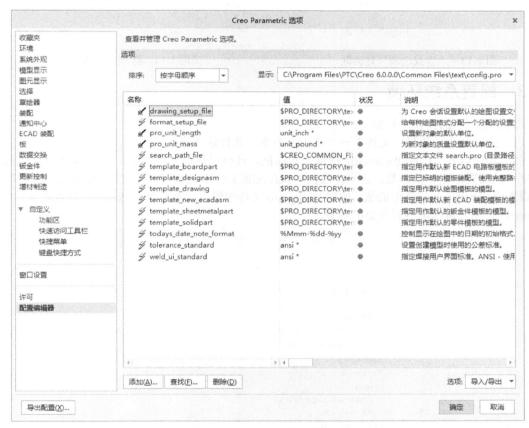

图 1-12　列出全部的配置选项

　　（3）搜索文件。系统配置文件选项有几百个，单击"查找"按钮可以进行搜索，系统打开如图 1-13 所示的"查找选项"对话框，例如要查找"layer"相关选项，首先在文本框中输入"layer"，然后在"查找范围"下拉列表框选择"所有目录"选项，单击"立即查找"按钮，系统将搜索出所有相关的选项供选择。

　　config.pro 文件中的选项通常是由选项名称与选项值组成，图 1-14 所示的选项名称 create_drawing_dims_only，选项值 no*/yes，其中附加"*"的值是系统默认值。

　　当确定配置选项与值后，单击"确定"按钮记录到配置文件中，然后单击"确定"按钮完成设置。

图 1-13 "查找选项"对话框

图 1-14 选项名及值

1.3.3 配置系统环境

配置系统环境的操作步骤如下：

（1）执行命令。选择"文件"→"选项"命令，执行选项命令。

（2）系统打开"Creo Parametric 选项"对话框，选择"环境"选项卡，如图 1-15 所示，通过该对话框可以设置部分环境参数，这些参数也可以在配置文件中设置，但每次重新启动系统后，环境选项都设置成 config.pro 文件中的值，如果 config.pro 文件中没有所要的参数选项，可以直接进入"Creo Parametric 选项"对话框设置所要的参数。

图 1-15 "环境"选项卡

1.4 上 机 操 作

通过前面的学习，读者对本章知识也有了大体的了解，本节通过 3 个操作练习使读者进一步掌握本章知识要点。

1. 练习 Creo Parametric 6.0 的文件的创建和保存。
2. 练习 Creo Parametric 6.0 的文件的打开和删除。
3. 练习 Creo Parametric 6.0 的界面定制。

绘制草图

草图绘制就是建立 2D 的截面图，然后以此截面生成拉伸、旋转等特征实体。构成 2D 截面的要素有 3 个：2D 几何图形（Geometry）数据、尺寸（Dimension）数据和 2D 几何约束（Alignment）数据。用户在草图绘制环境下，绘制大致的 2D 几何图形形状，不必是精确的尺寸值，然后再修改尺寸值，系统会自动以正确的尺寸值来修正几何形状。除此之外，Creo Parametric 对 2D 截面上的某些几何图形会自动假设某些关联性，如对称、对齐、相切等限制条件，以减少尺寸标注的困难，并达到全约束的截面外形。

- ☑ 绘制草图
- ☑ 编辑草图
- ☑ 尺寸标注
- ☑ 几何约束

任务驱动&项目案例

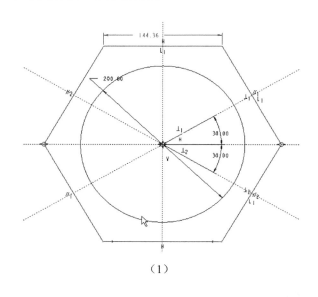

（1）

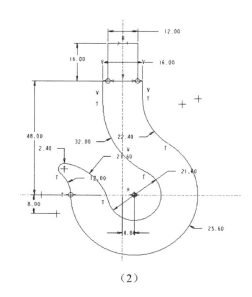

（2）

2.1 进入草绘环境

本节介绍两种进入草绘环境的方法。

进入草绘环境的操作步骤有两种方式，具体如下：

1. 直接进入草绘环境

单击"快速访问"工具栏中的"新建"按钮 ，在打开的"新建"对话框中选中"草绘"单选按钮，如图 2-1 所示。单击"确定"按钮，系统进入草绘环境。

2. 从零件界面进入草绘环境

（1）单击"快速访问"工具栏中的"新建"按钮 ，在打开的"新建"对话框中选中"零件"单选按钮，单击"确定"按钮。

（2）单击"模型"功能区"基准"面板上的"草绘"按钮 ，系统打开"草绘"对话框，此对话框默认打开的是"放置"选项卡，如图 2-2 所示。

此对话框要求用户选取草绘平面及参考平面，一般来说，草绘平面和参考平面是相互垂直的两个平面。

（3）选择基准面。在此步骤中，选取基准面 FRONT 作为草绘平面，此时系统默认把基准面 RIGHT 设为参考面，方向为右，设计环境中的基准面如图 2-3 所示。

此时"草绘"对话框中显示出草绘平面和参考平面，如图 2-4 所示。

图 2-1　新建草绘文件

图 2-2　"放置"选项卡

图 2-3　系统默认基准平面

图 2-4　"草绘"对话框

（4）进入草绘环境。单击"草绘"对话框中的"草绘"按钮，系统进入草绘设计环境，用户可以在此环境中绘制 2D 截面图。

2.2 绘 制 草 图

下面就以第一种方式进入草绘环境，并详细讲述在草绘环境中创建基本图元的方法和步骤。

进入草绘环境后，"草绘"功能区如图 2-5 所示。

图 2-5 "草绘"功能区

通过"草绘"功能区，可以在 2D 设计环境中绘制各种二维图形，添加基准、草绘、编辑、尺寸和约束等内容。

2.2.1 绘制线段

线段是图形中最常见、最基本的几何图元，50%的几何实体边界是由线段组成的。一条线段由两个点组成：起点和终点。

1. 线段

操作步骤如下：

（1）执行命令。单击"草绘"功能区"草绘"面板上的"线"按钮 。

（2）确认线段的起点。在绘图区选取要开始线段的位置，一条"橡皮筋"线附着在光标上出现，如图 2-6 所示。

（3）绘制线段选取要终止直线的位置，系统就在两点间创建一条线段，并开始另一条"橡皮筋"线，再次选取另一点即可创建一条线段。系统支持连续操作，单击鼠标中键，结束直线创建，"橡皮筋"线消失。

（4）绘制四边形。以步骤（3）绘制线段的终点为起点，重复步骤（2）～（3）绘制四边形其余3 条边，完成四边形的绘制，如图 2-7 所示。

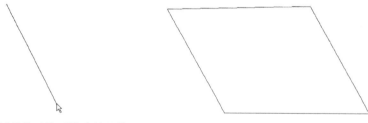

图 2-6 绘制直线时的"橡皮筋"线　　　　图 2-7 四边形

2. 直线相切线

操作步骤如下：

（1）执行命令。单击"草绘"功能区"草绘"面板上的"直线相切"按钮 。

（2）确认线段的起点。在已经存在的弧、圆上选取一个起始位置，此时选中的圆或圆弧以红色加亮显示，同时一条"橡皮筋"线附着在光标上出现，如图 2-8 所示。单击鼠标中键可取消该选择而进行重新选择。

图 2-8 绘制相切线时的"橡皮筋"线

（3）确认线段的终点。在另外的弧、圆上选取一个结束位置，在定义两个点后，可预览所绘制的切线，如图2-9所示。

图2-9　确认线段的终点

（4）绘制相切线。单击鼠标中键结束该命令，绘制出一条与两个图元同时相切的直线段，如图2-10所示。

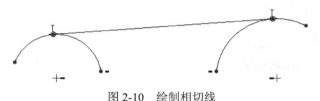

图2-10　绘制相切线

3．中心线

中心线是用来定义一个旋转特征的旋转轴、在一剖面内的一条对称直线，或用来创建构造直线的。中心线是无限延伸的直线，并且不用来创建特征几何。

操作步骤如下：

（1）执行命令。单击"草绘"功能区"草绘"面板上的"中心线"按钮，即可调用绘制中心线命令。

（2）绘制竖直中心线。在屏幕中确定竖直中心线的起点，竖直拖动鼠标，线旁边出现一个，表示垂直状态，如图2-11所示。在适当位置单击确认中心线的终点绘制竖直中心线。

（3）绘制水平中心线。在屏幕中确定竖直中心线的起点，水平拖动鼠标，线旁边出现一个，表示水平状态，如图2-12所示。在适当位置单击确认中心线的终点。

图2-11　绘制垂直中心线　　　　　　　图2-12　绘制水平中心线

4．几何中心线

通过"中心线"命令可以任意创建几何中心线。

操作步骤如下：

（1）执行命令。单击"草绘"功能区"基准"面板上的"中心线"按钮 。

（2）选取中心线起点。可以绘制与存在的两个图元相切的中心线。具体过程与直线相切类似。调用该按钮后在弧、圆上选取一个起始位置，如图 2-13 所示。

（3）选取中心线终点。在另外一个弧、圆上选取一个结束位置，即可绘制一条与所选择两个图元相切的中心线。使用鼠标中键可结束命令，结果如图 2-14 所示。

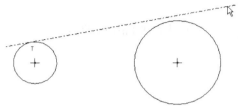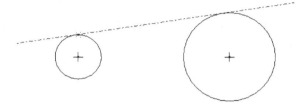

图 2-13　选取几何中心线的起点　　　　　图 2-14　绘制几何中心线

2.2.2　绘制矩形

操作步骤如下：

（1）执行命令。单击"草绘"功能区"草绘"面板上的"拐角矩形"按钮 。

（2）确认矩形的顶点。选取放置矩形的一个顶点，然后拖动鼠标即出现一个"橡皮筋"线组成的矩形，如图 2-15 所示。

（3）绘制矩形。将该矩形拖至所需大小，如图 2-16 所示。然后在要放置的另一个顶点位置单击，即可完成矩形的绘制。

该矩形的 4 条线是相互独立的，可以单独地处理它们（修剪、对齐等）。选取其中任一条矩形的边，如图 2-17 所示选取的边以绿色加亮显示。

图 2-15　拖动矩形　　　　　图 2-16　绘制矩形　　　　　图 2-17　选中矩形边

2.2.3　绘制圆

圆是另一种常见的基本图元，可以用来表示柱、轴、轮、孔等的截面图。在 Creo Parametric 中，提供了多种绘制圆的方法，通过这些方法可以很方便地绘制出满足用户要求的圆。

1．中心圆

绘制中心圆是通过确定圆心和圆上一点的方式来绘制圆。

操作步骤如下：

（1）执行命令。单击"草绘"功能区"草绘"面板上的"圆心和点"按钮 。

Note

（2）确认圆心。在绘图区选取一点作为圆心，移动光标时圆拉成橡皮条状，如图 2-18 所示。

（3）绘制圆。将鼠标移动到合适位置单击，即可绘制出一个圆，鼠标径向移动位置就是该圆的半径值，如图 2-19 所示。

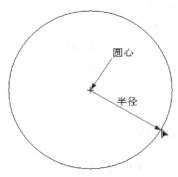

圆心

半径

图 2-18　拖动圆的大小

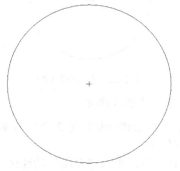

图 2-19　绘制中心圆

2．同心圆

创建同心圆是以选取一个参考圆或一条圆弧的圆心为中心点来创建圆。

操作步骤如下：

（1）执行命令。单击"草绘"功能区"草绘"面板上的"同心"按钮◎。

（2）选取参考圆或圆弧。在绘图区选取用来作为参考的圆或圆弧，移动光标时圆拉成橡皮条状，如图 2-20 所示。

（3）绘制圆。将鼠标移动到合适位置单击，即可绘制出一个圆，如图 2-21 所示。

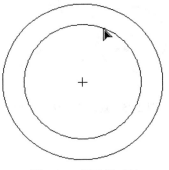

图 2-20　拖动圆（1）

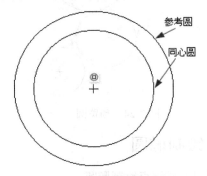

参考圆

同心圆

图 2-21　绘制同心圆

选定的参考圆可以是一个草绘图元或一条模型边。

3．三点创建圆

通过三点创建圆是给定圆上的三点来确定圆的位置和大小。

操作步骤如下：

（1）执行命令。单击"草绘"功能区"草绘"面板上的"3 点"按钮◯。

（2）选取第一点。在绘图区选取一个点。

（3）选取第二点。选取圆上第二个点。在定义两个点后，可以看到一个随鼠标移动的预览圆，如图 2-22 所示。

（4）绘制圆。选取圆上第三个点即可绘制一个圆，如图 2-23 所示。

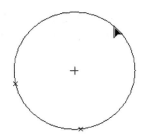

图 2-22 拖动圆（2）

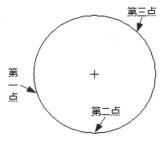

图 2-23 绘制圆

4. 通过 3 个切点创建圆

通过 3 个切点创建圆是给定 3 个参考图元，绘制出与之相切的圆。

操作步骤如下：

（1）执行命令。单击"草绘"功能区"草绘"面板上的"3 相切"按钮○。

（2）选取第一个切点。在参考的弧、圆或直线上选取一个起始位置。单击鼠标中键可取消选取。

（3）选取第二个切点。在第二个参考的弧、圆或直线上选取一个位置，在定义两个点后，可预览圆，如图 2-24 所示。

（4）选取第三个切点。在作为第三个参考的弧、圆或直线上选取第三个位置即可绘制出圆，如图 2-25 所示。

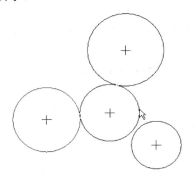

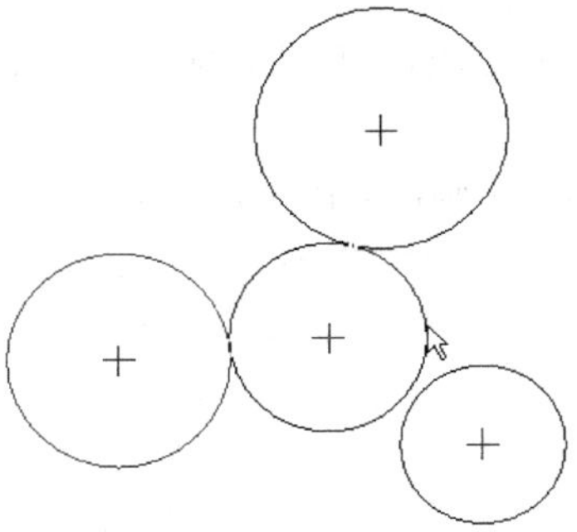

图 2-24 预览圆

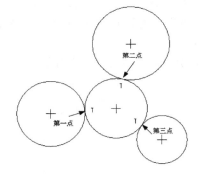

图 2-25 通过 3 个切点绘制圆

2.2.4 绘制椭圆

1. 通过长轴端点绘制椭圆

操作步骤如下：

（1）执行命令。单击"草绘"功能区"草绘"面板上的"轴端点椭圆"按钮○。

（2）选取轴端点。在绘图区选取一点作为该椭圆的一个长轴端点，再选取另一点作为长轴的另一个端点，此时出现一条直线，移动光标直线拉成一个椭圆，如图 2-26 所示。

（3）绘制椭圆。将椭圆拉至所需形状，单击即可完成椭圆，结果如图 2-27 所示。

图 2-26 绘制轴端点椭圆

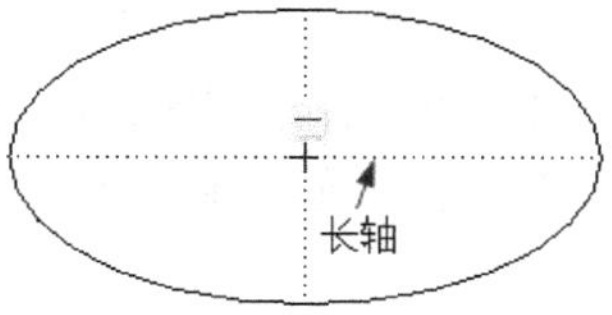

图 2-27 绘制椭圆（1）

2．通过中心和轴绘制椭圆

操作步骤如下：

（1）执行命令。单击"草绘"功能区"草绘"面板上的"中心和轴椭圆"按钮 。

（2）选取中心点。在绘图区选取一点作为椭圆中心点。

（3）选取长轴端点。在绘图区选取一点作为椭圆的长轴端点，此时出现一条关于中心点对称的直线，如图 2-28 所示。

（4）绘制椭圆。移动光标直线拉成一个椭圆，如图 2-29 所示。

图 2-28 绘制中心和轴椭圆

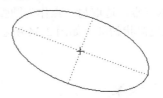

图 2-29 绘制椭圆（2）

椭圆具有下列特性：

（1）椭圆的中心点相当于圆心，可以作为尺寸和约束的参考。

（2）椭圆的轴可以任意倾斜，此时绘制出的椭圆也随轴的倾斜方向倾斜。

（3）当草绘椭圆时，椭圆的中心和椭圆本身将捕捉约束。可用于椭圆的约束有"相切""图元上的点""相等半径"。

2.2.5 绘制圆弧

圆弧也是图形中常见的图形元素之一。圆弧的绘制可以由起点、中点、切点等控制点来确定。圆弧的绘制有多种方法。

1．通过三点/相切端绘制圆弧

此方式的功能是生成过给定三点的圆弧。用该方法绘制的圆弧通过所指定的 3 个点，起点为指定的第一点，并通过指定的第二点，最后在指定的第三点结束。可以沿顺时针或逆时针方向绘制圆弧。该方式为默认方式。

操作步骤如下：

（1）执行命令。单击"草绘"功能区"草绘"面板上的"3 点/相切端"按钮 。

（2）选取起点。在绘图区选取一点作为圆弧的起点。

（3）选取终点。选取第二点作为圆弧的终点，这时就会出现一个"橡皮筋"圆随着鼠标移动，如图 2-30 所示。

（4）选取中心点。通过移动鼠标选取一点确定圆弧中心点，单击鼠标中键完成圆弧的绘制，如图 2-31 所示。

图 2-30 绘制三点圆弧

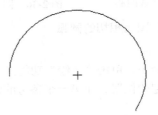

图 2-31 三点圆弧

Note

2. 创建同心圆弧

采用这种方式可以绘制出与参考圆或圆弧同心的圆弧,在绘制过程中要指定参考圆或圆弧,还要指定圆弧的起点和终止点才能使圆弧确定。

操作步骤如下:

(1)执行命令。单击"草绘"功能区"草绘"面板上的"同心"按钮 。

(2)选取参考圆。在绘图区选取参考圆或圆弧,即可出现一个橡皮筋状的圆,如图 2-32 所示。

(3)选取起点。选取一点作为圆弧的起点开始绘制这条圆弧。

(4)选取终点。选取另一点作为圆弧的终止点,完成圆弧的绘制,如图 2-33 所示。完成后又出现一个新的橡皮筋状的圆,如图 2-34 所示,单击鼠标中键结束该命令。

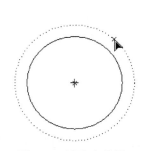

图 2-32　选取参考圆

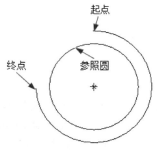

图 2-33　绘制同心圆弧

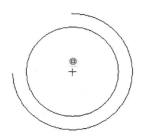

图 2-34　橡皮筋状的圆

3. 通过圆心和端点绘制圆弧

操作步骤如下:

(1)执行命令。单击"草绘"功能区"草绘"面板上的"圆心和端点"按钮 。

(2)选取圆心。在绘图区选取一点作为圆弧的圆心,即可出现一个橡皮筋状的圆随鼠标移动,如图 2-35 所示。

(3)选取起点。将橡皮筋状的圆拉至合适大小,并在该圆上选取一点作为圆弧的起点,如图 2-36 所示。

(4)选取终点。选取另一点作为圆弧的终止点,完成圆弧的绘制,如图 2-37 所示。

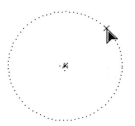

图 2-35　选取圆心

图 2-36　圆心和端点方式绘制圆弧

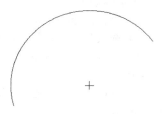

图 2-37　圆弧

4. 绘制与三图元相切的圆弧

操作步骤如下:

(1)执行命令。单击"草绘"功能区"草绘"面板上的"3 相切"按钮 。

(2)选取起始位置。在第一个参考的弧、圆或直线上选取一个起始位置,使用鼠标中键可取消选择。

(3)选取结束位置。在第二个参考的弧、圆或直线上选取一个结束位置。在定义两个点后,可预览弧，如图 2-38 所示。

（4）绘制圆弧。在圆或直线上选取第三个位置，如图 2-39 所示，即可完成圆弧的绘制，该圆弧与 3 个参考都相切，在图上以 ✓ 表示，如图 2-40 所示。

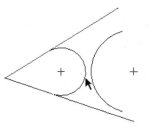

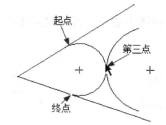

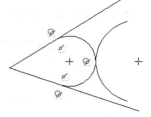

图 2-38　圆弧预览　　　　图 2-39　与三图元相切的圆弧　　　　图 2-40　相切圆弧

5. 绘制圆锥弧

采用这种方式可以绘制一段锥形的圆弧。

操作步骤如下：

（1）执行命令。单击"草绘"功能区"草绘"面板上的"圆锥"按钮 。

（2）选取第一个端点。在绘图区适当位置选取圆锥的第一个端点。

（3）选取第二个端点。在绘图区适当位置选取圆锥的第二个端点，这时出现一条连接两端点的参考线和一段呈橡皮筋式的圆锥，如图 2-41 所示。

（4）绘制圆锥弧。当移动光标时，圆锥呈橡皮筋变化。使用鼠标左键拾取轴肩位置即可完成圆锥弧的绘制，如图 2-42 所示。

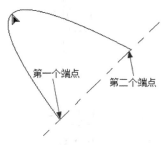

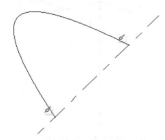

图 2-41　绘制圆锥弧　　　　　　　　　图 2-42　圆锥弧

2.2.6　绘制样条曲线

样条是平滑通过任意多个中间点的曲线。

操作步骤如下：

（1）执行命令。单击"草绘"功能区"草绘"面板上的"样条"按钮 。

（2）选取点。在绘图区选取一个样条添加点。一条"橡皮筋"样条附着在光标上出现。

（3）选取点。在绘图区选择下一个点，就会出现一段样条线，并随光标出现一条新的"橡皮筋"样条线。

（4）绘制样条曲线。重复步骤（2）～（3），添加其他的样条点。直到完成添加所有点以后单击鼠标中键结束样条创建，如图 2-43 为一条完成的样条线。

（5）绘制圆弧。单击"草绘"功能区"草绘"面板上的"3 点/相切端"按钮 。以样条曲线的两端点为圆弧的起点和终点，在视图中适当位置拾取圆弧第三点，结果如图 2-44 所示。

Note

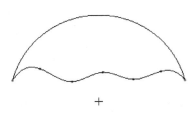

图 2-43　样条线

（6）绘制伞面。同步骤（5），在视图中适当位置拾取圆弧的三点，绘制圆弧结果如图 2-45 所示。

图 2-44　绘制圆弧

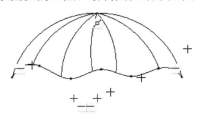

图 2-45　绘制伞面

（7）绘制伞帽和伞柄。单击"草绘"功能区"草绘"面板上的"线"按钮 ∿。在伞顶绘制一条短竖直线段作为伞帽，在视图中适当位置绘制一条长竖直线段作为伞柄。结果如图 2-46 所示。

（8）绘制伞把。单击"草绘"功能区"草绘"面板上的"3 点/相切端"按钮 ⌃。以长竖直线段的端点为起点，在视图中适当位置绘制圆弧，结果如图 2-47 所示。

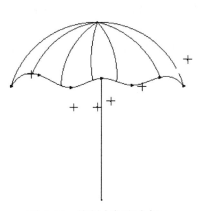

图 2-46　绘制伞帽和伞柄

图 2-47　伞

2.2.7　绘制圆角

"圆角"命令可在任意两个图元之间创建一个圆角过渡。圆角的大小和位置取决于拾取的位置。当在两个图元之间插入一个圆角时，系统自动在圆角相切点处分割这两个图元。如果在两条非平行线之间添加圆角，则这两条直线被自动修剪出圆角。如果在任何其他图元之间添加圆角，则必须手工删除剩余的段。"平行线""一条中心线和另一个图元"不能创建圆角。

1．圆形圆角

操作步骤如下：

（1）执行命令。单击"草绘"功能区"草绘"面板上的"圆形修剪"按钮 ⌐。

（2）选取第一个图元。

（3）选取第二个图元，如图 2-48 所示。

系统从所选取的离二直线交点最近的点创建一个圆角，并将二直线修剪到交点，如图 2-49 所示。

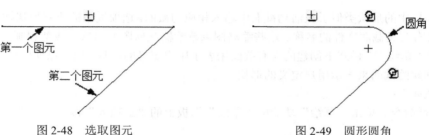

图 2-48 选取图元   图 2-49 圆形圆角

2. 椭圆圆角

操作步骤如下：

（1）执行命令。单击"草绘"功能区"草绘"面板上的"椭圆形修剪"按钮。

（2）选取图元。选取要在其间创建椭圆圆角的图元，如图 2-50 所示。

（3）倒圆角。系统在拾取的图元交点最近点处创建椭圆圆角，如图 2-51 所示。

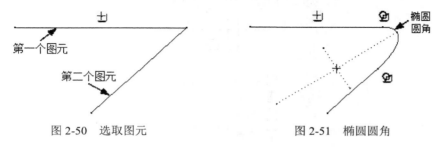

图 2-50 选取图元   图 2-51 椭圆圆角

2.2.8 绘制点

点用来辅助其他图元的绘制。

操作步骤如下：

（1）单击"草绘"功能区"草绘"面板上的"点"按钮，然后在图形区要放置点的位置单击即可定义一个点。

（2）继续定义一系列点，如图 2-52 所示，单击鼠标中键可以结束该命令。

2.2.9 绘制坐标系

图 2-52 绘制点

坐标系用来标注样条线以及某些特征的生成过程。

操作步骤如下：

（1）单击"草绘"功能区"草绘"面板上的"坐标系"按钮。

（2）在绘图区合适的位置单击即可定义一个坐标系，如图 2-53 所示。单击鼠标中键可以结束该命令。

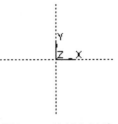

2.2.10 调用常用截面

图 2-53 绘制坐标系

在 Creo Parametric 6.0 的草绘器下提供了一个预定义形状的定制库，包括常用的草绘截面，如工字、L 型、T 型截面等。可以将它们很方便地输入活动草绘中。这些形状位于选项板中。在活动草绘中使用形状时，可以对其执行调整大小、平移和旋转操作。

使用选项板中的形状类似于在活动截面中输入相应的截面。选项板中的所有形状均以缩略图的形式出现，并带有定义截面文件的名称。这些缩略图以草绘器几何图形的默认线型和颜色进行显示。可以使用在独立"草绘器"模式下创建的现有截面来表示用户定义的形状，也可以使用在"零件"或"组件"模式下创建的截面来表示用户定义的形状。

操作步骤如下：

（1）执行命令。单击"草绘"功能区"草绘"面板上的"选项板"按钮，打开"草绘器选项板"对话框。

（2）选择选项卡。在草绘器调色板中选取所需的选项卡。出现与选定的选项卡中的形状相对应的缩略图和标签。

（3）选择轮廓形状。本例中选择"轮廓"选项卡，从选项卡下面的窗口中单击与所需形状相对应的缩略图或标签。与选定形状相对应的截面将出现在预览窗格中，如图 2-54 所示。

图 2-54　截面预览

（4）选择截面位置。选定所需要的截面后再次双击同一缩略图或标签，将选定的形状输入到活动截面中。指针将改为包含一个加号，表明要求用户必须选择一个位置来放置选定的形状。在图形窗口中单击任一位置，选取放置形状的位置。具有默认尺寸（即图形窗口四分之一）的形状将被置于选定位置处，形状中心与选定位置重合。定义形状的图元将保持为选取状态，同时打开"导入截面"操控板，如图 2-55 所示。

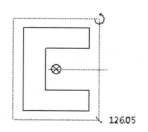

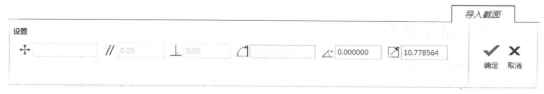

图 2-55　"导入截面"操控板

（5）编辑图形位置大小。在"导入截面"操控板上的文本框中可以编辑缩放比例，编辑旋转角度。在编辑时图形会实时变化，让用户操作更加直观，如图 2-56 所示。根据需要缩放、旋转形状。

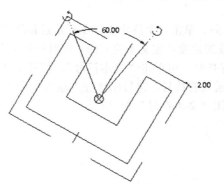

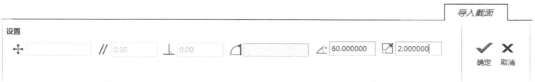

图 2-56　编辑图形位置大小

（6）改变形状。调整好位置和大小后，单击鼠标中键或者单击"确定"按钮✔，接受输入的形状的位置、方向和尺寸，如图 2-57 所示。

在放置截面时可以单击并按住鼠标左键，指定形状的位置。输入的形状将以非常小的尺寸出现在所选位置处。拖动鼠标可以改变形状的大小，如图 2-58 所示。直到形状的尺寸满足要求以后释放鼠标，确认形状尺寸。

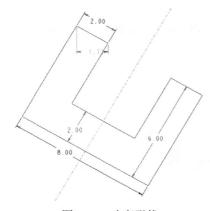

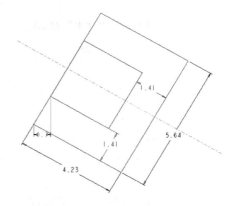

图 2-57　改变形状　　　　　　　　　图 2-58　通过拖动鼠标改变形状大小

可将任意数量的选项卡添加到草绘器调色板中，并可将任意数量的形状放入每个经过定义的选项卡中。也可添加形状或从预定义的选项卡中移除形状。

2.2.11　创建文本

在草绘器中可以创建文本作为草绘界面的一部分。

操作步骤如下：

（1）执行命令。单击"草绘"功能区"草绘"面板上的"文本"按钮**A**，然后在草绘平面上选取起点来设置文本高度和方向。

（2）创建文本的高度和方向。单击一个终止点，在开始点和终止点之间创建一条构建线。构建线的长度决定文本的高度，而该线的角度决定文本的方向。同时打开如图 2-59 所示的"文本"对话框。

（3）创建文本参数。如有必要，可单击"文本符号"，打开如图 2-60 所示"文本符号"对话框以插入特殊文本符号。选取要插入的符号，符号出现在"输入文本"文本框和图形区域中，如图 2-61 所示。单击"关闭"按钮，关闭"文本符号"对话框。

图 2-59　"文本"对话框

图 2-60　"文本符号"对话框

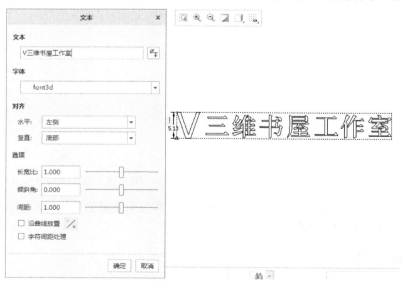

图 2-61　文本预显

（4）创建文本。单击"文本"对话框中的"确定"按钮以创建文本，结果如图 2-62 所示。

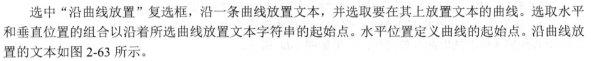

图 2-62 创建文本

选中"沿曲线放置"复选框，沿一条曲线放置文本，并选取要在其上放置文本的曲线。选取水平和垂直位置的组合以沿着所选曲线放置文本字符串的起始点。水平位置定义曲线的起始点。沿曲线放置的文本如图 2-63 所示。

图 2-63 沿曲线放置文本

如果需要，单击"反向"按钮，更改希望文本随动的方向。当单击"反向"按钮时，构造线和文本字符串将被置于所选曲线对面一侧的另一端，如图 2-64 所示。

图 2-64 沿曲线反向放置文本

选中"字符间距处理"复选框，启用文本字符串的字体字符间距处理。这样可控制某些字符对之间的空格，改善文本字符串的外观。字符间距处理属于特定字体的特征。

如果要修改草绘器文本，双击文本，打开"文本"对话框，使用该对话框修改文本。

如果要修改文本高度和方向，就要在文本随动开始时，单击构建线的起点或终点。拖动起点或终点来改变文本的高度和方向。

2.3 编 辑 草 图

"编辑"面板提供了 2D 设计环境中的"镜像""修剪"等功能。

单纯地使用上面所讲述的绘制图元按钮只能绘制一些简单的基本图形，要想获得理想的复杂截面图形，就必须借助于草图编辑按钮对基本图元对象进行位置、形状的调整。

2.3.1 镜像

镜像功能是对拾取到的图元进行镜向复制。这种功能可以提高绘图效率，减少重复操作。

在绘图过程中，经常会遇到一些对称的图形，这时就可以创建半个截面，然后加以镜像。

操作步骤如下：

（1）绘制源图元。在进行镜像操作之前首先要保证草绘中包括一条中心线，同时要绘制出要进行镜像的图元，如图 2-65 所示。

（2）选取图元。用鼠标选取要镜像的一个图元，选择多个图元时要按住 Ctrl 键。被选中的图元会以红色加亮显示。

（3）执行命令。单击"草绘"功能区"编辑"面板上的"镜像"按钮。

（4）选取中心线。在提示下单击一条中心线作为镜像的中心线，如图 2-65 所示。系统对于所选取的中心线镜像所有选取的几何形状，结果如图 2-66 所示。

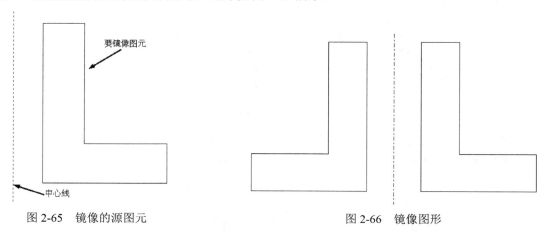

图 2-65　镜像的源图元　　　　　　　　　　图 2-66　镜像图形

使用一侧的尺寸来求解另一侧。这样就减少了求解截面所必需的尺寸数。

2.3.2　旋转调整大小

旋转调整大小就是将所绘制的图形以某点为中心旋转一个角度，对选取的图元按比例进行缩放。

操作步骤如下：

（1）选取旋转缩放图元。选择要缩放旋转的图元，可以是整个截面也可以是单个图元。按住 Ctrl 键可同时选取多个图元，选中的图元加亮显示，如图 2-67 所示。

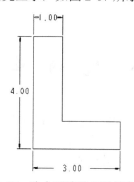

图 2-67　选中要缩放旋转的图元

（2）执行命令。单击"草绘"功能区"编辑"面板上的"旋转调整大小"按钮，打开"旋转调整大小"操控板，同时图元上会出现"缩放""旋转""平移"图柄，如图 2-68 所示。

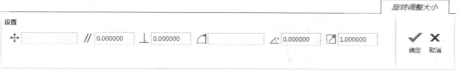

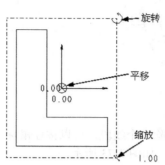

图 2-68　缩放状态下的图元

对图形进行缩放和旋转操作，还可以进行平移操作。在"旋转调整大小"操控板中输入一个缩放值和一个旋转值，可以精确地控制缩放比例和旋转角度。还可以通过手动方式进行以下调节：

❶ 拖动"缩放"图柄可修改截面的比例。

❷ 拖动"旋转"图柄可旋转截面。

❸ 拖动"平移"图柄可移动截面或使所选内容居中。

🔊 **注意：**要移动一个图柄，请单击该图柄并将它拖动到一个新的位置。

（3）完成旋转缩放。调整完成后，在"旋转调整大小"操控板中单击"确定"按钮✔或者单击鼠标中键，如图 2-69 所示为图 2-68 进行缩放 1.5 倍，旋转 60 度后的结果。

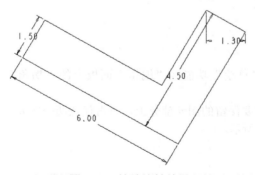

图 2-69　缩放旋转结果

2.3.3　修剪

在草图的编辑工作中，修剪工作是必不可少的，通过修剪可以去除图元多余的部分。

使用"删除段"命令可以将被其他线条分割的部分删除，如果是独立线条则该线条被整体删除。操作步骤如下：

（1）执行命令。单击"草绘"功能区"编辑"面板上的"删除段"按钮。

（2）删除选择的线段。单击要删除的线段，如图 2-70 所示，该线段即被删除，如图 2-71 所示。

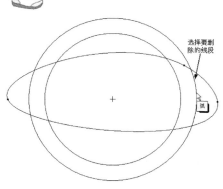

图 2-70　选择线段

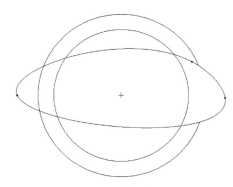

图 2-71　删除单个线段

（3）批量删除线段。如果要删除多个线段，可以按住鼠标左键，让鼠标滑过要删除的线段，如图 2-72 所示，则这些部分将被删掉，如图 2-73 所示。

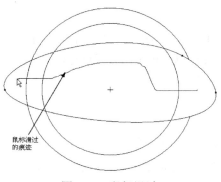

图 2-72　鼠标滑过

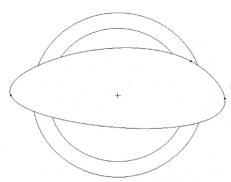

图 2-73　批量修剪

2.3.4　拐角

操作步骤如下：

（1）执行命令。单击"草绘"功能区"编辑"面板上的"拐角"按钮。选取要修剪的两个图元。

（2）相交图元修剪。在要保留的图元部分上，单击任意两个图元，如图 2-74 所示。系统将这两个图元一起修剪，如图 2-75 所示。

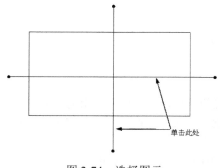

图 2-74　选择图元

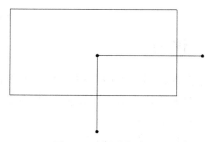

图 2-75　创建拐角（1）

（3）不相交图元修剪。在修剪过程中选择的两个图元不必相交，如图 2-76 所示；两个图元会自动延伸到相交状态，如图 2-77 所示。

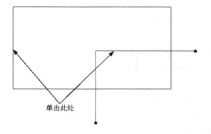

图 2-76 选择不相交图元

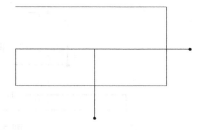

图 2-77 创建拐角（2）

2.3.5 分割

在草绘中可将一个截面图元分割成两个或多个新图元。如果该图元已被标注，则使用"分割"按钮之前删除尺寸。

操作步骤如下：

（1）执行命令。单击"草绘"功能区"编辑"面板上的"分割"按钮✄。

（2）分割图元。在要分割的位置单击图元，分割点显示为图元上红色的点，在相交位置分割该图元，如图 2-78 所示。

注意： 要在某个交点处分割一个图元，在该交点附近单击，系统会自动捕捉交点并创建分割。

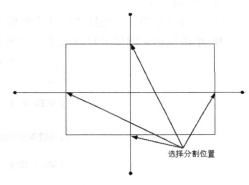

图 2-78 选择分割位置

2.4 尺寸的标注和编辑

当草绘某个截面时，系统会自动标注几何图形。这些尺寸被称为"弱"尺寸，因为系统在创建和删除它们时并不给予警告。弱尺寸显示为灰色。

也可以添加自己的尺寸来创建所需的标注形式。用户尺寸被系统认为是"强"尺寸。添加强尺寸时，系统自动删除不必要的弱尺寸和约束。

2.4.1 尺寸标注

1. 创建线性尺寸

在草绘器中可以使用尺寸命令来创建各种线性尺寸。

线形标注尺寸主要有以下几类。

（1）线长度：要标注一条线段的长度。

操作步骤如下：

❶ 单击"草绘"功能区"尺寸"面板上的"尺寸"按钮↔，然后选取线（或者分别单击该线段的两个端点）。

❷ 单击鼠标中键以确定尺寸放置位置即可，如图 2-79 所示。

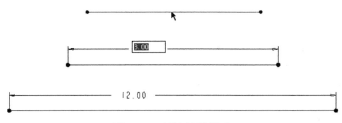

图 2-79　标注线段长度

❸ 在文本框中修改尺寸数值，更改直线的长度，按 Enter 键确定。

（2）两条平行线间的距离。

操作步骤如下：

❶ 单击"草绘"功能区"尺寸"面板上的"尺寸"按钮|↔|，选取这两条直线。

❷ 单击鼠标中键以放置该尺寸，如图 2-80 所示。

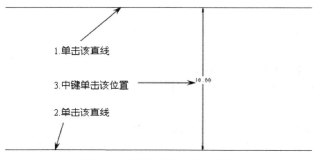

图 2-80　两平行线之间的距离

❸ 在文本框中修改尺寸数值，更改直线间的距离，按 Enter 键确定。

（3）点到线的距离。

操作步骤如下：

❶ 单击"草绘"功能区"尺寸"面板上的"尺寸"按钮|↔|，依次选取直线和点。

❷ 单击鼠标中键以放置该尺寸，如图 2-81 所示。

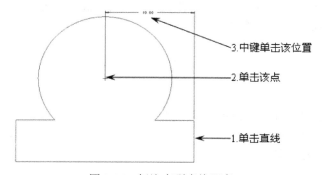

图 2-81　标注点到直线距离

❸ 在文本框中修改尺寸数值，更改点到线的距离，按 Enter 键确定。

（4）两点间的距离。

操作步骤如下：

❶ 单击"草绘"功能区"尺寸"面板上的"尺寸"按钮 ←→|，然后选取这两点。

❷ 单击鼠标中键以放置该尺寸，如图 2-82 所示。

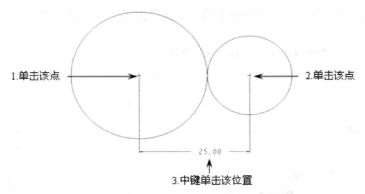

图 2-82 两点间距离

❸ 在文本框中修改尺寸数值，更改两点间的距离，按 Enter 键确定。

注意：因为中心线是无穷长的，所以不能标注其长度。当在创建两个圆弧之间或圆的延伸段创建（切点）尺寸时，仅可用水平和垂直标注。在距拾取点最近的切点处创建尺寸。

2. 创建角度尺寸

角度尺寸用来度量两直线之间的夹角或者两个端点之间弧的角度。

（1）创建直线间的角度

操作步骤如下：

❶ 单击"草绘"功能区"尺寸"面板上的"尺寸"按钮 ←→|，然后选取第一条直线。

❷ 选取第二条直线。

❸ 单击鼠标中键来选择尺寸放置位置，如图 2-83 所示。

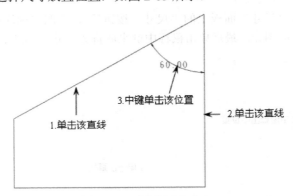

图 2-83 两直线间的夹角

❹ 放置尺寸的地方确定角度的测量方式（锐角或钝角）。

（2）创建圆弧弧长

操作步骤如下：

❶ 单击"草绘"功能区"尺寸"面板上的"尺寸"按钮 ←→|，单击圆弧的两个端点。

❷ 单击该圆弧表示要创建该圆弧的弧长尺寸。

❸ 单击鼠标中键来放置该尺寸，如图 2-84 所示。

（3）创建圆弧角度

操作步骤如下：

❶ 单击"草绘"功能区"尺寸"面板上的"尺寸"按钮↦，单击圆弧的一个端点、圆心、另一端点。

❷ 单击鼠标中键来放置该尺寸，如图 2-85 所示。

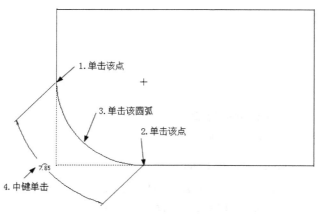

图 2-84 圆弧弧长

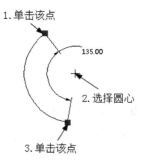

图 2-85 圆弧角度

3．创建直径尺寸

操作步骤如下：

（1）创建圆弧和圆上的直径尺寸

单击"草绘"功能区"尺寸"面板上的"尺寸"按钮↦，然后在弧或圆上双击，并单击鼠标中键来放置该尺寸，如图 2-86 所示。

（2）创建旋转截面的直径尺寸

单击"草绘"功能区"尺寸"面板上的"尺寸"按钮↦，选取要标注的图元，接着选取要作为旋转轴的中心线。然后选取图元。最后单击鼠标中键来放置该尺寸，如图 2-87 所示。

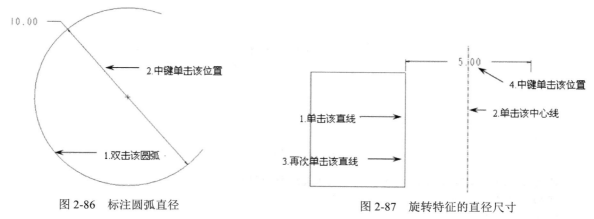

图 2-86 标注圆弧直径

图 2-87 旋转特征的直径尺寸

📢 注意：旋转特征的直径尺寸延伸到中心线以外，表示是直径尺寸而不是半径尺寸。

2.4.2 尺寸编辑

在标注完尺寸后，可以对尺寸值和尺寸位置进行修改。

操作步骤如下：

（1）选取要修改的尺寸。

（2）选取要修改的所有尺寸，单击"草绘"功能区"编辑"面板上的"修改"按钮，系统打开如图 2-88 所示的"修改尺寸"对话框。所选取的每一个图元和尺寸值出现在"尺寸"列表中。

在该对话框的下部有两个复选框："重新生成"和"锁定比例"。如果选中"重新生成"复选框，则在拖动该轮盘或键盘输入数值后，动态地更新用户的几何图形；选中"锁定比例"复选框后，在修改一个尺寸时，其他相关的尺寸也随之变化，从而可以保证草图轮廓整体形状不变。

（3）在"尺寸"列表中，单击需要的尺寸值，然后输入一个新值。也可以单击并拖动要修改的尺寸旁边的旋转轮盘。要增加尺寸值，向右拖动该旋转轮盘。要减少该尺寸值，向左拖动该旋转轮盘。在拖动该轮盘时，系统动态地更新用户的几何图形。

（4）重复步骤（3），修改列表中的其他尺寸。

（5）单击"确定"按钮，重新生成截面并关闭对话框，如图 2-89 所示。

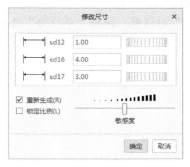

图 2-88 "修改尺寸"对话框

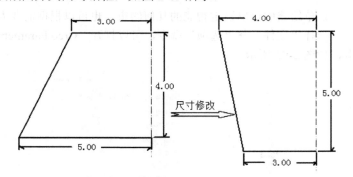

图 2-89 尺寸修改

在绘图窗口中双击需要修改的尺寸，可以修改单个尺寸值。如图 2-90 所示，单击该尺寸，就会出现一个尺寸值文本框，在该文本框中编辑尺寸值，然后按 Enter 键或单击即可修改尺寸值，图形也随之更新。

图 2-90 修改单个尺寸

如果要修改尺寸的位置可以用鼠标选择该尺寸线并按住鼠标左键，用鼠标拖动尺寸线到合适的位置放开鼠标即可，如图 2-91 所示。

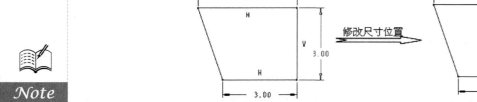

图 2-91　修改尺寸线位置

2.5　几　何　约　束

几何约束是指草图对象之间的平行、垂直、共线和对称等几何关系，几何约束可以替代某些尺寸标注，更能反映出设计过程中各草图元素之间的几何关系。

2.5.1　设定几何约束

在草绘器中可以设定智能的几何约束，也可以根据需要人工来设定几何约束。

选择"文件"→"选项"命令，可以打开"Creo Parametric 选项"对话框，选择"草绘器"选项卡，如图 2-92 所示。

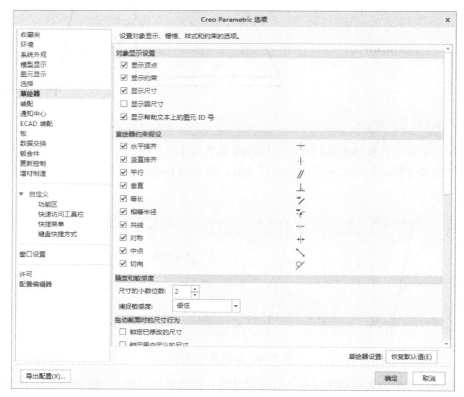

图 2-92　"草绘器"选项卡

在"草绘器约束假设"选项组中有多个复选框,每个复选框代表一种约束,选中复选框以后系统就会相应地开启自动设置约束。

操作步骤如下:

(1)绘制六边形。单击"草绘"功能区"草绘"面板上的"线"按钮✓,在圆外连续绘制 6 条首尾相接的直线 1、2、3、4、5、6(顺时针排列)。6 个顶点也顺时针排列。在直线 6 要收尾时,会发现,系统在直线 1 的起点会出现红色圆圈样式的捕捉点,单击捕捉点,构成不规则六边形,结果如图 2-93 示。

(2)添加水平约束。单击"草绘"功能区"约束"面板上的"水平"按钮━,单击直线 1 和 4,使其水平,如图 2-94 所示。

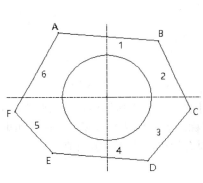

图 2-93 绘制六边形

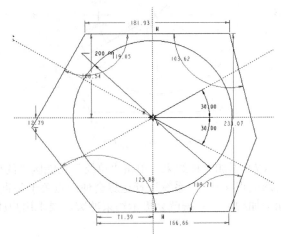

图 2-94 水平约束

(3)添加重合约束。单击"草绘"功能区"约束"面板上的"重合"按钮╾,单击点 3,再单击水平中心线,使点 3 移到水平中心线上。同理移动点 6,结果如图 2-95 所示。

(4)添加垂直约束。单击"草绘"功能区"约束"面板上的"垂直"按钮┴,单击直线 2,再单击中心线 1,系统使直线 2 和中心线 1 垂直。同理使直线 3 和中心线 2 垂直,结果如图 2-96 所示。

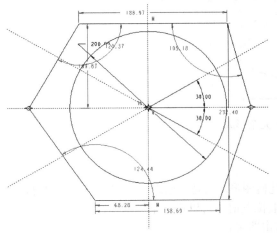

图 2-95 点 3,6 落在中心线上

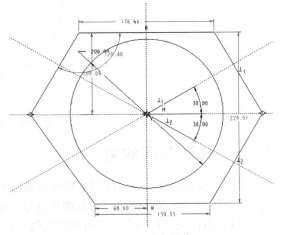

图 2-96 垂直约束

（5）添加平行约束。单击"草绘"功能区"约束"面板上的"平行"按钮∥，选取直线 2 和 5，两直线便会互相平行。同理使直线 3 和 6 平行，结果如图 2-97 所示。

（6）添加相等约束。单击"草绘"功能区"约束"面板上的"相等"按钮═，选取直线 1 和 2，两线段便等长。同理使直线 2 和 3 相等，结果如图 2-98 所示。

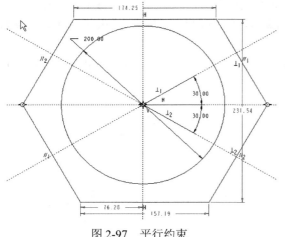

图 2-97　平行约束　　　　　　　　　　　图 2-98　相等约束

（7）添加对称约束。单击"草绘"功能区"约束"面板上的"对称"按钮╋，选取竖直中心线，然后选取点 4 和 5，系统进行运算会使两点关于竖直中心线对称。结果如图 2-99 所示。这时如果再给图元增加约束，系统就会提示约束冲突，要求用户删除一个原有约束，或者撤销当前约束。

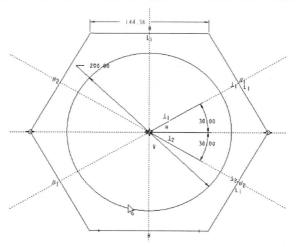

图 2-99　正六边形完全形成

2.5.2　修改几何约束

草绘几何图形时，系统使用某些假设来帮助定位几何图形。当光标出现在某些约束公差内时，系统捕捉该约束并在图元旁边显示其图形符号。单击选取位置前，可以进行下列操作：

（1）右击来禁用约束。要再次启用约束，再次右击即可。

（2）按住 Shift 键的同时右击来锁定约束。重复刚才的动作即可解除锁定约束。

（3）当多个约束处于活动状态时，可以使用 Tab 键改变活动约束。

以灰色出现的约束称为"弱"约束。系统可以移除这些约束，而不加以警告。可以用"草绘"菜单中的"约束"命令来添加用户自己的约束。

可以单击"操作"面板下的"转换到"→"强"命令，将弱约束转变成强约束。加强那些不想让系统删除的系统约束。首先单击要强化的约束，然后单击"操作"面板下的"转换到"→"强"命令，约束即被强化。

📢 **注意：** 加强某组中一个约束时（例如，"相等长度"），整个组都将被加强。

2.6 综合实例——挂钩

首先绘制两同心弧，然后绘制两连接弧并倒圆角。再绘制两矩形，然后倒圆角。绘制的流程图如图 2-100 所示。

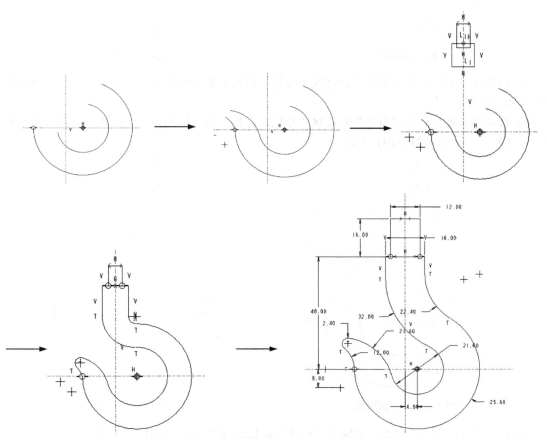

图 2-100 绘制挂钩的流程图

操作步骤：

（1）新建文件。单击"快速访问"工具栏中的"新建"按钮 ，在弹出的"新建"对话框中选择"草绘"选项，再单击"确定"按钮，创建一个新的草绘文件。

（2）绘制中心线。单击"草绘"功能区"基准"面板上的"中心线"按钮，绘制两条相互垂直的基准线，一条水平线，一条竖直线。

（3）绘制同心弧。单击"草绘"功能区"草绘"面板上的"圆心和端点"按钮，绘制两同心弧，圆心在水平线上。结果如图 2-101 所示。

（4）绘制两连接弧。单击"草绘"功能区"草绘"面板上的"圆心和端点"按钮，绘制两条圆弧，与刚绘制的弧相连接，如图 2-102 所示。

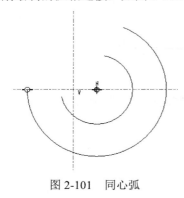

图 2-101　同心弧

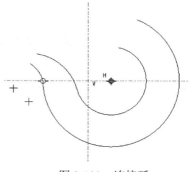

图 2-102　连接弧

（5）绘制两矩形。单击"草绘"功能区"草绘"面板上的"拐角矩形"按钮，绘制两矩形，结果如图 2-103 所示。

（6）绘制倒圆角。单击"草绘"功能区"草绘"面板上的"圆形修剪"按钮，选取要倒圆角的图元，并修剪。结果如图 2-104 所示。

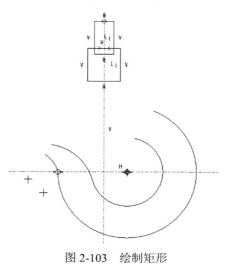

图 2-103　绘制矩形

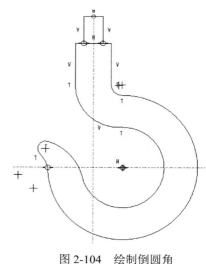

图 2-104　绘制倒圆角

（7）标注尺寸。单击"草绘"功能区"尺寸"面板上的"尺寸"按钮，选取要标注尺寸的图元，单击鼠标中键，即可进行尺寸标注，如图 2-105 所示。

（8）约束。除需要标注的尺寸外，在有弱尺寸的地方需要添加约束，在右工具栏单击相切约束，约束连接圆弧相切，弱尺寸即消失，如图 2-106 所示。

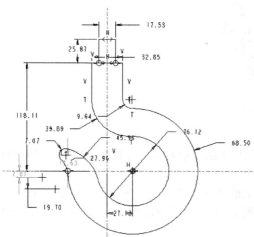

图 2-105 标注尺寸

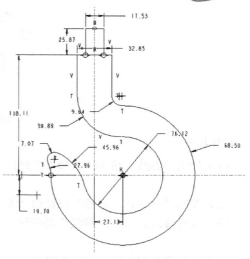

图 2-106 约束相切

（9）修改尺寸。在绘图区选取所有的尺寸，然后单击"草绘"功能区"编辑"面板上的"修改"按钮，系统弹出"修改尺寸"对话框，用来输入需要修改的数值，如图 2-107 所示。取消选中"重新生成"复选框，并在输入框输入数值，单击"确定"按钮即可进行修改。最后结果如图 2-108 所示。

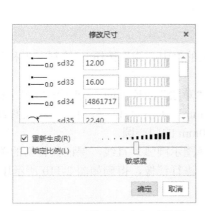

图 2-107 "修改尺寸"对话框

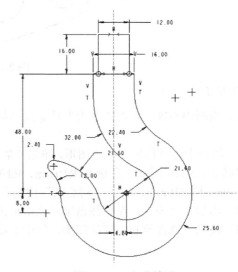

图 2-108 完成结果

2.7 上机操作

通过前面的学习，读者对本章知识也有了大体的了解，本节通过两个操作练习使读者进一步掌握本章知识要点。

1．绘制如图 2-109 所示的挡圈图形。

图 2-109　挡圈

操作提示

（1）绘制中心线。单击"草绘"功能区"草绘"面板上的"中心线"按钮，绘制水平和竖直中心线。

（2）绘制圆。单击"草绘"功能区"草绘"面板上的"圆心和端点"按钮，绘制 4 个圆。

（3）尺寸标注。单击"草绘"功能区"尺寸"面板上的"尺寸"按钮，标注尺寸如图 2-109 所示。

2．绘制如图 2-110 所示的压盖图形。

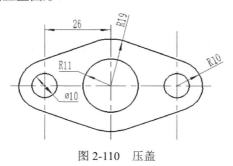

图 2-110　压盖

操作提示

（1）绘制中心轴。单击"草绘"功能区"草绘"面板上的"中心线"按钮，绘制水平和竖直中心线。

（2）绘制中心对称轴左半边图形，单击"草绘"功能区"草绘"面板上的"3 点/相切端"按钮，分别绘制如图 2-110 所示 3 段圆弧 R10mm、R19mm 和 R11mm。单击"线"按钮，绘制直线连接圆弧 R10mm 和 R19mm。单击"同心圆"按钮，绘制 Φ10mm 的同心圆。

（3）添加几何关系。在草图器工具栏中单击按钮，选择图示圆弧、直线，保证其相切的关系。

（4）镜像。选择绘制完成的图形，以中心线为对称轴，进行镜像，得到如图 2-110 所示压盖。

第3章

基准特征

基准（Datum）是建立模型的参考，在 Pro/Engineer 系统中，基准虽然不属于实体（Solid）或曲面（Surface）特征，但是它也是特征的一种。基准特征的主要用途是作为 3D 对象设计的参考或基准数据：比如要在平行于某个面的地方生成一个特征，就可以先生成这个平行某个面的基准平面，然后在这个基准平面上生成特征；还可以在这个特征上再生成其他特征，当这个基准平面移动时，这个特征及在这个特征上生成的其他特征也相应地移动。

☑ 基准平面的用途、创建和显示控制　　☑ 基准点的用途、创建及显示控制

☑ 基准轴的用途和创建　　☑ 基准坐标系的用途、创建

☑ 基准曲线的用途和创建

任务驱动&项目案例

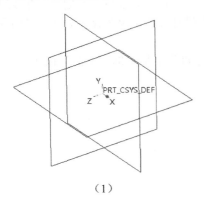

（1）

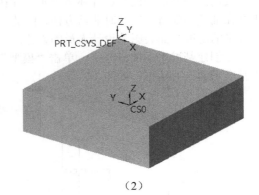

（2）

3.1　基　准　平　面

本节主要讲述基准平面的用途、创建、方向及基准平面的显示控制。

3.1.1　基准平面的用途

基准平面在设计环境中是一个无限大的平面，用符号"DIM*"标识，其中"*"表示流水号。基准平面的用途主要有 5 种，详述如下。

（1）尺寸标注参考。系统进入"零件"设计环境时，设计环境中默认存在 3 个相互垂直的基准平面，分别是 Front 面（前面）、Right 面（右面）和 Top 面（顶面），如图 3-1 所示。

在尺寸标注时，如果可选择零件上的面或通过原先建立的基准平面来标注尺寸，则最好选择原先建立的基准平面，因为这样可以减少不必要的父子特征关系。

（2）确定视向。3D 实体的视向须通过两个相互垂直的面才能确定，基准平面恰好可以成为决定3D 实体视向的平面。

（3）绘图平面。建立 3D 实体时常常需要绘制 2D 剖面，如果建立 3D 实体时在设计环境中没有适当的绘图平面可供使用，则可以建立基准平面作为 2D 剖面的绘图平面。

（4）装配参考面。零件在装配时可以利用平面来进行装配，因此，可以使用基准平面作为装配参考面。

（5）产生剖视图。如图需要显示 3D 实体的内部结构，需要定义一个参考基准平面，利用此参考基准平面来剖此 3D 实体，得到一个剖视图。

3.1.2　基准平面的创建

基准平面的建立方式有两个，详述如下。

1．直接创建

直接创建的基准平面在设计环境中永久存在，此面可以重复用于其他特征的创建。直接创建的基准平面在辅助其他特征创建时非常方便，但是，如果这种在设计环境中永久存在的基准平面太多，屏幕上过多的基准平面会影响设计人员的设计。

直接创建基准平面的方法是：单击"模型"功能区"基准"面板上的"平面"按钮□，系统弹出"基准平面"对话框，如图 3-2 所示。

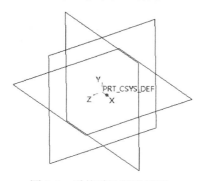

图 3-1　系统默认基准平面

图 3-2　"基准平面"对话框

"基准平面"对话框中默认打开的是"放置"选项卡，此选项卡决定基准平面的放置位置。在这里，单击 Front 面，此时的设计环境中的 Front 基准平面被红色和黄色的线加亮，并且出现一个粉色的箭头，如图 3-3 所示，其中粉色箭头代表基准平面的正向。此时"基准平面"对话框的"放置"选项卡如图 3-4 所示。

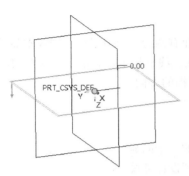

图 3-3 选取草绘平面

图 3-4 "放置"选项卡

单击"参考"编辑框中的"偏移"选项，系统弹出一个列表框，如图 3-5 所示。在此列表框中可以看到，新建基准平面的方式除了"偏移"外，还有"穿过""平行""法向""中间平面"。"偏移"方式是新建基准平面与某一平面或坐标系平行但偏移一段距离；"穿过"方式是新建的基准平面必须穿过某轴、平面的边、参考点、顶点或圆柱面；"平行"方式是新建的基准平面必须与某一平面平行；"法向"方式是新建的基准平面和某一轴、平面的边或平面垂直。

选择"放置"选项卡中下拉列表框中的"偏移"选项，然后在"平移"下拉列表框中输入数字"50.00"，单击"基准平面"对话框中的"确定"按钮，在设计环境中生成一个沿 Front 面正向偏移50 的新基准平面，此平面的名为 DTM1，如图 3-6 所示。

图 3-5 选取放置类型

图 3-6 生成新基准平面

"基准平面"对话框中的"显示"选项卡中可以切换偏移的方向，"属性"选项卡中可以设定新基准平面的名称，读者可以自己切换到这两个属性页，观察一下这两个属性页的功能。

2. 间接创建

在设计 3D 实体特征时，如果设计环境中没有合适的基准平面可供使用，可以在实体特征设计时创建基准平面，所以此基准平面又叫临时性基准平面，它并不是永久存在于设计环境中，当这个 3D

实体特征设计完成后，此基准平面和所创建的 3D 实体成为一个组，临时基准平面就不再在当前设计屏幕上显示。使用间接创建的基准平面的好处是不会因为屏幕上基准平面太多而影响设计人员的设计，建议读者在以后的设计中多使用临时性基准平面。

临时性基准平面的创建和使用将在后面的 3D 实体设计时详细介绍。

3.1.3　基准平面的方向

系统中基准平面有正向和负向之分。同一个基准平面有两边，一边用黄色的线框显示，表示这是 3D 实体上指向实体外的平面方向，即正向。另一边用红色线框显示，表示平面的负向。当使用基准平面来设置 3D 实体的方向时，需要确定基准平面正向所指的方向。

3.1.4　基准平面的显示

"显示"工具栏中"基准显示过滤器"下拉列表中的"平面显示"命令，如图 3-7 所示。可以通过选中该复选框控制设计环境中基准平面的显示，在此不再详述，读者可以自己观察此命令的使用效果。

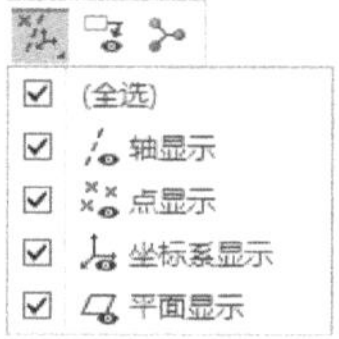

图 3-7　"基准显示"下拉列表

3.2　基　准　轴

本节主要讲述基准轴的用途、创建及基准轴的显示控制。

3.2.1　基准轴的用途

基准轴用黄色中心线表示，并在模型树中用符号"A_*"标识，其中"*"表示流水号。基准轴的用途主要有两种，详述如下。

（1）作为中心线。可以作为回转体，如圆柱体、圆孔和旋转体等特征的中心线。拉伸一个圆成为圆柱体或旋转一个截面成为旋转体时会自动产生基准轴。

（2）同轴特征的参考轴。如果要使两特征同轴，对齐这两个特征的中心线，即可确保这两个特征同轴。

3.2.2　基准轴的创建

单击"模型"功能区"基准"面板上的"轴"按钮，系统弹出"基准轴"对话框，如图 3-8 所示。

"基准轴"对话框中默认打开的是"放置"选项卡，此选项卡决定基准轴的放置位置。在当前设计环境中有一个长方体，单击此长方体的顶面，此时长方体的 Front 顶面被绿色加亮并在单击处出现一条垂直于顶面的基准轴，此轴有 3 个控制手柄，如图 3-9 所示，此时的"基准轴"对话框的"放置"选项卡如图 3-10 所示。

单击"参考"编辑框中的"法向"选项，系统弹出一个列表框，如图 3-11 所示。在此列表框中可以看到，新建基准轴的方式除了"法向"外，还有"穿过"。"法向"方式是新建的基准轴和某一平面垂直；"穿过"方式是新建的基准轴必须穿过某参考点、顶点或面。

图 3-8　"基准轴"对话框（1）

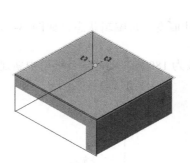
图 3-9　放置轴在长方体顶面

图 3-10　选取基准轴参考

选择"放置"选项卡中下拉列表框中的"法向"选项，然后将鼠标落在新建轴的一个操作柄上，此操作柄变成蓝色，如图 3-12 所示。

按住鼠标左键，拖动选定的操作柄，落在长方体的一条边上，如图 3-13 所示。

图 3-11　选取参考类型

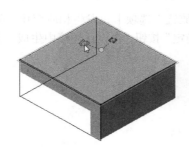
图 3-12　选取轴的操作柄

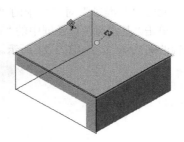
图 3-13　移动轴的操作柄

松开鼠标左键，此时设计环境中拖动到边的操作柄和轴之间出现一个尺寸，如图 3-14 所示。此时"基准轴"对话框中的"放置"选项卡如图 3-15 所示。

同样的操作，将新建轴的另一个操作柄拖到长方体的另一条边上，此时的设计环境上又出现一个尺寸，如图 3-16 所示。

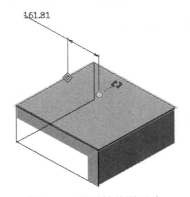
图 3-14　显示轴放置尺寸

图 3-15　"基准轴"对话框（2）

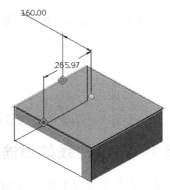
图 3-16　放置基准轴的另一个操作柄

此时"基准轴"对话框中的"放置"选项卡如图 3-17 所示,从图中可以看到,"确定"按钮此时为可点击状态。

双击设计环境中的尺寸,尺寸值变为可编辑状态,如图 3-18 所示。在下拉编辑框中输入数字"150.00",按 Enter 键。

同样的操作,将另一尺寸值改为 180.00,此时设计环境中新建轴的位置如图 3-19 所示。

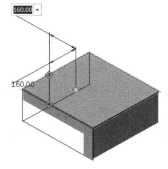
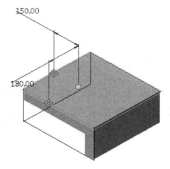

图 3-17　基准轴"放置"选项卡(1)　　图 3-18　修改基准轴放置尺寸　　图 3-19　移动基准轴

此时"基准轴"对话框中的"放置"选项卡也发生相应变化,如图 3-20 所示。

单击"基准轴"对话框中的"确定"按钮,在设计环境中生成一条垂直于长方体顶面的新基准轴,此轴的名为 A_1,如图 3-21 所示。

图 3-20　基准轴"放置"选项卡(2)　　　　图 3-21　生成基准轴

3.3　基　准　曲　线

本节主要讲述基准曲线的用途、创建。

3.3.1　基准曲线的用途

基准曲线主要用来建立几何的曲线结构,其用途主要有以下 3 种:

(1)作为扫描特征(Sweep)的轨迹线。

（2）作为曲面特征的边线。

（3）作为加工程序的切削路径。

3.3.2 基准曲线的创建

单击"模型"功能区"基准"面板上的"曲线"按钮 $\curvearrowright$，系统弹出"曲线：通过点"操控板。创建一条通过指定点的曲线（或直线）。

3.4 基 准 点

本节主要讲述基准点的用途、创建、基准点的显示控制以及通过基准点创建基准曲线。

3.4.1 基准点的用途

基准点大多用于定位，基准点用符号"PNT*"标识，其中"*"表示流水号。基准点的用途主要有以下 3 种：

（1）作为某些特征定义参数的参考点。

（2）作为有限元分析网格上的施力点。

（3）计算几何公差时，指定附加基准目标的位置。

3.4.2 基准点的创建

单击"模型"功能区"基准"面板下的"点"按钮 $\overset{\times\times}{\times}$ 右侧的 ▾ 按钮，系统弹出如图 3-22 所示的下拉列表。此下拉列表上的命令从上至下依次为：基准点工具、偏移坐标系基准点工具和域基准点工具，下面详述这 3 个创建新基准点命令的使用方法。

单击"点"按钮 $\overset{\times\times}{\times}$，系统弹出"基准点"对话框，如图 3-23 所示。

图 3-22　基准下拉列表　　　　　　　图 3-23　"基准点"对话框

"基准点"对话框中默认打开的是"放置"选项卡,此选项卡决定基准点的放置位置。在当前设计环境中有一个长方体,单击此长方体的顶面,在单击处出现一个基准点,此点有控制手柄,如图 3-24 所示。

此时的"基准点"对话框的"放置"选项卡如图 3-25 所示。从图 3-25 可以看到,"基准点"对话框中的"确定"按钮是不可用状态,表示此时新建的基准点还未定位好。单击"参考"编辑框中的"在其上"选项,系统弹出一个列表框,如图 3-26 所示。

图 3-24　放置基准点

图 3-25　基准点"放置"选项卡

在此列表框中可以看到,新建基准点的方式除了"在其上"外,还有"偏移"。"在其上"方式是新建的基准点就在平面上;"偏移"方式是新建的基准点以指定距离偏移选定的平面。

选择"放置"选项卡中下拉列表框中的"在其上"选项,然后将鼠标落在新建基准点的一个操作柄上,此操作柄变成蓝色,如图 3-27 所示。

图 3-26　选取基准点参考类型

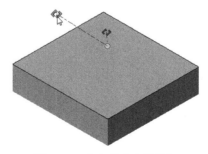

图 3-27　选取基准点操作柄

按住鼠标左键,拖动选定的操作柄,落在长方体的一条边上,松开鼠标左键,此时设计环境中拖动到边的操作柄和新建基准点之间出现一个尺寸,如图 3-28 所示。

同样的操作,将新建基准点的另一个操作柄拖到长方体的另一条边上,此时的设计环境上又出现一个尺寸，如图 3-29 所示。

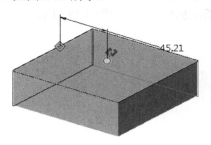

图 3-28　移动基准点操作柄

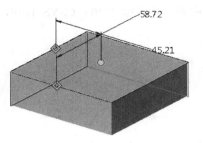

图 3-29　移动基准点另一个操作柄

此时"基准点"对话框中的"放置"选项卡也发生相应的变化，如图 3-30 所示。

双击设计环境中的尺寸，尺寸值变为可编辑状态，在下拉编辑框中输入数字"50.00"，按 Enter 键。同样的操作，将另一尺寸值改为 50.00，此时设计环境中新建基准点的位置如图 3-31 所示。

图 3-30　基准点"放置"选项卡（1）

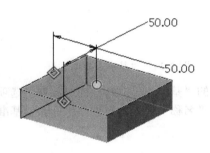

图 3-31　修改基准点放置尺寸

此时"基准点"对话框中的"放置"选项卡如图 3-32 所示，单击"基准点"对话框中的"确定"按钮，在设计环境中生成一个新的基准点，此点的名为 PNT0，如图 3-33 所示。

图 3-32　基准点"放置"选项卡（2）

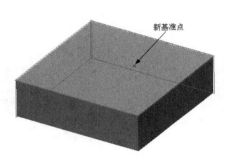

图 3-33　生成基准点

单击"偏移坐标系"按钮，系统打开"基准点"对话框，如图 3-34 所示。

"基准点"对话框中默认打开的是"放置"选项卡，此选项卡决定基准点的放置位置。单击当前设计环境中的默认坐标系 PRT_CSYS_DEF，此时坐标系用加亮显示，如图 3-35 所示。

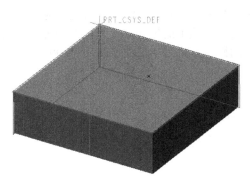

图 3-34　"基准点"对话框　　　　　　　　　　图 3-35　选取参考坐标系

此时的"基准点"对话框的"放置"选项卡如图 3-36 所示。

单击"名称"栏，此时偏移坐标系"基准点"对话框的"放置"选项卡如图 3-37 所示。

图 3-36　偏移坐标系"基准点"对话框　　　　　图 3-37　设置基准点偏移距离

此时设计环境中的长方体上出现 3 个尺寸，如图 3-38 所示。

单击"基准点"对话框"放置"选项卡中"X 轴"下面的"0.00"选项，此时这一项为可编辑状态，输入数值"20.00"，同样的操作，在"Y 轴"下面输入数值"20.00"，如图 3-39 所示。

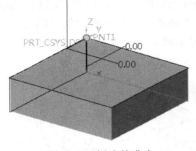

图 3-38　创建基准点　　　　图 3-39　偏移坐标系"基准点"对话框

此时设计环境中的长方体上的 3 个尺寸也发生一致的变化，如图 3-40 所示。

单击偏移坐标系"基准点"对话框中的"确定"按钮，系统生成一个新的基准点，名称为 PNT1，如图 3-41 所示。

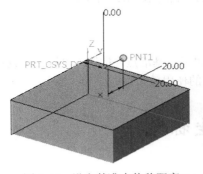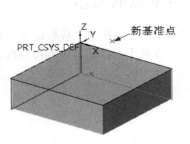

图 3-40　设定基准点偏移距离　　　　图 3-41　生成基准点

下面讲述"域"按钮新建基准点的步骤。

（1）单击"域"按钮，系统打开"基准点"对话框，如图 3-42 所示。

"基准点"对话框中默认打开的是"放置"选项卡，此选项卡决定基准点的放置位置。将鼠标落在当前设计环境中长方体的最前面上，此面被绿色加亮并且鼠标变成一个绿色的"×"号。

（2）将鼠标移动到当前设计环境中长方体的顶面，此时顶面将被绿色加亮并且鼠标变成绿色"×"号，此时的提示为：选取一个参考（例如曲线、边、曲面或面组）以放置点。此处的参考指的就是"域"，新建基准点只能落在某个域上。

（3）单击当前设计环境中长方体的顶面，此时顶面被红色加亮，并且鼠标左键单击处出现一个临时的基准点 FPNT0，此临时基准点有一个操作柄，如图 3-43 所示。

图 3-42　"基准点"对话框（1）

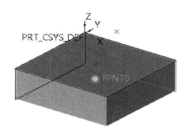

图 3-43　生成临时基准点

此时"基准点"对话框的"放置"选项卡如图 3-44 所示。

（4）将鼠标落在此临时基准点的操作柄上，此操作柄变成蓝色。按住鼠标左键移动鼠标，此临时基准点也一起移动，但是不能移出长方体的顶面。单击"基准点"对话框中的"确定"按钮，在长方体的顶面上生成一个新的基准点，名称为 FPNT0，如图 3-45 所示。

图 3-44　"基准点"对话框（2）

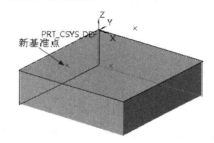

图 3-45　生成基准点

在此详细讲述了创建基准点的 3 种方式，每种方式各有特点，望读者掌握。

3.4.3　基准点的显示

通过"显示"工具栏中"基准显示"下拉列表中的"显示基准点"按钮 ✕✕ 可以控制设计环境中基准点的显示，在此不再详述，读者可以自己观察此命令的使用效果。

3.5　基准坐标系

本节主要讲述基准坐标系的用途、创建及基准坐标系的显示控制。

3.5.1　基准坐标系的用途

基准坐标系用符号"CS*"标识，其中"*"表示流水号。基准坐标系的用途主要有以下 4 种：

（1）零部件装配时，如要用到"坐标系重合"的装配方式，须用到基准坐标系。

（2）IGES、FEA 和 STL 等数据的输入与输出都必须设置基准坐标系。

（3）生成 NC 加工程序时必须使用基准坐标系作为参考。

Note

（4）进行重量计算时必须设置基准坐标系以计算重心。

3.5.2　基准坐标系的创建

（1）单击"模型"功能区"基准"面板上的"坐标系"按钮⊥，系统弹出"坐标系"对话框，如图 3-46 所示。

（2）"坐标系"对话框中默认打开的是"原点"选项卡，此选项卡决定基准点的放置位置。在当前设计环境中有一个长方体，单击此长方体的顶面，此时顶面被加亮并在鼠标单击处出现一个基准坐标系，如图 3-47 所示。

图 3-46　"坐标系"对话框（1）

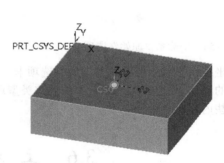

图 3-47　选取坐标系放置位置

此时的"坐标系"对话框的"原点"选项卡如图 3-48 所示。

（3）单击当前设计环境中默认的坐标系 PRT_CSYS_DEF，此时设计环境中出现新建坐标系偏移默认坐标系的 3 个偏移尺寸值，如图 3-49 所示。

图 3-48　"坐标系"对话框（2）

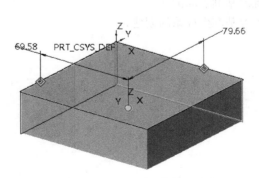

图 3-49　显示坐标系偏移尺寸

此时的"坐标系"对话框的"原点"选项卡如图 3-50 所示。

可以在"原始"选项卡的 X、Y 和 Z 编辑框中直接输入新建坐标系偏移默认坐标系的偏移值，也可以双击设计环境中的坐标值进行偏移值的修改，在此不再赘述。将 X、Y 和 Z 都设为 20，然后单击"坐标系"对话框中的"确定"按钮，系统生成一个新基准坐标系，名称为 CS0，如图 3-51 所示。

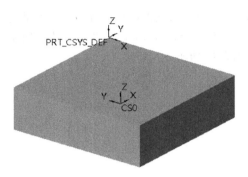

图 3-50   坐标系"原始"选项卡   图 3-51   生成基准坐标系

通过"坐标系"对话框中的"方向"选项卡，可以设定坐标系轴的方向，"属性"选项卡中可以设定坐标系的名称。"原始"选项卡中的偏移类型还有"柱坐标"和"球坐标"等偏移类型，读者可以切换到这些内容看一看。

3.6 上 机 操 作

通过前面的学习，读者对本章知识也有了大体的了解，本节通过 5 个操作练习使读者进一步掌握本章知识要点。

1．练习基准平面的创建。

2．练习基准轴的创建。

3．练习基准曲线的创建。

4．练习基准点的创建。

5．练习基准坐标系的创建。

第4章

基础特征建立

基础实体特征是 Creo Parametric 中最基本、最简单的实体造型功能，包括拉伸、旋转、扫描、混合等功能。本章通过学习这些基础实体特征功能的操作方法，读者可以初步达到对一些简单的实体进行建模的目的。

☑ 拉伸、旋转特征　　　　　　　☑ 混合特征

☑ 扫描特征与扫描混合　　　　　☑ 绘制沐浴露瓶

☑ 螺旋扫描

任务驱动&项目案例

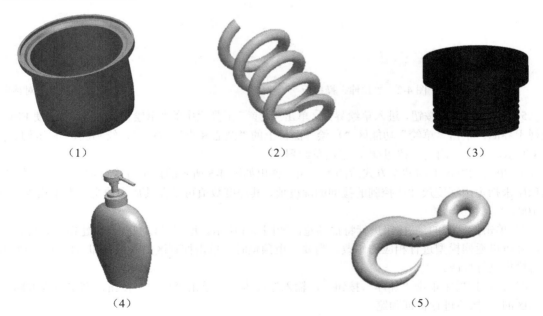

（1）　　　　　　　　　（2）　　　　　　　　　（3）

（4）　　　　　　　　　（5）

4.1 拉 伸 特 征

拉伸是定义三维几何的一种基本方法，它是将二维截面延伸到垂直于草绘平面的指定距离处来形成实体。

4.1.1 操作步骤精讲

操作步骤如下：

（1）单击"快速访问"工具栏中的"新建"按钮，在弹出的"新建"对话框中，选择"零件"类型，在"文件名"文本框中输入零件名称"拉伸"，如图 4-1 所示，然后单击"确定"按钮，接受系统默认模板，进入实体建模界面。

（2）单击"模型"功能区"形状"面板上的"拉伸"按钮。

（3）系统弹出"拉伸"操控板，单击"放置"按钮，弹出如图 4-2 所示下滑面板。

（4）单击"定义"按钮，弹出"草绘"对话框，选择 FRONT 面作为草绘平面，其余选项接受系统默认值，如图 4-3 所示。

图 4-1 "新建"对话框

图 4-2 "拉伸"操控板

图 4-3 "草绘"对话框

（5）单击"草绘"按钮，进入草绘界面。单击"设置"工具栏中的"草绘视图"按钮，使 FRONT 面正视于界面；单击"草绘"功能区"草绘"面板上的"圆心和点"按钮，绘制圆，并修改尺寸如图 4-4 所示，单击"确定"按钮，退出草绘器。

（6）单击操控板上的截至方式后的下三角，弹出如图 4-5 所示的截至方式选项，选择对称方式。此选项用来指定由深度尺寸所控制的拉伸的深度值，其深度数值可以在其后面的文本框中输入，如本例中 100。

（7）单击控制区的按钮进行特征预览，如图 4-6 所示。用户可以观察当前建模是否符合设计意图，并可以返回模型进行相应的修改。当要结束预览时，单击控制区的按钮即可回到零件模型，继续对模型进行修改。

（8）在操控板中单击"加厚"按钮，输入厚度为 1，单击"反向"按钮，调整厚度方向，单击控制区的按钮进行特征预览。

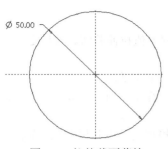

图 4-4 拉伸截面草绘　　　　图 4-5 截至方式选项　　　　图 4-6 模型预览

（9）在操控板中单击"确定"按钮 ✔，完成拉伸体的绘制，结果如图 4-7 所示。

（10）单击"快速访问"工具栏中的"保存"按钮 💾，弹出如图 4-8 所示的"保存对象"对话框，将完成的图形保存到计算机的一个文件夹中。用户也可以选择"文件"→"保存副本"命令，在弹出的"保存副本"对话框中输入零件的新名称，单击"确定"按钮即可将文件备份到相应的目录中。

图 4-7 加厚模型预览　　　　　　图 4-8 "保存对象"对话框

4.1.2 操控板选项说明

1."拉伸"操控板

单击"模型"功能区"形状"面板上的"拉伸"按钮，系统打开如图 4-9 所示的"拉伸"操控板。

图 4-9 "拉伸"操控板

操控板包括以下元素。

（1）□：创建实体。

（2）⬠：创建曲面。

（3）⬛：盲孔。定义具体数据的盲孔，自草绘平面以指定深度值拉伸截面。若指定一个负的深度值会反转深度方向。

（4）⬛：对称。在草绘平面每一侧上以指定深度值的一半拉伸截面。

（5）⬛：穿至。将截面拉伸，使其与选定曲面或平面相交。终止曲面可选取下列各项：

☑ 由一个或几个曲面所组成的面组。

☑ 在一个组件中，可选取另一元件的几何，几何是指组成模型的基本几何特征，如点、线、面等几何特征。

（6）⬛：到下一个。使用此选项，在特征到达第一个曲面时将其终止。

注意： 基准平面不能被用作终止曲面。

（7）⬛：穿透。拉伸截面，使之与所有曲面相交。使用此选项，在特征到达最后一个曲面时将其终止。

（8）⬛：到选定项。将截面拉伸至一个选定点、曲线、平面或曲面。

注意： 使用零件图元终止特征的规则：对于⬛和⬛两项，拉伸的轮廓必须位于终止曲面的边界内。在和另一图元相交处终止的特征不具有和其相关的深度参数。修改终止曲面可改变特征深度。

（9）⬛：设定相对于草绘平面拉伸特征方向。

（10）⬛：切换拉伸类型"切口"或"伸长"。

（11）⬛：通过为截面轮廓指定厚度创建特征。

（12）⬛：改变添加厚度的一侧，或向两侧添加厚度。

（13）"厚度"下拉列表框：指定应用于截面轮廓的厚度值。

（14）⬛：使用投影截面修剪曲面。

（15）⬛：改变要被移除的面组侧，或保留两侧。

2. 下滑面板

"拉伸"工具提供下列下滑面板，如图 4-10 所示。

图 4-10 "拉伸"特征下滑面板

（1）放置

使用该下滑面板重定义特征截面。单击"定义"按钮可以创建或更改截面。

（2）选项

使用该下滑面板可进行下列操作：

☑ 重定义草绘平面每一侧的特征深度以及孔的类型（如盲孔、通孔），下面会具体介绍。

☑ 通过选中"封闭端"复选框用封闭端创建曲面特征。

☑ 通过选中"添加锥度"复选框，使拉伸特征拔模。

（3）属性

使用该下滑面板可以编辑特征名。

Note

视 频 讲 解

4.1.3 实例——电饭煲筒身上压盖

首先绘制筒身上压盖的截面草图；其次通过拉伸操作创建筒身上压盖；然后通过拉伸切除得到安装槽，最终形成模型。绘制流程图如图 4-11 所示。

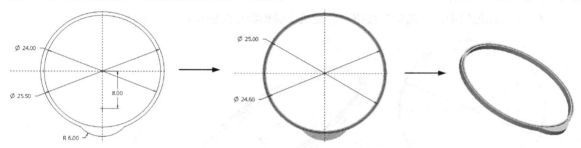

图 4-11 电饭煲筒身上压盖绘制流程图

操作步骤：

1. 新建模型

单击"快速访问"工具栏中的"新建"按钮 ，系统打开"新建"对话框，在"类型"选项组中选中"零件"单选按钮，在"子类型"选项组中选中"实体"单选按钮，在"文件名"文本框中输入"筒身上压盖.prt"，其他选项接受系统默认设置，单击"确定"按钮，创建一个新的零件文件。

2. 拉伸上沿盖基体

（1）单击"模型"功能区"形状"面板上的"拉伸"按钮 ，在打开的"拉伸"操控板中依次单击"放置"→"定义"按钮，系统打开"草绘"对话框。选取 FRONT 基准平面作为草绘平面，单击"草绘"按钮，进入草绘环境。

（2）单击"设置"工具栏中的"草绘视图"按钮 ，使 FRONT 基准平面正视于界面；单击"草绘"功能区"草绘"面板上的"圆心和点"按钮 和"3 点/相切端"按钮 ，绘制如图 4-12 所示草图并修改尺寸。单击"确定"按钮 ，退出草图绘制环境。

（3）在操控板中设置拉伸方式为"盲孔" ，给定拉伸深度值为 1。

（4）单击操控板中的"确定"按钮 ，完成上压盖基体特征的创建，如图 4-13 所示。

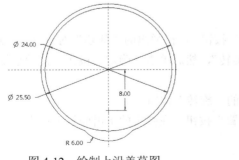

图 4-12 绘制上沿盖草图

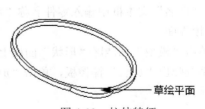

草绘平面

图 4-13 拉伸特征

3. 切除安装槽

（1）单击"模型"功能区"形状"面板上的"拉伸"按钮，在打开的"拉伸"操控板中依次单击"放置"→"定义"按钮，系统打开"草绘"对话框。选取如图 4-13 所示拉伸特征的上表面作为草绘平面，单击"草绘"按钮，进入草绘环境。

（2）单击"草绘"功能区"草绘"面板上的"圆心和点"按钮，绘制如图 4-14 所示的草图并修改尺寸。

（3）在操控板中设置拉伸方式为"盲孔"，给定拉伸深度值为 0.5，然后单击"移除材料"按钮，如图 4-15 所示。

（4）单击操控板中的"确定"按钮，完成安装槽特征的创建，如图 4-16 所示。

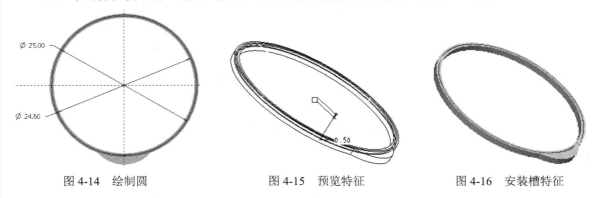

| 图 4-14　绘制圆 | 图 4-15　预览特征 | 图 4-16　安装槽特征 |

4.2　旋　转　特　征

旋转特征就是将草绘截面绕定义的中心线旋转一定角度来创建特征。

旋转工具也是基本的创建方法之一，它允许以实体或曲面的形式创建旋转几何，以及添加或去除材料。要创建旋转特征，通常可激活旋转工具并指定特征类型为实体或曲面，然后选取或创建草绘。旋转截面需要旋转轴，此旋转轴既可利用截面创建，也可通过选取模型几何进行定义。旋转工具显示特征几何的预览后，可改变旋转角度，在实体或曲面、伸出项或切口间进行切换，或指定草绘厚度以创建加厚特征。

4.2.1　操作步骤精讲

操作步骤如下：

（1）单击"快速访问"工具栏中的"新建"按钮，在弹出的"新建"对话框中，选择"零件"类型，在"文件名"文本框中输入零件名称"旋转"，然后单击"确定"按钮，接受系统默认模板，进入实体建模界面。

（2）单击"模型"功能区"形状"面板上的"旋转"按钮。

（3）系统弹出"旋转"操控板，单击"放置"按钮，在弹出的下滑面板上单击"定义"按钮，如图 4-17 所示。

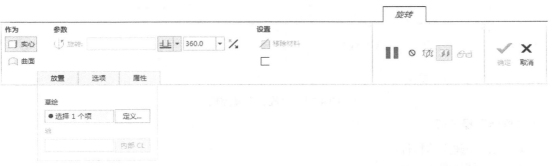

图 4-17 "旋转"操控板

（4）弹出"草绘"对话框，选取 FRONT 面作为草绘平面，其余选项接受系统默认值，单击"草绘"按钮进入草绘界面。

（5）单击"设置"工具栏中的"草绘视图"按钮，使 FRONT 面正视于界面；单击"草绘"功能区"草绘"面板上的"中心线"按钮，绘制一条过坐标原点的竖直中心线作为旋转中心。

（6）单击"草绘"功能区"草绘"面板上的"线"按钮，绘制如图 4-18 所示的截面。单击"确定"按钮，退出草图绘制环境。

（7）单击控制区的按钮进行特征预览，如图 4-19 所示。用户可以观察当前建模是否符合设计意图，并可以返回模型进行相应的修改。当要结束预览时，单击控制区的按钮即可回到零件模型，继续对模型进行修改。

（8）在操控板中输入角度为 270 度，单击控制区的按钮进行特征预览，如图 4-20 所示。

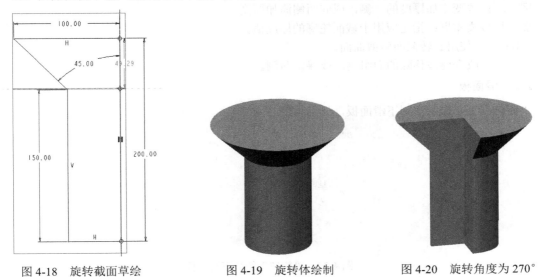

图 4-18 旋转截面草绘　　图 4-19 旋转体绘制　　图 4-20 旋转角度为 270°

（9）在操控板中单击"确定"按钮，完成旋转体的绘制，结果如图 4-20 所示。

4.2.2 操控板选项介绍

单击"模型"功能区"形状"面板上的"旋转"按钮，系统打开如图 4-21 所示的"旋转"操控板。

图 4-21   "旋转"操控板

1."旋转"操控板

（1）▢：创建实体特征。

（2）◠：创建曲面特征。

（3）角度选项：列出约束特征的旋转角度的选项。可在⊥（变量）、⊟（对称）或⊥（到选定项）选项中选其一。

- ☑ ⊥：自草绘平面以指定角度值旋转截面。在文本框中键入角度值，或选取一个预定义的角度（90、180、270、510）。如果选取一个预定义角度，则系统会创建角度尺寸。

- ☑ ⊟：在草绘平面的每一侧上以指定角度值的一半旋转截面。

- ☑ ⊥：旋转截面直至一选定基准点、顶点、平面或曲面。

（4）角度文本框：指定旋转特征的角度值。

（5）⤢：相对于草绘平面反转特征创建方向。

（6）◸：使用旋转特征体积块创建切口。

- ☑ ⤢：创建切口时改变要移除的侧。

（7）▢：通过为截面轮廓指定厚度创建特征。

- ☑ ⤢：改变添加厚度的一侧，或向两侧添加厚度。

- ☑ 厚度文本框：指定应用于截面轮廓的厚度值。

（8）◸：使用旋转截面修剪曲面。

- ☑ ⤢：改变要被移除的面组侧，或保留两侧。

2.下滑面板

"旋转"工具提供下列下滑面板，如图 4-22 所示。

图 4-22   "旋转"特征下滑面板

（1）放置

使用此下滑面板重定义草绘界面并指定旋转轴。单击"定义"按钮创建或更改截面。在"轴"列表框中单击并按系统提示定义旋转轴。

（2）选项

使用该下滑面板可进行下列操作：

- ☑ 重定义草绘的一侧或两侧的旋转角度及孔的性质。

☑ 通过选中"封闭端"复选框用封闭端创建曲面特征。

（3）属性

使用该下滑面板编辑特征名。

3．"旋转"特征的截面

创建旋转特征需要定义要旋转的截面和旋转轴。该轴可以是线性参照或草绘界面中心线。

注意：（1）可使用开放或闭合截面创建旋转曲面。

（2）必须只在旋转轴的一侧草绘几何。

4．旋转轴

（1）定义旋转特征的旋转轴，可使用以下方法之一。

☑ 外部参照：使用现有的有效类型的零件几何。

☑ 内部中心线：使用草绘界面中创建的中心线。

☑ 定义旋转特征时，可更改旋转轴，例如，选取外部轴代替中心线。

（2）使用模型几何作为旋转轴。

可选取现有线性几何作为旋转轴。可将基准轴、直边、直曲线、坐标系的轴作为旋转轴。

（3）使用草绘器中心线作为旋转轴。

在草绘界面中，可绘制中心线以用作旋转轴。

注意：（1）如果截面包含一条中心线，则自动将其用作旋转轴。

（2）如果截面包含一条以上的中心线，则默认情况下将第一条中心线用作旋转轴。用户可声明将任一条中心线用作旋转轴。

5．将草绘基准曲线用作特征截面

可将现有的草绘基准曲线用作旋转特征的截面。默认特征类型由选定几何决定：如果选取的是一条开放草绘基准曲线，则"旋转"工具在默认情况下创建一个曲面。如果选取的是一条闭合草绘基准曲线，则"旋转"工具在默认情况下创建一个实体伸出项。随后可将实体几何改为曲面几何。

注意：在将现有草绘基准曲线用作特征截面时，要注意下列相应规则：

（1）不能选取复制的草绘基准曲线。

（2）如果选取了一条以上的有效草绘基准曲线，或所选几何无效，则"旋转"工具在打开时不带有任何收集的几何。系统显示一条出错消息，并要求用户选取新的参照。

注意：终止平面或曲面必须包含旋转轴。

6．使用捕捉改变角度选项的提示

采用捕捉至最近参照的方法可将角度选项由"可变"改变为"到选定项"。按住 Shift 键拖动图柄至要使用的参照以终止特征。同理，按住 Shift 键并拖动图柄可将角度选项改回到"可变"。拖动图柄时，显示角度尺寸。

7．"加厚草绘"选项

使用"加厚草绘"命令可通过将指定厚度应用到截面轮廓来创建薄实体。"加厚草绘"命令在以相同厚度创建简化特征时是很有用的。添加厚度的规则如下：

☑ 可将厚度值应用到草绘的任一侧或应用到两侧。

☑ 对于厚度尺寸，只可指定正值。

注意：截面草绘中不能包括文本。

视频讲解

8. 创建旋转切口

使用"旋转"工具,通过绕中心线旋转草绘截面可去除材料。

要创建切口,可使用与用于伸出项的选项相同的角度选项。对于实体切口,可使用闭合截面。对于用"加厚草绘"创建的切口,闭合截面和开放截面均可使用。定义切口时,可在下列特征属性之间进行切换:

(1)对于切口和伸出项,可单击 去除材料。

(2)对于去除材料的一侧,单击 切换去除材料侧。

(3)对于实体切口和薄壁切口,可单击 加厚草绘。

4.2.3 实例——电饭煲米锅

首先绘制米锅的截面草图,通过旋转操作创建米锅体形成模型。绘制流程如图 4-23 所示。

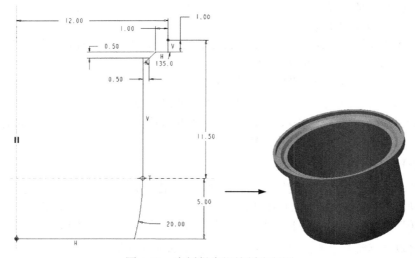

图 4-23　电饭煲米锅绘制流程图

操作步骤:

1. 新建模型

单击"快速访问"工具栏中的"新建"按钮 ,系统打开"新建"对话框,在"类型"选项组中选中"零件"单选按钮,在"子类型"选项组中选中"实体"单选按钮,在"文件名"文本框中输入"米锅.prt",其他选项接受系统默认设置,单击"确定"按钮,创建一个新的零件文件。

2. 旋转米锅实体

(1)单击"模型"功能区"形状"面板上的"旋转"按钮 。在"旋转"操控板中单击"放置"→"定义"按钮,系统打开"草绘"对话框。选取 TOP 基准平面作为草绘平面,单击"草绘"按钮,进入草绘环境。

(2)单击"草绘"功能区"基准"面板上的"中心线"按钮和"草绘"面板上的"线"按钮 ,绘制如图 4-24 所示的截面图并修改尺寸。单击"确定"按钮 ,退出草图绘制环境。

(3)在操控板中设置旋转方式为"变量" ,给定旋转角度为 360°。单击"加厚"按钮 ,输入厚度值为 0.5。

(4)单击操控板中的"确定"按钮 ,完成米锅实体的旋转,如图 4-25 所示。

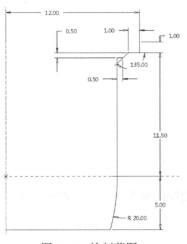

图 4-24　绘制草图

图 4-25　创建旋转体

4.3　扫　描　特　征

扫描特征是通过草绘或选取轨迹，然后沿该轨迹对草绘截面进行扫描来创建实体。

常规截面扫描可使用特征创建时的草绘轨迹，也可使用由选定基准曲线或边组成的轨迹。作为一般规则，该轨迹必须有相邻的参照曲面，或是平面。在定义扫描时，系统检查指定轨迹的有效性，并建立法向曲面。法向曲面是指一个曲面，其法向用来建立该轨迹的 Y 轴。存在模糊时，系统会提示选择一个法向曲面。

4.3.1　恒定截面扫描特征

通过扫描命令可以创建实体特征，还可以创建薄壁特征。

（1）单击"快速访问"工具栏中的"新建"按钮 ，在弹出的"新建"对话框中，选择"零件"类型，在"文件名"文本框中输入零件名称"扫描"，然后单击"确定"按钮，接受系统默认模板，进入实体建模界面。

（2）单击"模型"功能区"形状"面板上的"扫描"按钮 ，打开"扫描"操控板，如图 4-26 所示。

图 4-26　"扫描"操控板

（3）单击"模型"功能区"基准"面板上的"草绘"按钮 ，在弹出的"草绘"对话框中选取 FRONT 平面作为草绘平面，其他项接受系统默认，然后单击"草绘"按钮进入草绘环境。

（4）单击"设置"工具栏中的"草绘视图"按钮 ，使 FRONT 基准平面正视于界面；单击"草绘"功能区"草绘"面板上的"样条"按钮 ，绘制如图 4-27 所示的样条曲线为扫描轨迹线，单击

"确定"按钮✔，退出草图绘制环境。

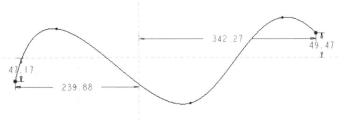

图 4-27　扫描轨迹

（5）单击"扫描"功能区，系统自动选取步骤（4）绘制的草图为轨迹，如图 4-28 所示。

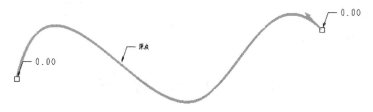

图 4-28　选取曲线

（6）在操控板中单击"绘制截面"按钮，进入截面绘制环境，单击"草绘"功能区"草绘"面板上的"圆心和点"按钮，在中心线交点处绘制如图 4-29 所示的圆形截面，单击"确定"按钮✔，退出草图绘制环境。

图 4-29　圆形截面

（7）在操控板中单击"确定"按钮，生成扫描实体如图 4-30 所示。

图 4-30　扫描实体预览

4.3.2　可变截面扫描

操作步骤如下：

（1）单击"快速访问"工具栏中的"新建"按钮，在弹出的"新建"对话框中，选择"零件"类型，在"文件名"文本框中输入零件名称"可变截面扫描"，然后单击"确定"按钮，接受系统默认模板，进入实体建模界面。

（2）绘制草图。

❶ 单击"模型"功能区"基准"面板上的"草绘"按钮，在 FRONT 平面内绘制如图 4-31 所示的曲线，然后单击"确定"按钮，退出草图绘制环境。

❷ 单击"模型"功能区"基准"面板上的"平面"按钮，新建基准平面 DTM1，选取 FRONT 平面作为参照平面，设置为偏移方式，偏距为 200。

❸ 单击"基准特征"工具栏中的"草绘"按钮，在 DTM1 平面内绘制第二条曲线，如图 4-32 所示，然后单击"确定"按钮，退出草图绘制环境。

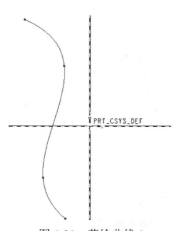

图 4-31　草绘曲线 1

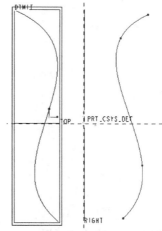

图 4-32　草绘曲线 2

❹ 单击"模型"功能区"基准"面板上的"草绘"按钮，在 RIGHT 平面内绘制如图 4-33 所示的第三条曲线，然后单击"确定"按钮，退出草图绘制环境。

（3）创建可变截面扫描。

❶ 单击"模型"功能区"形状"面板上的"扫描"按钮，系统弹出"扫描"操控板。

❷ 首先单击操控板上的□按钮和变截面按钮，然后单击"参考"按钮，弹出下滑面板，如图 4-34 所示。

图 4-33　草绘曲线 3

图 4-34　操控板

❸ 单击"轨迹"选项下的收集器，然后按住 Ctrl 键依次选取草绘曲线 1、2、3。也可以不使用

Ctrl 键，选取草绘曲线 1 后，单击收集器下的"细节"按钮，弹出如图 4-35 所示的"链"对话框，单击"添加"按钮选取草绘曲线 2，然后再添加曲线 3，曲线选取后如图 4-36 所示。

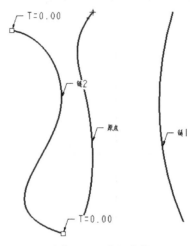

图 4-35　"链"对话框　　　　　　　　　　图 4-36　选取曲线

❹ 完成曲线选取后，在"轨迹"下的选项板中，在"链 2"和 X 选项对应的复选框中单击将其选中，设置"链 2"为 X 轨迹。同样也选中"原点"选项和 N 选项对应的复选框，设置原点轨迹为曲面形状控制轨迹。然后在"截平面控制"下拉列表框中选择"垂直于轨迹"选项，如图 4-37 所示。其中"垂直于轨迹"表示所创建模型的所有截面均垂直于原点轨迹。

❺ 单击操控板上的"草绘"按钮，绘制扫描截面。系统进入草绘界面后，所显示的点中，每条曲线上都有一个以小"×"的方式显示的，如图 4-38 中的 A、B、C 这 3 点，所绘的扫描截面必须通过该点。

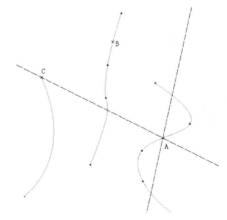

图 4-37　"参考"下滑面板设置　　　　　　图 4-38　截面控制点

❻ 单击"草绘"功能区"草绘"面板上的"3 相切"按钮，选取图 4-38 中的 A、B、C 这 3

Note

点绘制一个通过这三点的圆，如图4-39所示，单击"确定"按钮✔，退出草图绘制环境。

❼ 单击"预览"按钮👓，结果如图4-40所示。

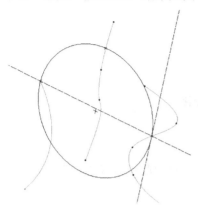

图4-39　绘制截面

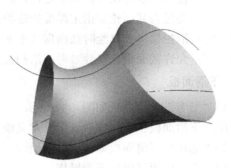

图4-40　可变截面扫描（垂直于轨迹）

❽ 单击▶按钮退出预览，然后单击操控板上的"参考"按钮，在下滑面板的"截平面控制"下拉列表框中选择"垂直于投影"选项，然后激活"方向参考"下的收集器，并选取TOP面，则所创建模型的所有截面均垂直于原点轨迹在TOP面上的投影，下滑面板的设置如图4-41所示。

❾ 单击"确定"按钮✔，完成可变截面扫描特征的创建，结果如图4-42所示。

图4-41　"参考"下滑面板设置

图4-42　可变截面扫描（垂直于投影）

4.3.3　操控板选项介绍

1. "扫描"操控板

单击"模型"功能区"形状"面板上的"扫描"按钮，系统打开如图4-43所示的"扫描"操控板。

图4-43　"扫描"操控板

☑　　▢：创建实体特征。

☑　　◠：创建曲面特征。

☑　　◢：创建或编辑扫描截面。

☑　　◸：使用扫描特征体积块创建切口。

☑　　▢：通过为截面轮廓指定厚度创建特征。

☑　　⊢：沿扫描进行草绘时截面保持不变。

☑　　∠：允许截面根据参数参考或沿扫描的关系进行变化。

2．下滑面板

（1）"参考"下滑面板如图 4-44 所示。

使用此下滑面板指定扫描轨迹线并定义或更改截平面控制以及起点的 X 方向参考。

（2）"选项"下滑面板如图 4-45 所示。

使用该下滑面板可进行下列操作：

☑　　通过选中"合并端"复选框生成的扫描特征和原始特征之间完全融和。

☑　　通过选中"封闭端"复选框用封闭端创建曲面特征。

（3）"相切"下滑面板如图 4-46 所示。

图 4-44　"参考"下滑面板　　　　图 4-45　"选项"下滑面板　　　　图 4-46　"相切"下滑面板

设置扫描特征的相切参考。

（4）"属性"下滑面板如图 4-47 所示。

图 4-47　"属性"下滑面板

使用该下滑面板可以编辑特征名。

4.3.4　实例——工字钢轨道

视频讲解

首先绘制扫描轨迹线，然后绘制扫描截面，最后扫描成工字钢轨道，绘制流程如图 4-48 所示。

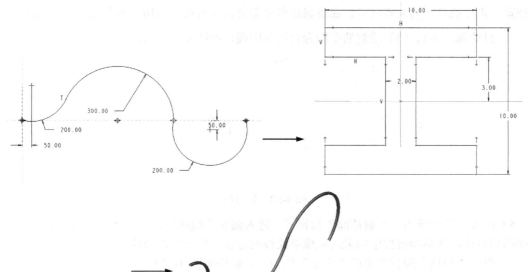

图 4-48　工字钢轨道绘制流程图

操作步骤:

1. 新建模型

单击"快速访问"工具栏中的"新建"按钮■，系统打开"新建"对话框。在"类型"选项组中选中"零件"单选按钮，在"文件名"文本框中输入"工字钢"，取消选中"使用默认模板"复选框，单击"确定"按钮，在打开的"新文件选项"对话框中选择 mmns_part_solid 选项，单击"确定"按钮，创建一个新的零件文件。

2. 创建扫描特征

（1）单击"模型"功能区"形状"面板上的"扫描"按钮■，打开"扫描"操控板。

（2）单击"模型"功能区"基准"面板上的"草绘"按钮■，在弹出的"草绘"对话框中选取 FRONT 平面作为草绘平面，其他项接受系统默认，然后单击"草绘"按钮进入草绘环境。

（3）单击"设置"工具栏中的"草绘视图"按钮■，使 FRONT 基准平面正视于界面；单击"草绘"功能区"草绘"面板上的"圆弧"按钮■，绘制如图 4-49 所示的圆弧为扫描轨迹线，单击"确定"按钮■，退出草图绘制环境。

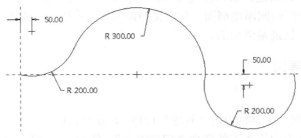

图 4-49　绘制扫描轨迹线草图

注意： 由于轨迹线的曲线较多，在绘制过程中需要注意两曲线相切，形成光滑的曲线段。

（4）自动选取步骤（3）绘制的草图为轨迹轮廓线，如图 4-50 所示。

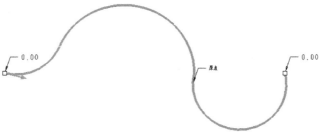

图 4-50　轨迹线

（5）在操控板中单击"绘制截面"按钮，进入截面绘制环境，绘制结果如图 4-51 所示。由于工字钢结构对称，在草绘过程中应采用镜像草绘线的方法，提高绘图效率。

（6）单击"扫描"操控板上的"确定"按钮。结果如图 4-52 所示。

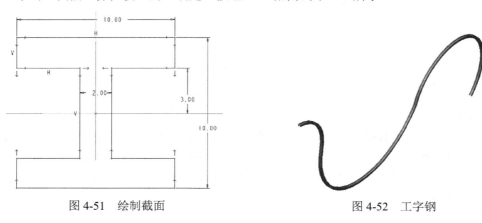

图 4-51　绘制截面　　　　　　　　　　　图 4-52　工字钢

4.4　扫　描　混　合

扫描混合特征就是使截面沿着指定的轨迹进行延伸，生成实体，但是由于沿轨迹的扫描截面是可以变化的，因此该特征又兼备混合特征的特性。

扫描混合可以具有两种轨迹：原点轨迹（必需）和第二轨迹（可选）。每个轨迹特征必须至少有两个剖面，且可在这两个剖面间添加剖面。要定义扫描混合的轨迹，可选取一条草绘曲线、基准曲线或边的链。每次只有一个轨迹是活动的。

4.4.1　操作步骤精讲

操作步骤如下：

（1）单击"快速访问"工具栏中的"新建"按钮，在弹出的"新建"对话框中，选择"零件"类型，在"文件名"文本框中输入零件名称"扫描混合"，然后单击"确定"按钮，接受系统默认模板，进入实体建模界面。

（2）单击"模型"功能区"形状"面板上的"扫描混合"按钮，打开"扫描混合"操控板，选择"实体"模式，如图 4-53 所示。

图 4-53 "扫描混合"操控板

（3）单击"模型"功能区"基准"面板中的"草绘"按钮，弹出"草绘"对话框。

（4）选择 TOP 基准平面作为草绘平面。选择 RIGHT 基准平面为右方向参照，然后单击"草绘"按钮，进入草绘器。

（5）单击"草绘"功能区"草绘"面板上的"3 点/相切端"按钮和"线"按钮以及"约束"面板上的"相切"按钮，绘制草绘曲线，如图 4-54 所示。单击"确定"按钮，退出草图绘制环境。

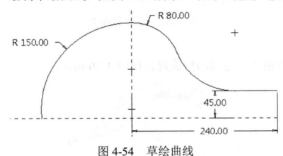

图 4-54 草绘曲线

（6）在"扫描混合"操控板上单击"继续"按钮，将刚绘制的曲线选作扫描混合的轨迹线，如图 4-55 所示。

（7）在"扫描混合"操控板上单击"截面"按钮，打开"截面"下滑面板。在图形中单击轨迹线的起始点。

（8）单击"草绘"按钮，在草绘区域中绘制截面 1，如图 4-56 所示。单击"确定"按钮，退出草图绘制环境。

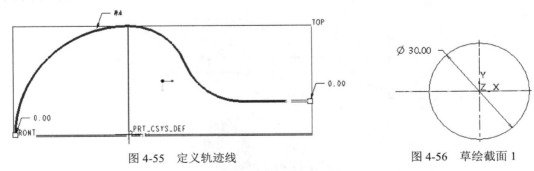

图 4-55 定义轨迹线　　　　　　　　　　图 4-56 草绘截面 1

（9）在"旋转"下拉列表框中输入截面 1 关于 Z_AXIS 的旋转角度为 30°，如图 4-57 所示。

（10）在"截面"下滑面板中单击"插入"按钮，在图形中单击轨迹的终点。

（11）单击"草绘"按钮，在草绘区域中绘制截面 2，如图 4-58 所示，单击"确定"按钮，退出草图绘制环境。

（12）在"截面"下滑面板的"旋转"下拉列表框中输入截面 2 关于 Z_AXIS 的旋转角度为 60°，如图 4-59 所示。

Note

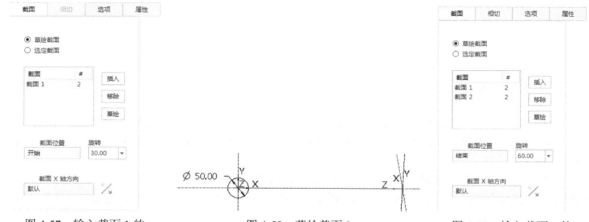

图 4-57　输入截面 1 的　　　　图 4-58　草绘截面 2　　　　图 4-59　输入截面 2 的
　　　　旋转角度　　　　　　　　　　　　　　　　　　　　　　　旋转角度

（13）单击"确定"按钮 ✓，完成的扫描混合如图 4-60 所示。

图 4-60　创建的扫描混合

4.4.2　实例——吊钩

视频讲解

首先通过旋转命令绘制吊钩头，然后绘制轨迹线，通过扫描混合命令创建圆钩，绘制流程如图 4-61 所示。

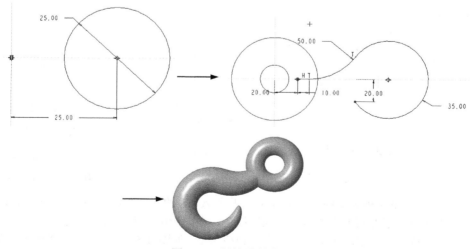

图 4-61　吊钩绘制流程图

操作步骤：

1．新建模型

单击"快速访问"工具栏中的"新建"按钮，打开"新建"对话框，在"类型"选项组中选中"零件"单选按钮，在"子类型"选项组中选中"实体"单选按钮，在"文件名"文本框中输入"吊钩"，取消选中"使用默认模板"复选框，单击"确定"按钮，在打开的"新文件选项"对话框中选择 mmns_part_solid 选项，单击"确定"按钮，创建一个零件文件。

2．创建吊钩头

（1）单击"模型"功能区"形状"面板上的"旋转"按钮，在打开的"旋转"操控板中依次单击"放置"→"定义"按钮，选取 TOP 基准平面作为草绘平面，单击"草绘"按钮，进入草绘环境。

（2）单击"草绘"功能区"草绘"面板上的"圆心和点"按钮，绘制如图 4-62 所示的圆并修改其尺寸值。

（3）单击"草绘"功能区"基准"面板上的"中心线"按钮，绘制与垂直参考线重合的中心线，绘制完成后，单击"确定"按钮，退出草图绘制环境，返回到"旋转"操控板，给定旋转角度为360°，设置完成后，单击操控板中的"确定"按钮，生成旋转特征。

3．草绘轨迹线

（1）单击"模型"功能区"基准"面板上的"草绘"按钮，系统打开"草绘"对话框，选取FRONT 基准平面作为草绘平面，单击"草绘"按钮，进入草绘环境。

（2）单击"草绘"功能区"草绘"面板上的"线"按钮、"3 点/相切端"按钮，绘制如图 4-63所示的草图并修改其尺寸值。

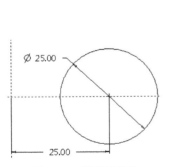

图 4-62　草绘吊钩头

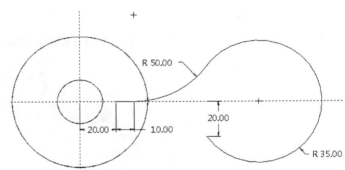

图 4-63　草绘轨迹线

4．创建圆钩

（1）单击"模型"功能区"形状"面板上的"扫描混合"按钮，打开"扫描混合"操控板。单击操控板中的"参考"按钮，系统打开"参考"下滑面板，在绘图区选取刚刚创建的轨迹线，下滑面板如图 4-64（a）所示，在"截平面控制"下拉列表框中选择"垂直于轨迹"选项，其他选项接受系统默认设置。

（2）单击"截面"按钮，系统打开如图 4-64（b）所示的"截面"下滑面板，选中"草绘截面"单选按钮，在"截面"列表框中单击将其激活，在绘图区选取吊钩的前端点，单击"草绘"按钮，进入草绘环境。

（3）单击"草绘"功能区"草绘"面板上的"点"按钮，在坐标轴的交点处绘制点，再单击"确定"按钮，退出草图绘制环境。

（4）单击"截面"下滑面板中的"插入"按钮，设置旋转角度为 0，在圆弧与直线段交点处绘制截面。

（5）单击"草绘"按钮，进入草绘环境。单击"草绘"功能区"草绘"面板上的"圆心和点"按钮⊙，以坐标轴交点为圆心，绘制直径为 20 的圆。

（6）继续绘制第三个截面。截面位置为在两圆弧相切处，绘制直径为 35、旋转角度为 0°的圆。

（7）单击"扫描混合"操控板中的"相切"按钮，在打开的"相切"下滑面板中修改"开始截面"条件为"平滑"，如图 4-64（c）所示。设置完成后，单击操控板中的"确定"按钮✓，完成扫描混合的创建，最终效果如图 4-65 所示。

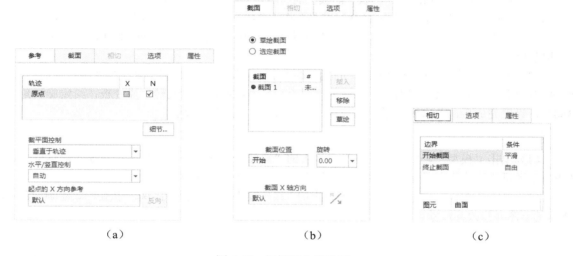

|（a）|（b）|（c）|

图 4-64　扫描混合编辑框

图 4-65　最终效果

4.5　螺　旋　扫　描

螺旋扫描就是通过沿着螺旋轨迹扫描截面来创建螺旋扫描特征。

轨迹由旋转曲面的轮廓（定义螺旋特征的截面原点到其旋转轴的距离）与螺距（螺圈间的距离）定义。轨迹和旋转曲面是不出现在生成几何中的作图工具。

通过螺旋扫描命令可以创建实体特征、薄壁特征以及其对应的剪切材料特征。下面通过实例讲述运用螺旋扫描命令来创建实体特征——弹簧和创建剪切材料特征——螺纹的一般过程。通过螺旋扫描命令创建薄壁特征和其对应的剪切特征的过程与创建实体的过程基本一致，在此就不再详述。

4.5.1 操作步骤精讲

1. 绘制等距螺旋

操作步骤如下：

（1）单击"模型"功能区"形状"面板上的"螺旋扫描"按钮，系统打开"螺旋扫描"操控板，如图 4-66 所示。

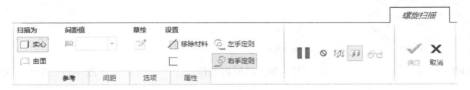

图 4-66 "螺旋扫描"操控板

（2）在"参考"下滑面板中单击"定义"按钮，选择 FRONT 基准平面作为草绘平面。

（3）单击"草绘"功能区"草绘"面板上的"样条"按钮和"基准"面板上的"中心线"按钮，绘制如图 4-67 所示的扫描轨迹及一条竖直的中心线，单击"确定"按钮，退出草图绘制环境。

（4）单击"草绘"按钮，系统进入草绘界面，绘制如图 4-68 所示的截面，然后单击"确定"按钮，退出草图绘制环境。

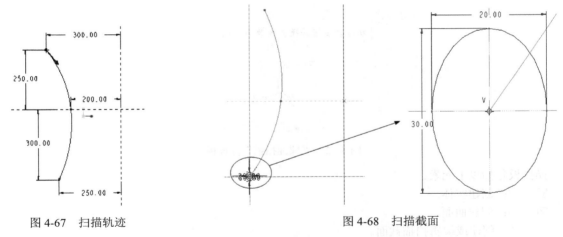

图 4-67 扫描轨迹　　　　　　　　图 4-68 扫描截面

（5）在操控板中输入节距值为 50，单击"确定"按钮，扫描结果如图 4-69 所示。

2. 绘制变距螺旋

操作步骤如下：

（1）在模型树中选取刚才创建的螺旋扫描特征，然后右击，在弹出的如图 4-70 所示快捷菜单中选择"编辑定义"命令，系统弹出"螺旋扫描"操控板。

（2）在"选项"下滑面板中选择"变量"选项。

（3）在"间距"下滑面板中输入间距为 80，单击"添加间距"。然后再输入轨迹末端的间距"30"。

（4）单击操控板中的"确定"按钮，结果如图 4-71 所示。

Note

图 4-69　螺旋扫描

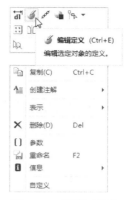

图 4-70　模型树操作

图 4-71　变距螺旋扫描

4.5.2　操控板选项说明

1．"螺旋扫描"操控板

单击"模型"功能区"形状"面板上的"螺旋扫描"按钮，系统打开如图 4-72 所示的"螺旋扫描"操控板。

图 4-72　"螺旋扫描"操控板

操控板包括以下元素。

☑　□：创建实体。

☑　◠：创建曲面。

☑　✎：创建或编辑扫描截面。

☑　◿：切换螺旋扫描类型"切口"。

☑　⤢：将材料的伸出项方向更改为草绘的另一侧。

☑　⊏：通过为截面轮廓指定厚度创建特征。

☑　⤢：改变添加厚度的一侧，或向两侧添加厚度。

☑　↺：设定螺旋方向采用左手定则。

☑　↻：设定螺旋方向采用右手定则。

2．下滑面板

"螺旋扫描"工具提供下列下滑面板，如图 4-73 所示。

（1）参考

使用该下滑面板定义特征截面。单击"定义"按钮可以创建或更改螺旋扫描轮廓。

图 4-73 "螺旋扫描"特征下滑面板

（2）间距

添加间距，并更改螺旋间距创建变截面螺旋。

（3）选项

使用该下滑面板可进行下列操作：

☑ 通过选中"封闭端"复选框用封闭端创建螺旋曲面。

☑ 通过选中"常量"单选按钮，创建等距螺旋。

☑ 通过选中"变量"单选按钮，创建变截面螺旋。

4.5.3 实例——锁紧螺母

视频讲解

首先绘制阀杆的母线，通过旋转母线创建阀杆，最后通过螺旋扫描产生螺纹，得到最终的模型。绘制流程图如图 4-74 所示。

图 4-74 锁紧螺母绘制流程图

操作步骤：

1. 新建文件

单击"快速访问"工具栏中的"新建"按钮 或选择菜单栏中的"文件"→"新建"命令，弹出"新建"对话框。在"类型"选项组中选中"零件"单选按钮，在"文件名"文本框中输入"锁紧螺母"，单击"确定"按钮，弹出"新文件选项"对话框，取消选中"使用默认模板"复选框，选择mmns_part_solid 选项，单击"确定"按钮，进入绘图界面。

2. 旋转主体

（1）单击"模型"功能区"形状"面板上的"旋转"按钮 ，弹出"旋转"操控板。

（2）在工作区上选择基准平面 TOP 作为草绘平面，单击"草绘"功能区"草绘"面板上的"线"

按钮 ✓ 和"中心线"按钮 ⋮，绘制如图 4-75 所示的截面图。单击"确定"按钮 ✓，退出草图绘制环境。

（3）在操控板上选择"盲孔" ⊥。输入"360"作为旋转的变量角。单击"确定"按钮 ✓ 完成特征，如图 4-76 所示。

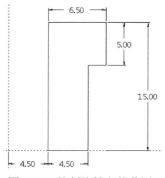

图 4-75 绘制旋转主体草图　　　图 4-76 旋转特征

3. 创建钩柄连接扫描螺纹

（1）单击"模型"功能区"形状"面板上的"螺旋扫描"按钮 ⌇，打开"螺旋扫描"操控板。

（2）单击"模型"功能区"基准"面板上的"草绘"按钮，选择基准平面 RIGHT 作为草绘平面。绘制如图 4-77 所示的螺纹扫描特征剖面。单击"确定"按钮 ✓，退出草图绘制环境。

（3）单击"继续"按钮 ▶，单击"绘制截面"按钮 ☑，单击"草绘"功能区"草绘"面板上的"线"按钮 ✓，绘制如图 4-78 所示的截面图。单击"确定"按钮 ✓，退出草图绘制环境。

（4）在操控板中输入"1.2"作为轨迹的节距，单击"切除材料"按钮 ◿。单击"确定"按钮 ✓，结果如图 4-79 所示。

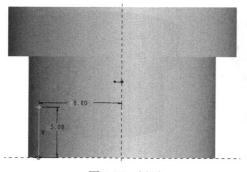 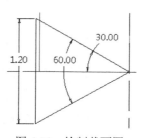 

图 4-77 剖面　　　图 4-78 绘制截面图　　　图 4-79 创建螺纹

4.6 混 合 特 征

扫描特征是截面沿着轨迹扫描而成，但是截面形状单一，而混合特征是由两个或两个以上的平面截面组成，通过将这些平面截面在其边处用过渡曲面连接形成的一个连续特征。

混合特征可以满足用户实现在一个实体中出现多个不同的截面的要求。

混合特征有平行、旋转、常规 3 种类型，其各自的意义如下。

☑　平行：所有混合截面都位于截面草绘中的多个平行平面上。

☑ 旋转：混合截面绕 Y 轴旋转，最大角度可达 120°。每个截面都单独草绘并用截面坐标系对齐。

☑ 常规：常规混合截面可以绕 X 轴、Y 轴和 Z 轴旋转，也可以沿这 3 个轴平移。每个截面都单独草绘，并用截面坐标系对齐。

4.6.1 平行混合特征

操作步骤如下：

（1）单击"快速访问"工具栏中的"新建"按钮，在弹出的"新建"对话框中选择"零件"类型，在"文件名"文本框中输入零件名称"混合特征"，然后单击"确定"按钮，接受系统默认模板，进入实体建模界面。

（2）单击"模型"功能区"形状"面板上的"混合"按钮，弹出如图 4-80 所示的"混合"操控板。

图 4-80 "混合"操控板

（3）单击"截面"按钮，弹出"截面"下滑面板，如图 4-80 所示，单击"定义"按钮，弹出"草绘"对话框。

（4）选取 FRONT 面作为草绘平面，其余选项接受系统默认值，单击"确定"按钮进入草绘界面。

（5）单击"设置"工具栏中的"草绘视图"按钮，使草绘平面调整到正视于用户的视角。

（6）单击"草绘"功能区"草绘"面板上的"中心矩形"按钮，绘制草绘曲线作为第一混合截面，如图 4-81 所示。单击"确定"按钮，退出草图绘制环境。

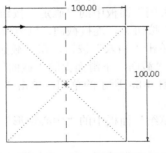

图 4-81 第一混合截面

（7）在"混合"操控板上，输入偏移距离为 100，在"截面"下滑面板的"截面"列表框中单击"截面 2"，如图 4-82 所示。

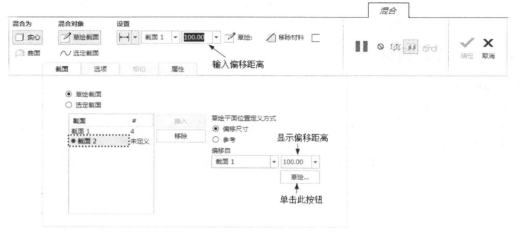

图 4-82　设置截面 2 参数

（8）单击"草绘"按钮，进入草绘环境。单击"草绘"功能区"草绘"面板上的"圆心和点"按钮⊙，绘制如图 4-83 所示的一个直径为 50 的圆。

（9）在混合特征中要求所有截面的图元数必须相等。第一截面的图元数为 4，因此第二截面的圆应该分为 4 段。单击"分割"按钮，在图 4-84 中所示的位置将圆打断为 4 段圆弧，这时会在第一个打断点出现一个表示混合起始点和方向的箭头。

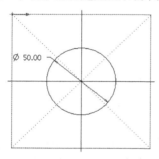

图 4-83　第二混合截面

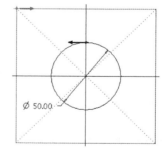

图 4-84　打断于点

（10）若要改变起始点的方向，则选取起始点，被选取的点加亮显示，然后右击，在弹出的如图 4-85 所示的快捷菜单中选择"起点"命令，则起始点箭头反向，如图 4-86 所示。

（11）单击"草绘"功能区"关闭"面板中的"确定"按钮✔，完成草图绘制。

（12）单击操控板中的"连接"按钮，连接截面，以方便观察混合特征形成，如图 4-87 所示。

（13）在"截面"列表框右侧单击"插入"按钮，在"截面"列表框中显示新建的"截面 3"，在操控板中输入偏移距离为 80，在"截面"下滑面板的"截面"列表框中单击"截面 3"，单击"草绘"按钮，进入草绘环境。绘制如图 4-88 所示的草图，单击"草绘"功能区"关闭"面板中的"确定"按钮✔，完成草图绘制。

（14）单击"草绘"功能区"草绘"面板中的"中心矩形"按钮，绘制如图 4-88 所示的第三个截面，一个边长为 80 的正方形。

（15）完成截面草绘后，单击"确定"按钮✔，退出草图绘制环境。连接轮廓如图 4-89 所示。

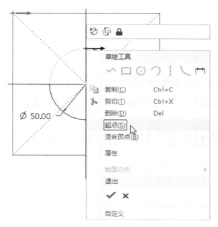

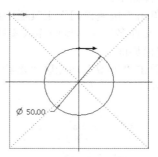

图 4-85　快捷菜单　　　　　　　　　　图 4-86　改变起始点方向

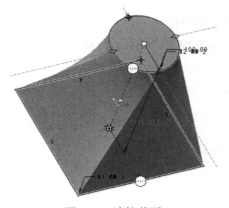

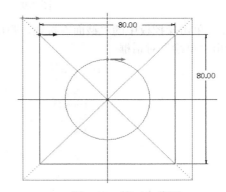

图 4-87　连接截面　　　　　　　　　　　图 4-88　第三个截面

（16）单击操控板中的"预览"按钮 ，预览混合特征模型，如图 4-90 所示。

（17）再次单击操控板中的"预览"按钮，取消混合特征模型的预览。

（18）在"选项"下滑面板的"混合曲面"列表框中选中"直"单选按钮，修改模型显示样式。

（19）单击"预览"按钮，生成混合特征，如图 4-91 所示。

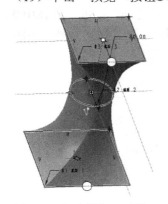

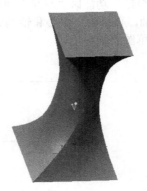

图 4-89　混合特征（平滑）　　　　图 4-90　混合特征（光滑）　　　　图 4-91　起始点反向（直的）

（20）单击操控板中的"确定"按钮，完成混合操作。

4.6.2 旋转混合特征

操作步骤如下：

（1）单击"快速访问"工具栏中的"新建"按钮，在弹出的"新建"对话框中，选择"零件"类型，在"文件名"文本框中输入零件名称"旋转混合"，单击"确定"按钮，接受系统默认模板，进入实体建模界面。

（2）单击"模型"功能区"形状"面板中的"旋转混合"按钮，弹出"旋转混合"操控板，如图 4-92 所示。

图 4-92　"旋转混合"操控板

（3）单击操控板中的"截面"按钮，弹出"截面"下滑面板，如图 4-93 所示，单击"定义"按钮，弹出"草绘"对话框。

图 4-93　"截面"下滑面板

（4）选取 FRONT 面作为草绘平面，其余选项接受系统默认值，单击"草绘"按钮进入草绘界面。

（5）单击"设置"工具栏中的"草绘视图"按钮，使草绘平面调整到正视于用户的视角。

（6）绘制第一个截面。单击"草绘"功能区"草绘"面板中的"中心线"按钮，在图中基准线位置创建一个竖直中心线作为旋转轴，再单击"中心和轴椭圆"按钮，绘制一个椭圆，如图 4-94 所示。单击"确定"按钮，退出草图绘制环境。

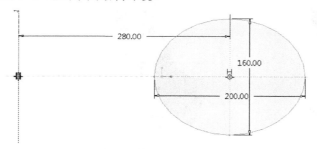

图 4-94　第一个截面

（7）单击操控板中的"截面"按钮，打开"截面"下滑面板，如图 4-95 所示，在"截面"列表框中显示新建的"截面 2"，在操控板中输入角度 60.0，如图 4-96 所示。

图 4-95　插入截面 2

图 4-96　设置截面 2 角度

（8）在下滑面板中单击"草绘"按钮，进入草绘环境。绘制第二截面。

（9）单击"草绘"功能区"草绘"面板中的"圆心和点"按钮，绘制如图 4-97 所示的一个直径为 100 的圆。单击"确定"按钮，退出草图绘制环境。

（10）在绘图区显示连接草图形成的模型，如图 4-98 所示。如果不再绘制其他截面，单击"确定"按钮，完成模型绘制；如果要绘制下一截面，继续在操控板的"截面"下滑面板中插入截面，继续绘制下一截面。

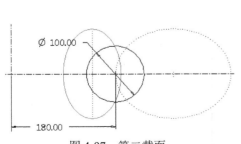

图 4-97　第二截面

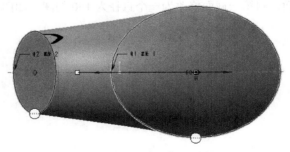

图 4-98　显示连接草图形成的模型

（11）继续绘制下一截面后，在"截面"下滑面板中单击"插入"按钮，插入截面 3，在操控板中或"截面"下滑面板中输入截面 3 与截面 2 的旋转角 30°。

（12）单击"草绘"按钮，进入绘图环境，绘制第三截面，单击"中心和轴椭圆"按钮，绘制结果如图4-99所示。单击"确定"按钮✔，退出草图绘制环境。

（13）单击操控板中的"预览"按钮，生成的混合特征如图4-100所示。

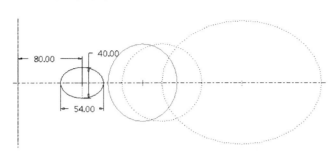

图4-99　第三截面　　　　　　　　　　　图4-100　生成混合特征（光滑的）

（14）再次单击操控板中的"预览"按钮，取消混合特征模型的预览。

（15）在"选项"下滑面板中，选中"混合曲面"选项组下的"直"单选按钮。

（16）单击操控板中的"预览"按钮，预览混合特征模型，如图4-101所示。

（17）再次单击操控板中的"预览"按钮，取消混合特征模型的预览。选中"混合曲面"选项组下的"平滑"单选按钮，设置模型为平滑。

（18）单击"截面"按钮，打开如图4-102所示的"截面"下滑面板。通过该面板中的命令可以完成添加截面、移除截面、修改截面等操作。

图4-101　生成混合特征（直的）　　　　　图4-102　"截面"下滑面板1

（19）在该面板下选中截面1，如图4-103所示。单击"编辑"按钮，系统进入第一截面草绘界面，将第一截面修改为一个直径为150的圆，如图4-104所示。

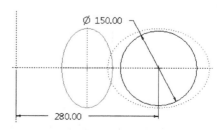

图4-103　"截面"下滑面板2　　　　　　　图4-104　修改后的第一截面

（20）修改完毕，单击"确定"按钮✔，退出草图绘制环境。

（21）单击操控板中的"预览"按钮∞，图形预览如图 4-105 所示。

（22）单击"确定"按钮✔或鼠标中键完成旋转混合特征的创建。

4.6.3 实例——吹风机前罩

首先通过扫描混合出前罩的基体，接着创建倒圆角特征。对前罩进行插入壳的操作，然后拉伸出前罩的安装口。再拉伸出风网，最终得到模型。绘制流程图如图 4-106 所示。

图 4-105 生成混合特征

视频讲解

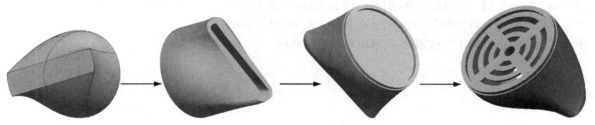

图 4-106 吹风机前罩绘制流程图

操作步骤:

1. 新建文件

单击"快速访问"工具栏中的"新建"按钮，弹出"新建"对话框。在"类型"选项组中选中"零件"单选按钮，在"文件名"文本框中输入"前罩"，取消选中"使用默认模板"复选框，单击"确定"按钮，弹出"新文件选项"对话框，选择 mmns_part_solid 选项，单击"确定"按钮，进入绘图界面。

2. 扫描出前罩

（1）单击"模型"功能区"形状"面板中的"混合"按钮，系统弹出"混合"操控板。

（2）单击操控板中的"截面"按钮，弹出下滑面板，选中"草绘截面"单选按钮，如图 4-107 所示。

（3）单击下滑面板中的"定义"按钮，弹出"草绘"对话框，然后选择 RIGHT 平面为草绘平面，"方向"为"下"，如图 4-108 所示。

图 4-107 "截面"下滑面板

图 4-108 "草绘"对话框

（4）单击"草绘"对话框中的"草绘"按钮，进入草图绘制环境，然后绘制一个直径为 90 的圆，单击"编辑"面板中的"分割"按钮，将绘制的圆分割为 4 部分，结果如图 4-109 所示。然后单击"确定"按钮✔，退出草图绘制环境。

（5）打开"截面"下滑面板，此时面板中自动插入"截面2"，在右侧的"偏移自"下拉列表框中输入"10.00"，如图 4-110 所示。

（6）单击"草绘"对话框中的"草绘"按钮，进入草图绘制环境，然后绘制一个直径为 90 的圆，单击"编辑"面板中的"分割"按钮，将绘制的圆分割为 4 部分，结果如图 4-111 所示。然后单击"确定"按钮✔，退出草图绘制环境。

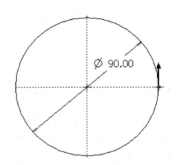

图 4-109　绘制截面草图（1）

图 4-110　插入截面（1）

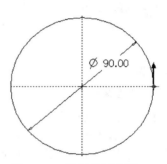

图 4-111　绘制截面草图（2）

（7）单击"截面"下滑面板右侧的"插入"按钮，创建截面 3，在右侧的"偏移自"下拉列表框中输入"50.00"，如图 4-112 所示。

（8）单击"草绘"对话框中的"草绘"按钮，进入草图绘制环境，然后利用草绘功能绘制如图 4-113 所示的草图（注意起点位置），单击"确定"按钮，退出草图绘制环境。

图 4-112　插入截面（2）

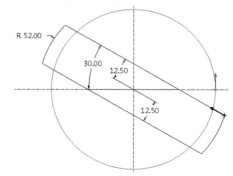

图 4-113　绘制截面草图（3）

（9）单击"混合"操控板中的"确定"按钮，完成特征，如图 4-114 所示。

Note

3. 创建倒圆角特征

（1）单击"模型"功能区"工程"面板上的"倒圆角"按钮 。使用 Ctrl 键，在扫描特征的侧面选择 4 条边，如图 4-115 所示。

（2）输入"8.00"作为圆角的半径，单击"确定"按钮 。圆角应当如图 4-116 所示。

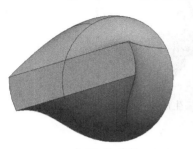

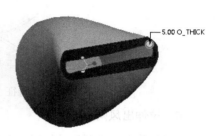

图 4-114　生成特征（1）　　　　图 4-115　选取倒角边　　　　图 4-116　圆角特征

4. 插入前罩壳特征

（1）单击"模型"功能区"工程"面板上的"壳"按钮 ，弹出"壳"操控板。

（2）选择如图 4-116 所示的前端平面。选定的曲面将从零件上去掉。

（3）输入"5.00"作为壁厚。

（4）预览抽壳特征，接着在操控板上选择"显示"选项。

（5）单击操控板上的"确定"按钮 ，如图 4-117 所示。

5. 拉伸前罩安装口

（1）单击"模型"功能区"形状"面板上的"拉伸"按钮 ，弹出"拉伸"操控板。

（2）在"拉伸"操控板上单击"放置"→"定义"按钮。

（3）在工作区上选择如图 4-118 所示的平面作为草绘平面。

（4）单击"草绘"功能区"草绘"面板上的"圆心和点"按钮 ，创建如图 4-119 所示的圆。单击"确定"按钮 ，退出草图绘制环境。

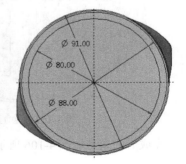

图 4-117　生成特征（2）　　　　图 4-118　选择草绘平面　　　　图 4-119　绘制草图（1）

（5）单击"拉伸"操控板上的"移除材料"按钮 。

（6）在操控板上选择"盲孔"深度选项 。

（7）输入"4.00"作为可变深度值，如图 4-120 所示。单击"确定"按钮 ，完成特征，如图 4-121 所示。

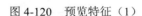

图 4-120   预览特征（1）

图 4-121   生成特征（3）

6. 拉伸出风网

（1）单击"模型"功能区"形状"面板上的"拉伸"按钮 ，弹出"拉伸"操控板。

（2）选择拉伸切除特征形成的凹下的平面，单击"草绘"功能区"草绘"面板上的"圆心和点"按钮 、"线"按钮 和"编辑"面板上的"镜像"按钮 ，绘制如图 4-122 所示的草图。单击"确定"按钮 ，退出草图绘制环境。

（3）在操控板中输入深度为 4.00，单击"拉伸"操控板上的"移除材料"按钮 ，单击"确定"按钮 ，如图 4-123 所示。

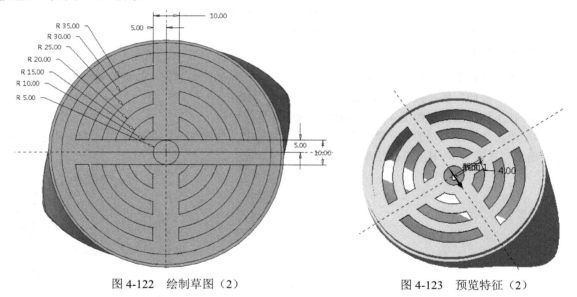

图 4-122   绘制草图（2）   图 4-123   预览特征（2）

完成后的模型如图 4-106 所示。

4.7   综合实例——沐浴露瓶

视频讲解

首先绘制沐浴露瓶的主体截面，然后混合生成沐浴露瓶的主体轮廓；再旋转生成颈部特征；最后扫描生成管轮廓，再进行倒圆角和抽壳。绘制的流程图如图 4-124 所示。

图 4-124　沐浴露瓶绘制流程图

操作步骤：

1. 新建文件

单击"快速访问"工具栏中的"新建"按钮，弹出"新建"对话框。在"类型"选项组中选中"零件"单选按钮，在"文件名"文本框中输入"沐浴露瓶"，取消选中"使用默认模板"复选框，单击"确定"按钮，弹出"新文件选项"对话框，选择 mmns_part_solid 选项，单击"确定"按钮，进入绘图界面。

2. 创建基准平面

（1）单击"模型"功能区"基准"面板上的"平面"按钮，系统弹出"基准平面"对话框。

（2）选取 TOP 面作为偏移参照，在"基准平面"对话框中输入与 TOP 面的偏移距离分别为 40、70、180、190、200，并分别确定，即可创建 5 个基准平面 DTM1、DTM2、DTM3、DTM4、DTM5，结果如图 4-125 所示。

3. 绘制截面

（1）单击"模型"功能区"基准"面板上的"草绘"按钮，选取 TOP 面作为草绘面，单击"草绘"功能区"草绘"面板上的"中心和轴椭圆"按钮，绘制椭圆，如图 4-126 所示。

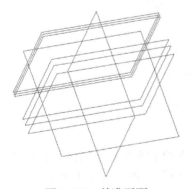

图 4-125　基准平面

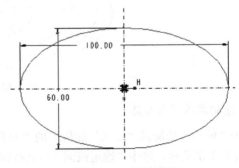

图 4-126　绘制椭圆 1

（2）单击"模型"功能区"基准"面板上的"草绘"按钮，选取 DTM1 面作为草绘面，单击"草绘"功能区"草绘"面板上的"中心和轴椭圆"按钮，绘制椭圆 2，如图 4-127 所示。

（3）单击"模型"功能区"基准"面板上的"草绘"按钮，选取 DTM2 面作为草绘面，单击"草绘"功能区"草绘"面板上的"中心和轴椭圆"按钮，绘制椭圆 3，如图 4-128 所示。

（4）单击"模型"功能区"基准"面板上的"草绘"按钮，选取 DTM3 面作为草绘面，单击"草绘"功能区"草绘"面板上的"中心和轴椭圆"按钮，绘制椭圆 4，如图 4-129 所示。

图 4-127　绘制椭圆 2

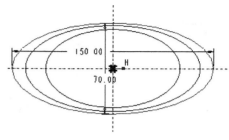

图 4-128　绘制椭圆 3

（5）单击"模型"功能区"基准"面板上的"草绘"按钮🖉，选取 DTM4 面作为草绘面，单击"草绘"功能区"草绘"面板上的"中心和轴椭圆"按钮🖉，绘制椭圆 5，如图 4-130 所示。

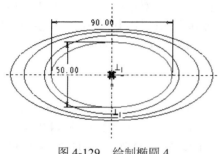

图 4-129　绘制椭圆 4

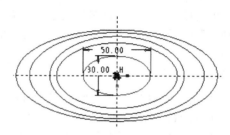

图 4-130　绘制椭圆 5

（6）单击"模型"功能区"基准"面板上的"草绘"按钮🖉，选取 DTM5 面作为草绘面，单击"草绘"功能区"草绘"面板上的"圆心和点"按钮⊙，绘制圆，如图 4-131 所示。

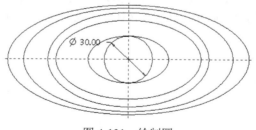

图 4-131　绘制圆

4. 绘制常规混合实体

单击"模型"功能区"形状"面板上的"混合"按钮🖉，在弹出的"混合"操控板中单击"截面"按钮，弹出下滑面板，选中"选定截面"单选按钮，选择"草绘 1"为截面 1，然后单击"插入"按钮，插入截面 2，再选择"草图 2"为截面 2，依次类推，直到选择"草图 6"，结果如图 4-132 所示。

5. 绘制旋转实体

（1）单击"模型"功能区"形状"面板上的"旋转"按钮🖈，弹出"旋转"操控板。

（2）选取 FRONT 面作为草绘面。单击"草绘"功能区"草绘"面板上的"线"按钮〰和"基准"面板上的"中心线"按钮ː，绘制旋转截面，如图 4-133 所示。单击"确定"按钮✔，退出草图绘制环境。

（3）在操控板中单击"确定"按钮✔，旋转结果如图 4-134 所示。

图 4-132 绘制常规混合实体

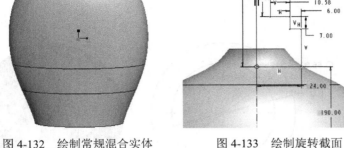

图 4-133 绘制旋转截面

图 4-134 绘制旋转实体

6. 绘制扫描轨迹线

单击"模型"功能区"基准"面板上的"草绘"按钮，选取 FRONT 面作为草绘面，绘制扫描轨迹，如图 4-135 所示。单击"确定"按钮✔，退出草图绘制环境。

7. 创建扫描实体

（1）单击"模型"功能区"形状"面板上的"扫描"按钮，打开"扫描"操控板。

（2）选取刚绘制的草绘线作为轨迹。

（3）单击"草绘"按钮，进入草图绘制环境，绘制直径为 8mm 的圆作为截面。

（4）在操控板中单击"确定"按钮✔，扫描结果如图 4-136 所示。

读者在第 5 章 5.4 节学到抽壳命令时，可以将沐浴露瓶进行抽壳处理，选择扫描实体的外表面为移除面，如图 4-137 所示。

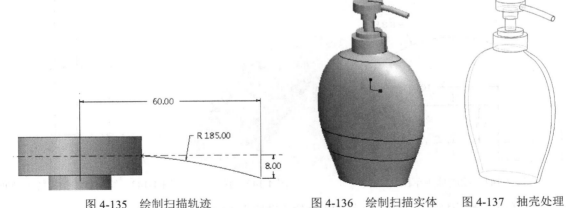

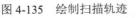

图 4-135 绘制扫描轨迹　　　　　图 4-136 绘制扫描实体　　图 4-137 抽壳处理

4.8　上机操作

通过前面的学习，读者对本章知识有了大体的了解，本节通过 6 个操作练习使读者进一步掌握本章知识要点。

1．绘制如图 4-138 所示的胶垫。

操作提示

利用"拉伸"命令，选择基准平面 FRONT 作为草绘平面，绘制如图 4-139 所示的草图。创建深度为 2.00 的拉伸特征。

2．绘制如图 4-140 所示的球头。

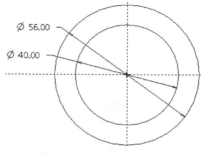

图 4-138　胶垫　　　　　图 4-139　绘制胶垫草图　　　　图 4-140　球头

操作提示

利用"旋转"命令，选择基准平面 TOP 作为草绘平面，绘制如图 4-141 所示的截面图。创建旋转角度为 360°的旋转体。

3．绘制如图 4-142 所示的弹簧。

操作提示

（1）利用"线"命令，绘制如图 4-143 所示的螺旋扫描特征剖面。

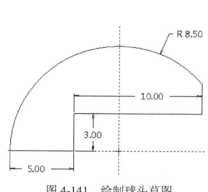

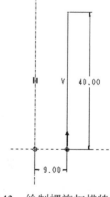

图 4-141　绘制球头草图　　　　　图 4-142　弹簧　　图 4-143　绘制螺旋扫描特征剖面

（2）利用"螺旋扫描"命令，在操控板中输入节距为 10.00。

（3）利用"圆心和点"命令，绘制如图 4-144 所示的圆图元作为截面。生成螺旋如图 4-145 所示。

（4）切除弹簧底面。利用"拉伸"命令，选择基准平面 RIGHT 作为草绘平面，绘制截面，如图 4-146 所示。单击"切减材料"按钮，输入"12.00"作为可变深度值，如图 4-147 所示。

4．绘制如图 4-148 所示的阀杆。

图 4-144 绘制草图

图 4-145 生成特征

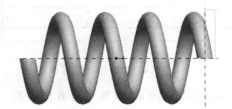

图 4-146 绘制截面草图

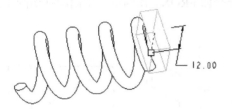

图 4-147 预览特征

图 4-148 阀杆

操作提示

利用"旋转"命令,选择基准平面 TOP 作为草绘平面,绘制如图 4-149 和图 4-150 所示的截面图。输入"360"作为旋转的变量角。

5. 绘制如图 4-151 所示的销钉。

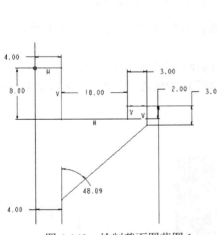

图 4-149 绘制截面图草图 1

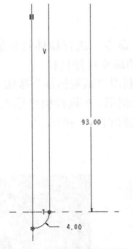

图 4-150 绘制截面图草图 2

图 4-151 销钉

操作提示

(1)旋转销钉杆。利用"旋转"命令,选择基准平面 FRONT 作为草绘平面,绘制如图 4-152 所示的截面图。设置旋转角度为 360°。

(2)切除连接孔。利用"拉伸"命令,选择基准平面 FRONT 作为草绘平面,创建如图 4-153 所示的圆。选择"对称"选项 ，输入"11.00"作为可变深度值,单击"切除材料"按钮 。

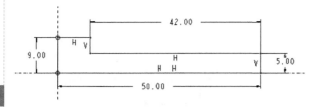

图 4-152　绘制销钉草图

图 4-153　绘制圆草图

6．绘制如图 4-154 所示的调节螺母。

操作提示

（1）拉伸螺头。利用"拉伸"命令，选择基准平面 FRONT 作为草绘平面绘制如图 4-155 所示的截面图。输入"10.00"作为可变深度值。

图 4-154　调节螺母

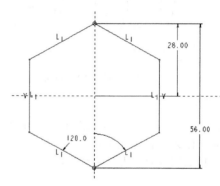

图 4-155　绘制草图 1

（2）拉伸螺杆。利用"拉伸"命令，选择拉伸特征的顶面作为草图绘制平面，在其上绘制如图 4-156 所示的圆。输入"20.00"的深度拉伸材料。

（3）创建钩柄连接扫描螺纹。利用"螺旋扫描"按钮，选择基准平面 RIGHT 作为草绘平面。绘制如图 4-157 所示的螺旋扫描特征剖面。在操控板中输入"0.625"作为轨迹的节距。绘制如图 4-158 所示的截面图。在操控板中单击"切除材料"按钮。

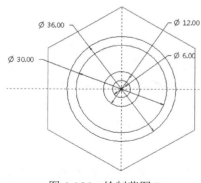

图 4-156　绘制草图 2

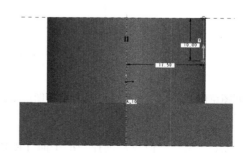

图 4-157　剖面

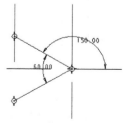

图 4-158　绘制草图 3

第5章

工程特征建立

工程实体特征包括倒圆角、倒角、孔、抽壳、筋和拔模特征。通过本章的学习，可以在基础特征的基础上对模型进行工程上的修饰和完善。

- ☑ 建立倒圆角、倒角特征
- ☑ 建立孔、抽壳特征
- ☑ 建立筋特征
- ☑ 建立拔模特征

任务驱动&项目案例

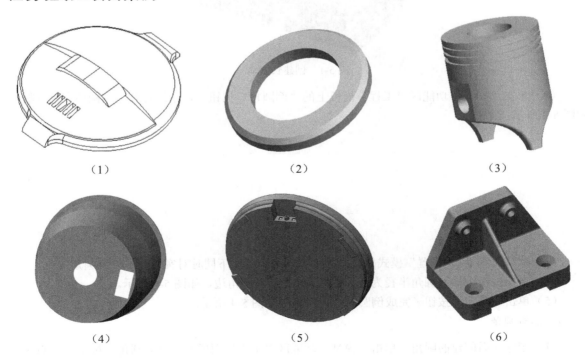

（1）　　　　　　　（2）　　　　　　　（3）

（4）　　　　　　　（5）　　　　　　　（6）

5.1 建立倒圆角特征

在 Creo Parametric 中可创建和修改倒圆角。倒圆角是一种边处理特征，通过向一条或多条边、边链或在曲面之间添加半径形成。曲面可以是实体模型曲面或常规的 Creo Parametric 零厚度面组和曲面。

要创建倒圆角，须定义一个或多个倒圆角集。倒圆角集是一种结构单位，包含一个或多个倒圆角段（倒圆角几何）。在指定倒圆角放置参考后，Creo Parametric 将使用默认属性、半径值以及最适于被参考几何的默认过渡创建倒圆角。Creo Parametric 在图形窗口中显示倒圆角的预览几何，允许用户在创建特征前创建和修改倒圆角段和过渡。

5.1.1 操作步骤精讲

1. 圆形圆角（常用圆角）

操作步骤如下：

（1）利用拉伸命令创建一个 100×50×20 的长方体，如图 5-1 所示。

图 5-1 创建长方体

（2）单击"模型"功能区"工程"面板上的"倒圆角"按钮 ，系统打开"倒圆角"操控板，如图 5-2 所示。

图 5-2 "倒圆角"操控板

（3）默认设置下，"设置"模式处于激活状态，在该模式下同时对实体的多处倒圆角。

（4）在操控板中输入圆角半径为 5，在视图中选择倒圆角边，如图 5-3 所示。

（5）单击"确定"按钮 完成倒圆角操作，结果如图 5-4 所示。

2. 圆锥圆角

（1）删除前面创建的圆角。单击"模型"功能区"工程"面板上的"倒圆角"按钮 ，系统打开"倒圆角"操控板。

（2）单击"集"按钮，在弹出的下滑面板中将右边第一个下拉列表框设置为"圆锥"，用于控制倒圆角的界面形状，如图 5-5 所示。

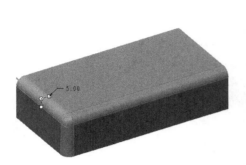

图 5-3　选取倒圆角边

图 5-5　"集"下滑面板

图 5-4　圆形倒圆角

（3）下滑面板右边第二行文本框用于设置倒圆角的锐度，数值越小过渡越平滑。

（4）下滑面板右边第三行下拉列表框用于设置倒圆角的截面形状，不同形状会生成不同的倒圆角几何，此处设置为"垂直于骨架"。

（5）单击"参考"文本框，然后在绘图区选取需要倒圆角的边，被选取的边显示在"参考"文本框中，同时在实体模型上被选取的边也加亮显示，如图 5-6 所示。按住 Ctrl 键选取多条边，同时还可以单击其下面的"细节"按钮，在弹出的如图 5-7 所示的"链"对话框中单击"添加"按钮添加其他的边或单击"移除"按钮去除多余的选取，选取完毕后，单击"确定"按钮即可返回到下滑面板。

图 5-6　选取倒圆角的边

（6）在下滑面板最下面的文本框中设置倒圆角半径为 5。下滑面板的完整设置如图 5-8 所示。

（7）设置完成后，单击"确定"按钮 ✓ 完成倒圆角操作，结果如图 5-9 所示。

Note

图 5-7　"链"对话框

图 5-8　下滑面板的完整设置

图 5-9　倒圆角

3.　完全倒圆角

（1）删除前面创建的圆角。单击"模型"功能区"工程"面板上的"倒圆角"按钮，然后单击操控板上的"集"按钮，在弹出的下滑面板中单击"参考"文本框，系统提示"选取一条边或边链"或"选取一个曲面以创建倒圆角集"。选取实体上如图 5-10 所示的两个曲面 1、2。

此时，"集"下滑面板中的"完全倒圆角"处于激活状态。

（2）系统提示"选取一个曲面以用曲面到曲面完全倒圆角进行替换"，选取图 5-10 中的曲面 3。

（3）单击"确定"按钮完成倒圆角操作，结果如图 5-11 所示。

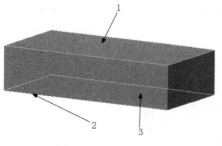

图 5-10　选取曲面

图 5-11　完全倒圆角

5.1.2　操控板选项介绍

1.　"倒圆角"操控板

单击"模型"功能区"工程"面板上的"倒圆角"按钮，系统打开如图 5-12 所示的"倒圆角"

图 5-12 "倒圆角"操控板

"倒圆角"操控板显示以下选项：

（1）"集模式"图标

激活"集模式"图标，可用来处理倒圆角集。系统默认选取此选项。默认设置用于具有"圆形"截面形状倒圆角的选项。

（2）"过渡模式"图标

激活"过渡模式"，可以定义倒圆角特征的所有过渡。"过渡"类型对话框可设置显示当前过渡的默认过渡类型，并包含基于几何环境的有效过渡类型的列表。此框可用来改变当前过渡的过渡类型。

2. 下滑面板

（1）"集"下滑面板

"集"下滑面板包含下列选项。

❶ "截面形状"下拉列表框：控制活动倒圆角集的截面形状。

❷ "圆锥参数"文本框：控制当前"圆锥"倒圆角的锐度。可输入新值，或从列表中选取最近使用的值。默认值为 0.50。仅当选取了"圆锥"或"D1×D2 圆锥"截面形状时，此框才可用。

❸ "创建方法"下拉列表框：控制活动的倒圆角集的创建方法。

❹ "延伸曲面"按钮：启用倒圆角以在连接曲面的延伸部分继续展开，而非转换为边至曲面倒圆角。

❺ "完全倒圆角"按钮：将活动倒圆角集切换为完全倒圆角，或允许使用第三个曲面来驱动曲面到曲面完全倒圆角。再次单击此按钮可将倒圆角恢复为先前状态。

❻ "通过曲线"按钮：允许由选定曲线驱动活动的倒圆角半径，以创建由曲线驱动的倒圆角。这会激活"驱动曲线"列表框。再次单击此按钮可将倒圆角恢复为先前状态。

❼ "参考"列表框：包含为倒圆角集所选取的有效参考。可在该列表框中单击或使用"参考"快捷菜单命令将其激活。

❽ 第二列表框：根据活动的倒圆角类型，可激活下列列表框。

☑ 驱动曲线：包含曲线的参考，由该曲线驱动倒圆角半径来创建由曲线驱动的倒圆角。可在该列表框中单击或使用"通过曲线"快捷菜单命令将其激活。只需将半径捕捉（按住 Shift 键单击并拖动）至曲线即可打开该列表框。

☑ 驱动曲面：包含将由完全倒圆角替换的曲面参考。可在该列表框中单击或使用"延伸曲面"快捷菜单命令将其激活。

☑ 骨架：包含用于"垂直于骨架"或"滚动"曲面至曲面倒圆角集的可选骨架参考。可在该列表框中单击或使用"可选骨架"快捷菜单命令将其激活。

❾ "细节"按钮：打开"链"对话框以便能修改链属性，此对话框如图 5-13 所示。

❿ "半径"列表框：控制活动的倒圆角集的半径的距离和位置。对于"完全倒圆角"或由曲线驱动的倒圆角，该表不可用。"半径"列表框包含以下选项。

☑ "距离"框：指定倒圆角集中圆角半径特征。位于"半径"列表框下面，包含以下选项。

❖ 值：使用数字指定当前半径。此距离值在"半径"列表框中显示。

❖ 参考：使用参考设置当前半径。此选项会在"半径"列表框中激活一个列表框，显示相应参考信息。

特别地，对于 D1×D2 圆锥倒圆角，会显示两个"距离"框。

（2）"过渡"下滑面板

要使用此面板，必须激活"过渡"模式。"过渡"下滑面板如图 5-14 所示，"过渡"列表包含整个倒圆角特征的所有用户定义的过渡，可用来修改过渡。

（3）"段"下滑面板

"段"下滑面板如图 5-15 所示。可查看倒圆角特征的全部倒圆角集，查看当前倒圆角集中的全部倒圆角段，修剪、延伸或排除这些倒圆角段，以及处理放置模糊问题。

"段"下滑面板包含下列选项。

☑ "集"列表：列出包含放置模糊的所有倒圆角集。此列表针对整个倒圆角特征。

☑ "段"列表：列出当前倒圆角集中放置不明确从而产生模糊的所有倒圆角段，并指示这些段的当前状态（"包括""排除"或"已编辑"）。

（4）"选项"下滑面板

"选项"下滑面板如图 5-16 所示，包含下列选项。

图 5-13　"链"对话框

图 5-14　"过渡"下滑面板

图 5-15　"段"下滑面板

图 5-16　"选项"下滑面板

☑ "相同面组"单选按钮：以与现有几何相交的实体形式创建倒圆角特征。仅当选取实体作为倒圆角集参考时，此连接类型才可用。如果选取实体作为倒圆角集参考，则系统自动默认选中此选项。

☑ "新面组"单选按钮：与现有几何不相交的曲面形式创建倒圆角特征。仅当选取实体作为倒圆角集参考时，此连接类型才可用。系统自动默认不选取此选项。

☑　"创建终止曲面"复选框：创建结束曲面，以封闭倒圆角特征的倒圆角段端点。仅当选取了有效几何以及"曲面"或"新面组"连接类型时，此复选框才可用。系统自动默认不选取此选项。

📢 **注意**：要进行延伸，必须存在侧面，并使用这些侧面作为封闭曲面。如果不存在侧面，则不能封闭倒圆角段端点。

（5）"属性"下滑面板

"属性"下滑面板包含下列选项。

☑　"名称"文本框：显示当前倒圆角特征名称，可将其重命名。

☑　ℹ️按钮：在系统浏览器中提供详细的倒圆角特征信息。

5.1.3　实例——电饭煲顶盖

首先通过旋转得到顶盖的基体，再创建倒圆角特征，通过旋转操作得到凸出部分；其次通过拉伸得到连接扣，再创建倒圆角特征；然后通过拉伸得到手柄，最后拉伸切除盖腔和出气孔，最终形成模型。绘制流程图如图 5-17 所示。

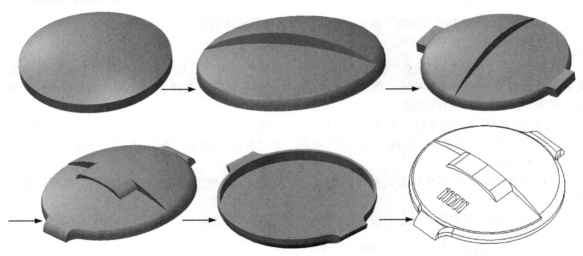

图 5-17　电饭煲顶盖绘制流程图

操作步骤：

1. 新建模型

单击"快速访问"工具栏中的"新建"按钮，系统打开"新建"对话框，在"类型"选项组中选中"零件"单选按钮，在"子类型"选项组中选中"实体"单选按钮，在"文件名"文本框中输入"顶盖"，其他选项接受系统默认设置，单击"确定"按钮，创建一个新的零件文件。

2. 旋转顶盖基体

（1）单击"模型"功能区"形状"面板上的"旋转"按钮，在打开的"旋转"操控板中依次单击"放置"→"定义"按钮，系统打开"草绘"对话框。选取 TOP 基准平面作为草绘平面，单击"草绘"按钮，进入草绘环境。

（2）单击"草绘"功能区"基准"面板上的"中心线"按钮，绘制一条竖直中心线作为旋转轴。单击"草绘"功能区"草绘"面板上的"线"按钮和"3 点/相切端"按钮，绘制如图 5-18 所示的截面并修改尺寸。单击"确定"按钮，退出草图绘制环境。

（3）在操控板中设置旋转方式为"指定"，给定旋转角度为 360°。单击操控板中的"确定"按钮，完成顶盖基体特征的旋转，结果如图 5-19 所示。

3．创建倒圆角特征

（1）单击"模型"功能区"工程"面板上的"倒圆角"按钮，弹出"倒圆角"操控板。

（2）选取如图 5-20 所示旋转特征的表面边。在操控板中给定圆角半径值为 2。

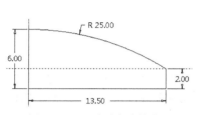
图 5-18　绘制顶盖基体截面

图 5-19　旋转顶盖基体

图 5-20　选择倒圆角边

（3）单击操控板中的"确定"按钮，完成倒圆角特征的创建。

4．旋转顶盖凸出部分

（1）单击"模型"功能区"形状"面板上的"旋转"按钮，在打开的"旋转"操控板中依次单击"放置"→"定义"按钮，系统打开"草绘"对话框。选取 TOP 基准平面作为草绘平面，单击"草绘"按钮，进入草绘环境。

（2）单击"草绘"功能区"基准"面板上的"中心线"按钮，绘制一条竖直中心线作为旋转轴。单击"草绘"功能区"草绘"面板上的"线"按钮和"3 点/相切端"按钮，绘制如图 5-21 所示截面并修改尺寸。

（3）在操控板中设置旋转方式为"变量"，给定旋转角度为 180°，然后单击"移除材料"按钮。

（4）单击操控板中的"确定"按钮，完成顶盖凸出部分的旋转，如图 5-22 所示。

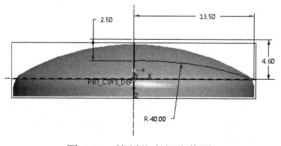
图 5-21　绘制凸出部分截面

图 5-22　预览特征

5．拉伸连接口

（1）单击"模型"功能区"形状"面板上的"拉伸"按钮，在打开的"拉伸"操控板中依次单击"放置"→"定义"按钮，系统打开"草绘"对话框。选取如图 5-23 所示旋转特征的底面作为草绘平面，单击"草绘"按钮，进入草绘环境。

（2）单击"草绘"功能区"草绘"面板上的"拐角矩形"按钮▢，绘制如图 5-24 所示的截面并修改尺寸。

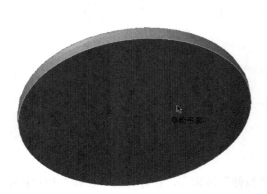

图 5-23　选择草绘平面

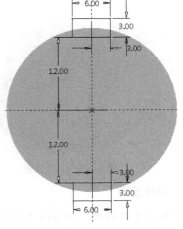

图 5-24　绘制连接口截面

（3）在操控板中设置拉伸方式为"盲孔"⊥，输入深度为 2。

（4）单击操控板中的"确定"按钮✔，完成连接扣特征的创建，如图 5-25 所示。

6．创建倒圆角特征

（1）单击"模型"功能区"工程"面板上的"倒圆角"按钮，弹出"倒圆角"操控板。

（2）选取如图 5-26 所示拉伸特征的表面边，给定圆角半径为 2。

图 5-25　连接扣

图 5-26　选择倒圆角边

（3）单击操控板中的"确定"按钮✔，完成倒圆角特征的创建。

（4）采用同样的方法，选取如图 5-27 所示的边，创建半径为 2 的倒圆角特征。

7．拉伸手柄

（1）单击"模型"功能区"形状"面板上的"拉伸"按钮，在打开的"拉伸"操控板中依次单击"放置"→"定义"按钮，系统打开"草绘"对话框。选取旋转特征的端面作为草绘平面，单击"草绘"按钮，进入草绘环境。

（2）单击"草绘"功能区"草绘"面板上的"3 点/相切端"按钮，绘制如图 5-28 所示的截面并修改尺寸。

（3）在操控板中设置拉伸方式为"盲孔"⊥，给定拉伸深度值为 4。

（4）单击操控板中的"确定"按钮✔，完成手柄特征的创建，结果如图 5-29 所示。

图 5-27　生成特征

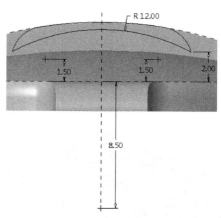

图 5-28　绘制拉伸手柄截面

8．切除盖腔

（1）单击"模型"功能区"形状"面板上的"拉伸"按钮 ，在打开的"拉伸"操控板中依次单击"放置"→"定义"按钮，系统打开"草绘"对话框。选取旋转特征的底面作为草绘平面，单击"草绘"按钮，进入草绘环境。

（2）单击"草绘"功能区"草绘"面板上的"圆心和点"按钮 ，绘制如图 5-30 所示的截面并修改尺寸。

图 5-29　预览特征

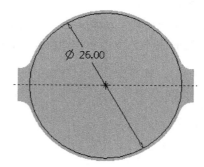

图 5-30　绘制截面（1）

（3）在操控板中设置拉伸方式为"盲孔" ，给定拉伸深度值为 2，然后单击"移除材料"按钮 。

（4）单击操控板中的"确定"按钮 ，完成盖腔的切除，如图 5-31 所示。

9．切除出气孔

（1）单击"模型"功能区"形状"面板上的"拉伸"按钮 ，在打开的"拉伸"操控板中依次单击"放置"→"定义"按钮，系统打开"草绘"对话框。选取拉伸切除特征的底面作为草绘平面，单击"草绘"按钮，进入草绘环境。

（2）单击"草绘"功能区"草绘"面板上的"拐角矩形"按钮 ，绘制如图 5-32 所示的截面并修改尺寸。

（3）在操控板中设置拉伸方式为"穿透" ，然后单击"去除材料"按钮 ，单击"反向"按钮 ，调整切除方向。

（4）单击操控板中的"确定"按钮 ，完成出气孔的切除，最终生成的实体如图 5-17 所示。

图 5-31　生成的特征

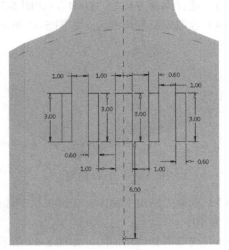

图 5-32　绘制截面（2）

5.2　建立倒角特征

在 Creo Parametric 中可创建和修改倒角。倒角特征是对边或拐角进行斜切削。曲面可以是实体模型曲面或常规的零厚度面组和曲面。可创建两种倒角类型：边倒角和拐角倒角。

5.2.1　边倒角

（1）利用拉伸命令创建一个 100×50×20 的长方体，如图 5-33 所示。

图 5-33　创建长方体

（2）单击"模型"功能区"工程"面板上的"倒角"按钮 ，系统打开"边倒角"操控板，如图 5-34 所示。

图 5-34　"边倒角"操控板

（3）选择倒角方式为"D×D"，如图 5-35 所示，并设置倒角距离尺寸值为 5.00。

（4）选取需要倒角的边，如图 5-36 所示。

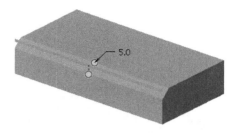

图 5-35　D×D 倒角　　　　　　　　　　　　　图 5-36　选取需要倒角的边（1）

（5）重复"倒角"命令，在操控板中选择倒角方式为"D1×D2"，并设置 D1 倒角距离尺寸值为 5，D2 为 10。

（6）选取需要倒角的边，如图 5-37 所示。

（7）单击"确定"按钮 ✓ 完成倒角操作，结果如图 5-38 所示。

图 5-37　选取需要倒角的边（2）　　　　　　　　图 5-38　D1×D2 倒角

（8）重复"倒角"命令，在操控板中选择倒角方式为"角度×D"，并设置倒角角度为 60，距离为 5。

（9）选取需要倒角的边，如图 5-39 所示。

（10）单击"确定"按钮 ✓ 完成倒角操作，结果如图 5-40 所示。

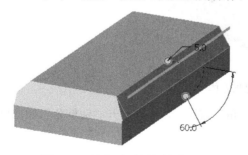

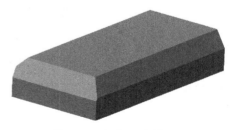

图 5-39　选取需要倒角的边（3）　　　　　　　　图 5-40　角度×D 倒角（1）

（11）重复"倒角"命令，在操控板中选择倒角方式为"45×D"，并设置倒角距离为 5。

（12）选取需要倒角的边，如图 5-41 所示。

（13）单击"确定"按钮 ✓ 完成倒角操作，结果如图 5-42 所示。

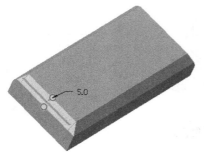

图 5-41　选取需要倒角的边（4）

图 5-42　角度×D 倒角（2）

5.2.2　拐角倒角

（1）单击"模型"功能区"工程"面板上的"拐角倒角"按钮 ，弹出如图 5-43 所示的"拐角倒角"操控板。

图 5-43　"拐角倒角"操控板

（2）选取如图 5-44 所示顶点，在操控板中输入倒角尺寸分别为 20、40、5。

（3）在操控板中单击"确定"按钮 ，完成倒角的创建，结果如图 5-45 所示。

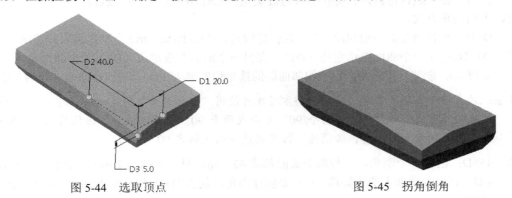

图 5-44　选取顶点　　　　　　　　　　　　　图 5-45　拐角倒角

5.2.3　操控板选项介绍

1．"倒角"操控板

Creo Parametric 可创建不同的倒角。能创建的倒角类型取决于选取的参考类型。

单击"模型"功能区"工程"面板上的"倒角"按钮 ，系统打开"边倒角"操控板。操控板包含下列选项：

（1）"集模式"按钮

用来处理倒角集。系统会默认选取此选项，如图 5-46 所示。"标注形式"下拉列表框显示倒角集的当前标注形式，并包含基于几何环境的有效标注形式的列表，系统包含的标注方式有"D×D"

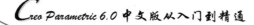
"D1×D2""角度×D""45×D" 4 种。

图 5-46 "边倒角"操控板集模式

（2）"过渡模式"按钮

当在绘图区中选取倒角几何时，图标被激活，单击倒角模式转变为过渡。相应操控板如图 5-47 所示，可以定义倒角特征的所有过渡。其中"过渡类型"下拉列表框显示当前过渡的默认过渡类型，并包含基于几何环境的有效过渡类型的列表。此框可用来改变当前过渡的过渡类型。

图 5-47 "边倒角"操控板过渡模式

☑ 集：倒角段，由唯一属性、几何参考、平面角及一个或多个倒角距离组成：由倒角和相邻曲面所形成的三角边。

☑ 过渡：连接倒角段的填充几何。过渡位于倒角段或倒角集端点会合或终止处。在最初创建倒角时，使用默认过渡，并提供多种过渡类型，允许用户创建和修改过渡。

提供下列倒角方式。

☑ D×D：在各曲面上与边相距（D）处创建倒角。Creo Parametric 会默认选取此选项。

☑ D1×D2：在一个曲面距选定边（D1）、在另一个曲面距选定边（D2）处创建倒角。

☑ 角度×D：创建一个倒角，它距相邻曲面的选定边距离为（D），与该曲面的夹角为指定角度。

注意：只有符合下列条件时，前面 3 个方案才可使用"偏移曲面"创建方法：对"边"倒角，边链的所有成员必须正好由两个 90°平面或两个 90°曲面（例如，圆柱的端面）形成。对"曲面到曲面"倒角，必须选取恒定角度平面或恒定 90°曲面。

☑ 45×D：创建一个倒角，它与两个曲面都成 45°角，且与各曲面上的边的距离为（D）。

☑ x O：在沿各曲面上的边偏移（O）处创建倒角。仅当 D×D 不适用时，系统才会默认选取此选项。

☑ O1×O2：在一个曲面距选定边的偏移距离（O1）、在另一个曲面距选定边的偏移距离（O2）处创建倒角。

2. 下滑面板

"倒角"操控板的下滑面板和前面介绍的"倒圆角"操控板的下滑面板类似，故不再重复叙述。

5.2.4 实例——垫片

首先使用拉伸命令形成垫片的主体形状，最后采用倒角命令，完成边缘修饰。绘制流程图如图 5-48 所示。

图 5-48　垫片绘制流程图

操作步骤:

1．新建文件

单击"快速访问"工具栏中的"新建"按钮🗋,弹出"新建"对话框。在"类型"选项组中选中"零件"单选按钮,在"文件名"文本框中输入"垫片",取消选中"使用默认模板"复选框,单击"确定"按钮,弹出"新文件选项"对话框,选择 mmns_part_solid 选项,单击"确定"按钮,进入绘图界面。

2．创建拉伸体

(1)单击"模型"功能区"形状"面板上的"拉伸"按钮🗗,弹出"拉伸"操控板。

(2)单击"放置"→"定义"按钮,弹出"草绘"对话框,选择 TOP 基准面为草绘平面,单击"草绘"对话框中的"草绘"按钮,接受默认参考方向进入草绘模式。

(3)单击"草绘"功能区"草绘"面板上的"圆心和点"按钮⊙,绘制一对同心圆,如图 5-49所示。

(4)双击视图中尺寸,将它们修改成如图 5-49 所示。单击"确定"按钮✔,退出草图绘制环境。

(5)在操控板中单击"实体"按钮◻,再选择"盲孔"⊥,输入深度为 2.5,单击"确定"按钮✔完成此特征,如图 5-50 所示。

3．生成倒角特征

(1)单击"模型"功能区"工程"面板上的"倒角"按钮🗑,弹出"倒角"操控板。

(2)选择拉伸特征一侧的外边进行倒角。

(3)在操控板中选择"45×D"选项,输入倒角距离为 0.8,单击"确定"按钮✔,完成倒角特征。垫片形状如图 5-51 所示。

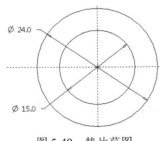

图 5-49　垫片草图

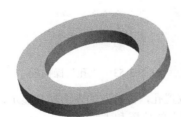

图 5-50　垫片主体特征

图 5-51　垫片效果图

5.3　建立孔特征

利用"孔"工具可向模型中添加简单孔、定制孔和工业标准孔。通过定义放置参考、设置次(偏

Note

移）参考及定义孔的具体特性来添加孔。

通过"孔"命令可以创建以下类型的孔。

（1）直孔 ⊔：由带矩形剖面的旋转切口组成。其中直孔的创建又包括矩形、标准和草绘 3 种创建方式

☑ 矩形：使用 Creo Parametric 预定义的（直）几何。默认情况下，Creo Parametric 创建单侧"矩形"孔。但是，可以使用"形状"下滑面板来创建双侧简单直孔。双侧"矩形"孔通常用于组件中，允许同时格式化孔的两侧。

☑ 标准：孔底部有实际钻孔时的底部倒角。

☑ 草绘：使用"草绘器"中创建的草绘轮廓。

（2）标准 🔩：由基于工业标准紧固件表的拉伸切口组成。Creo Parametric 提供选取的紧固件的工业标准孔图表以及螺纹或间隙直径。也可创建自己的孔图表。注意，对于"标准"孔，会自动创建螺纹注释。

5.3.1 操作步骤精讲

1. 创建长方体

利用拉伸命令创建一个 100×50×20 的长方体，如图 5-52 所示。

图 5-52 拉伸实体

2. 创建简单孔

（1）单击"模型"功能区"工程"面板上的"孔"按钮 🔟，打开"孔"操控板，如图 5-53 所示。

图 5-53 "孔"操控板

（2）选取长方体的上表面来放置孔，被选取的表面加亮显示，并预显孔的位置和大小，如图 5-54 所示，通过孔的控制手柄可以调整孔的位置和大小。

（3）拖动控制手柄到合适的位置后，系统显示孔的中心到参考边的距离，通过双击该尺寸值便可以对其进行修改。设置孔中心到边 1、2 的距离分别为 20 和 20，孔直径为 15，如图 5-55 所示。

（4）通过"放置"下滑面板同样可以设置孔的放置平面、位置和大小。

（5）单击"放置"选项下面的文本框后，选取拉伸实体的上表面作为孔的放置平面；单击"反向"按钮改变孔的创建方向；单击"偏移参考"选项下的文本框，选取拉伸实体的一条参考边，被选取的边的名称及孔中心到该边的距离均显示在下面的文本框中，单击距离值文本框，该框变为可编辑

文本框，此时可以改变距离值。再单击"偏移参考"选项下第二行文本框，按住 Ctrl 键同时，在绘图区选取另外一条参考边，结果如图 5-56 所示。

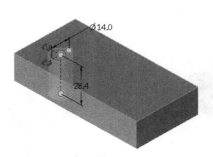

图 5-54　预显孔位置和大小

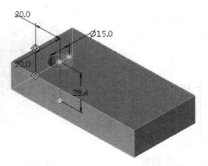

图 5-55　设置孔尺寸

（6）设置完孔的各项参数之后，单击"形状"按钮，在弹出的如图 5-57 所示的下滑面板中显示了当前孔的形状。

（7）在操控板中单击"确定"按钮✔，完成孔操作，结果如图 5-58 所示。

图 5-56　面板的设置

图 5-57　"形状"下滑面板

图 5-58　孔效果

3．创建草绘孔

（1）单击"模型"功能区"工程"面板上的"孔"按钮，打开"孔"操控板。

（2）单击按钮，操控板如图 5-59 所示；再单击"草绘"按钮，系统进入草绘界面。绘制如图 5-60 所示的旋转截面，然后单击"确定"按钮✔，退出草图绘制环境。

图 5-59　"孔"操控板

（3）打开"放置"下滑面板，单击"放置"选项下面的文本框后，仍选取拉伸实体的上表面放置孔；单击"偏移参考"选项下的文本框，选取拉伸实体边作为参考边，单击距离值文本框。再单击"偏移参考"选项下第二行文本框，按住 Ctrl 键同时，在绘图区单击选取另外一条参考边，并设置偏距，如图 5-61 所示。

（4）单击"确定"按钮✔完成孔操作，结果如图 5-62 所示。

图 5-60　旋转截面

图 5-61　孔设置

图 5-62　孔效果

4. 创建螺纹孔

（1）单击"模型"功能区"工程"面板上的"孔"按钮，打开"孔"操控板，在操控板上单击"标准"按钮，操控板选项如图 5-63 所示。

图 5-63　操控板

（2）操控板的设置为"ISO"标准、"M10×1"螺钉、孔深"20.00"和"沉孔"，如图 5-64 所示。

图 5-64　操控板的设置

（3）选取拉伸实体的上表面放置螺纹孔，选取图 5-65 中的边作为参考边，偏距为 20，如图 5-65 所示。

（4）设置完孔的各项参数之后，单击操控板中的"形状"按钮，在弹出的如图 5-66 所示的下滑面板中显示了当前孔的形状。图中文本框显示的尺寸为可变尺寸，用户可以按照自己的要求设置。

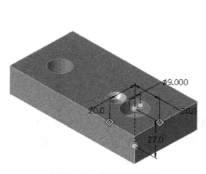

图 5-65　螺纹孔设置

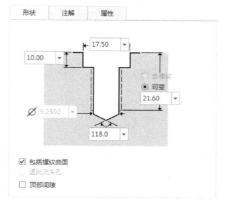

图 5-66　"形状"下滑面板

（5）单击操控板中的"注解"按钮，其下滑面板给出了当前孔的基本信息，如图 5-67 所示。

（6）单击"确定"按钮 ✓ 完成孔操作，结果如图 5-68 所示。

图 5-67　"注释"下滑面板　　　　　　　　图 5-68　螺纹孔效果

5.3.2　操控板选项介绍

单击"模型"功能区"工程"面板上的"孔"按钮 ，系统打开"孔"操控板。

"孔"操控板由一些命令组成，这些命令从左向右排列，引导用户逐步完成整个设计过程。根据设计条件和孔类型的不同，某些选项会不可用。主要可以创建以下两种类型的孔。

1．预定义孔 （见图 5-69）

图 5-69　"孔"操控板

☑ "孔轮廓"：指示要用于孔特征轮廓的几何类型。主要有"矩形""标准孔轮廓""草绘"3种类型。其中，"矩形"孔使用预定义的矩形，"标准孔轮廓"孔使用标准轮廓作为钻孔轮廓，而"草绘"孔允许创建新的孔轮廓草绘或浏览到目录中的所需草绘。

☑ "直径"文本框 ⌀：控制简单孔特征的直径。其中包含最近使用的直径值，输入创建孔特征的直径数值即可。

☑ "深度选项"下拉列表框：列出直孔的可能深度选项。

❖ ：放置参考以指定深度值在第一方向钻孔。

❖ ：在放置参考的两个方向上，以指定深度值的一半分别在各方向钻孔。

❖ ：在第一方向钻孔直到下一个曲面（在"组件"模式下不可用）。

❖ ：在第一方向钻孔，直到选定的点、曲线、平面或曲面。

❖ ：在第一方向钻孔直到与所有曲面相交。

❖ ：在第一方向钻孔直到与选定曲面或平面相交（在"组件"模式下不可用）。

☑ "深度值"文本框：指示孔特征是延伸到指定的参考，还是延伸到用户定义的深度。

（1）"放置"下滑面板

用于选取和修改孔特征的位置与参考，如图 5-70 所示。

☑ "放置"列表框：指示孔特征放置参考的名称。主参考列表框只能包含一个孔特征参考。该工具处于活动状态时，用户可以选取新的放置参考。

☑ "反向"按钮：改变孔放置的孔方向。

☑ "类型"下拉列表框：指示孔特征使用偏移/偏移参考的方法。

☑ "偏移参考"列表框：指示在设计中放置孔特征的偏移参考。如果主放置参考是基准点，则该列表框不可用。该表有 3 列：第一列提供参考名称。第二列提供偏移参考类型的信息。偏移参考类型的定义如下：对于线性参考类型，定义为"对齐"或"线性"；对于同轴参考类型，定义为"轴向"；对于直径和径向参考类型，则定义为"轴向"和"角度"。通过单击该列并从列表中选取偏移定义，可改变线性参考类型的偏移参考定义。第三列提供参考偏移值。可输入正值和负值。但负值会自动反向于孔的选定参考侧。偏移值列包含最近使用的值。

孔工具处于活动状态时，可选取新参考以及修改参考类型和值。如果主放置参考改变，则仅当现有的偏移参考对于新的孔放置有效时，才能继续使用。

（2）"形状"下滑面板（见图 5-71）

对于"简单"孔特征，可确定简单孔特征第二侧的深度选项的格式。所有"简单"孔深度选项均可用。默认情况下，"侧 2"下拉列表框深度选项为"无"。"侧 2"下拉列表框不可用于"草绘"孔。

对于"草绘"孔特征，在打开"形状"下滑面板时，在嵌入窗口中会显示草绘几何。可以在各参数下拉列表框中选择前面使用过的参数值或输入新的值。

（3）"属性"下滑面板

用于获得孔特征的一般信息和参数信息，并可以重命名孔特征，如图 5-72 所示。标准孔的"属性"下滑面板比直孔的多了一个参数表。

图 5-70 "放置"下滑面板　　　图 5-71 "形状"下滑面板　　　图 5-72 "属性"下滑面板

面板中包含：

☑ "名称"文本框：允许通过编辑名称框来定制孔特征的名称。

☑ 🛈按钮：打开包含孔特征信息的嵌入式浏览器。

2. 标准孔（见图 5-73）

图 5-73 "孔"操控板标准孔设置

☑ "螺纹类型"下拉列表框：列出可用的孔图表，其中包含螺纹类型/直径信息。初始会列出是工业标准孔图表（UNC、UNF 和 ISO）。

☑ 下拉列表框：根据在"螺纹类型"下拉列表框中选取的孔图表，列出可用的螺纹尺寸。在深度编辑框中输入数值，或拖动直径图柄让系统自动选取最接近的螺纹尺寸。默认情况下，选取列表中的第一个值，螺纹尺寸框显示最近使用螺纹尺寸。"深度选项"下拉列表框和"深度值"文本框与直孔类型类似，不再重复。

☑ ⬆ 按钮：指出孔特征是螺纹孔，还是间隙孔，即是否添加攻丝。如果标准孔使用"盲孔"深度选项，则不能清除螺纹选项。

☑ ⬇ 按钮：指示其前尺寸值为钻孔的肩部深度。

☑ ⬇ 按钮：指示其前尺寸值为钻孔的总体深度。

☑ ⬇ 按钮：指示孔特征为埋头孔。

☑ ⬇ 按钮：指示孔特征为沉头孔。

📢 **注意**：不能使用两条边作为一个偏移参考来放置孔特征，也不能选取垂直于主参考的边，也不能选取定义"内部基准平面"的边，而应该创建一个异步基准平面。

（1）"形状"下滑面板（见图 5-74）

☑ "包括螺纹曲面"复选框：创建螺纹曲面以代表孔特征的内螺纹。

☑ "退出沉头孔"复选框：在孔特征的底面创建埋头孔。孔所在的曲面应垂直于当前的孔特征。

对于标准螺纹孔特征，可定义螺纹特性。

☑ "全螺纹"单选按钮：创建贯通所有曲面的螺纹。此选项对于"可变"和"穿过下一个"孔以及在"组件"模式下，均不可用。

☑ "可变"单选按钮：创建到达指定深度值的螺纹。可输入一个值，也可从最近使用的值中选取值。

对于无螺纹的标准孔特征，可定义孔配合的标准（不选中 ⬆ 按钮，且选孔深度为 ⬇ ⬇），如图 5-75 所示。

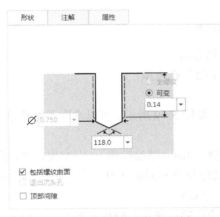

图 5-74 "标准孔形状"面板

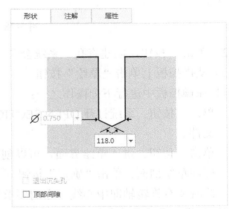

图 5-75 无螺纹标准孔特征的"形状"下滑面板

☑ 精密拟合：用于保证零件的精确位置，这些零件装配后必须无明显的运动。

☑ 中级拟合：适合于普通钢质零件，或轻型钢材的热压配合。它们可能是用于高级铸铁外部构件的最紧密的配合。此配合仅适用于公制孔。

☑ 自由拟合：专用于精度要求不是很重要的场合，或者用于温度变化可能会很大的情况。

（2）"注解"下滑面板

"注解"下滑面板仅适用于"标准"孔特征，如图 5-76 所示。该面板用于预览正在创建或重定义的"标准"孔特征的特征注释。螺纹注释在模型树和图形窗口中显示，而且在打开"注释"下滑面板时，还会出现在嵌入窗口中。

（3）"属性"下滑面板

"属性"下滑面板用于获得孔特征的一般信息和参数信息，并可以重命名孔特征，如图 5-77 所示。标准孔的"属性"下滑面板比直孔的多了一个参数表。

图 5-76 标准孔的"注释"下滑面板

图 5-77 标准孔的"属性"下滑面板

3. 创建草绘孔

（1）单击"模型"功能区"工程"面板上的"孔"按钮，系统打开"孔"操控板，并显示"简单孔"的操控板，如图 5-78 所示。

图 5-78 "孔" 操控板

（2）单击 按钮，创建直孔。系统会自动默认选取此选项。

（3）从操控板上单击"草绘"按钮，系统显示"草绘"孔选项。

（4）在操控板中进行下列操作之一：

☑ 单击 按钮。系统打开 OPEN SECTION 对话框，如图 5-79 所示。可以选取现有草绘（.sec）文件。

☑ 单击 按钮。进入草绘界面，可以创建一个新草绘剖面（草绘轮廓）。在空窗口中，草绘并标注草绘剖面。单击"确定"按钮✔，系统完成草绘剖面创建并退出草绘界面。（注意：草绘时要有旋转轴即中心线，它的要求与旋转命令相似）

（5）如果需要重新定位孔，请将主放置句柄拖到新的位置，或将其捕捉至参考。必要时，可从"放置"下滑面板的"类型"下拉列表框中选取新类型，以此来更改孔的放置类型。

（6）将此放置（偏移）参考句柄拖到相应参考上以约束孔。

（7）如果要将孔与偏移参考对齐，请从"偏移参考"列表框（在"放置"下滑面板中）中选取该偏移参考，并将"偏移"改为"对齐"，如图 5-80 所示。

注意：这只适用于使用"线性"放置类型的孔。

孔直径和深度由草绘驱动。"形状"下滑面板仅显示草绘剖面。

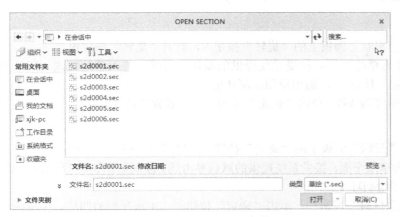

图 5-79　OPEN SECTION 对话框　　　　　　图 5-80　对齐方式

5.3.3　实例——活塞

首先利用旋转命令创建活塞的实体特征，然后利用去除材料的方法形成活塞顶部凹坑，接着切割出活塞的内部孔及活塞孔，最后加工活塞的裙部特征。绘制流程图如图 5-81 所示。

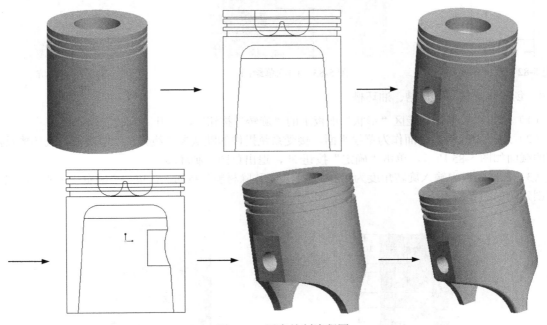

图 5-81　活塞绘制流程图

操作步骤：

1．创建文件

单击"快速访问"工具栏中的"新建"按钮，弹出"新建"对话框。在"类型"选项组中选中"零件"单选按钮，在"文件名"文本框中输入"活塞"，取消选中"使用默认模板"复选框，单击"确定"按钮，弹出"新文件选项"对话框，选择 mmns_part_solid 选项，单击"确定"按钮，创建新的零件文件。

2.　创建活塞主体

（1）单击"模型"功能区"形状"面板上的"旋转"按钮⊕，打开"旋转"操控板。

（2）选择 FRONT 平面作为草绘平面，接受系统提供的默认参考线，进入草绘模式。草绘如图 5-82 所示的截面，单击"确定"按钮✔，退出草图绘制环境。

（3）在操控板中输入旋转角度为 360，单击"确定"按钮✔，完成旋转特征的创建。

3.　创建活塞凹坑

（1）单击"模型"功能区"形状"面板上的"旋转"按钮⊕，打开"旋转"操控板。

（2）选择 FRONT 平面作为草绘平面，接受系统提供的默认参考线。绘制如图 5-83 所示的截面，单击"确定"按钮✔，退出草图绘制环境。

（3）单击操控板中的"移除材料"按钮✂，单击"确定"按钮✔，生成顶部的凹坑。生成的活塞凹坑如图 5-84 所示。

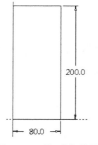

图 5-82　截面草绘图

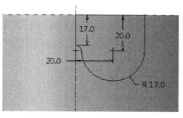

图 5-83　凹坑草绘图

图 5-84　活塞凹坑

4.　创建隔热槽、气环槽、油环槽

（1）单击"模型"功能区"形状"面板上的"旋转"按钮⊕，打开"旋转"操控板。

（2）选择 FRONT 平面作为草绘平面，接受系统提供的默认参考线。草绘隔热槽、气环槽及油环槽的截面如图 5-85 所示，单击"确定"按钮✔，退出草图绘制环境。

（3）在操控板中输入旋转角度为 360°，单击"移除材料"按钮✂，单击"确定"按钮✔，完成特征创建，如图 5-86 所示。

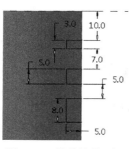

图 5-85　槽草绘截面

图 5-86　槽实体图

5.　创建活塞内部孔

（1）单击"模型"功能区"形状"面板上的"旋转"按钮⊕，打开"旋转"操控板。

（2）选择 FRONT 平面作为草绘平面，接受系统提供的默认参考线，进入草绘环境。绘制如图 5-87 所示的截面，单击"确定"按钮✔，退出草图绘制环境。

（3）在操控板中输入旋转角度 360°，单击"移除材料"按钮 ，单击"确定"按钮 ，完成实体创建。

6. 倒圆角

（1）单击"模型"功能区"工程"面板上的"倒圆角"按钮 ，打开"倒圆角"操控板。

（2）在操控板的圆角半径中输入"20"，选择活塞内部的圆形边线作为参考。单击"确定"按钮 ，生成圆角特征，如图 5-88 所示。

7. 创建基准面

（1）单击"模型"功能区"基准"面板上的"平面"按钮 ，打开"基准平面"对话框，如图 5-89 所示。

图 5-87　活塞孔草绘图

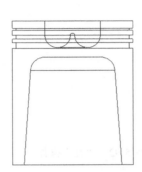

图 5-88　圆角特征

图 5-89　"基准平面"对话框

（2）选择 RIGHT 平面作为参考，将平移量修改为 30.00，单击"确定"按钮，生成基准平面。

8. 创建活塞销座

（1）单击"模型"功能区"形状"面板上的"拉伸"按钮 ，打开"拉伸"操控板。

（2）选择步骤 7 创建的基准平面作为草绘平面，接受系统提供的默认参考线，进入草绘环境。绘制如图 5-90 所示的截面，单击"确定"按钮 ，退出草图绘制环境。

（3）在操控板中选择拉伸形式为"到下一平面" ，单击"确定"按钮 ，完成特征创建，实体如图 5-91 所示。

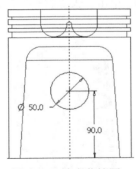

图 5-90　销座草绘图

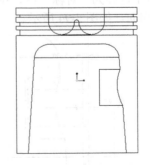

图 5-91　销座实体图

9. 在另一侧创建基准特征（重复步骤 7 和 8）

10. 创建活塞孔

（1）单击"模型"功能区"工程"面板上的"孔"按钮 ，打开"孔"操控板。

（2）打开"放置"下滑面板，选择 RIGHT 平面作为主参考，将参考类型定义为同轴，按住 Ctrl 键，选择活塞销座的轴线作为次参考。

（3）孔类型选择"穿透"，孔的直径修改为 30.00，如图 5-92 所示，单击"确定"按钮 ✓，完成孔特征的创建。

图 5-92　"孔"操控板

11. 活塞销孔倒角

（1）单击"模型"功能区"工程"面板上的"倒角"按钮 ，打开"倒角"操控板。

（2）选择销孔的两个端面作为倒角边，选择 D×D 的倒角方式，尺寸修改为 2。单击"确定"按钮 ✓，生成倒角特征。

12. 创建安装端面特征

（1）单击"模型"功能区"形状"面板上的"拉伸"按钮 ，打开"拉伸"操控板。

（2）选择 FRONT 平面作为草绘平面，接受系统提供的默认参考线，绘制如图 5-93 所示的草绘图，单击"确定"按钮 ✓，退出草图绘制环境。

（3）将拉伸类型选择为"对称" ，拉伸深度为 100，单击"去除材料"按钮 ，单击"确定"按钮 ✓，生成安装端面，如图 5-94 所示。

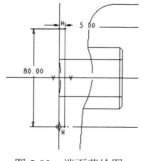

图 5-93　端面草绘图

图 5-94　端面实体

13. 另一侧安装端面

采用同样的方法完成另一侧安装面的创建。

14. 切割活塞裙部

（1）单击"模型"功能区"形状"面板上的"拉伸"按钮，打开"拉伸"操控板。

（2）选择 FRONT 平面作为草绘平面，接受系统提供的默认参考线，绘制的剖面如图 5-95 所示，单击"确定"按钮，退出草图绘制环境。

（3）在拉伸工具操控板的选项中，将深度都选择为"对称"，输入距离为 200，单击"去除材料"按钮，单击"确定"按钮，完成裙部草绘。

（4）采用同样的方法切割另一侧活塞裙部。实体如图 5-96 所示。

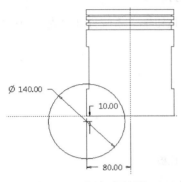

图 5-95　裙部草绘图

图 5-96　裙部实体图

15. 倒圆角特征

（1）单击"模型"功能区"工程"面板上的"倒圆角"按钮，打开"倒圆角"操控板。

（2）选择活塞销座与活塞体的交线作为倒角边，将圆角半径修改为 5。单击"确定"按钮，生成圆角特征如图 5-81 所示。

5.4　建立抽壳特征

"壳"特征可将实体内部掏空，只留一个特定壁厚的壳。

抽壳特征可用于指定要从壳移除的一个或多个曲面。如果未选取要移除的曲面，则会创建一个"封闭"壳，将零件的整个内部都掏空，且空心部分没有入口。在这种情况下，可在以后添加必要的切口或孔来获得特定的几何。如果反向厚度侧（例如，通过输入负值或在对话栏中单击），壳厚度将被添加到零件的外部。

定义壳时，也可选取要在其中指定不同厚度的曲面。可为每个此类曲面指定单独的厚度值。但是，无法为这些曲面输入负的厚度值或反向厚度侧。厚度侧由壳的默认厚度确定。

也可通过在"排除曲面"收集器中指定曲面来排除一个或多个曲面，使其不被壳化。此过程称作部分壳化。要排除多个曲面，请在按住 Ctrl 键的同时选取这些曲面。不过，Creo Parametric 不能壳化同在"排除曲面"收集器中指定的曲面相垂直的材料。

5.4.1　操作步骤精讲

创建壳特征的具体操作过程如下：

1. 创建空心抽壳

（1）利用拉伸命令创建一个 100×50×20 的长方体，如图 5-97 所示。

图 5-97　创建长方体

（2）单击"模型"功能区"工程"面板上的"壳"按钮 ，系统打开"壳"操控板，如图 5-98 所示。

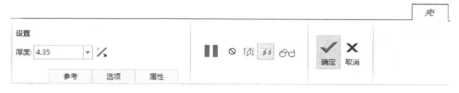

图 5-98　"壳"操控板

（3）在操控板中输入抽壳厚度为 5，单击"确定"按钮 ，结果如图 5-99 所示。

2．创建等距离抽壳

（1）删除前面创建的空心抽壳。

（2）单击"模型"功能区"工程"面板上的"壳"按钮 ，系统打开"壳"操控板。

（3）单击操控板上的"参考"按钮，弹出如图 5-100 所示的下滑面板。

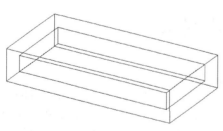

图 5-99　空心抽壳

图 5-100　"参考"下滑面板

（4）在"移除的曲面"收集器中单击从实体上选取要被移除的曲面，被选取的曲面加亮显示，如图 5-101 所示。

（5）在操控板中单击"确定"按钮 ，完成抽壳操作，结果如图 5-102 所示。

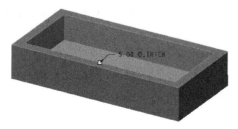

图 5-101　选取要被移除的曲面

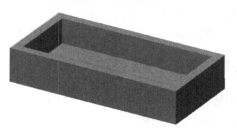

图 5-102　抽壳

3. 创建不等距离抽壳

（1）删除前面创建的等距离抽壳。

（2）单击"模型"功能区"工程"面板上的"壳"按钮，系统打开"壳"操控板。

（3）打开"参考"下滑面板，在"非默认厚度"列表框中，按住 Ctrl 键选取不同壁厚的曲面。被选取的曲面及其壁厚显示在下面的文本框中，如图 5-103 所示。

图 5-103　选取曲面

（4）修改其壁厚分别为 2、3、4 和 5。单击"确定"按钮，完成抽壳操作，结果如图 5-104 所示。

图 5-104　不等距抽壳

5.4.2　操控板选项介绍

1. "壳"操控板

单击"模型"功能区"工程"面板上的"壳"按钮，系统打开如图 5-105 所示的"壳"操控板。

图 5-105　"壳"操控板

☑　"厚度"文本框：可用来更改默认壳厚度值。可输入新值，或从下拉列表框中选取一个最近使用的值。

☑　按钮：可用于反向壳的创建侧。

2. 下滑面板

"壳"操控板包含下列面板。

（1）参考：包含用于"壳"特征中的参考列表框，如图 5-106 所示。

☑ "移除的曲面"列表框：可用来选取要移除的曲面。如果未选取任何曲面，则会创建一个"封闭"壳，将零件的整个内部都掏空，且空心部分没有入口。

☑ "非默认厚度"列表框：可用于选取要在其中指定不同厚度的曲面。可为包括在此列表框中的每个曲面指定单独的厚度值。

（2）选项：包含用于从"壳"特征中排除曲面的选项，如图 5-107 所示。

☑ 排除的曲面：可用于选取一个或多个要从壳中排除的曲面。如果未选取任何要排除的曲面，则将壳化整个零件。

☑ 细节：打开用来添加或移除曲面的"曲面集"对话框，如图 5-108 所示。

图 5-106 "参考"下滑面板

图 5-107 "选项"下滑面板

图 5-108 "曲面集"对话框

注意：通过"壳"用户界面访问"曲面集"对话框时不能选取面组曲面。

☑ 延伸内部曲面：在壳特征的内部曲面上形成一个盖。

☑ 延伸排除的曲面：在壳特征的排除曲面上形成一个盖。

（3）属性：包含特征名称和用于访问特征信息的图标，如图 5-109 所示。

图 5-109 "属性"下滑面板

5.4.3 实例——电饭煲锅体

首先绘制锅体的截面草图；其次通过旋转操作创建锅体；然后通过插入壳特征得到薄壁，再通过拉伸切除在锅底创建锅底洞特征，最终形成模型。绘制流程如图 5-110 所示。

图 5-110 电饭煲锅体绘制流程图

操作步骤:

1. 新建模型

单击"快速访问"工具栏中的"新建"按钮□,系统打开"新建"对话框,在"类型"选项组中选中"零件"单选按钮,在"子类型"选项组中选中"实体"单选按钮,在"文件名"文本框中输入"锅体",其他选项接受系统默认设置,单击"确定"按钮,创建一个新的零件文件。

2. 旋转锅体实体

(1)单击"模型"功能区"形状"面板上的"旋转"按钮φ,在打开的"旋转"操控板中依次单击"放置"→"定义"按钮,系统打开"草绘"对话框。选取基准平面 TOP 作为草绘平面,单击"草绘"按钮,进入草绘环境。

(2)单击"草绘"功能区"基准"面板上的"中心线"按钮⋮,绘制一条竖直中心线。单击"草绘"功能区"草绘"面板上的"线"按钮✓,绘制如图 5-111 所示的截面并修改尺寸。单击"确定"按钮✓,退出草图绘制环境。

(3)在操控板中设置旋转方式为"指定"⌴,给定旋转角度为 360°。

(4)单击操控板中的"确定"按钮✓,完成锅体实体的旋转,如图 5-112 所示。

3. 创建锅体壳特征

(1)单击"模型"功能区"工程"面板上的"壳"按钮▣,弹出"壳"操控板。

(2)选取如图 5-113 所示的旋转体上表面,选定的曲面将从零件上去除。

图 5-111 绘制截面草图   图 5-112 创建旋转体   图 5-113 预览特征

(3)在操控板中给定壁厚为 0.2,单击操控板中的"确定"按钮✓,完成锅体壳特征的创建,如图 5-114 所示。

4. 切除锅底洞

（1）单击"模型"功能区"形状"面板上的"拉伸"按钮 ，在打开的"拉伸"操控板中依次单击"放置"→"定义"按钮，系统打开"草绘"对话框。选取锅体内表面的底面作为草绘平面，单击"草绘"按钮，进入草绘环境。

（2）单击"草绘"功能区"草绘"面板上的"线"按钮 和"圆心和点"按钮 ，绘制如图 5-115 所示草图并修改尺寸。

（3）在操控板中设置拉伸方式为"盲孔" ，然后单击"去除材料"按钮 。

（4）单击操控板中的"确定"按钮 ，完成锅底洞特征的创建，如图 5-116 所示。

图 5-114　创建抽壳特征

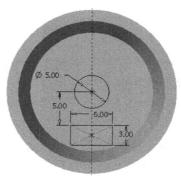

图 5-115　绘制锅底洞草图

图 5-116　锅底洞特征

> **注意**：在选择抽壳平面时，如果要选择两个或两个以上的平面，按住 Ctrl 键，然后选择需要删除的平面就可以完成平面的选择。

5.5　建立筋特征

筋特征是连接到实体曲面的薄翼或腹板伸出项。筋通常用来加固设计中的零件，防止出现不需要的折弯。利用筋工具可快速开发简单的或复杂的筋特征。

5.5.1　轮廓筋的创建步骤

创建轮廓筋特征的具体操作过程如下：

（1）利用拉伸命令在 FRONT 基准面上创建如图 5-117 所示的模型，使其两侧对称。

（2）单击"模型"功能区"工程"面板上的"轮廓筋"按钮 ，系统打开"轮廓筋"操控板，如图 5-118 所示。

图 5-117　原始模型

图 5-118　"轮廓筋"操控板

（3）单击操控板上的"参考"按钮，弹出如图 5-119 所示的下滑面板。

（4）单击"定义"按钮，在弹出的"草绘"对话框中单击"平面"选项，然后选取 FRONT 作为草绘平面，进入草绘界面。

（5）单击"设置"工具栏中的"草绘视图"按钮![icon]，使 FRONT 基准平面正视于界面，绘制如图 5-120 所示的截面。单击"确定"按钮✔，退出草图绘制环境。

（6）此时，筋方向如图 5-121 所示。单击"参考"下滑面板中的"反向"按钮，如图 5-122 所示。

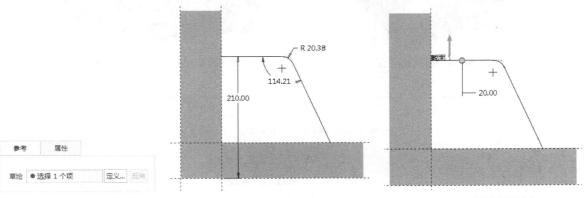

图 5-119　"参考"下滑面板　　　　图 5-120　草绘截面　　　　图 5-121　系统默认筋方向

（7）单击操控板上的![icon]按钮，设置筋的厚度。单击"确定"按钮✔，完成筋特征的创建，结果如图 5-123 所示。

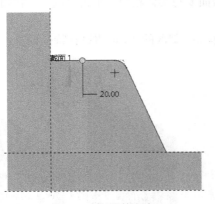

图 5-122　调整方向

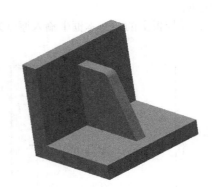

图 5-123　轮廓筋特征

5.5.2　轨迹筋创建步骤

创建轨迹筋特征的具体操作过程如下：

（1）利用拉伸命令在 FRONT 基准面上创建如图 5-124 所示的模型。

（2）单击"模型"功能区"基准"面板上的"平面"按钮![icon]，弹出"基准平面"对话框，创建与 TOP 偏移的基准面，如图 5-125 所示。

（3）单击"模型"功能区"工程"面板上的"轨迹筋"按钮![icon]，系统打开"轨迹筋"操控板，如图 5-126 所示。

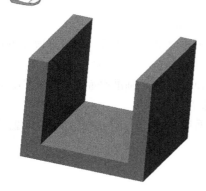

图 5-124 原始模型

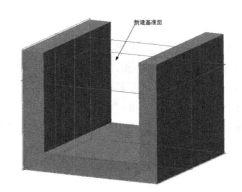

图 5-125 创建基准平面

图 5-126 "轨迹筋"操控板

（4）单击操控板上的"放置"按钮，弹出下滑面板。

（5）单击"定义"按钮，在弹出的"草绘"对话框中单击"平面"选项，然后选取步骤（2）创建的 DATM1 作为草绘平面，进入草绘界面。

（6）绘制如图 5-127 所示的截面，注意绘制的截面要与实体相交。单击"确定"按钮✔，退出草图绘制环境。

（7）在操控板上的文本框中输入厚度为 20。单击控制区的按钮进行特征预览，如图 5-128 所示。

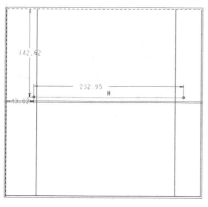

图 5-127 绘制截面

图 5-128 预览特征

（8）单击控制区的按钮即可回到零件模型，继续对模型进行修改。单击"添加拔模"按钮，单击控制区的按钮进行特征预览，如图 5-129 所示。

（9）单击控制区的按钮即可回到零件模型，继续对模型进行修改。单击"倒圆角内部边"按钮，单击"形状"按钮，打开"形状"下滑面板，更改尺寸，如图 5-130 所示。单击控制区的按钮进行特征预览，预览特征如图 5-131 所示。

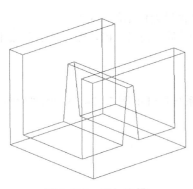

图 5-129　添加拔模

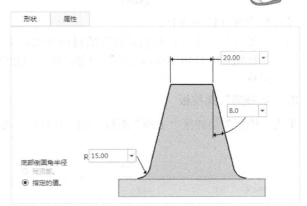

图 5-130　"形状"下滑面板

（10）单击控制区的 ▶ 按钮即可回到零件模型，继续对模型进行修改。单击"倒圆角暴露边"按钮 ⌒。

（11）单击"确定"按钮 ✓，完成轨迹筋特征的创建，结果如图 5-132 所示。

图 5-131　预览特征

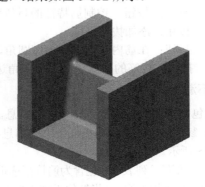

图 5-132　轨迹筋特征

5.5.3　操控板选项介绍

在任一种情况下，指定筋的草绘后，即对草绘的有效性进行检查，如果有效，则将其放置在列表框中。参考列表框一次只接受一个有效的筋草绘。指定"筋"特征的有效草绘后，在图形窗口中会出现预览几何。可在图形窗口、对话框或在这两者的组合中直接操纵并定义模型。预览几何会自动更新，以反映所做的任何修改。

1."轮廓筋"操控板

单击"模型"功能区"工程"面板上的"轮廓筋"按钮 ，系统打开如图 5-133 所示的"轮廓筋"操控板。

图 5-133　"轮廓筋"操控板

操控板中包含以下内容。

☑　"厚度"文本框：控制筋特征的材料厚度。文本框中包含最近使用的尺寸值。

☑　 按钮：用来切换筋特征的厚度侧。单击该按钮可从一侧循环到另一侧，然后关于草绘平面对称。

2. "轨迹筋"操控板

单击"模型"功能区"工程"面板上的"轨迹筋"按钮 ，系统打开如图 5-134 所示的"轨迹筋"操控板。

图 5-134　"轨迹筋"操控板

☑　 按钮：用来切换轨迹筋特征的拉伸方向。

☑　 按钮：控制筋特征的材料厚度。文本框中包含最近使用的尺寸值。

☑　 按钮：添加拔模特征。

☑　 按钮：在筋内部边上添加倒圆角。

☑　 按钮：在筋的暴露边上添加圆角边。

3. 下滑面板

面板包含"筋"特征参考和属性的信息。

（1）参考：包含有关筋特征参考的信息并允许对其进行修改，如图 5-135 所示。

图 5-135　"参考"下滑面板

☑　"草绘"列表框：包含为筋特征选定的有效草绘特征参考。可使用快捷菜单（指针位于列表框中）中的"移除"命令来移除草绘参考。草绘列表框每次只能包含一个"筋"特征草绘参考。

☑　"反向"按钮：可用来切换筋特征草绘的材料方向。单击该按钮可改变方向箭头的指向。

（2）形状：包含有关筋特征的形状和参数，如图 5-136 所示。

（3）属性：可用来获取筋特征的信息并允许重命名筋特征，如图 5-137 所示。

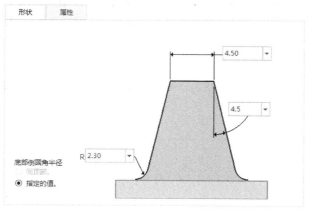

图 5-136　"形状"下滑面板

图 5-137　"属性"下滑面板

视频讲解

Note

5.5.4 实例——电饭煲底座实体

首先绘制底座的截面草图；其次通过旋转操作创建底座，拉伸插座口；然后创建底座的壳，拉伸小凸台和连线口；最后创建加强筋并通过阵列得到所有加强筋，拉伸底脚并阵列，最终形成模型。绘制流程如图 5-138 所示。

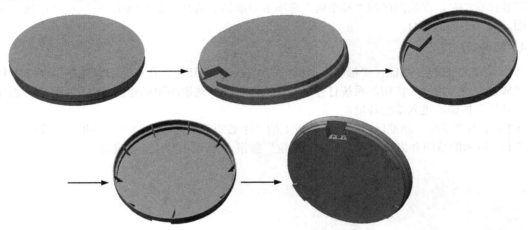

图 5-138　电饭煲底座实体绘制流程图

操作步骤：

1. 新建模型

单击"快速访问"工具栏中的"新建"按钮，系统打开"新建"对话框，在"类型"选项组中选中"零件"单选按钮，在"子类型"选项组中选中"实体"单选按钮，在"文件名"文本框中输入"底座实体"，其他选项接受系统默认设置，单击"确定"按钮，创建一个新的零件文件。

2. 旋转底座基体

（1）单击"模型"功能区"形状"面板上的"旋转"按钮，在打开的"旋转"操控板中依次单击"放置"→"定义"按钮，系统打开"草绘"对话框。选取 TOP 基准平面作为草绘平面，单击"草绘"按钮，进入草绘环境。

（2）单击"草绘"功能区"基准"面板上的"中心线"按钮，绘制一条竖直中心线。单击"草绘"功能区"草绘"面板上的"线"按钮和"3 点/相切端"按钮，绘制如图 5-139 所示的截面并修改尺寸。单击"确定"按钮，退出草图绘制环境。

（3）在操控板中设置旋转方式为"盲孔"，给定旋转角度为 360°。

（4）单击操控板中的"确定"按钮，完成底座基体的旋转，如图 5-140 所示。

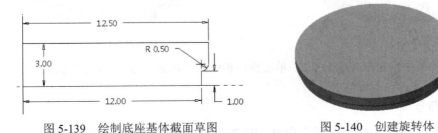

图 5-139　绘制底座基体截面草图　　　　　图 5-140　创建旋转体

3. 创建偏移基准平面

（1）单击"模型"功能区"基准"面板上的"平面"按钮□，弹出"基准平面"对话框。

（2）选择 RIGHT 基准平面作为偏移平面，设置偏移类型为"偏移"，偏移值为13，结果如图5-141所示。如果偏移方向是相反方向，输入负值即可。

（3）单击"基准平面"对话框中的"确定"按钮。

需要注意的是，在绘图区和"模型树"选项卡中添加了基准平面 DTMl。系统按一定顺序命名基准平面，第一个为 DTM1。

4. 拉伸插座口

（1）单击"模型"功能区"形状"面板上的"拉伸"按钮，在打开的"拉伸"操控板中依次单击"放置"→"定义"按钮，系统打开"草绘"对话框。选取刚刚创建的基准平面作为草绘平面，单击"草绘"按钮，进入草绘环境。

（2）单击"草绘"功能区"草绘"面板上的"中心矩形"按钮回和"圆心和点"按钮⊙，绘制如图5-142所示的草图并修改尺寸。单击"确定"按钮✔，退出草图绘制环境。

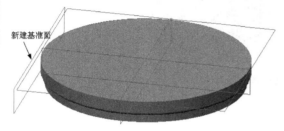

图 5-141　创建的基准平面

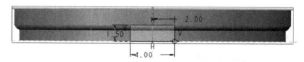

图 5-142　绘制草图

（3）在操控板中设置拉伸方式为"盲孔"，给定拉伸深度值为4，然后单击"移除材料"按钮。

（4）单击操控板中的"确定"按钮✔，完成插座口特征的创建，如图5-143所示。

5. 创建底座壳特征

（1）单击"模型"功能区"工程"面板上的"壳"按钮，弹出"壳"操控板。

（2）选择如图5-144所示的旋转体上表面。选定的曲面将从零件上去掉。

图 5-143　插座口

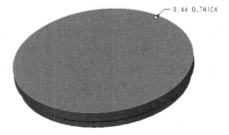

图 5-144　选择平面

（3）在操控板中给定壁厚值为0.2，单击操控板中的"确定"按钮✔，完成底座壳特征的创建，如图5-145所示。

6. 拉伸小凸台

（1）单击"模型"功能区"形状"面板上的"拉伸"按钮，在打开的"拉伸"操控板中依次单击"放置"→"定义"按钮，系统打开"草绘"对话框。选取如图 5-146 所示的平面作为草绘平面，单击"草绘"按钮，进入草绘环境。

图 5-145 抽壳特征

图 5-146 选择草绘平面

（2）单击"草绘"功能区"草绘"面板上的"圆心和点"按钮⊙，绘制如图 5-147 所示的圆。

（3）在操控板中设置拉伸方式为"盲孔"⊥，给定拉伸深度值为 0.5，单击操控板中的"确定"按钮✓，完成小凸台特征的创建，如图 5-148 所示。

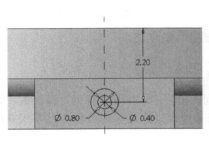

图 5-147 绘制圆

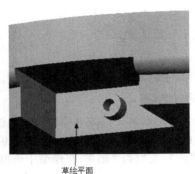

图 5-148 创建小凸台

7. 拉伸连线口

（1）单击"模型"功能区"形状"面板上的"拉伸"按钮，在打开的"拉伸"操控板中依次单击"放置"→"定义"按钮，系统打开"草绘"对话框。选取图 5-148 所示平面作为草绘平面，单击"草绘"按钮，进入草绘环境。

（2）单击"草绘"功能区"草绘"面板上的"拐角矩形"按钮口，绘制如图 5-149 所示的矩形。

（3）在操控板中设置拉伸方式为"盲孔"⊥，给定拉伸深度值为 0.5，然后单击"移除材料"按钮，如图 5-150 所示。单击操控板中的"确定"按钮✓，完成连线口特征的创建。

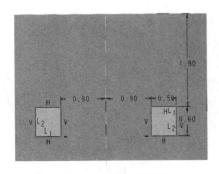

图 5-149 绘制矩形图

图 5-150 生成特征

8. 创建加强筋

（1）单击"模型"功能区"工程"面板上的"轮廓筋"按钮 ，在打开的"轮廓筋"操控板中依次单击"参考"→"定义"按钮。选取 TOP 基准平面作为草绘平面，单击"草绘"按钮，进入草绘环境。

（2）单击"草绘"功能区"草绘"面板上的"线"按钮 ，绘制一条从上端内壁到下端内壁的直线并修改尺寸，如图 5-151 所示。单击"确定"按钮 ，退出草图绘制环境。

（3）在操控板中给定筋厚度值为 0.2，然后单击操控板中的"参考"→"反向"按钮，调整筋的拉伸方向，如图 5-152 所示。

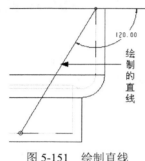

图 5-151　绘制直线

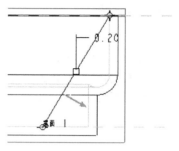

图 5-152　材料方向

（4）单击操控板中的"确定"按钮 ，完成加强筋特征的创建。

9. 阵列加强筋

（1）在"模型树"选项卡中选择前面创建的筋特征。

（2）单击"模型"功能区"编辑"面板上的"阵列"按钮 ，打开"阵列"操控板，如图 5-153 所示。设置阵列类型为"轴"，在模型中选取轴 A_1。在操控板中给定阵列个数为 10，尺寸值为 36.0，如图 5-154 所示。

图 5-153　"阵列"操控板

（3）单击操控板中的"确定"按钮 ，完成加强筋特征的创建，如图 5-155 所示。

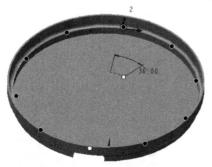

图 5-154　阵列位置

图 5-155　加强筋

Note

10. 拉伸底脚

（1）单击"模型"功能区"形状"面板上的"拉伸"按钮，在打开的"拉伸"操控板中依次单击"放置"→"定义"按钮，系统打开"草绘"对话框，选取如图 5-156 所示的平面作为草绘平面，单击"草绘"按钮，进入草绘环境。

（2）单击"草绘"功能区"草绘"面板上的"线"按钮、"圆心和点"按钮以及"编辑"面板上的"镜像"按钮，绘制如图 5-157 所示的草图并修改尺寸。

（3）在操控板中设置拉伸方式为"盲孔"，给定拉伸深度值为 0.50，单击操控板中的"确定"按钮，完成底脚特征的创建，如图 5-158 所示。

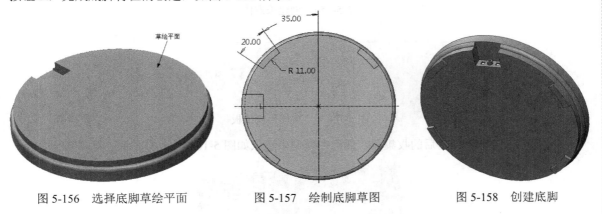

图 5-156　选择底脚草绘平面　　　图 5-157　绘制底脚草图　　　图 5-158　创建底脚

5.6　建立拔模特征

拔模特征将向单独曲面或一系列曲面中添加一个介于-30°～+30°的拔模角度。仅当曲面是由列表圆柱面或平面形成时，才可拔模。曲面边的边界周围有圆角时不能拔模。不过，可以首先拔模，然后对边进行圆角过渡。

对于拔模，系统使用以下术语。

☑ 拔模曲面：要拔模的模型的曲面。

☑ 拔模枢轴：曲面围绕其旋转的拔模曲面上的线或曲线（也称作中立曲线）。可通过选取平面（在此情况下拔模曲面围绕它们与此平面的交线旋转）或选取拔模曲面上的单个曲线链来定义拔模枢轴。

☑ 拖动方向（也称作拔模方向）：用于测量拔模角度的方向。通常为模具开模的方向。可通过选取平面（在这种情况下拖动方向垂直于此平面）、直边、基准轴或坐标系的轴来定义它。

☑ 拔模角度：拔模方向与生成的拔模曲面之间的角度。如果拔模曲面被分割，则可为拔模曲面的每侧定义两个独立的角度。拔模角度必须在-30～+30°。

5.6.1　操作步骤精讲

操作步骤如下：

（1）利用拉伸命令创建一个 100×50×20 的长方体，如图 5-159 所示。

（2）单击"模型"功能区"工程"面板上的"拔模"按钮，弹出"拔模"操控板，如图 5-160

所示。

图 5-159　创建长方体

图 5-160　"拔模"操控板

（3）单击拔模枢轴后的收集器，然后在模型中选取如图 5-161 所示的平面定义拔模枢轴。

图 5-161　定义拔模枢轴的平面

（4）单击操控板上的"参考"按钮，在弹出的下滑面板中单击"拔模曲面"收集器后，在模型中选取如图 5-162 所示的平面定义拔模角度的测量方向。此时会出现一个箭头指示测量方向，可以单击 按钮，改变拖动方向。

（5）在 按钮后的文本框中输入拔模角度 10，可以单击该文本框后的 按钮，使拔模角度反向。

（6）单击"确定"按钮 ，完成拔模特征的创建，结果如图 5-163 所示。

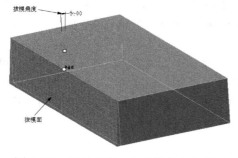

图 5-162　定义拔模角度的测量方向平面

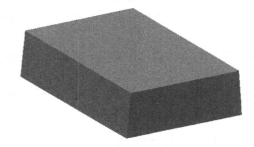

图 5-163　拔模特征

5.6.2　操控板选项介绍

拔模曲面可按拔模曲面上的拔模枢轴或不同的曲线进行分割，如与面组或草绘曲线的交线。如果使用不在拔模曲面上的草绘分割，系统会以垂直于草绘平面的方向将其投影到拔模曲面上。如果拔模曲面被分割，可以：

☑　为拔模曲面的每一侧指定两个独立的拔模角度。

☑　指定一个拔模角度，第二侧以相反方向拔模。

☑　仅拔模曲面的一侧（两侧均可），另一侧仍位于中性位置。

1."拔模"操控板

单击"模型"功能区"工程"面板上的"拔模"按钮 ，系统打开如图 5-164 所示的"拔模"操控板。

图 5-164　"拔模"操控板

"拔模"操控板由以下内容组成。

☑　"拔模枢轴"列表框：用来指定拔模曲面上的中性直线或曲线，即曲面绕其旋转的直线或曲线。单击列表框可将其激活。最多可选取两个平面或曲线链。要选取第二枢轴，必须先用分割对象分割拔模曲面。

☑　"拖动方向"列表框：用来指定测量拔模角所用的方向。单击列表框可将其激活。可以选取平面、直边或基准轴、两点（如基准点或模型顶点）或坐标系。

☑　"反转拖动方向"按钮 ：用来反转拖动方向（由黄色箭头指示）。

对于具有独立拔模侧的"分割拔模"，该对话框包含第二"角度"组合框和"反转角度"图标，以控制第二侧的拔模角度。

2. 下滑面板

（1）"参考"下滑面板：包含在拔模特征和分割选项中使用的参考列表框，如图 5-165 所示。

（2）"分割"下滑面板：包含分割选项，如图 5-166 所示。

图 5-165　"参考"下滑面板

图 5-166　"分割"下滑面板

（3）"角度"下滑面板：包含拔模角度值及其位置的列表，如图 5-167 所示。

（4）"选项"下滑面板：包含定义拔模几何的选项，如图 5-168 所示。

（5）"属性"下滑面板：包含特征名称和用于访问特征信息的图标，如图 5-169 所示。

图 5-167   "角度"下滑面板

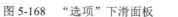

图 5-168   "选项"下滑面板

图 5-169   "属性"下滑面板

5.7   综合实例——机座

首先创建机座的底座和立板，然后在立板上创建凸台孔，再在底座上创建沉头孔，创建底座与立板之间的加强肋，最后在需要的边缘创建倒角及圆角特征。绘制流程如图 5-170 所示。

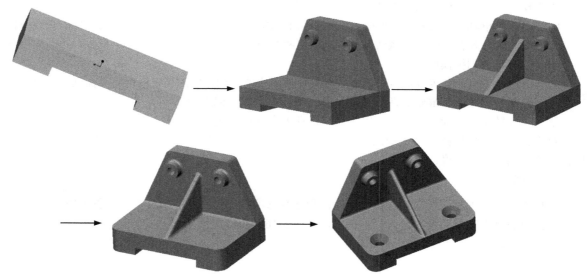

图 5-170   机座绘制流程图

5.7.1   创建底座

1．新建文件

单击"快速访问"工具栏中的"新建"按钮，弹出"新建"对话框。在"类型"选项组中选中"零件"单选按钮，在"文件名"文本框中输入"底座"，取消选中"使用默认模板"复选框，单击"确定"按钮，弹出"新文件选项"对话框，选择 mmns_part_solid 选项，单击"确定"按钮，进入绘图界面。

2．拉伸实体

（1）单击"模型"功能区"形状"面板上的"拉伸"按钮，弹出"拉伸"操控板。

（2）单击"放置"→"定义"按钮，系统打开"草绘"对话框；选择 FRONT 为草绘平面，其他选项为系统默认，单击"草绘"按钮，进入草绘界面。

（3）在草图绘制界面，绘制如图 5-171 所示草绘截面，单击"确定"按钮 ✓，退出草图绘制环境。

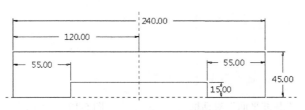

图 5-171　底座的草绘截面

（4）在操控板中，选择"盲孔" ⊥，输入拉伸值为 160.00，如图 5-172 所示。单击"确定"按钮 ✓，完成拉伸特征，完成底座创建，如图 5-173 所示。

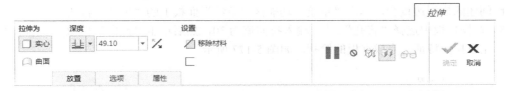

图 5-172　输入拉伸深度值

图 5-173　底座完成图

5.7.2　创建立板

1. 创建基准平面

（1）单击"模型"功能区"基准"面板上的"平面"按钮 ⊡，弹出"基准平面"对话框，如图 5-174 所示。

（2）选择 FRONT 平面，在"平移"下拉列表框中输入偏移值为 160.00，单击"确定"按钮。创建 DTM1 基准平面。

2. 创建拉伸体

（1）单击"模型"功能区"形状"面板上的"拉伸"按钮，弹出"拉伸"操控板。

（2）单击"放置"→"定义"按钮，弹出"草绘"对话框，在对话框中选定面 DTM1 为绘图平面，其他选项为系统默认，如图 5-175 所示，单击"草绘"按钮，进入草绘界面。

图 5-174 "基准平面"对话框

图 5-175 "草绘"对话框

（3）系统打开"参考"对话框，选择参考为系统默认，即直接单击"关闭"按钮，进入草图绘制。

（4）在草图绘制界面，绘制图 5-176 所示草图，单击"确定"按钮✔，退出草图绘制环境。

在草绘过程中，注意各种技巧的使用。在本例中，截面特征轴对称，可采用镜像的功能创建，而底边同已创建的模型边重合，单击"草绘"功能区"草绘"面板上的"镜像"按钮。

（5）在操控板中选择"盲孔"，输入拉伸值为 30，然后单击"反向"按钮，单击"确定"按钮✔，完成拉伸特征，完成立板的绘制，如图 5-177 所示。

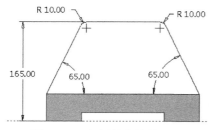

图 5-176 立板的草绘截面图

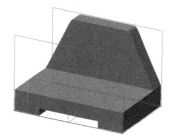

图 5-177 立板完成图

5.7.3 创建凸台

（1）单击"模型"功能区"形状"面板上的"拉伸"按钮，弹出"拉伸"操控板。

（2）单击"放置"→"定义"按钮，系统打开"草绘"对话框。选择立板前面为绘图平面，其他选项为系统默认；单击"草绘"按钮，进入草绘界面。

（3）在草图绘制界面，绘制如图 5-178 所示草绘截面，单击"确定"按钮✔，退出草图绘制环境。

（4）在操控板中，选择"盲孔"，输入拉伸值为 15.00，单击"确定"按钮✔，完成凸台绘制，如图 5-179 所示。

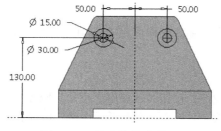

图 5-178 凸台的草绘截面

图 5-179 凸台及凸台孔完成图

5.7.4 创建筋特征

（1）单击"模型"功能区"工程"面板上的"轮廓筋"按钮，弹出"轮廓筋"操控板。

（2）单击"参考"→"定义"按钮，选择 RIGHT 平面作为草绘平面，绘制如图 5-180 所示的筋特征截面，单击"确定"按钮✔，退出草图绘制环境。

（3）在操控板中输入厚度为 10，单击"确定"按钮✔，完成筋特征的创建，完成图如 5-181 所示。

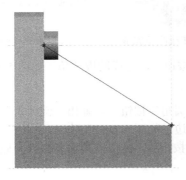

图 5-180　筋截面草绘图

图 5-181　筋

5.7.5 创建圆角

1. 基座底座圆角

（1）单击"模型"功能区"工程"面板上的"倒圆角"按钮，弹出"倒圆角"操控板。

（2）选取需要倒圆角的边线，如图 5-182 所示。

（3）在操控板中输入半径值为 20，如图 5-183 所示。单击"确定"按钮✔，完成倒圆特征。

图 5-182　选择倒圆角线

图 5-183　倒圆角特征

2. 肋板与立板交线圆角

（1）单击"模型"功能区"工程"面板上的"倒圆角"按钮，弹出"倒圆角"操控板。

（2）按住 Ctrl 键依次选定肋板与立板相交的三条边，如图 5-184 所示。

（3）在操控板中输入半径值为 5，单击"确定"按钮✔，完成肋板与立板交线圆角，如图 5-185 所示。

3. 肋板圆角

（1）单击"模型"功能区"工程"面板上的"倒圆角"按钮，弹出"倒圆角"操控板。

（2）选取需要倒圆角的两条边，如图 5-186 所示。

图 5-184　选择倒角边（1）

图 5-185　肋板与立板交线圆角完成图

图 5-186　选择倒角边（2）

（3）在操控板中输入半径值为 5，单击"确定"按钮 ✓，完成肋板圆角，如图 5-187 所示。

4．三角筋和立板与底座交线圆角

（1）单击"模型"功能区"工程"面板上的"倒圆角"按钮 ⌐，弹出"倒圆角"操控板。

（2）选定三角筋和立板与底座交线作为倒圆角的边，如图 5-188 所示。

（3）在操控板中输入半径值为 5，单击"确定"按钮 ✓，完成三角筋和立板与底座一侧交线圆角；结果如图 5-189 所示。

图 5-187　肋板圆角完成图

图 5-188　选择倒角边（3）

图 5-189　三角筋和立板与底座
交线圆角完成

5．凸台与立板交线圆角

（1）单击"模型"功能区"工程"面板上的"倒圆角"按钮 ⌐，弹出"倒圆角"操控板。

（2）选定凸台与立板交线作为倒圆角的边，如图 5-190 所示。

（3）在操控板中输入半径值为 5，单击"确定"按钮 ✓，完成左侧凸台与立板交线圆角，如图 5-191 所示。

图 5-190　选择倒角边（4）

图 5-191　凸台与立板交线圆角完成

5.7.6 创建圆孔与沉孔

1. 创建孔特征

（1）单击"模型"功能区"工程"面板上的"孔"按钮，弹出"孔"操控板。

（2）单击"放置"按钮，弹出"放置"下滑面板，按 Ctrl 键，选取立板平面和凸台的轴线，完成孔的定位。

（3）在操控板中输入孔的直径为 15，单击"确定"按钮，完成孔特征的创建。

（4）用相同的方法创建另一边的孔，如图 5-192 所示。

2. 创建沉头孔特征

（1）单击"模型"功能区"基准"面板上的"平面"按钮，弹出"基准平面"对话框，选择 FRONT 平面作为基准平面，输入偏移量为 40，单击"确定"按钮，完成新的基准面 DTM2 的创建。

（2）单击"模型"功能区"形状"面板上的"旋转"按钮，弹出"旋转"操控板。

（3）选择草绘平面为新建的 DTM2，草绘的旋转截面如图 5-193 所示，单击"确定"按钮，退出草图绘制环境。

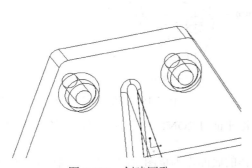

图 5-192　创建圆孔

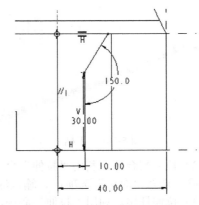

图 5-193　沉头孔旋转特征草绘

（4）在操控板中单击"移除材料"按钮，单击"确定"按钮，完成特征创建，如图 5-194 所示。

（5）重复步骤（2）～（4），在另一侧创建沉头孔，结果如图 5-195 所示。

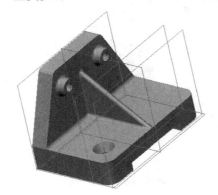

图 5-194　创建一侧孔

图 5-195　创建另一侧孔

5.8 上机操作

通过前面的学习，读者对本章知识有了大体的了解，本节通过两个操作练习使读者进一步掌握本章知识要点。

1. 绘制如图 5-196 所示的手柄。

操作提示

（1）拉伸杆。利用"拉伸"命令，选择基准平面 FRONT 作为草绘平面，绘制如图 5-197 所示的截面图。选择"对称"选项，输入"6.00"作为可变深度值。

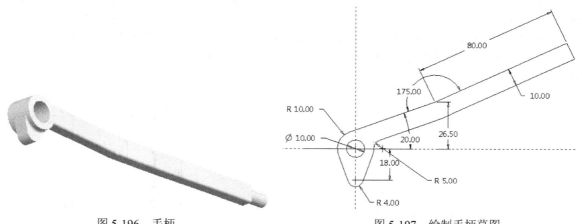

图 5-196 手柄

图 5-197 绘制手柄草图

（2）拉伸配合环。利用"拉伸"命令，选择基准平面 FRONT 作为草绘平面。绘制如图 5-198 所示的圆。选择"对称"选项，输入深度为 12。

（3）拉伸杆尾。利用"拉伸"命令，选择拉伸体的底面作为草图绘制平面，绘制如图 5-199 所示的圆。以 10.0 为可变深度值进行拉伸。

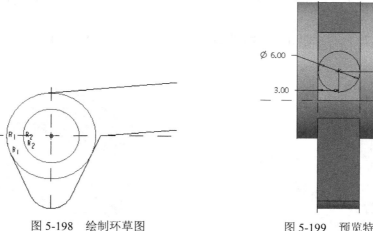

图 5-198 绘制环草图

图 5-199 预览特征

（4）创建倒圆角特征。利用"倒圆角"命令，使用 Ctrl 键，在拉伸特征四周选择 13 条边，如图 5-200

所示。输入"2.00"作为圆角的半径。

2．绘制如图 5-201 所示的阀体。

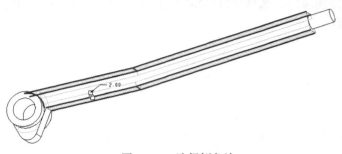

图 5-200　选择倒角边

图 5-201　阀体

操作提示

（1）拉伸创建基体。利用"拉伸"命令，选择基准平面 FRONT 作为草绘平面，绘制如图 5-202 所示的截面图。输入可变深度值为 120。

（2）创建圆台。利用"拉伸"命令，选择基准面 RIGHT 作为草图绘制平面，在其上绘制如图 5-203 所示的圆。输入可变深度值为 56。

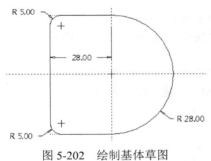

图 5-202　绘制基体草图

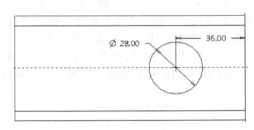

图 5-203　绘制圆台草图

（3）创建凸台。利用"拉伸"命令，选择基准面 RIGHT 作为草图绘制平面，绘制如图 5-204 所示的草图。输入可变深度值为 56，注意这次拉伸方向与上次不同。

（4）创建筋。利用"轮廓筋"命令，选择基准平面 TOP 作为草绘平面。绘制如图 5-205 所示的草图。输入"5.00"作为筋的厚度。

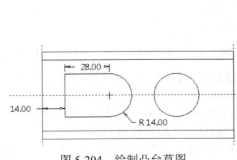

图 5-204　绘制凸台草图

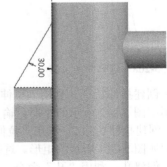

图 5-205　绘制筋草图

（5）创建孔。利用"旋转"命令，选择基准平面 TOP 作为草绘平面，绘制如图 5-206 所示的截

面图。输入旋转的变量角为 360°，单击"切除材料"按钮 。

（6）创建孔 1。利用"孔"命令，选中操控板上"直孔"和"简单"作为孔类型 ，输入孔的直径"16.00"。选择"到选定的"作为深度选项 。选择如图 5-207 所示的旋转切除的内表面，选择前面创建拉伸体的轴和顶面作为放置位置。

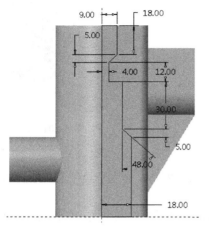
图 5-206　绘制孔草图

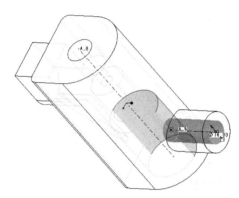
图 5-207　选择曲面（1）

（7）创建基准轴。利用"轴"命令，在如图 5-208 所示的位置选择拉伸特征。

（8）创建孔 2。利用"孔"命令，创建"直孔"和"简单"类型孔，设置孔的直径为 16。选定如图 5-209 所示的旋转切除的内表面作为拉伸到的深度。

（9）创建拉伸切除。利用"拉伸"命令，选择如图 5-209 所示的拉伸顶面作为草图绘制平面，在其上绘制如图 5-210 所示的圆弧。单击"切减材料"按钮 ，输入深度为 20。

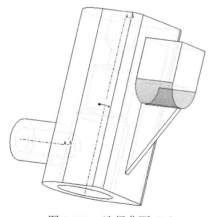
图 5-208　选择曲面（2）

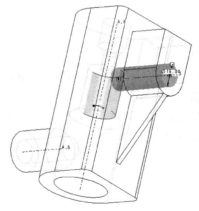
图 5-209　选择曲面（3）

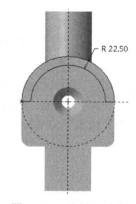
图 5-210　绘制圆弧草图

（10）创建拉伸特征。利用"拉伸"命令，选择如图 5-211 所示的拉伸顶面作为草图绘制平面，在其上绘制如图 5-212 所示的矩形。输入可变深度为 40。

（11）创建拉伸切除 2。利用"拉伸"命令，选择如图 5-213 所示的拉伸侧面作为草图绘制平面，在其上绘制如图 5-214 所示的矩形。选择"穿透" 和单击"切除材料"按钮 。

（12）创建孔。利用"孔"命令，选中操控板上"简单直孔"和"预定义矩形"作为孔类型 。输入孔的直径"10.0"。选择"穿透" 。选择拉伸特征的两侧边，如图 5-215 所示。对于第一个定位尺寸，更改值为 12.0。对于第二个定位尺寸，更改值为 12.0。

图 5-211 选择曲面（4）

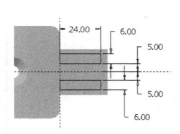

图 5-212 绘制矩形草图（1）

图 5-213 选择曲面（5）

（13）创建倒圆角。利用"倒圆角"命令，在拉伸特征的顶面选择 4 条边，如图 5-216 所示。输入圆角的半径为 12.0。

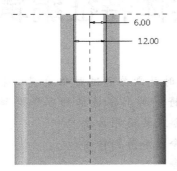

图 5-214 绘制矩形草图（2）

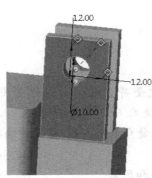

图 5-215 设置参考边

图 5-216 选择倒角边

（14）创建倒角。利用"倒角"命令，选择旋转切除体顶面的边，如图 5-217 所示。输入"1.00"作为倒角尺寸。以 2.00 作为倒角尺寸在旋转切除体顶面的边上建立倒角，如图 5-218 所示。

（15）创建圆角。利用"倒圆角"命令，以 2.00 作为圆角的半径对如图 5-219 所示的两个面进行倒圆角。完成后的模型如图 5-201 所示。

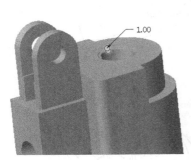

图 5-217 选取边（1）

图 5-218 选取边（2）

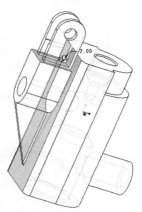

图 5-219 选择曲面（6）

第6章

实体特征编辑

直接创建的特征往往不能完全符合我们的设计意图，这时就需要通过特征编辑命令来对建立的特征进行编辑操作，使之符合用户的要求。本章将讲解实体特征的各种编辑方法，通过本章的学习，读者应该能够熟练地掌握各种编辑命令及其使用方法。

- ☑ 复制和粘贴
- ☑ 特征操作、删除、隐含和隐藏
- ☑ 镜像命令和阵列命令
- ☑ 缩放命令

任务驱动&项目案例

（1）

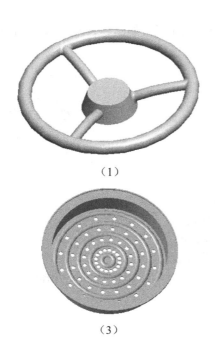

（3）

（2）

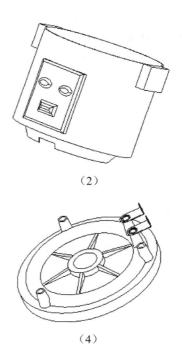

（4）

6.1 复制和粘贴

复制和粘贴命令操作的对象是特征生成的步骤，并非特征本身，也就是说，通过特征的生成步骤，可以生成不同尺寸的相同特征。

复制和粘贴命令可以用在不同的模型文件之间，也可以用在同一模型上。

操作步骤如下：

（1）在此设计环境中绘制一个长、宽、高分别为 100、100、30 的长方体，如图 6-1 所示。

（2）在长方体顶面放置一个直径为 10.00 的通孔，其定位尺寸都是 30.00，如图 6-2 所示，单击"孔"操控板中的"确定"按钮✓，生成此孔特征。

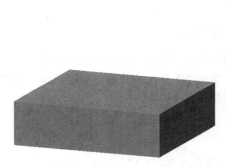

图 6-1　生成长方体特征

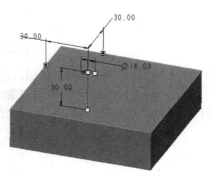

图 6-2　生成孔特征

（3）单击步骤（2）生成的孔特征，孔特征加亮表示此特征为选中状态；单击"模型"功能区"操作"面板上的"复制"按钮🗐，然后再单击"模型"功能区"操作"面板上的"选择性粘贴"按钮🗐，此时系统打开"孔"操控板，操控板中孔的直径、深度值及其他选项和复制选取的孔一样，如图 6-3 所示。

图 6-3　"孔"操控板

（4）单击长方体的顶面，然后将此孔特征的定位尺寸都设为 25.00，如图 6-4 所示。

（5）将孔特征的直径改为 25.00，孔深改为 20.00，单击"孔特征"操控板中的"确定"按钮✓，生成此孔特征，如图 6-5 所示。

（6）选中当前设计系统中的长方体，然后单击"模型"功能区"操作"面板上的"复制"按钮🗐；在系统中新建一个"零件"设计环境，单击"模型"功能区"操作"面板上的"粘贴"按钮🗐，系统打开"比例"对话框，如图 6-6 所示。

（7）单击"比例"对话框中的"确定"按钮，系统打开"拉伸"操控板，其中的拉伸深度为 30.00，其他选项和复制选取的长方体一样，如图 6-7 所示。

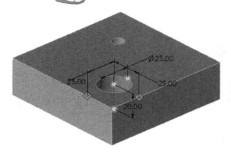

图 6-4　设置孔特征位置

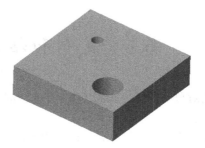

图 6-5　生成复制孔

图 6-6　"比例"对话框

图 6-7　"拉伸"操控板

（8）单击"放置"→"编辑"按钮，进入草图绘制环境，修改截面如图 6-8 所示。

（9）单击"确定"按钮✔，退出草图绘制环境，生成 2D 草绘图并退出草绘环境。单击"拉伸特征"操控板中的"确定"按钮✔，生成此拉伸特征，如图 6-9 所示。

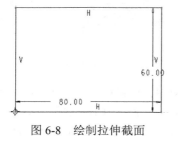

图 6-8　绘制拉伸截面

图 6-9　生成拉伸特征

6.2　特 征 操 作

特征操作包括复制、重新排序和插入模式操作。

6.2.1　特征镜像

操作步骤如下：

（1）单击"快速访问"工具栏中的"打开"按钮📂，打开"文件打开"对话框，打开"特征镜像"文件，如图 6-10 所示。

（2）单击功能区的"命令搜索"按钮🔍，在"命令搜索"框中输入"继承"命令进行搜索，打开如图 6-11 所示的"继承零件"菜单管理器。

（3）在"继承零件"菜单管理器中选择"特征"→"复制"命令，弹出如图 6-12 所示的"复制特征"菜单管理器。

（4）在"复制特征"菜单管理器中选择"镜像"命令，如图 6-13 所示。

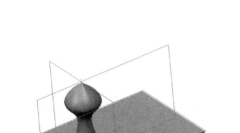

图 6-10 原始模型　　图 6-11 "继承零件"菜单管理器　　图 6-12 "复制特征"菜单管理器

（5）选择"完成"命令，弹出"选择特征"菜单管理器，在模型树中单击"旋转 1"选取平板上的旋转特征，如图 6-14 所示。

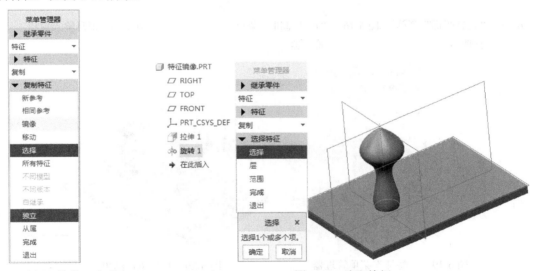

图 6-13 选择"镜像"命令　　　　　　　　图 6-14 选取特征

（6）选取完成以后单击"选择"对话框中的"确定"按钮，弹出如图 6-15 所示的"设置平面"菜单管理器。

（7）在"设置平面"菜单管理器中选择"产生基准"命令，弹出"产生基准"菜单管理器，如图 6-16 所示。选择"偏移"命令，在模型树或视图中选择 TOP 平面作为参考面，弹出如图 6-17 所示的"偏移"菜单管理器。

（8）选择"输入值"命令，弹出消息窗口，输入偏移为 60，如图 6-18 所示。单击 ✓ 按钮。在"产生基准"菜单管理器中选择"完成"命令。

（9）弹出如图 6-19 所示的"特征"菜单管理器，从中选择"完成"命令即可完成特征镜像操作，结果如图 6-20 所示。

图 6-15　"设置平面"菜单
管理器

图 6-16　"产生基准"菜单
管理器

图 6-17　"偏移"菜单管理器

输入指定方向的偏移, <ESC> 退出

60

图 6-18　消息输入窗口

图 6-19　"特征"菜单管理器

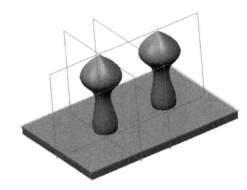

图 6-20　特征镜像结果

6.2.2　特征移动

特征的移动就是将特征从一个位置复制到另外一个位置，特征移动可以使特征在平面内平行移动，也可以使特征绕某一轴做旋转运动。

操作步骤如下：

（1）单击"快速访问"工具栏中的"打开"按钮📂，打开"文件打开"对话框，打开"特征移动"文件，如图 6-21 所示。

（2）单击功能区的"命令搜索"按钮🔍，在"命令搜索"框中输入"继承"命令进行搜索，在弹出的菜单管理器中选择"特征"→"复制"命令，弹出如图 6-22 所示的"复制特征"菜单管理器。

（3）选择"移动"→"完成"命令后，弹出"选择特征"菜单管理器。

图 6-21 原始文件

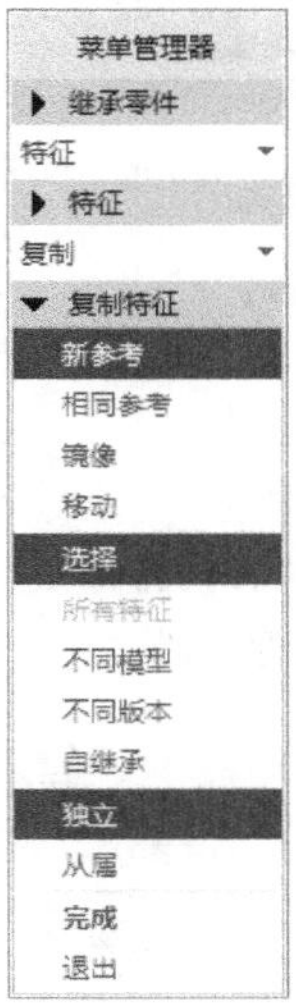

图 6-22 "复制特征"菜单管理器

（4）在模型树中单击"拉伸 2"选取平板上的小方块，如图 6-23 所示。

（5）选取完成以后单击"选择"对话框中的"确定"按钮，弹出如图 6-24 所示的菜单管理器。

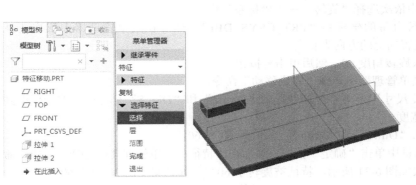

图 6-23 选择移动特征

图 6-24 "一般选择方向"
菜单管理器

（6）在菜单管理器中依次选择"平移"→"平面"命令。在模型中选取 RIGHT 平面，然后选择菜单管理器中的"确定"命令，将平移方向设置为背离屏幕的方向。

（7）在消息输入窗口中输入偏移距离 80，然后单击 ✓ 按钮，弹出"移动特征"菜单管理器，如图 6-25 所示。

（8）在"移动特征"菜单管理器中选择"完成移动"命令，弹出如图 6-26 所示的"组可变尺寸"菜单管理器。

（9）选中"Dim 3"复选框，此时模型中显示了被移动的特征可变尺寸，如图 6-27 所示。

（10）选择"组可变尺寸"菜单管理器中的"完成"命令，并在消息输入窗口中输入 Dim 3 的新尺寸 30，然后按 Enter 键。系统弹出如图 6-28 所示的"组元素"对话框。

（11）在"组元素"对话框中单击"确定"按钮，然后在"特征"菜单管理器中选择"完成"命令，完成特征平移操作，结果如图 6-29 所示，特征被移动了 80mm，并且长度由 70 变为 30。

图 6-25　"移动特征"
菜单管理器

图 6-26　"组可变尺寸"
菜单管理器

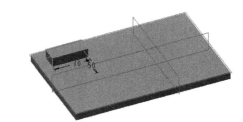

图 6-27　模型中可变尺寸

图 6-28　"组元素"对话框

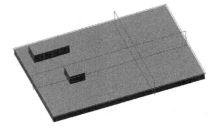

图 6-29　平移特征

（12）在弹出的"特征"菜单管理器中选择"复制"命令。重复上述步骤（2）～（4），然后在如图 6-30 所示的菜单管理器中依次选择"旋转"→"坐标系"命令。

（13）在模型中选取系统自带的坐标系"PRT_CSYS_DEF"，然后在菜单管理器中依次选择"Z 轴"→"确定"命令，设置向上的方向为正向。

（14）在消息窗口中输入旋转角度 60，然后单击✔按钮。

（15）在"移动特征"菜单管理器中选择"完成移动"命令。

（16）在弹出的"组可变尺寸"菜单管理器中选中"Dim 2"和"Dim 5"复选框，改变模型到 TOP 平面的距离以及模型的宽度。

（17）在对话区分别输入"Dim 2"和"Dim 5"的值为 60 和 60。

（18）在"组元素"对话框中单击"确定"按钮，然后在"特征"菜单管理器中选择"完成"命令，完成特征旋转操作，结果如图 6-31 所示，特征被旋转了 60°，并且宽度由 30 变为 60。

图 6-30　旋转菜单设置

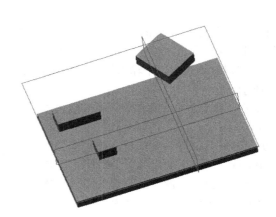

图 6-31　特征旋转

6.2.3 重新排序

特征的顺序是指特征出现在模型树中的序列。在排序的过程中不能将子项特征排在父项特征的前面。同时，对现有特征重新排序可更改模型的外观。

操作步骤如下：

（1）单击"快速访问"工具栏中的"打开"按钮 📂，打开"文件打开"对话框，打开"重新排序"文件，模型如图 6-32 所示。

（2）单击模型树上方的"设置"按钮 ⫪，从其下拉菜单中选择"树列"命令，弹出如图 6-33 所示的"模型树列"对话框。

图 6-32　原始模型　　　　　　　　　图 6-33　"模型树列"对话框

（3）在"模型树列"对话框的"类型"列表框中选择"特征号"选项，然后单击 >> 按钮，将"特征号"选项添加到"显示"列表中，如图 6-34 所示。

（4）单击"模型树列"对话框中的"确定"按钮，则在模型树中即显示特征的"特征号"属性，如图 6-35 所示。

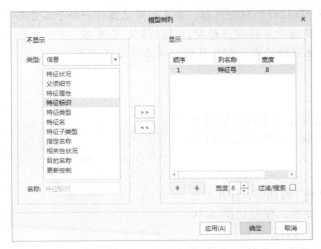

图 6-34　添加显示选项　　　　　　　图 6-35　显示"特征号"属性的模型树

（5）单击功能区的"命令搜索"按钮🔍，在"命令搜索"框中输入"继承"命令进行搜索，在弹出的"特征"菜单管理器中选择"重新排序"命令，弹出如图 6-36 所示的"选择特征"菜单管理器。

（6）从模型树中选取需要重新排序的特征，这里单击"倒圆角 1"特征，然后单击"选择"对话框中的"确定"按钮完成选取，并再次选择"选择特征"菜单管理器中的"完成"命令。

（7）弹出"重新排序"菜单管理器，如图 6-37 所示。选择"之前"→"选择"命令，在视图中选择"镜像 1"特征，将倒圆角 1 特征放置在镜像特征前。

还有一种更简单的重新排序方法：从模型树中选取一个或多个特征，然后通过鼠标拖动在特征列表中将所选特征拖动到新位置即可，如图 6-38 所示。但是这种方法没有重新排序提示，有时可能会引起错误。

图 6-36　"选择特征"菜单管理器　　　图 6-37　"重新排序"菜单管理器　　　图 6-38　重新排序后的模型树

📢 **注意**：有些特征不能重新排序，例如 3D 注释的隐含特征。并且如果试图将一个子零件移动到比其父零件更高的位置，父零件将随子零件相应移动，且保持父/子关系。此外，如果将父零件移动到另一位置，子零件也将随父零件相应移动，以保持父/子关系。

6.2.4　插入特征模式

在进行零件设计的过程中，有时候建立了一个特征后需要在该特征或者几个特征之前先建立其他特征，这时就需要启用插入特征模式。

操作步骤如下：

（1）打开文件。单击工具栏中的"打开"按钮📂，打开"文件打开"对话框，打开"插入特征模式"文件，模型如图 6-39 所示。

（2）首先选取一个特征，从模型树中选取一个特征"拉伸

图 5-39　原始模型

2"，右击，弹出一个快捷菜单，如图 6-40 所示。选择"在此插入"命令，此时箭头"在此插入" ➡ 就会挪到"拉伸 2"特征下面，如图 6-41 所示。

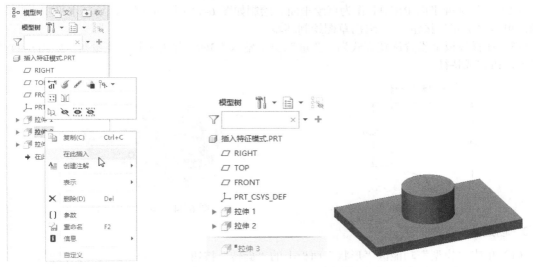

图 6-40 插入命令　　　　　　　　　　　　　　图 6-41 插入命令完成

（3）操作完成，就可以在此插入定位符的当前位置进行新特征的建立。建立完成后，可以通过鼠标右击在此插入定位符，选择"退出插入命令"命令，可以让插入定位符返回到默认位置。

还可以用鼠标左键选择插入定位符，按住鼠标左键并拖动指针到所需的位置，插入定位符随着指针移动。释放鼠标左键，插入定位符将置于新位置，并且会保持当前视图的模型方向，模型不会复位到新位置。

6.2.5　实例——方向盘

首先绘制轮毂的截面曲线，为创建轮毂特征，旋转曲线。方向盘的把手通过旋转创建。轮辐的创建需要首先创建轮辐的轴线，然后扫描得到，接着创建倒圆角特征，将轮辐相关的特征组建成组，复制轮辐组得到最终的模型。绘制流程图如图 6-42 所示。

视频讲解

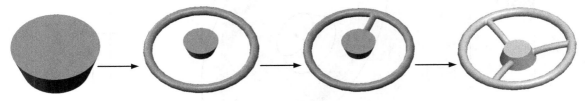

图 6-42 方向盘绘制流程图

操作步骤：

1．新建文件

单击"快速访问"工具栏中的"新建"按钮 ，弹出"新建"对话框。在"类型"选项组中选中"零件"单选按钮，在"文件名"文本框中输入"方向盘"，取消选中"使用默认模板"复选框，单击"确定"按钮，弹出"新文件选项"对话框，选择 mmns_part_solid 选项，单击"确定"按钮，创建新的零件文件。

2. 创建轮毂特征

（1）单击"模型"功能区"形状"面板上的"旋转"按钮，打开"旋转"操控板。

（2）选择基准平面 RIGHT 作为草绘平面。绘制如图 6-43 所示的草图，绘制水平中心线作为旋转轴。单击"确定"按钮，退出草图绘制环境。

（3）在操控板上设置旋转方式为"变量"。输入"360"作为旋转的变量角，如图 6-44 所示。单击按钮完成特征。

图 6-43　绘制草图

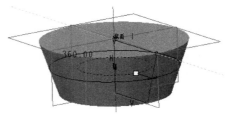

图 6-44　预览特征（1）

3. 创建方向盘的把手

（1）单击"模型"功能区"形状"面板上的"旋转"按钮，打开"旋转"操控板。

（2）选择"使用先前的"作为草图绘制平面，绘制如图 6-45 所示的草图。单击"确定"按钮，退出草图绘制环境。

（3）在操控板上设置旋转方式为"变量"。输入"360"作为旋转的变量角。单击"确定"按钮，完成特征如图 6-46 所示。

4. 创建轮辐曲线

（1）单击"模型"功能区"基准"面板上的"草绘"按钮，在基准平面 RIGHT 上草绘。草绘环境应该如图 6-47 所示。

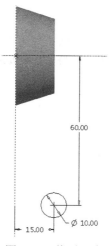

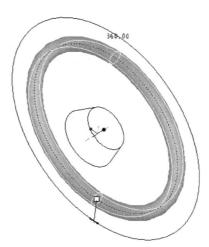

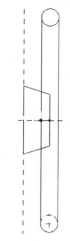

图 6-45　截面尺寸　　　图 6-46　预览特征（2）　　　图 6-47　草绘环境和参考

（2）在草绘环境中，单击"草绘"功能区"设置"面板上的"参考"按钮，弹出"参考"对话框，指定如图 6-47 所示的参考、圆和梯形斜边。

（3）单击"草绘"功能区"草绘"面板上的"点"按钮，创建如图 6-48 所示的 3 个点。

（4）单击"草绘"功能区"草绘"面板上的"样条"按钮，创建如图 6-49 所示的样条曲线图元。单击"确定"按钮 ✔ ，退出草图绘制环境。

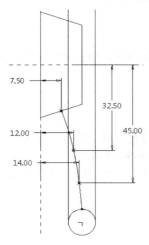

图 6-48 创建点

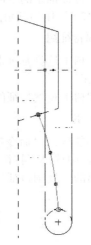

图 6-49 样条曲线

5. 创建扫描辐条

（1）单击"模型"功能区"形状"面板上的"扫描"按钮 🗇 ，弹出"扫描"操控板，如图 6-50 所示。

图 6-50 "扫描"操控板

（2）选择步骤 4 创建的样条曲线为扫描轨迹，如图 6-51 所示。

（3）单击"草绘"按钮 ☑ ，在草绘环境中创建如图 6-52 所示的圆图元。单击"确定"按钮 ✔ ，退出草图绘制环境。

（4）在"选项"下滑面板中选中"合并端"复选框，在操控板中单击"确定"按钮 ✔ ，如图 6-53 所示。

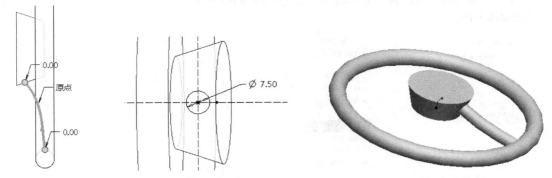

图 6-51 选取基准曲线　　　图 6-52 截面尺寸　　　图 6-53 生成特征

6. 创建圆角特征

（1）单击"模型"功能区"工程"面板上的"倒圆角"按钮 ◯ ，打开"倒圆角"操控板。

（2）在扫描特征幅条的端面选择两条边，如图 6-54 所示。

（3）输入"2.5"作为圆角的半径，单击 ✔ 按钮。

7. 创建轮辐特征组

（1）在模型树上选择基准曲线特征、扫描特征和圆角特征，单击"模型"功能区"操作"面板上的"分组"按钮。

（2）在模型树上观察特征的更改，如图 6-55 所示。

8. 复制辐条组

（1）单击功能区的"命令搜索"按钮 🔍，在"命令搜索"框中输入"继承"命令进行搜索，在弹出的菜单管理器中选择"特征"→"复制"命令，如图 6-56 所示。

（2）在弹出的"复制特征"菜单管理器中选择"移动"→"从属"→"完成"命令，如图 6-57 所示。

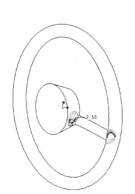

图 6-54　边选取

图 6-55　组

图 6-56　选择复制

图 6-57　设置属性

（3）在模型树或工作区选择要复制的特征组，然后选择"完成"命令，如图 6-58 所示。

（4）在"移动特征"菜单管理器中选择"旋转"命令，弹出"一般选择方向"菜单管理器。

（5）选择"曲线/边/轴"命令，如图 6-59 所示，然后选择如图 6-60 所示的中心轴。

（6）如果需要，反转旋转方向箭头，使之如图 6-60 所示。选择"确定"命令，接受如图 6-61 所示的旋转方向。

图 6-58　设置参考

图 6-59　选取参考

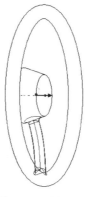

图 6-60　旋转方向

图 6-61　反向

（7）在消息输入窗口中输入"120"作为组旋转的角度值，如图 6-62 所示，单击 ✓ 按钮。

图 6-62 输入旋转角度

（8）在"移动特征"菜单管理器中选择"完成移动"命令完成旋转过程，如图 6-63 所示。

（9）在"组可变尺寸"菜单管理器中选择"完成"命令，如图 6-64 所示。

（10）在特征定义对话框中单击"确定"按钮，如图 6-65 所示。

图 6-63 复制的特征

图 6-64 确定尺寸

图 6-65 完成复制

（11）重复"特征复制"命令，创建第二个辐条的副本，如图 6-42 所示。

6.3 特征的删除

特征的删除命令就是将已经建立的特征从模型树和绘图区删除。

如果要删除该模型中的"镜像 1"特征，可以在模型树上选取该特征，然后右击，弹出如图 6-66 所示的快捷菜单。

图 6-66 快捷菜单

从快捷菜单中选择"删除"命令，如果所选的特征没有子特征，则会弹出如图 6-67 所示的"删除"对话框，同时特征在模型树上和绘图区加亮显示该特征。然后单击"确定"按钮即可删除该特征。

如果像本例中选取的特征"镜像 1"存在子特征，则在选择"删除"命令后就会出现如图 6-68 所示的"删除"对话框，同时该特征及所有的子特征都在模型树上和绘图区加亮显示该特征，如图 6-69 所示。

图 6-67　"删除"对话框（1）　　　　　图 6-68　"删除"对话框（2）

单击"确定"按钮，即可删除该特征及所有子特征。用户也可以单击"选项"按钮，从弹出的"子项处理"对话框中对子特征进行处理，如图 6-70 所示。

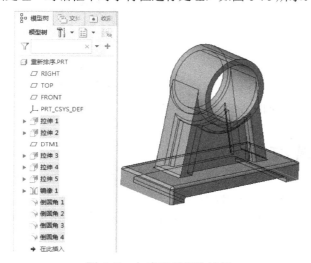

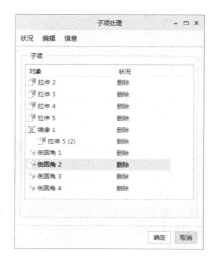

图 6-69　加亮显示所选特征　　　　　　　图 6-70　"子项处理"对话框

6.4　特征的隐含

隐含特征类似于将其从再生中暂时删除。不过，可以随时解除（恢复）已隐含的特征。可以隐含零件上的特征来简化零件模型，并减少再生时间。

例如，当对轴肩的一端进行处理时，可能希望隐含轴肩另一端的特征。类似地，当处理一个复杂组件时，可以隐含一些当前组件过程并不需要其详图的特征和元件。在设计过程中隐含某些特征，具有多种作用，例如：

☑　隐含其他区域的特征后可更专注于当前工作区。

☑　隐含当前不需要的特征可以使更新较少而加速了修改过程。

☑　隐含特征可以使显示内容较少，而加速了显示过程。

☑　隐含特征可以起到暂时删除特征，尝试不同的设计迭代的作用。

从模型树中选择"拉伸 3"特征，然后右击，弹出如图 6-71 所示的快捷菜单。

Note

从快捷菜单中选择"隐含"命令，则弹出"隐含"对话框，同时选取的特征在模型树和图形区加亮显示，如图 6-72 所示。

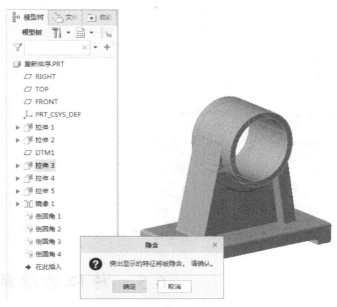

图 6-71　拉伸 3 快捷菜单　　　　　　　　　　图 6-72　"隐含"对话框

单击"隐含"对话框中的"确定"按钮则将选取的特征进行隐含，如图 6-73 所示。

图 6-73　隐含特征后的模型

一般情况下，模型树上是不显示被"隐含"的特征的。如果要显示隐含特征，可以从模型树选项卡中选择"设置"→"树过滤器"命令，打开"模型树项"对话框，如图 6-74 所示。

在"模型树项"对话框的"显示"选项组中选中"隐含的对象"复选框。复选框中将出现一个复选标记。然后单击"确定"按钮，这样隐含对象就将在模型树中列出，并带有一个项目符号，表示该特征被隐含，如图 6-75 所示。

如果要恢复隐含特征，可以在模型树中选取要恢复的一个或多个隐含特征。然后选择菜单栏中的"编辑"→"恢复"→"恢复上一个集"命令，则对象将显示在模型树中，并且不带项目符号，表示该特征已经取消隐含，同时在图形区显示该特征。

📢 注意：与其他特征不同，基本特征不能隐含。如果对基本（第一个）特征不满意，可以重定义特征截面，或将其删除并重新开始。

图 6-74 "模型树项"对话框　　　　图 6-75 显示隐含特征

6.5　特征的隐藏

系统允许在当前进程中的任何时间即时隐藏和取消隐藏所选的模型图元。使用"隐藏"和"取消隐藏"命令可以节约宝贵的设计时间。

使用"隐藏"无须将图元分配到某一层中并遮蔽整个层。可以隐藏和重新显示单个基准特征，例如基准平面和基准轴，而无须同时隐藏或重新显示所有基准特征。下列项目类型可以即时隐藏。

☑　单个基准面（与同时隐藏或显示所有基准面相对）。

☑　基准轴。

☑　含有轴、平面和坐标系的特征。

☑　分析特征（点和坐标系）。

☑　基准点（整个阵列）。

☑　坐标系。

☑　基准曲线（整条曲线，不是单个曲线段）。

☑　面组（整个面组，不是单个曲面）。

☑　组件元件。

如果要隐藏某一特征或者项目，可以右击模型树或绘图区域中的某一项目或多个项目，将弹出如图 6-76 所示的快捷菜单。

然后从快捷菜单选择"隐藏"命令，即可将该特征隐藏。隐藏某一项目时，系统将该项目从图形窗口中删除。隐藏的项目仍存在于模型树列表中，其图表以灰色显示，表示该项目处于隐藏状态，如图 6-77 所示。

如果要取消隐藏，可以在图形窗口或模型树中选择要隐藏的项目，然后右击，在弹出的快捷菜单中选择"隐藏"命令即可。取消隐藏某一项目时，其图标返回正常显示（不灰显），该项目在图形窗口中重新显示。

还可以使用模型树搜索功能（单击"工具"功能区"调查"面板上的"查找"按钮）选取某一指定类型的所有项目（例如，某一组件内所有元件中的相同类型的全部特征），然后选择菜单栏中的

"视图"→"可见性"→"隐藏"命令将其隐藏。

图 6-76 快捷菜单 　　　　图 6-77 隐藏项目在模型树中的显示

当使用模型树手动隐藏项目或创建异步项目时，这些项目会自动添加到被称为"隐藏项目"的层（如果该层已存在）。如果该层不存在，系统将自动创建一个名为"隐藏项目"的层，并将隐藏项目添加到其中。该层始终被创建在"层树"列表的顶部。

6.6　镜　像　命　令

Creo Parametric 6.0 提供了单独的"镜像"命令，不仅能够镜像实体上的某些特征，还能够镜像整个实体。"镜像"工具允许复制镜像平面周围的曲面、曲线、阵列和基准特征。

可用多种方法创建镜像。

（1）特征镜像：可复制特征并创建包含模型所有特征几何的合并特征和选定的特征。

（2）几何镜像：允许镜像诸如基准、面组和曲面等几何项目。

也可通过在模型树中选取相应节点来镜像整个零件。

6.6.1　操作步骤精讲

操作步骤如下：

（1）单击"快速访问"工具栏中的"打开"按钮，打开"文件打开"对话框，打开"镜像实体"文件，如图 6-78 所示。

（2）选取模型中所有的特征，然后单击"模型"功能区"编辑"面板上的"镜像"按钮，打开如图 6-79 所示的"镜像"操控板。

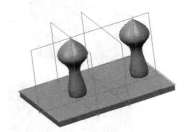

图 6-78　原始模型

图 6-79　"镜像"操控板

（3）单击"模型"功能区"基准"面板上的"平面"按钮□，弹出"基准平面"对话框。选取FRONT 平面作为参考面，并设置为偏移方式，并使新建立的基准平面沿 FRONT 面向下偏移 60。单击"确定"按钮，完成基准面的创建。

（4）单击操控板上的"参考"按钮，弹出如图 6-80 所示的下滑面板。此时的镜像平面默认为前一步新建的基准平面 DTM2。用户可以单击"镜像平面"下的收集器，然后再在模型中选取镜像平面。

（5）单击操控板中的"选项"按钮，弹出如图 6-81 所示的下滑面板。该面板中的"从属副本"为系统默认选项，当选中该复选框时复制得到的特征是原特征的从属特征，当原特征改变时，复制特征也发生改变；不选中该复选框时，原特征的改变对复制特征不产生影响，结果如图 6-82 所示。

图 6-80 "参考"下滑面板　　　　图 6-81 "选项"下滑面板　　　　图 6-82 镜像结果

6.6.2 实例——电饭煲筒身

首先通过旋转得到筒身的基体；其次插入壳特征得到薄壁，再拉伸切除插座口和面板孔，先将手柄拉伸为体，再在手柄上拉伸切除槽，通过镜向得到另一个手柄；然后拉伸操作板，再在操作板上拉伸出按钮和开关；最后创建倒圆角特征，最终形成模型。绘制流程图如图 6-83 所示。

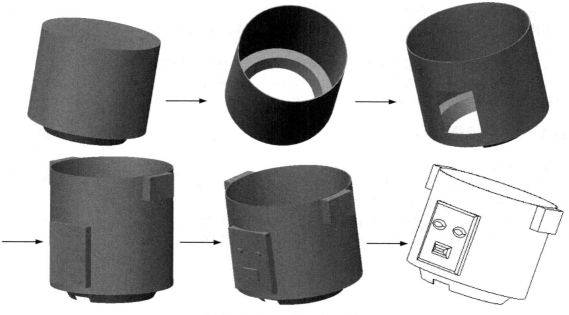

图 6-83 电饭煲筒身绘制流程图

操作步骤：

1. 新建模型

单击"快速访问"工具栏中的"新建"按钮，系统打开"新建"对话框，在"类型"选项组中选中"零件"单选按钮，在"子类型"选项组中选中"实体"单选按钮，在"文件名"文本框中输入"筒身"，其他选项接受系统提供的默认设置，单击"确定"按钮，创建一个新的零件文件。

2. 旋转筒身基体

（1）单击"模型"功能区"形状"面板上的"旋转"按钮，在打开的"旋转"操控板中依次单击"放置"→"定义"按钮，系统打开"草绘"对话框。选取 TOP 基准平面作为草绘平面，单击"草绘"按钮，进入草绘环境。

（2）单击"草绘"功能区"草绘"面板上的"线"按钮，绘制如图 6-84 所示的截面并修改尺寸。单击"确定"按钮，退出草图绘制环境。

（3）在操控板中设置拉伸方式为"盲孔"，给定旋转角度值为 360°，单击操控板中的"确定"按钮，完成筒身基体特征的旋转，如图 6-85 所示。

3. 创建筒身壳特征

（1）单击"模型"功能区"工程"面板上的"壳"按钮，弹出"壳"操控板。

（2）选取如图 6-86 所示旋转体的上表面和下表面，选定的曲面将从零件上去除。

（3）在操控板中给定壁厚为 0.2，单击操控板中的"确定"按钮，完成筒身壳特征的创建，如图 6-87 所示。

图 6-84　绘制截面（1）

图 6-85　创建旋转体

图 6-86　选取表面

图 6-87　抽壳处理

4. 创建偏移基准平面

（1）单击"模型"功能区"基准"面板上的"平面"按钮，打开"基准平面"对话框。

（2）选取 RIGHT 基准平面作为偏移平面，设置约束类型为"偏移"，给定偏移值为 13，结果如图 6-88 所示。

（3）单击"基准平面"对话框中的"确定"按钮。

5. 切除插座口

（1）单击"模型"功能区"形状"面板上的"拉伸"按钮，在打开的"拉伸"操控板中依次单击"放置"→"定义"按钮，系统打开"草绘"对话框。选取刚刚创建的基准平面作为草绘平面，单击"草绘"按钮，进入草绘环境。

（2）单击"草绘"功能区"草绘"面板上的"拐角矩形"按钮□，绘制如图 6-89 所示的截面并修改尺寸。单击"确定"按钮✔，退出草图绘制环境。

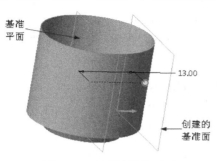

图 6-88　创建的基准平面

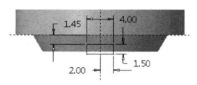

图 6-89　绘制截面（2）

（3）在操控板中设置拉伸方式为"到选定的"⊥⊥，选取如图 6-90 所示旋转体的内表面。单击"拉伸"操控板中的"移除材料"按钮△，去除多余材料。单击操控板中的"确定"按钮✔，完成插座口特征的切除，如图 6-91 所示。

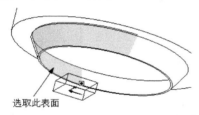

图 6-90　选取曲面（1）

图 6-91　生成的插座口特征

6．切除面板孔

（1）单击"模型"功能区"形状"面板上的"拉伸"按钮，在打开的"拉伸"操控板中依次单击"放置"→"定义"按钮，系统打开"草绘"对话框。选取刚刚创建的基准平面作为草绘平面，单击"草绘"按钮，进入草绘环境。

（2）单击"草绘"功能区"草绘"面板上的"拐角矩形"按钮□，绘制如图 6-92 所示的矩形并修改尺寸。单击"确定"按钮✔，退出草图绘制环境。

（3）在操控板中设置拉伸方式为"到选定的"⊥⊥，选取如图 6-93 所示旋转体的内表面，然后单击操控板中的"移除材料"按钮△，单击操控板中的"确定"按钮✔，完成面板孔特征的切除，如图 6-94 所示。

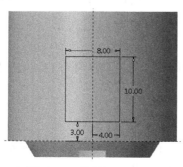

图 6-92　绘制矩形（1）

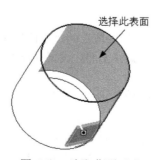

图 6-93　选取曲面（2）

图 6-94　创建面板孔

7．创建偏移基准平面

（1）单击"模型"功能区"基准"面板上的"平面"按钮，打开"基准平面"对话框。

（2）选取 TOP 基准平面作为偏移平面，设置约束类型为"偏移"，给定偏移值为 14，结果如图 6-95 所示。

（3）单击"基准平面"对话框中的"确定"按钮。

8．拉伸手柄

（1）单击"模型"功能区"形状"面板上的"拉伸"按钮，在打开的"拉伸"操控板中依次单击"放置"→"定义"按钮，系统打开"草绘"对话框。选取刚刚创建的基准平面 DIM2 作为草绘平面，单击"草绘"按钮，进入草绘环境。

（2）单击"草绘"功能区"草绘"面板上的"拐角矩形"按钮，绘制如图 6-96 所示的矩形并修改尺寸。

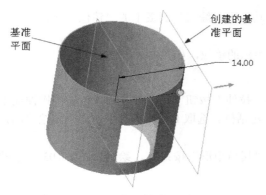

图 6-95　偏移基准平面

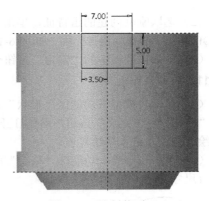

图 6-96　绘制截面（3）

（3）在操控板中设置拉伸方式为"到选定的"，选取如图 6-97 所示旋转体的外表面，单击操控板中的"确定"按钮，完成手柄特征的创建。

9．切除手柄槽

（1）单击"模型"功能区"形状"面板上的"拉伸"按钮，在打开的"拉伸"操控板中依次单击"放置"→"定义"按钮，系统打开"草绘"对话框。选取如图 6-98 所示的拉伸特征侧面作为草绘平面，单击"草绘"按钮，进入草绘环境。

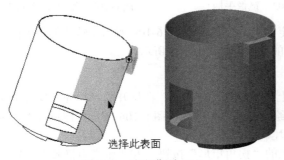

图 6-97　选取曲面（3）

图 6-98　选取草绘平面（1）

（2）单击"草绘"功能区"草绘"面板上的"圆心和点"按钮和"线"按钮，绘制如图 6-99 所示的截面。使用"偏移"按钮会使绘图变得简单，"偏移"功能从已有的特征边线创建草绘几何偏移。

（3）在操控板中设置拉伸方式为"盲孔" ，给定拉伸深度值为 3，单击"移除材料"按钮 和"反向"按钮 。单击操控板中的"确定"按钮 ，完成手柄槽的切除，结果如图 6-100 所示。

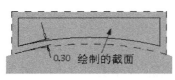

图 6-99　绘制截面（4）

图 6-100　创建手柄槽

10．镜像手柄

（1）选取刚刚创建的拉伸和拉伸切除特征，然后右击，在弹出的快捷菜单中单击 按钮，创建组特征。

（2）选取刚刚创建的组特征，单击"模型"功能区"编辑"面板上的"镜像"按钮 ，然后选取 TOP 基准平面作为镜像平面，如图 6-101 所示。

（3）单击操控板中的"确定"按钮 ，完成手柄的镜像，如图 6-102 所示。

11．拉伸操作板

（1）单击"模型"功能区"形状"面板上的"拉伸"按钮 ，在打开的"拉伸"操控板中依次单击"放置"→"定义"按钮，系统打开"草绘"对话框。选取 DIM1 基准平面作为草绘平面，单击"草绘"按钮，进入草绘环境。

（2）单击"草绘"功能区"草绘"面板上的"拐角矩形"按钮 ，绘制如图 6-103 所示的矩形并修改尺寸。

图 6-101　选取平面

图 6-102　镜像手柄

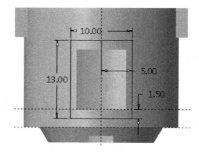

图 6-103　绘制矩形（2）

（3）在操控板中设置拉伸方式为"到选定的" ，选取如图 6-104 所示旋转体的外表面，单击操控板中的"确定"按钮 ，完成操作板特征的创建，如图 6-105 所示。

12．拉伸按钮

（1）单击"模型"功能区"形状"面板上的"拉伸"按钮 ，在打开的"拉伸"操控板中依次单击"放置"→"定义"按钮，系统打开"草绘"对话框。选取如图 6-106 所示拉伸特征的外表面作为草绘平面，单击"草绘"按钮，进入草绘环境。

（2）单击"草绘"功能区"草绘"面板上的"拐角矩形"按钮 和"轴端点椭圆"按钮 ，绘制如图 6-107 所示的草图。

（3）在操控板中设置拉伸方式为"盲孔" ，给定拉伸深度值为 0.5。单击操控板中的"确定"按钮 ，完成按钮特征的创建，如图 6-108 所示。

选取的曲面

图 6-104 选取曲面（4）

图 6-105 拉伸操作板

草绘平面

图 6-106 选取草绘平面（2）

Note

13. 拉伸开关

（1）单击"模型"功能区"形状"面板上的"拉伸"按钮，在打开的"拉伸"操控板中依次单击"放置"→"定义"按钮，系统打开"草绘"对话框。选取刚刚创建的拉伸特征的外表面作为草绘平面，单击"草绘"按钮，进入草绘环境。

（2）单击"草绘"功能区"草绘"面板上的"拐角矩形"按钮，绘制如图 6-109 所示的矩形并修改尺寸。

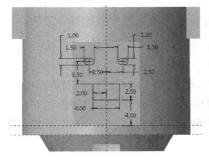

图 6-107 绘制草图（2）

图 6-108 创建按钮

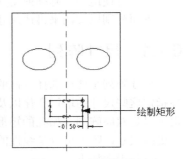

绘制矩形

图 6-109 绘制矩形（3）

（3）在操控板中设置拉伸方式为"盲孔"，给定拉伸深度值为 0.5。单击操控板中的"确定"按钮，完成开关特征的创建，如图 6-110 所示。

14. 创建倒圆角特征

（1）单击"模型"功能区"工程"面板上的"倒圆角"按钮，打开"倒圆角"操控板。

（2）按住 Ctrl 键，选取如图 6-111 所示的边。在操控板中设置圆角半径为 0.5，单击操控板中的"确定"按钮，完成倒圆角特征的创建，最终生成的实体如图 6-83 所示。

图 6-110 创建开关特征

图 6-111 选取倒圆角边

6.7 阵 列 命 令

特征阵列就是按照一定的排列方式复制特征。在创建阵列时，通过改变某些指定尺寸，可创建选定特征的实例，结果将得到一个特征阵列。

特征阵列有尺寸、方向、轴、填充、表、参考、曲线和点 8 种类型，这里只讲述前 3 种比较常用的阵列方式。其中尺寸和方向两种类型阵列结果为矩形阵列，而轴类型阵列结果为圆形阵列。阵列有如下优点：

☑ 创建阵列是重新生成特征的快捷方式。

☑ 阵列是参数控制的。因此，通过改变阵列参数，如实例数、实例之间的间距和原始特征尺寸，可修改阵列。

☑ 修改阵列比分别修改特征更为有效。在阵列中改变原始特征尺寸时，Pro/ENGINEER 自动更新整个阵列。

☑ 对包含在一个阵列中的多个特征同时执行操作，比操作单独特征更为方便和高效。例如，可方便地隐含阵列或将其添加到层。

下面分别以实例来讲述尺寸类型、方向类型、轴类型、填充类型这 4 种阵列类型的操作方法。

6.7.1 尺寸阵列

尺寸阵列是通过选择特征的定位尺寸来的阵列参数的阵列方式。创建尺寸阵列时，选取特征尺寸，并指定这些尺寸的增量变化以及阵列中的特征实例数。尺寸阵列可以是单向阵列（如孔的线性阵列），也可以是双向阵列（如孔的矩形阵列）。换句话说，双向阵列将实例放置在行和列中。根据所选取的要更改尺寸，阵列可以是线性的或角度的。

操作步骤如下：

（1）单击"快速访问"工具栏中的"打开"按钮，打开"文件打开"对话框，打开"尺寸阵列"文件，如图 6-112 所示。

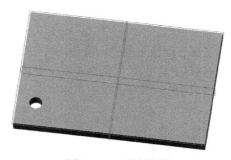

图 6-112　原始模型

（2）在模型树中单击"拉伸 2"选取孔特征，然后单击"模型"功能区"编辑"面板上的"阵列"按钮，打开"阵列"操控板。并在阵列类型下拉列表框中选择"尺寸"类型，则系统弹出尺寸类型阵列操控板，如图 6-113 所示。此时，模型上此特征的相关参数显示出来，如图 6-114 所示。

（3）在阵列操控板上单击"第一方向"后面的收集器，然后在模型中选取水平尺寸"120"。

（4）在阵列操控板上单击"第二方向"后面的收集器，然后在模型中选取水平尺寸"60"。

图 6-113　尺寸阵列操控板

（5）选取完成后单击操控板上的"尺寸"按钮，弹出"尺寸"下滑面板，如图 6-115 所示。

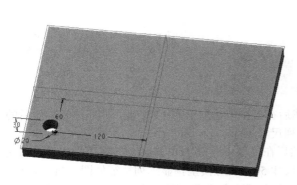

图 6-114　模型尺寸显示　　　　　　　　　　图 6-115　"尺寸"下滑面板

（6）单击"尺寸"下滑面板中"方向 1"下的尺寸值"120"，使之处于可编辑状态，然后将其值改为 80。

（7）用同样的方法，将第二方向上的尺寸值改为 30，此时模型预显阵列特征如图 6-116 所示。

（8）从预显模型中可以看到阵列方向不理想，这时需要将阵列特征反向，将"尺寸"下滑面板中"方向 1"下的尺寸值和"方向 2"下的尺寸值分别改为-80 和-30。然后关闭"尺寸"下滑面板。

（9）在操控板中"1"后面的文本框中输入"4"，使矩形阵列特征为 4 列。

（10）在操控板中"2"后面的文本框中输入"5"，使矩形阵列特征为 5 行。

（11）单击"确定"按钮✓完成阵列操作，阵列结果如图 6-117 所示。

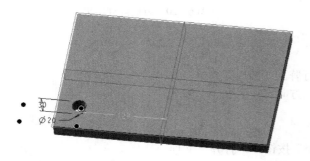

图 6-116　尺寸阵列结果预显　　　　　　　　图 6-117　尺寸阵列结果

6.7.2　方向阵列

方向阵列通过指定方向并使用拖动控制滑块设置阵列增长的方向和增量来创建自由形式阵列。即先指定特征的阵列方向，然后再指定尺寸值和行列数的阵列方式。方向阵列可以为单向或双向。

操作步骤如下：

（1）单击"快速访问"工具栏中的"打开"按钮，打开"文件打开"对话框，打开"尺寸阵列"文件。

（2）在模型树中单击"拉伸 2"选取孔特征，然后单击"模型"功能区"编辑"面板上的"阵列"按钮，打开"阵列"操控板。

（3）从阵列类型下拉列表框中选取"方向"，则弹出方向类型阵列操控板，如图 6-118 所示。

图 6-118　方向阵列操控板

（4）单击"第一方向"后面的收集器，然后在模型中选取 RIGHT 平面，并在该收集器后的文本框中输入阵列数量 3，第二个文本框中输入阵列尺寸 120。

（5）单击"第二方向"后面的收集器，然后在模型中选取 TOP 平面，并在该收集器后的文本框中输入阵列数量 3，第二个文本框中输入阵列尺寸 50。此时模型预显阵列特征如图 6-119 所示。

（6）由预显阵列可以看出阵列在第二个方向上不符合要求，因此单击方向类型阵列操控板"第二方向"后面的按钮，使阵列在第二个方向上反向。然后单击"确定"按钮，得到阵列结果如图 6-120 所示。

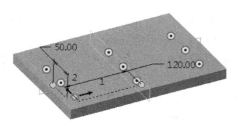

图 6-119　方向阵列结果预显

图 6-120　方向阵列结果

6.7.3　轴阵列

轴阵列就是特征绕旋转中心轴在圆周上进行阵列。圆周阵列第一方向的尺寸用来定义圆周方向上的角度增量，第二方向尺寸用来定义阵列径向增量。

操作步骤如下：

（1）单击"快速访问"工具栏中的"打开"按钮，打开"文件打开"对话框，打开"轴阵列"文件，如图 6-121 所示。

（2）在模型树中单击"拉伸 2"选取拉伸特征，然后单击"模型"

图 6-121　原始模型

功能区"编辑"面板上的"阵列"按钮▦，打开"阵列"操控板。

（3）从阵列类型下拉列表框中选择"轴"类型，则弹出轴阵列操控板如图 6-122 所示。

图 6-122　轴阵列操控板

（4）单击"第一方向"后面的收集器，然后在模型中选取轴 A1，并在该收集器后的文本框中输入阵列数量 3，第二个文本框中输入阵列尺寸 120，表示在第一个方向上阵列数量为 3，阵列的角度为 120°。

（5）在"第二方向"后面的文本框中输入"3"，然后按 Enter 键，第二个文本框变为可编辑状态后，在其中输入阵列尺寸 100，表示在第二个方向上阵列数量为 3，阵列尺寸为 100。此时模型预显阵列特征如图 6-123 所示。

（6）单击"确定"按钮✓，得到阵列结果如图 6-124 所示。

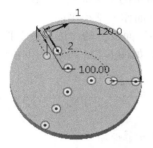

图 6-123　轴阵列结果预显

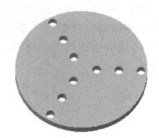

图 6-124　轴阵列结果

6.7.4　填充阵列

填充阵列是通过根据栅格、栅格方向和成员间的间距从原点变换成员位置而创建的。草绘的区域和边界余量决定着将创建哪些成员。将创建中心位于草绘边界内的任何成员。边界余量不会改变成员的位置。

操作步骤如下：

（1）单击"快速访问"工具栏中的"打开"按钮，打开"文件打开"对话框，打开"填充阵列"文件，如图 6-125 所示。

（2）在模型树中单击"拉伸 2"选取拉伸特征，然后单击"模型"功能区"编辑"面板上的"阵列"按钮▦，打开"阵列"操控板。

（3）从阵列类型下拉列表框中选取"填充"类型，则弹出填充阵列操控板如图 6-126 所示。

图 6-125　原始模型

操控板各项的意义：

❶ 选取或草绘填充边界线，单击 后的收集器设置栅格类型，可在操控板上▦旁的框中选取。默认的栅格类型被设置为"方形"。

图 6-126 填充阵列操控板

❷ 指定阵列成员间的间距值，可在操控板上 ▒ 旁的下拉列表框中输入一个新值、在图形窗口中拖动控制滑块，或双击与"间距"相关的值并输入新值。

❸ 指定阵列成员中心与草绘边界间的最小距离，可在操控板上 ▒ 旁的下拉列表框中输入一个新值。使用负值可使中心位于草绘的外面。或者，在图形窗口中拖动控制滑块，或双击与控制滑块相关的值并输入新值。

❹ 指定栅格绕原点的旋转角度，可在操控板上 △ 旁的下拉列表框中输入一个值。或者，在图形窗口中拖动控制滑块，或双击与控制滑块相关的值并输入值。

❺ 指定圆形和螺旋形栅格的径向间隔，可在操控板上 ⚲ 旁的下拉列表框中输入一个值。或者，在图形窗口中拖动控制滑块，或双击与控制滑块相关的值并输入值。

（4）单击操控板上的"参考"按钮，弹出如图 6-127 所示的下滑面板。单击该下滑面板中的"定义"按钮，在弹出的"草绘"对话框中选取"拉伸 1"的圆面作为草绘平面。

（5）系统进入草绘器后，单击"草绘"功能区"草绘"面板上的"选项板"按钮 ▱，在弹出的"草绘器选项板"对话框中选取正六边形，将其插入图形，如图 6-128 所示。单击"确定"按钮 ✔，退出草图绘制环境。

图 6-127 "参考"下滑面板

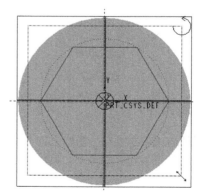

图 6-128 填充边界

（6）操控板的设置如图 6-129 所示。

图 6-129 操控板的设置

（7）阵列结果预显如图 6-130 所示。

（8）单击预显模型中特征所在位置的黑点，使之变为圆圈，如图 6-131 所示。单击"确定"按

· 180 ·

钮✓，阵列结果如图 6-132 所示。

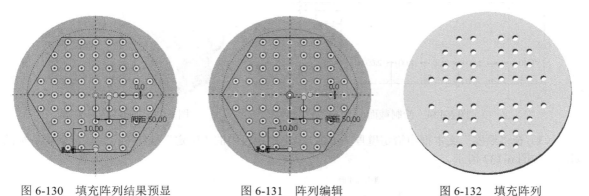

图 6-130 填充阵列结果预显   图 6-131 阵列编辑   图 6-132 填充阵列

6.7.5 实例——电饭煲蒸锅

首先绘制蒸锅的截面草图；然后通过旋转操作创建蒸锅实体；最后切除气孔并将其阵列得到多个气孔，最终形成模型。绘制流程图如图 6-133 所示。

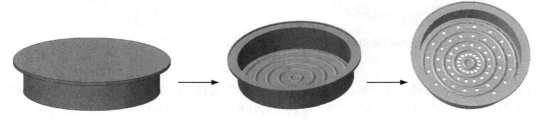

图 6-133 蒸锅绘制流程图

视频讲解

操作步骤：

1．新建模型

单击"快速访问"工具栏中的"新建"按钮 ，系统打开"新建"对话框，在"类型"选项组中选中"零件"单选按钮，在"子类型"选项组中选中"实体"单选按钮，在"文件名"文本框中输入"蒸锅"，其他选项接受系统默认设置，单击"确定"按钮，创建一个新的零件文件。

2．旋转蒸锅实体

（1）单击"模型"功能区"形状"面板上的"旋转"按钮 ，在打开的"旋转"操控板中依次单击"放置"→"定义"按钮，系统打开"草绘"对话框。选取 TOP 基准平面作为草绘平面，单击"草绘"按钮，进入草绘环境。

（2）单击"草绘"功能区"草绘"面板上的"线"按钮 和"圆心和点"按钮 ，绘制如图 6-134 所示的截面并修改尺寸。单击"确定"按钮✓，退出草图绘制环境。

（3）在操控板中设置旋转方式为"指定" ，给定旋转角度为 360°，单击操控板中的"确定"按钮✓，完成蒸锅实体的旋转，如图 6-135 所示。

3．创建蒸锅壳特征

（1）单击"模型"功能区"工程"面板上的"壳"按钮 ，弹出"壳"操控板。

（2）选择如图 6-136 所示旋转体的上表面，选定的曲面将从零件上切除。

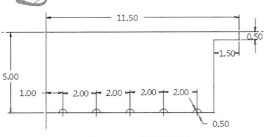

图 6-134　绘制截面

图 6-135　旋转蒸锅实体

（3）在"厚度"文本框中给定壁厚为 0.2，单击操控板中的"确定"按钮✔，完成蒸锅壳特征的创建，如图 6-137 所示。

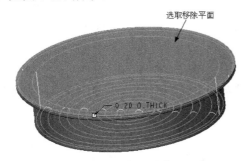

图 6-136　选择移除曲面

图 6-137　创建蒸锅壳

4. 切除气孔

（1）单击"模型"功能区"形状"面板上的"拉伸"按钮，在打开的"拉伸"操控板中依次单击"放置"→"定义"按钮，系统打开"草绘"对话框。选取如图 6-138 所示抽壳的底面作为草绘平面，单击"草绘"按钮，进入草绘环境。

（2）单击"草绘"功能区"草绘"面板上的"圆心和点"按钮，绘制如图 6-139 所示的圆并修改尺寸。单击"确定"按钮✔，退出草图绘制环境。

图 6-138　选取草绘平面

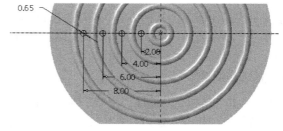

图 6-139　绘制圆

（3）在操控板中设置拉伸方式为"盲孔"，然后单击"移除材料"按钮，单击操控板中的"确定"按钮✔，完成气孔的切除。

5. 阵列气孔

（1）在"模型树"选项卡中选择前面创建的气孔。

（2）单击"模型"功能区"编辑"面板上的"阵列"按钮，打开"阵列"操控板，设置阵列类型为"轴"，在模型中选取轴 A_1。在操控板中给定阵列个数为 16，角度为 22.5。

（3）单击操控板中的"确定"按钮✔，完成气孔特征的阵列，最终生成的实体如图 6-133 所示。

6.8 缩放命令

利用缩放模型命令可以按照用户的需求对整个零件造型进行指定比例的缩放操作。通过缩放模型命令可以对特征尺寸进行缩小或放大一定比例。

操作步骤如下：

（1）单击"快速访问"工具栏中的"打开"按钮，打开"文件打开"对话框，打开"缩放"文件，并双击该模型使之显示当前模型的尺寸"300×50"，如图 6-140 所示。

（2）单击"模型"功能区"操作"面板上的"缩放模型"命令，则在消息输入窗口中输入模型的缩放比例 2.5，如图 6-141 所示。

（3）单击"确定"按钮，即可完成特征缩放操作，完成后模型尺寸处于不显示状态。

（4）再次双击模型使之显示尺寸，则当前尺寸显示为"750×125"，如图 6-142 所示，说明模型被放大 2.5 倍。

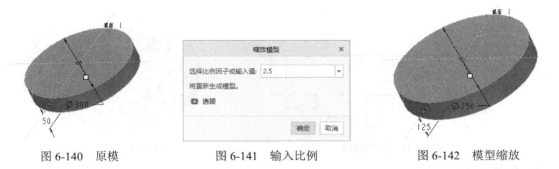

图 6-140 原模   图 6-141 输入比例   图 6-142 模型缩放

6.9 综合实例——锅体加热铁

首先通过旋转得到锅体加热铁的基体，创建并阵列加强筋；其次通过拉伸支脚创建支脚拔模面，并阵列其特征；然后通过拉伸得到导体接线体，对导体进行拔模，再镜像接线体，最终形成模型。绘制流程图如图 6-143 所示。

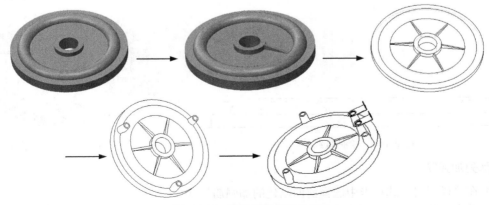

图 6-143 加热铁绘制流程图

视频讲解

操作步骤：

1. 新建模型

单击"快速访问"工具栏中的"新建"按钮 ，系统打开"新建"对话框，在"类型"选项组中选中"零件"单选按钮，在"子类型"选项组中选中"实体"单选按钮，在"文件名"文本框中输入"锅体加热铁"，其他选项接受系统默认设置，单击"确定"按钮，创建一个新的零件文件。

2. 旋转加热铁基体

（1）单击"模型"功能区"形状"面板上的"旋转"按钮 ，在打开的"旋转"操控板中依次单击"放置"→"定义"按钮，系统打开"草绘"对话框。选取 TOP 基准平面作为草绘平面，单击"草绘"按钮，进入草绘环境。

（2）单击"草绘"功能区"草绘"面板上的"线"按钮 和"3 点/相切端"按钮 ，绘制如图 6-144 所示的截面并修改尺寸。单击"确定"按钮 ，退出草图绘制环境。

（3）在操控板中设置旋转方式为"指定" ，给定旋转角度为 360°，单击操控板中的"确定"按钮 ，完成加热铁基体的创建，如图 6-145 所示。

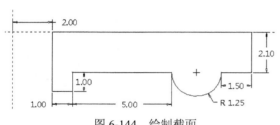

图 6-144 绘制截面

图 6-145 旋转加热铁基体

3. 创建加强筋

（1）单击"模型"功能区"工程"面板上的"轮廓筋"按钮 ，在打开的"轮廓筋"操控板中依次单击"参考"→"定义"按钮，系统打开"草绘"对话框。选取 TOP 基准平面作为草绘平面。

（2）单击"草绘"功能区"草绘"面板上的"线"按钮 ，绘制如图 6-146 所示的直线并修改尺寸。单击"确定"按钮 ，退出草图绘制环境。

（3）在操控板中给定筋厚度为 0.5，然后单击"确定"按钮 ，完成加强筋特征的创建。结果如图 6-147 所示。

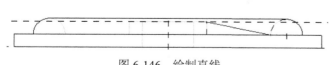

图 6-146 绘制直线

图 6-147 创建加强筋

4. 阵列加强筋

（1）在"模型树"选项卡中选择前面创建的加强筋特征。

（2）单击"模型"功能区"编辑"面板上的"阵列"按钮 ，打开"阵列"操控板，设置阵列类型为"轴",在模型中选取轴 A_1 为参考。然后在操控板中给定阵列个数为 6,尺寸为 60。

(3)单击操控板中的"确定"按钮✓,完成加强筋特征的阵列,如图 6-148 所示。

5. 拉伸支脚

(1)单击"模型"功能区"形状"面板上的"拉伸"按钮🗗,在打开的"拉伸"操控板中依次单击"放置"→"定义"按钮,系统打开"草绘"对话框。选取旋转特征外表面的底面作为草绘平面,单击"草绘"按钮,进入草绘环境。

(2)单击"草绘"功能区"草绘"面板上的"圆心和点"按钮⊙,绘制如图 6-149 所示的草图并修改尺寸。单击"确定"按钮✓,退出草图绘制环境。

(3)在操控板中设置拉伸方式为"盲孔"⊥,给定拉伸深度为 3,单击操控板中的"确定"按钮✓,完成支脚特征的创建。

6. 创建支脚拔模面

(1)单击"模型"功能区"工程"面板上的"拔模"按钮◢,打开"拔模"操控板。

(2)单击操控板中的"参考"按钮,在打开的"参考"下滑面板中单击"拔模曲面"列表框,在模型中选取拉伸特征的外圆柱面作为拔模曲面。

(3)单击"拔模枢轴"列表框,在模型中选取旋转特征外表面的底面作为拔模枢轴(或中性面)。在选择拔模枢轴时要注意,所选择的表面必须垂直于正在拔模的曲面,拔模枢轴定义旋转拔模曲面的旋转点。拔模枢轴曲面将保持它的形状和尺寸。

(4)选取"拖拉方向"列表框,拖动方向平面必须垂直于拔模表面。因为这个表面通常与拔模枢轴相同。自动使拖动方向平面与拔模枢轴相同,如图 6-150 所示。

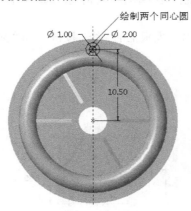

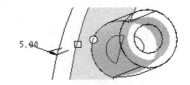

图 6-148 生成特征　　　　　图 6-149 绘制草图(1)　　　图 6-150 选取拔模枢轴和拖动方向

(5)在操控板中给定拔模角度值为 5.00,单击操控板中的"确定"按钮✓,完成支脚拔模的创建。

(6)选取刚刚创建的拉伸特征和拔模特征,在菜单栏中选择"编辑"→"分组"命令,创建组特征。

7. 阵列支脚

(1)选取刚刚创建的组。

(2)单击"模型"功能区"编辑"面板上的"阵列"按钮▦,打开"阵列"操控板,设置阵列类型为"轴",在模型中选取轴 A_1 为参考。在操控板中给定阵列个数为 3,尺寸为 120,如图 6-151 所示。

(3)单击操控板中的"确定"按钮✓,完成支脚特征的阵列。

8. 拉伸导体

（1）单击"模型"功能区"形状"面板上的"拉伸"按钮，在打开的"拉伸"操控板中依次单击"放置"→"定义"按钮，系统打开"草绘"对话框。选取旋转特征外表面的底面作为草绘平面，单击"草绘"按钮，进入草绘环境。

（2）单击"草绘"功能区"草绘"面板上的"圆心和点"按钮，绘制如图 6-152 所示的草图并修改尺寸。单击"确定"按钮，退出草图绘制环境。

（3）在操控板中设置拉伸方式为"盲孔"，给定拉伸深度值为 4，单击操控板中的"确定"按钮，完成导体特征的创建。

9. 创建导体拔模面

（1）单击"模型"功能区"工程"面板上的"拔模"按钮，打开"拔模"操控板。

（2）单击操控板中的"参考"按钮，在打开的"参考"下滑面板中单击"拔模曲面"列表框，选取拉伸特征的外圆柱面作为拔模曲面。

（3）单击"拔模枢轴"列表框，选取旋转特征外表面的底面作为拔模枢轴（或中性面）。

（4）单击"拖拉方向"列表框，拖动方向平面必须垂直于拔模表面。

（5）在操控板中给定拔模角度为 5，单击操控板中的"确定"按钮，完成导体拔模面特征的创建。

10. 拉伸接线体

（1）单击"模型"功能区"形状"面板上的"拉伸"按钮，在打开的"拉伸"操控板中依次单击"放置"→"定义"按钮，系统打开"草绘"对话框。选取拉伸特征端面作为草绘平面，单击"草绘"按钮，进入草绘环境。

（2）单击"草绘"功能区"草绘"面板上的"线"按钮和"圆心和点"按钮，绘制如图 6-153 所示的草图并修改尺寸。

图 6-151　阵列支脚

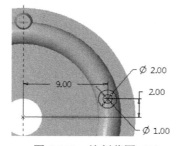

图 6-152　绘制草图（2）

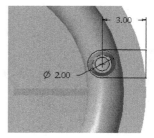

图 6-153　绘制草图（3）

（3）在操控板中设置拉伸方式为"盲孔"，给定拉伸深度值为 0.1，单击操控板中的"确定"按钮，完成接线体特征的创建。

（4）重复"拉伸"命令，采用相同的方法，绘制如图 6-154 所示的草图并修改尺寸。

（5）在操控板中设置拉伸方式为"盲孔"，设置拉伸深度为 1，单击操控板中的"确定"按钮，完成一个接线体特征的创建。

11. 镜像接线体

（1）选取刚刚创建的 3 个拉伸特征和 1 个拔模特征，在菜单栏中选择"编辑"→"分组"命令，创建组特征。

（2）选取刚刚创建的组，单击"模型"功能区"编辑"面板上的"镜像"按钮 ，然后选取 TOP 基准平面作为参考平面，如图 6-155 所示。

（3）单击操控板中的"确定"按钮 ，完成接线体特征的镜像，如图 6-156 所示。

图 6-154　绘制草图（4）　　　　图 6-155　选择基准面　　　　图 6-156　接线体镜像特征

6.10　上机操作

通过前面的学习，读者对本章知识也有了大体的了解，本节通过两个操作练习使读者进一步掌握本章知识要点。

1．绘制如图 6-157 所示的板簧。

操作提示

（1）草绘扫描轨迹。绘制如图 6-158 所示的草图。

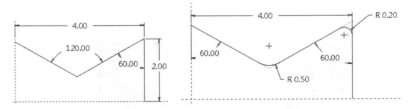

图 6-157　板簧　　　　　　　　　　图 6-158　扫描轨迹草绘图形

（2）扫描实体。利用"扫描"命令，绘制如图 6-159 所示的截面。生成实体如图 6-160 所示。

（3）镜像实体。利用"镜像"命令，镜像实体，如图 6-161 所示。

（4）倒圆角修饰。利用"倒圆角"命令，选择板簧的 4 条边，修改圆角直径为 0.1，完成的实体图如图 6-162 所示。

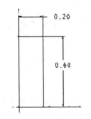

图 6-159　扫描截面　　　图 6-160　板簧实体　　　图 6-161　板簧镜像特征　　　图 6-162　倒圆角后的图形

2．绘制如图 6-163 所示的螺丝刀。

操作提示

（1）创建旋转体。利用"旋转"命令，选取 FRONT 面作为草绘面，绘制草图如图 6-164 所示。设置旋转角度为 360°。

（2）拉伸切割实体。利用"拉伸"命令，选取 TOP 面作为草绘面，绘制草图如图 6-165 所示。单击"切割"按钮，设拉伸深度为"全部贯穿"，结果如图 6-166 所示。

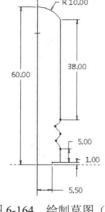

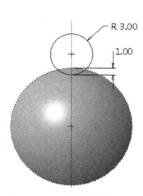

图 6-163　螺丝刀　　　　图 6-164　绘制草图（1）　　　　图 6-165　绘制草图（2）

（3）阵列拉伸切割特征。利用"阵列"命令，选取阵列类型为"轴"，再选取中心轴，输入轴阵列个数为 8，将步骤（2）创建的切割特征进行阵列。

（4）旋转切割实体。利用"旋转"命令，选取 FRONT 面作为草绘面，绘制中心线和直线，如图 6-167 所示。单击"切割"按钮，输入旋转角度为 360°，结果如图 6-168 所示。

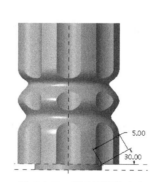

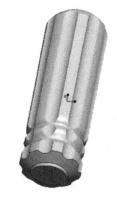

图 6-166　拉伸切割实体　　　　图 6-167　绘制草图（3）　　　　图 6-168　旋转切割实体

（5）拉伸实体。利用"拉伸"命令，选取 TOP 面作为草绘面，绘制圆如图 6-169 所示。输入深度值为 40。

（6）旋转实体。利用"旋转"命令，选取 FRONT 面作为草绘面，绘制中心线和螺丝刀刀头截面如图 6-170 所示。旋转角度为 360°。

（7）拉伸切割实体。利用"拉伸"命令，选取 FRONT 面作为草绘面，绘制拉伸切割截面如图 6-171 所示。单击"切割"按钮，设拉伸深度为"双向"，深度值为 10，结果如图 6-172 所示。

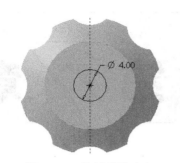

图 6-169　绘制草图（4）

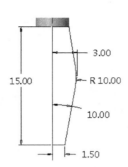

图 6-170　绘制刀头截面

图 6-171　绘制草图（5）

（8）镜像拉伸切割特征。使刚才绘制的拉伸切割特征呈现选取的状态，利用"镜像"命令，选取镜像平面为 FRONT 面，结果如图 6-173 所示。

（9）倒圆角。利用"倒圆角"命令，对螺丝刀手柄部分进行倒圆角，倒圆角半径为 1，结果如图 6-174 所示。

（10）参考阵列倒圆角特征。使刚才绘制的倒圆角特征呈现选取的状态，利用"阵列"命令，选取阵列类型为"参考"，结果如图 6-175 所示。

图 6-172　拉伸切割

图 6-173　镜像切割特征

图 6-174　倒圆角

图 6-175　参考阵列倒圆角特征

第7章

曲线概述

在本章中，学习有关曲线的基本知识。应掌握曲线的相交、投影、包络、修剪和偏移等操作方法，了解不同命令的作用差别。

☑ 相交、投影　　　　　　　☑ 偏移

☑ 包络、修剪

任务驱动&项目案例

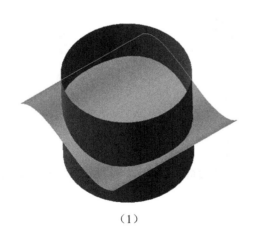

（1）

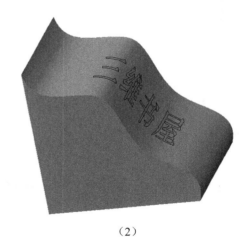

（2）

7.1　方　法　概　述

利用曲线可以创建所需要的曲面，而曲面可以创建实体特征。因此，掌握各种曲线的创建方法，对曲面、实体的快速建模至关重要。

在 Creo Parametric 中，能够创建的工具和命令很多，如基准曲线、草绘基准曲线等。

利用编辑菜单下的偏移、相交、投影、包络命令等，可以创建一些特定条件下的曲线。

而利用编辑菜单下的修剪命令，可以对曲线进行修剪操作，从而获得合乎设计要求的一段曲线。

7.2　相　　交

利用相交命令在两个曲面的相交处生成曲线或者在相交曲线处生成曲线。

7.2.1　曲面相交成曲线

曲面相交是指在两个曲面的相交处生成曲线。

操作步骤如下：

（1）利用拉伸命令，创建如图 7-1 所示的曲面。

（2）选择其中的一个曲面，如图 7-2 所示，单击"模型"功能区"编辑"面板上的"相交"按钮，弹出如图 7-3 所示的"曲面相交"操控板。

图 7-1　创建曲面　　　　　　　　　　图 7-2　选择曲面

图 7-3　"曲面相交"操控板

（3）在操控板上打开"参考"下滑面板，按住 Ctrl 键选择相交的另一个曲面，如图 7-4 所示。

（4）单击操控板中的"确定"按钮，完成相交命令的操作，此时，在两曲面的相交处创建一条曲线，如图 7-5 所示。

（5）在模型树中选中两个拉伸曲面，右击，在弹出的快捷菜单中选择"隐藏"命令，曲线如

图 7-6 所示。

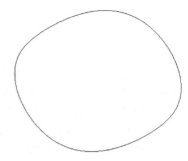

图 7-4 "参考"下滑面板　　　图 7-5 完成的相交效果　　　图 7-6 曲线

7.2.2 相交曲线生成曲线

利用相交命令也可以由两条基准曲线来创建一条曲线，所产生的曲线其实是由两个投影相交而成的。

操作步骤如下：

1. 草绘图形 I

（1）单击"模型"功能区"基准"面板上的"草绘"按钮，在弹出的"草绘"对话框中，在绘图区选择 TOP 基准平面作为草绘平面，选择 RIGHT 基准平面作为右方向参考，然后单击"草绘"按钮，进入草绘器，如图 7-7 所示。

（2）单击"草绘"功能区"草绘"面板上的"线"按钮、"3 点/相切端"按钮和"圆形修剪"按钮，绘制图形如图 7-8 所示。

（3）单击"确定"按钮，退出草图绘制环境。

2. 草绘图形 II

（1）单击"模型"功能区"基准"面板上的"草绘"按钮，在弹出的"草绘"对话框中，在绘图区选择 RIGHT 基准平面作为草绘平面，在绘图区选择 TOP 基准平面作为左方向参考，然后单击"草绘"按钮，进入草绘器，如图 7-9 所示。

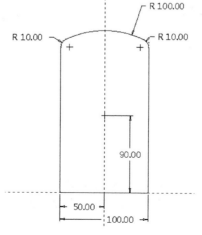

图 7-7 "草绘"对话框（1）　　　图 7-8 草绘图形 I　　　图 7-9 "草绘"对话框（2）

（2）单击"草绘"功能区"草绘"面板上的"线"按钮 和"3 点/相切端"按钮 ，建立草绘曲线，如图 7-10 所示。

（3）单击"确定"按钮 ，退出草图绘制环境。

3. 投影相交

（1）在模型树中选择草绘图形 I 和草绘图形 II。

（2）单击"模型"功能区"编辑"面板上的"相交"按钮 ，此时，系统自动将草绘图形 I 和草绘图形 II 隐藏，同时产生一个由两个投影相交而成的曲线，如图 7-11 所示。

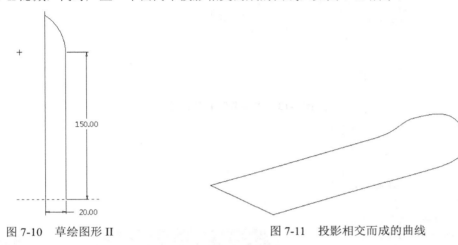

图 7-10　草绘图形 II　　　　　　　　　　图 7-11　投影相交而成的曲线

7.3　投　　影

投影就是将一条曲线投影至一个曲面上或者实体上的一个曲面上。通常可以使用投影的基准曲线来修剪曲面或绘出扫描轨迹的轮廓。如果曲线是通过在平面上草绘来创建的，那么可以对其阵列。

投影曲线的方法有两种。

（1）投影草绘：创建草绘或将现有草绘复制到模型中以进行投影。

（2）投影链：选取要投影的曲线或链。

投影草绘的具体步骤如下：

（1）利用旋转命令创建如图 7-12 所示的曲面。

（2）单击"模型"功能区"编辑"面板上的"投影"按

图 7-12　投影草绘曲面

钮 ，弹出"投影曲线"操控板。

（3）在操控板上打开"参考"下滑面板，在如图 7-13 所示的列表框中选择"投影草绘"选项，然后单击"定义"按钮。

（4）弹出"草绘"对话框，在绘图区选择 TOP 基准平面作为草绘平面，在绘图区选择 RIGHT 基准平面作为右方向参考，然后单击"草绘"按钮，进入草绘器，如图 7-14 所示。

（5）单击"草绘"功能区"草绘"面板上的"样条"按钮 ，草绘如图 7-15 所示的样条曲线。

（6）单击"确定"按钮 ，退出草图绘制环境。

（7）单击"投影曲线"操控板上的"曲面"，自动被激活后选择视图中的曲面。

图 7-13 "参考"下滑面板

图 7-14 "草绘"对话框

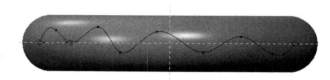

图 7-15 草绘样条曲线

（8）接受默认的"沿方向"选项，单击方向参考收集器，如图 7-16 所示。

图 7-16 定义方向参考

（9）选择 TOP 基准平面作为投影平面，单击操控板中的"确定"按钮 ✓，创建的曲线如图 7-17 所示。

图 7-17 投影曲线

7.4 包 络

"包络"命令可以在指定的实体表面或者曲面面组上建立曲线，所建立的曲线一般被称为包络曲线。

创建包络曲线需要准备用来包络的曲线（包括草绘或者边界等）。包络曲线将在可能的情况下保留原曲线的长度，并且包络曲线的原点只能是能够投影到目标曲面上的参考点。

下面介绍包络曲线的绘制方法。

1. 创建一个用来包络的草绘

（1）利用拉伸命令创建如图 7-18 所示模型。

（2）单击"模型"功能区"基准"面板上的"平面"按钮▱，选择 TOP 基准平面作为参考，单击"偏移"选项框将偏移距离设置为 300，如图 7-19 所示，单击"确定"按钮。

图 7-18 源文件中的模型

（3）单击"模型"功能区"基准"面板上的"草绘"按钮❁，选择刚创建的 DTM1 基准平面作为草绘平面。

（4）单击"草绘"功能区"草绘"面板上的"文本"按钮 **A**，在弹出的"文本"对话框中输入所要包络的文字，如图 7-20 所示。

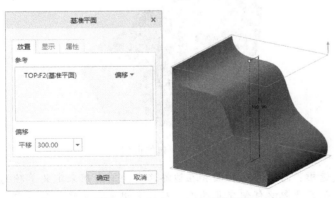

图 7-19 创建 DTM1 基准平面

图 7-20 "文本"对话框

（5）单击"文本"对话框中的"确定"按钮，效果如图 7-21 所示。

（6）单击"确定"按钮✔，退出草图绘制环境，完成了草绘图形的创建，退出草绘器，创建的草绘如图 7-22 所示。

2. 创建包络曲线

（1）在图形中选中刚创建的草绘特征。

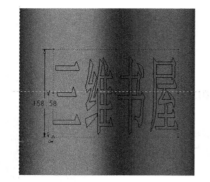

图 7-21　草绘文字　　　　　　　　　图 7-22　草绘的图形

（2）单击"模型"功能区"编辑"面板下的"包络"按钮 ，弹出如图 7-23 所示的"包络"操控板。

图 7-23　"包络"操控板

（3）系统自动默认的方向上找到实体表面进行包络，如图 7-24 所示。

（4）单击操控板中的"确定"按钮 ，创建的包络曲线如图 7-25 所示，系统自动将原草绘特征隐藏。

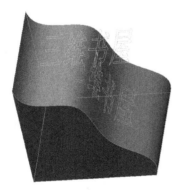

图 7-24　包络预览　　　　　　　　　图 7-25　包络曲线

📖 说明：在"选项"下滑面板中有两个复选框：忽略相交曲面和在边界修复。前者用来定义单独的曲线是否被包络到相交曲面上，是否要忽略任何交集曲面；而后者用来定义修剪曲线中无法进行包络的部分，当曲线在目标对象上包络过大时，是否要修剪曲线。

7.5　修　　剪

修剪或分割是指通过在曲线与曲面、其他曲线或基准平面相交处修剪，或通过相交曲线来修剪要编辑的曲线。

　　要修剪面组或曲线时，请先选择要修剪的曲面或曲线，激活"修剪"工具，然后指定修剪对象，即可在创建或重定义期间指定和更改修剪对象。在修剪过程中，箭头将指定被修剪曲面或曲线中保留的部分。用于修剪曲线的特征可以是曲面、基准面、其他曲线、基准点。

　　可以使用（修剪）工具按钮或编辑下拉菜单中的修剪命令，来执行曲线的修剪操作。

　　操作步骤如下：

　　（1）利用样条曲线命令绘制如图 7-26 所示的曲线。

　　（2）在模型树中选择要修剪的曲线。

　　（3）单击"模型"功能区"编辑"面板上的"修剪"按钮，弹出"曲线修剪"操控板。

　　（4）选择修剪对象，修剪对象可以是曲线上的某个点，也可以是与曲线相交的平面、曲面、基准曲线等。选择 FRONT 基准平面作为修剪对象，图中箭头方向代表着曲线相对于修剪对象要保留的部分，如图 7-27 所示。

图 7-26　选择修剪的曲线

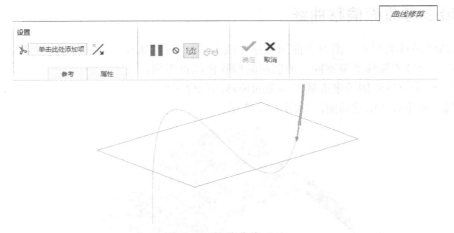

图 7-27　修剪曲线（1）

　　（5）在操控板上，单击"保留侧方向"按钮，更改保留曲线方向，如图 7-28 所示。

　　（6）单击操控板中的"确定"按钮，完成曲线的修剪操作，修剪后的曲线如图 7-29 所示。

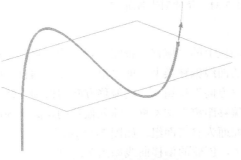

图 7-28　更改保留方向

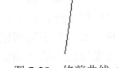

图 7-29　修剪曲线（2）

7.6 偏 移

偏移是指使用已有的曲线进行偏移，进而得到新的曲线。偏移命令除了对曲线进行偏移还可以对曲面或面组进行偏移。前面介绍过曲面偏移的方法和操作，本节仅对曲线的偏移命令做说明。

对曲线的偏移可以分为 3 种：沿参考曲面偏移曲线、垂直于参考曲面偏移曲线和从边界偏移。

当选择要偏移的参考曲线后，单击"模型"功能区"编辑"面板上的"偏移"按钮，此时弹出"偏移"操控板，如图 7-30 所示。

图 7-30 "偏移"操控板

7.6.1 沿参考曲面偏移曲线

默认的曲线偏移类型为"沿参考曲面偏移曲线"，用户可以选择另外一种偏移类型，即"垂直于参考面偏移"。选择的偏移类型不同，所创建的偏移曲线也不同。

下面通过一个简单的例子来讲解沿参考面偏移的创建过程。

（1）利用拉伸命令创建曲面，如图 7-31 所示。

图 7-31 拉伸创建曲面

（2）选择要偏移的基准曲线。

（3）单击"模型"功能区"编辑"面板上的"偏移"按钮，弹出"偏移"操控板。

（4）在"偏移"操控板上接受默认的曲线偏移类型，即"沿参考曲面偏移曲线"类型。

（5）在"偏移"操控板上单击"偏移方向"按钮，使偏移方向切换到原始曲线的另一侧。

（6）在"偏移"操控板上，激活"偏移距离"文本框，输入偏移的距离为 50。

（7）打开"参考"下滑面板，选择曲面为参考面组，如图 7-32 所示。

（8）单击操控板中的"确定"按钮，创建的偏移曲线如图 7-33 所示。

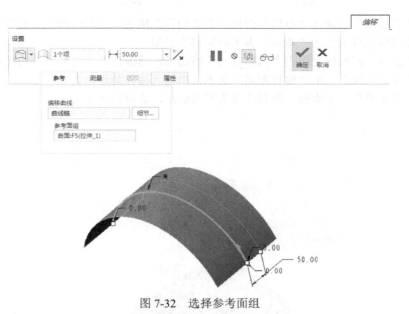

图 7-32 选择参考面组

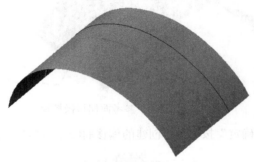

图 7-33 沿参考面偏移效果

7.6.2 垂直于参考面偏移

操作步骤如下：

（1）利用拉伸命令创建曲面，如图 7-34 所示。

图 7-34 拉伸创建曲面

（2）选择要偏移的基准曲线。

（3）单击"模型"功能区"编辑"面板上的"偏移"按钮🔲，此时弹出"偏移"操控板。

（4）选择曲线偏移类型为"垂直于参考面偏移"类型🔲。

（5）在"偏移"操控板上单击"偏移方向"按钮🔲，使偏移方向切换到原始曲线的另一侧。

（6）在"偏移"操控板的"偏移距离"文本框中输入偏移的距离为20。

（7）打开"参考"下滑面板，选择曲面为参考面组，此时如图7-35所示。

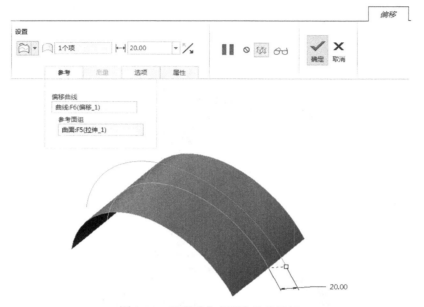

图7-35　垂直于参考面偏移操控板

（8）单击操控板中的"确定"按钮🔲，创建的偏移曲线如图7-36所示。

图7-36　垂直于参考面偏移效果

7.6.3　从边界偏移

在同一个曲面上偏移某一条边界得到新的曲线，并通过"延伸"选项调整新曲线。方法是，对一条边界进行偏移，使用鼠标右键在延伸选项中增加新的控制点，再对控制点的参数进行适当的调整，以控制偏移曲线。

操作步骤如下：

（1）利用拉伸命令创建曲面。

（2）选择要偏移的边界曲线，如图7-37所示。

图 7-37　选择边界曲线

（3）单击"模型"功能区"编辑"面板上的"偏移"按钮，弹出"偏移"操控板。

（4）在"偏移"操控板上单击"偏移方向"按钮，使偏移方向切换到原始曲线的另一侧，如图 7-38 所示。

图 7-38　"偏移"操控板

（5）在"偏移"操控板中输入偏移的距离为 30，此时边界偏移预览如图 7-39 所示。

（6）单击操控板中的"确定"按钮，创建的偏移曲线如图 7-40 所示。

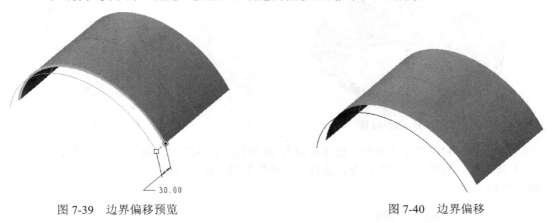

图 7-39　边界偏移预览　　　　　　　　　　　　图 7-40　边界偏移

7.7　上机操作

通过前面的学习，读者对本章知识也有了大体的了解，本节通过一个操作练习使读者进一步掌握本章知识要点。

绘制如图 7-41 所示的水果盘。

操作提示

（1）草绘扫描轨迹。绘制如图 7-42 所示的草图。

图 7-41　水果盘

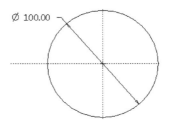

图 7-42　草绘图形

（2）扫描曲面。利用"扫描"命令，绘制如图 7-43 所示的截面。生成曲面如图 7-44 所示。

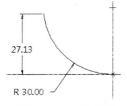

图 7-43　扫描截面

图 7-44　扫描曲面

（3）加厚曲面。利用"加厚"命令，加厚曲面，厚度为 2.5，如图 7-45 所示。

（4）拉伸底。利用"拉伸"命令，创建拉伸深度为 2.5，完成的实体图如图 7-46 所示。

图 7-45　加厚特征

图 7-46　拉伸后的图形

（5）创建孔。利用"孔"命令，创建直径为 10 的孔，完成的实体图如图 7-47 所示。

（6）阵列孔。利用"阵列"命令，选择"填充"类型，设置间距为 20，到边界间距为 3，阵列结果如图 7-48 所示。

图 7-47　创建孔

图 7-48　阵列孔

第8章

曲面造型

本章将介绍曲面造型的基础知识。目的是让读者初步掌握简单曲面造型的基本绘制方法与技巧。

- ☑ 曲面设计概述
- ☑ 创建曲面
- ☑ 曲面编辑

任务驱动&项目案例

（1）

（2）

（3）

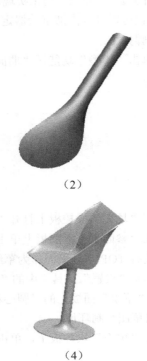

（4）

8.1 曲面设计概述

曲面特征主要是用来创建复杂零件的，曲面称之为面，是因为它没有厚度。曲面与前面章节中实体特征中的薄壁特征不同，薄壁特征有一个厚度值。

虽然薄壁特征厚度比较薄，但是本质上与曲面不同，还是实体。在 Creo Parametric 6.0 中首先通过各种方法建立单个的曲面，然后通过对曲面进行修剪、切削等编辑操作，完成以后将多个单独的曲面进行合并，合并成一个整体的曲面。最后对合并得来的曲面进行实体化，也就是将曲面加厚使之变成实体，因为只有实体才能进行加工制作。本章将按照这个顺序先讲述曲面的建立，然后进行编辑操作，完成编辑的学习后进行实体化操作。

8.2 创 建 曲 面

拉伸曲面、旋转曲面、扫描曲面等可以参考实体的创建。本节主要介绍填充曲面和边界混合曲面的创建方法。

8.2.1 填充曲面

填充曲面是指通过填充封闭环草绘来创建平整曲面特征。填充特征用于生成平面。填充特征需要通过对平面的边界作草绘，用来实现对平面的定义。创建填充曲面，既可以选择已存在的平整的闭合基准曲线，也可以进入内部草绘器定义新的封闭截面。

操作步骤如下：

（1）单击"模型"功能区"曲面"面板上的"填充"按钮□，打开如图 8-1 所示的"填充"操控板。

图 8-1 "填充"操控板

（2）在"填充"操控板上打开"参考"下滑面板，如图 8-2 所示。

（3）在"参照"下滑面板上单击"定义"按钮，打开"草绘"对话框。

（4）选择 TOP 基准平面作为草绘平面，其他默认，单击"草绘"按钮。

（5）单击"设置"工具栏中的"草绘视图"按钮，使 FRONT 基准平面正视于界面。单击"草绘"功能区"草绘"面板上的"圆心和点"按钮，绘制填充截面，如图 8-3 所示。单击"确定"按钮，退出草图绘制环境。

（6）在"填充"操控板上，单击"确定"按钮，完成的填充曲面如图 8-4 所示。

Note

图 8-2 "参考"下滑面板　　　　图 8-3 草绘填充截面　　　　图 8-4 填充曲面

8.2.2 边界混合曲面

边界混合曲面是指利用边线作为边界混合而成的一类曲面。边界混合曲面是最常用的曲面建立方式。既可以由同一个方向上的边线混合曲面，也可以由两个方向上的边线混合曲面。可以以建立的参照曲线为依据，获得比较精确的曲面，但是另外一方面需要明白的是，曲面不是完完全全绝对精确地通过参照曲线的，它也只是在一定精度范围内通过参照曲线的拟合曲面。为了更精确地控制所要混合的曲面可以加入影响曲线，可以设置边界约束条件或者设置控制点等。为了曲面质量的需要可能会重新拟合参照曲线。

1. 单向边界混合曲面

操作步骤如下：

（1）利用草图绘制命令创建如图 8-5 所示的曲线文件。

（2）单击"模型"功能区"曲面"面板上的"边界混合"按钮，打开"边界混合"操控板，如图 8-6 所示。

图 8-5 曲线文件　　　　　　　　　　　　图 8-6 "边界混合"操控板

（3）在图形中选择曲线 I，然后按住 Ctrl 键依次选择曲线 II 和曲线 III。

（4）在"边界混合"操控板上单击"确定"按钮，完成的边界混合曲面如图 8-7 所示。

2. 双向边界混合曲面

双向边界混合曲面是由两个方向上的边线来混合曲面。依次定义曲线 1、曲线 2、曲线 3 为第一个方向曲线，而曲线 4、曲线 5 为第二个方向曲线。

操作步骤如下：

（1）利用草图绘制命令绘制如图 8-8 所示曲线文件。

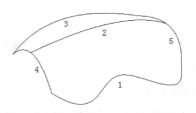

图 8-7 创建的单向边界混合曲面　　　　图 8-8 文件中的 5 条曲线

（2）单击"模型"功能区"曲面"面板上的"边界混合"按钮 ，打开"边界混合"操控板，此时"第一方向"图元收集器 选择项 处于被激活状态。

（3）选择曲线 1，然后按住 Ctrl 键依次选择曲线 2 和曲线 3。

（4）在"边界混合"操控板上单击"第二方向"图元收集器，然后结合 Ctrl 键选择曲线 4 和曲线 5，单击"确定"按钮 ，如图 8-9 所示。

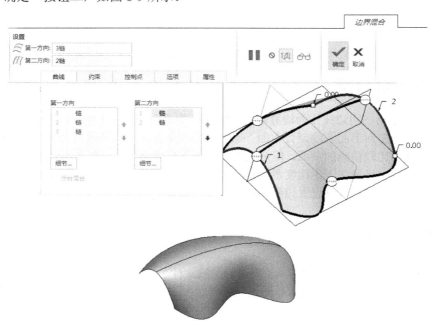

图 8-9　创建的双向边界混合曲面

8.2.3　实例——周铣刀

首先绘制弯管的铣刀截面，然后将铣刀截面进行阵列；再将阵列的截面生成边界混合曲面。然后再拉伸创建一个圆柱形曲面，最后合并成铣刀。绘制流程图如图 8-10 所示。

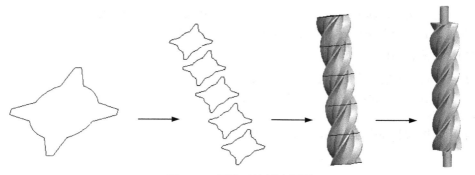

图 8-10　周铣刀绘制流程图

操作步骤：

1. 新建文件

单击"快速访问"工具栏中的"新建"按钮 ，系统打开"新建"对话框，在"类型"选项组中选中"零件"单选按钮，在"子类型"选项组中选中"实体"单选按钮，在"文件名"文本框中输入"周铣刀"，其他选项接受系统提供的默认设置，单击"确定"按钮，创建一个新的零件文件。

2. 绘制草图

（1）单击"模型"功能区"基准"面板上的"草绘"按钮，弹出"草绘"对话框。选取 FRONT 面作为草绘面，RIGHT 面作为参考，参考方向向右。

（2）绘制如图 8-11 所示的草图，单击"确定"按钮，退出草图绘制环境。

3. 阵列草绘特征

（1）使刚绘制的草绘呈现选取的状态，单击"模型"功能区"编辑"面板上的"阵列"按钮，弹出"阵列"操控板。

（2）将阵列的类型修改为"方向"，选取 FRONT 面作为方向参考，输入阵列的个数为 6，阵列间距为 30，单击操控板中的"确定"按钮，完成阵列操作。结果如图 8-12 所示。

4. 创建边界混合曲面

（1）单击"模型"功能区"曲面"面板上的"边界混合"按钮，弹出"边界混合"操控板。

（2）依次选取 6 个草绘截面，系统即出现预览的边界曲面，如图 8-13 所示。

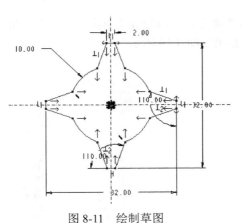

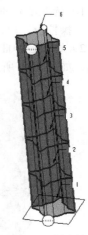

图 8-11 绘制草图　　　　图 8-12 阵列结果　　　　图 8-13 边界混合

（3）在绘图区空白处右击，在弹出的快捷菜单中选择"控制点"命令，如图 8-14 所示。再依次选取要对应的控制点，如图 8-15 所示。

5. 绘制拉伸曲面

（1）单击"模型"功能区"基准"面板上的"草绘"按钮，选取 TOP 面作为草绘面，RIGHT 面作为参考，参考方向向右。

（2）绘制直线，如图 8-16 所示。单击"确定"按钮，退出草图绘制环境。

（3）使刚绘制的草图呈现选取状态，单击"模型"功能区"形状"面板上的"拉伸"按钮，弹出"拉伸"操控板。

（4）选择"对称"，设置拉伸距离为 50，单击操控板中的"确定"按钮，拉伸结果如图 8-17 所示。

6. 绘制填充曲面

在模型树中选取"草绘 1"，单击"模型"功能区"曲面"面板上的"填充"按钮，系统即将草绘截面填充成曲面，如图 8-18 所示。

图 8-14　定义控制点　　　图 8-15　修改控制点　　　　图 8-16　绘制直线

7. 合并曲面

（1）选取填充曲面和边界曲面，单击"模型"功能区"编辑"面板上的"合并"按钮，弹出"合并"操控板，单击"确定"按钮。

（2）选取拉伸曲面和合并后的曲面，重复"合并"命令，在操控板中单击"反向"按钮，调整方向，如图 8-19 所示。单击"确定"按钮，合并结果如图 8-19 所示。

图 8-17　绘制拉伸曲面（1）　　　图 8-18　绘制填充曲面　　　　图 8-19　合并曲面（1）

8. 绘制拉伸曲面

（1）单击"模型"功能区"形状"面板上的"拉伸"按钮，弹出"拉伸"操控板。

（2）选取 FRONT 面作为草绘面，绘制直径为 10 的圆，如图 8-20 所示。单击"确定"按钮，退出草图绘制环境。

（3）在"拉伸"操控板中选取拉伸类型为"曲面"，再单击"选项"按钮，将两侧深度都设置为"盲孔"，"侧 1"为 170，"侧 2"为 20，单击操控板中的"确定"按钮，拉伸结果如图 8-21 所示。

9. 合并曲面

（1）选取边界混合曲面和刚绘制的拉伸曲面。

（2）单击"模型"功能区"编辑"面板上的"合并"按钮，弹出"合并"操控板。

（3）在操控板中单击"反向"按钮，调整方向，合并结果如图8-22所示。

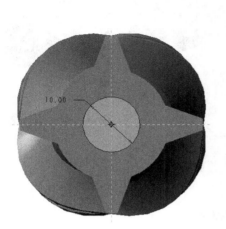

图 8-20　绘制草图　　　　图 8-21　绘制拉伸曲面（2）　　图 8-22　合并曲面（2）

8.3　曲　面　编　辑

前面所讲述的曲面的创建方法可以创建一些简单的曲面，下面将通过学习曲面的编辑方法对曲面进行偏移、复制、修剪，还可以将多个曲面合并成面组，最后将曲面面组实体化，通过曲面来创建实体模型。

8.3.1　曲面偏移

偏移特征可以用于曲线特征，也可以用于曲面特征。曲面偏移也是一个很重要的曲面特征，使用偏移工具，可以将一个曲面或一条曲线沿恒定或者可变距离偏移，来创建一个新的曲面或曲线。然后，再使用此偏移曲面来构建几何或创建阵列几何，同时也可以通过偏移曲线构建一组可在以后用来构建曲面的曲线。

（1）标准偏移。即偏移一个面组、曲面或者实体面。

具有拔模特征的偏移（斜偏移）。这类偏移包括：在草绘内部的面组或曲面区以及拔模侧曲面。还可以使用此选项来创建直的或相切侧曲面轮廓。

（2）展开偏移。在封闭面组或者实体草绘的选定面之间，创建一个连续体积块，当使用"草绘区域"选项时，将在开放面组或实体曲面的选定面之间，创建连续的体积块。这个功能通常可以用于在曲面上打上商标等一些标记。

（3）替换偏移。用面组或者基准平面替换实体面。

操作步骤如下：

（1）利用拉伸命令绘制如图8-23所示的模型。

（2）选择曲面如图8-24所示。

（3）单击"模型"功能区"编辑"面板上的"偏移"按钮，打开"偏移"操控板，如图8-25所示。

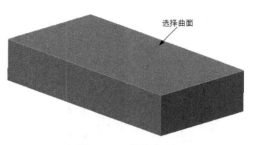

图 8-23　绘制模型　　　　　　　　　　　　　图 8-24　选择曲面

图 8-25　"偏移"操控板

（4）系统在默认时，曲面的偏移类型为"标准"模式 $\boxed{\text{I}}$，输入偏移的距离为 10。

（5）进入"选项"下滑面板，选择"垂直于曲面"选项，如图 8-26 所示。

图 8-26　"选项"下滑面板

（6）在操控板上单击"确定"按钮 ✓，完成的偏移曲面如图 8-27 所示。

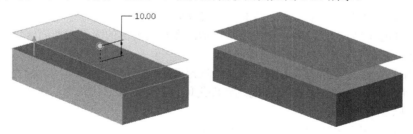

图 8-27　偏移完成的效果

8.3.2　复制曲面

复制实体上或者曲面上的面是将一个现有的曲面（实体上或者曲面上的面都可以）进行复制，产生新的曲面。

对实体上或者曲面上的曲面进行复制时，复制操控板上选项的内容如图 8-28 所示。

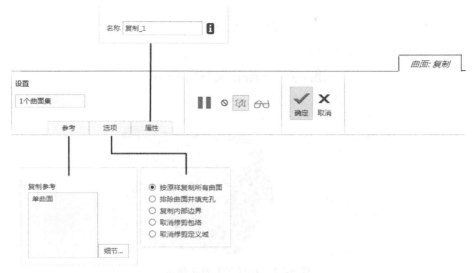

图 8-28 "曲面：复制"操控板

（1）参考：欲复制的曲面。

（2）选项：复制选项，包括以下选项。

☑ 按原样复制所有曲面：复制所选的所有曲面，此为默认选项。

☑ 排除曲面并填充孔：复制所有的曲面后，用户可排除某些曲面，并可将曲面内部的孔洞自动填补上曲面。

☑ 复制内部边界：若用户仅需要复制原先所选的曲面中的部分曲面，则选中此单选按钮，选取所要曲面的边线，形成封闭的循环即可。

（3）属性：显示复制完成曲面的特性，包含曲面的名称及各项特征信息。

操作步骤如下：

（1）利用拉伸命令创建长方体，如图 8-29 所示。

（2）在模型中选取顶部的面，再按住 Ctrl 键，选取其余面，如图 8-30 所示。

图 8-29 原始模型

图 8-30 选择面

（3）单击"模型"功能区"操作"面板上的"复制"按钮复制曲面，单击"模型"功能区"操作"面板上的"粘贴"按钮粘贴曲面。打开如图 8-31 所示的"曲面：复制"操控板。

（4）在粘贴操控板上单击"确定"按钮 ✔ （或者单击鼠标中键），即产生新的曲面，如图 8-32 所示。

曲面：复制

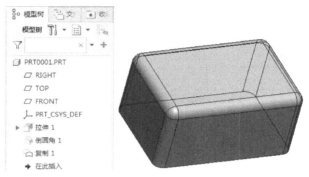

图 8-31　"曲面：复制"操控板

图 8-32　复制产生的新曲面

8.3.3　镜像曲面

镜像工具将以平面为参照来创建特征的副本，参照可以是基准平面、平直的实体表面或者曲面。镜像工具常用于复制镜像平面周围的曲面、曲线、轴。此外，镜像工具还可以用来创建零件的副本。对于一个选定的曲面或者面组，可以使用镜像的方式来在某一平面（镜像平面）的另一侧产生一个对称的曲面或者面组。

镜像曲面的具体操作步骤如下：

（1）利用拉伸命令创建如图 8-33 所示的曲面。

（2）在模型树中选择曲面，使其变成红色。

（3）单击"模型"功能区"编辑"面板上的"镜像"按钮，打开"镜像"操控板，如图 8-34 所示。

（4）选择 RIGHT 基准平面为镜像平面。

（5）在"镜像"操控板上单击"确定"按钮，创建的镜像曲面如图 8-35 所示。

图 8-33　原始曲面

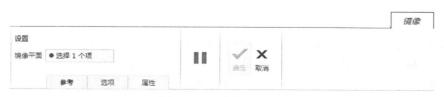

图 8-34　"镜像"操控板

图 8-35　创建镜像曲面

8.3.4　修剪曲面

修剪工具用于剪切或者分割面组或者曲线，从面组或曲线中移除材料，以创建特定形状的面组或曲线，本节讲述修剪示例，以对此选项内容做进一步的理解。

曲面修剪的方式主要有下列两种：

（1）以相交面作为分割面来进行修剪。当使用曲面作为修剪另一曲面的参照时，可以用一定的厚度修剪，需要使用薄修剪模式，如图 8-36 所示。

（a）原始的两个相交曲面　　　　（b）修剪过程　　　　（c）修剪后的效果

图 8-36　曲面修剪方式

（2）以曲面上的曲线作为分割线来进行修剪，如图 8-36 所示。

选择要修剪的曲面组后，就可以单击"修剪"工具按钮或者从菜单栏上选择"编辑"→"修剪"命令，打开"修剪"操控板。下面简单介绍一下"修剪"操控板上主要的收集器、按钮及选项。

（1）"参照"下滑面板

在该下滑面板上，具有"修剪的面组"收集器和"修剪对象"收集器，选择的对象均会收集在相应的收集器中，在收集器中单击可将其激活；若右击收集器，可以调出快捷菜单，当选择"移除"命令，可删除不需要的对象。

（2）"选项"下滑面板

当修剪对象为曲线时，不需要使用该下滑面板。而当修剪对象为相交面时，可以打开该下滑面板，指定是否保留修剪曲面、是否定义薄修剪等。倘若要定义薄修剪时，则可以选择薄修剪控制选项，输入薄修剪的厚度，并可以指定排出曲面（不进行薄修剪的曲面）。

操作步骤如下：

（1）利用拉伸命令创建如图 8-37 所示曲面。

（2）选择圆柱曲面为要修剪的曲面。

（3）单击"模型"功能区"编辑"面板上的"修剪"按钮，弹出"修剪"操控板。

图 8-37　源文件图形

（4）在"修剪"操控板上，单击"保留侧方向"按钮。

（5）在"选项"下滑面板上选中"薄修剪"复选框，并在此输入数值，如图 8-38 所示，也可拖动图柄以控制薄修剪的程度（不同的薄修剪数值将导致不同程度的修剪），如图 8-39 所示。

📖 **说明**：由以上两个示例可以看出，如果选择的只是曲线来做修剪，那么"修剪"操控板上只有"参考"和"属性"两个卷标。如果使用曲面作为修剪对象，则只有"薄修剪"选项可用。

（6）单击操控板中的"确定"按钮，完成曲面的修剪操作，修剪后的曲线如图 8-40 所示。

图 8-38 "选项"下滑面板

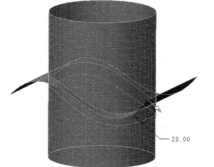

图 8-39 修剪预览

图 8-40 曲面薄修剪

8.3.5 延伸曲面

延伸工具用于延伸曲面，选择曲面的边界将曲面延伸，延伸的模式有至平面和沿曲面两种。

1. 至平面

该模式是将曲面延伸到指定的平面。

操作步骤如下：

（1）选择要延伸曲面的边线。

（2）单击"模型"功能区"编辑"面板上的"延伸"按钮 ，打开"延伸"操控板。

（3）在"延伸"操控板上单击"到平面"按钮 ，如图 8-41 所示。

图 8-41 选择延伸的边界线

（4）单击"参照平面"选项框，选择 RIGHT 基准平面，如图 8-42 所示。

（5）在"延伸"操控板上单击"确定"按钮 ，完成曲面的延伸，如图 8-43 所示。

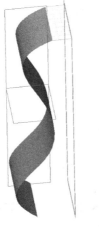

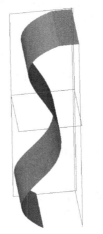

图 8-42 选择要延伸的曲面　　　　图 8-43 曲面延伸效果

2. 沿曲面

以沿曲线方法延伸曲面时，具体的有 3 种沿曲面的方式，即相同、相切和逼近方式，其中前两种方式在设计中较为常用。

（1）相同：创建相同类型的延伸类型的延伸作为原始曲面，即通过选定的边界，以相同类型来延伸原始曲面，所述的原始曲面可以是平面、圆柱面、圆锥面或者样条曲面。根据"延伸"的方向，将以指定距离并经过其选定边界延伸原始曲面，或以指定距离对其进行修剪，如图 8-44 所示。

（2）相切：创建与原始曲面相切的直纹曲面，如图 8-45 所示。

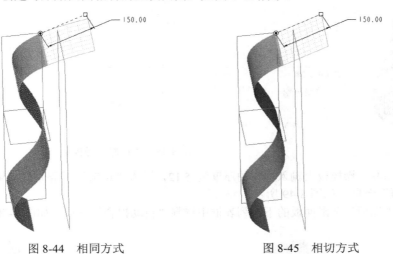

图 8-44　相同方式　　　　　　　图 8-45　相切方式

（3）逼近：以逼近选定边界的方式来创建边界混合曲面。

另外，可以通过"测量"下滑面板来增加一些测量点，并设置这些测量点的距离类型和距离值，可以创建一些复杂的延伸曲面，如图 8-46 所示。

点	距离	距离类型	边	参考	位置
1	150.00	垂直于边	边:F5(拉伸_1)	顶点:边:F5(拉伸_1) ID	终点 1
2	100.00	垂直于边	边:F5(拉伸_1)	点:边:F5(拉伸_1) ID=	0.50
3	200.00	垂直于边	边:F5(拉伸_1)	点:边:F5(拉伸_1) ID=	0.75

图 8-46　具有多测量值的延伸曲面

8.3.6　曲面加厚

加厚特征用于将曲面或面组特征生成实体薄壁，或者移除薄壁材料，可以由曲面直接创建实体。

因此，加厚特征可用于创建复杂的薄实体特征，以提供比实体建模更复杂的曲面造型。就这样，加厚特征用来为设计者提供这类的需求，并造成设计的极大灵活性。

操作步骤如下：

（1）利用旋转命令创建如图 8-47 所示的曲面。

（2）在视图中选择旋转曲面。

（3）单击"模型"功能区"编辑"面板上的"加厚"按钮，打开"加厚"操控板，如图 8-48 所示。

图 8-47　原始曲面　　　　　　　　　　　　　　图 8-48　"加厚"操控板

（4）在"加厚"操控板上输入加厚的厚度为 5.12，进入"选项"下滑面板，从下拉列表框中选择"垂直于曲面"选项，如图 8-49 所示。

（5）若在"选项"下滑面板的下拉列表框中选择"自动拟合"选项，如图 8-50 所示。

图 8-49　选择"垂直于曲面"选项　　　　　　　　　图 8-50　自动拟合

（6）若在"选项"下滑面板的下拉列表框中选择"控制拟合"选项，如图 8-51 所示。

（7）在"加厚"操控板上单击"确定"按钮，加厚的效果如图 8-52 所示。

图 8-51　控制拟合　　　　　　　　　　　　　　图 8-52　创建的加厚特征

8.3.7 合并曲面

合并工具用于通过相交或连接的方式来合并两个面组。它所生成的面组将是一个单独的面组，即使删除合并特征，原始面组则依然保留。合并面组有以下两种模式。

第一种是相交模式，两个曲面有交线但没有共同的边界线，合并两个相交的面组，然后创建一个由两个相交面组的修剪部分所组成的面组。

第二种是连接模式，合并两个相邻面组，其中一个面组的一个侧边必须在另一个面组上。

两个曲面为邻接时，即一个曲面的某边界线恰好是另一个曲面的边界时，多采用连接方式来合并这两个曲面。

操作步骤如下：

（1）利用拉伸命令创建如图 8-53 所示的曲面。

（2）在视图中选择所有曲面。

（3）单击"模型"功能区"编辑"面板上的"合并"按钮 ，打开"合并"操控板。

（4）在"合并"操控板中进入"选项"下滑面板，可以看到默认的选项为"相交"，如图 8-54 所示，接受该默认选项。

（5）在"合并"操控板上单击"方向"按钮，分别单击"第一曲面面组的保留侧"按钮 和"第二曲面面组的保留侧"按钮 ，就是说具有曲面修剪的效果，此时两个保留侧的方向如图 8-55 所示。

（6）在操控板中的单击"确定"按钮 ，合并后的曲面面组如图 8-56 所示。

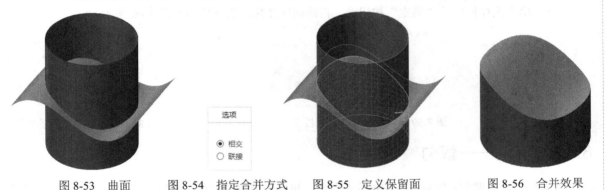

图 8-53 曲面   图 8-54 指定合并方式   图 8-55 定义保留面   图 8-56 合并效果

📢 **注意**：如果选择保留方向不同，得到的合并效果也不同，如图 8-57 所示。

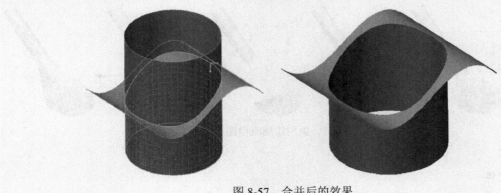

图 8-57 合并后的效果

8.3.8 曲面实体化

实体化特征将使用预定的曲面特征或面组对实体进行修改，是将曲面直接创建实体的命令。其中包括添加、删除或替换实体材料。实体化特征可以充分利用曲面造型巨大的灵活性，实现复杂的几何建模。它有以下 3 种类型。

（1）伸出项实体：使用曲面或面组作为边界来添加实体材料。

（2）口实体：使用曲面或面组作为边界来移出实体材料。

（3）替换/曲面修补：使用曲面或面组替换指定的曲面部分。需要注意的是，只有当选定的曲面或面组边界位于实体几何上时才可利用。伸出项选项其实为此选项的一个特例，可以用此选项来代替。

操作步骤如下：

（1）利用扫描命令创建如图 8-58 所示曲面。

（2）选中扫描曲面，此时因为曲面不是封闭曲面，故实体化菜单命令不可用，呈灰色显示状态。

（3）在图形窗口中，选中扫描曲面，单击鼠标右键，在弹出的快捷菜单中选择"编辑定义"命令。重新编辑扫描曲面，在"选项"下滑面板中将其属性改为"封闭端"。

图 8-58　原始模型

（4）再选中扫描曲面，单击"模型"功能区"编辑"面板上的"实体化"按钮 🗋，系统弹出"实体化"操控板，如图 8-59 所示。

（5）单击操控板中的"确定"按钮 ✔，将曲面实体化，生成模型如图 8-60 所示。

图 8-59　"实体化"操控板

图 8-60　框架方式显示模型

8.3.9 实例——饭勺

首先绘制旋转曲面，然后采用扫描绘制勺柄；再将勺柄部分修剪，然后采用边界混合命令将勺子和勺柄光顺连接；最后将勺柄倒圆角并加厚。绘制的流程图如图 8-61 所示。

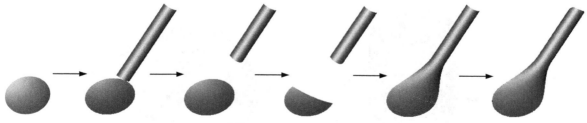

图 8-61　饭勺绘制流程图

操作步骤：

1. 新建文件

单击"快速访问"工具栏中的"新建"按钮 🗋，系统打开"新建"对话框，在"类型"选项组中选中"零件"单选按钮，在"子类型"选项组中选中"实体"单选按钮，在"文件名"文本框中输入"饭勺"，其他选项接受系统提供的默认设置，单击"确定"按钮，创建一个新的零件文件。

2. 绘制旋转曲面

（1）单击"模型"功能区"形状"面板上的"旋转"按钮 🔩，弹出"旋转"操控板。

（2）选取 FRONT 面作为草绘面，绘制草图如图 8-62 所示。单击"确定"按钮 ✔，退出草图绘制环境。

（3）在弹出的"选项"下滑面板中选择"曲面"，并将角度设为 360°，单击操控板中的"确定"按钮 ✔，如图 8-63 所示。

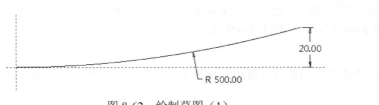

图 8-62　绘制草图（1）　　　　　　　　图 8-63　旋转曲面

3. 绘制变截面扫描曲面

（1）单击"模型"功能区"基准"面板上的"草绘"按钮 🖉，选取 FRONT 面作为草绘面，绘制草图如图 8-64 所示。单击"确定"按钮 ✔，退出草图绘制环境。

图 8-64　绘制草图（2）

（2）单击"模型"功能区"形状"面板上的"扫描"按钮 🖛，弹出"扫描"操控板。

（3）选取刚才绘制的草图作为原点轨迹线，在变截面扫描操控板中单击"草绘"按钮 🖉，进入截面的绘制，绘制如图 8-65 所示的截面，单击"确定"按钮 ✔，退出草图绘制环境。

（4）系统出现预览，如图 8-66 所示。单击操控板中的"确定"按钮 ✔，结果如图 8-67 所示。

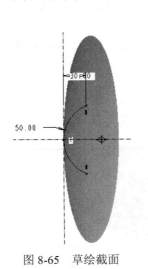

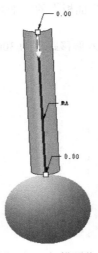

图 8-65　草绘截面　　　　　图 8-66　扫描预览　　　　　图 8-67　扫描结果

4. 绘制草图

（1）单击"模型"功能区"基准"面板上的"草绘"按钮，弹出"草绘"对话框，选取 TOP 面作为草绘面，RIGHT 面作为参考，参考方向向右。

（2）绘制草图如图 8-68 所示。单击"确定"按钮，退出草图绘制环境。

图 8-68　绘制草图（3）

5. 投影曲线

（1）单击"模型"功能区"编辑"面板上的"投影"按钮，弹出"投影"操控板。

（2）选取刚绘制的草绘作为投影草绘，选取勺柄作为投影曲面，TOP 面作为投影方向平面，系统即生成预览投影曲线，如图 8-69 所示。单击操控板中的"确定"按钮。

6. 修剪曲面

（1）选取勺柄曲面，单击"模型"功能区"编辑"面板上的"修剪"按钮，弹出"修剪"操控板。

（2）选取投影曲线作为修剪工具，如图 8-70 所示。单击操控板中的"确定"按钮，完成修剪，结果如图 8-71 所示。

图 8-69　投影曲线　　　　图 8-70　选取修剪曲线　　　　图 8-71　修剪结果（1）

7. 创建基准平面

（1）单击"模型"功能区"基准"面板上的"平面"按钮，系统弹出"基准平面"对话框，如图 8-72 所示。

（2）选取 RIGHT 面作为参照，输入偏移距离为 30mm，单击"确定"按钮，完成基准平面 DTM1 的创建，如图 8-73 所示。

图 8-72　"基准平面"对话框

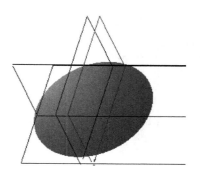

图 8-73　创建基准平面结果

8. 修剪曲面

（1）选取旋转曲面作为要修剪的曲面，单击"模型"功能区"编辑"面板上的"修剪"按钮，
弹出"修剪"操控板。

（2）选取刚绘制的基准平面作为修剪工具，如图 8-74 所示。单击操控板中的"确定"按钮，
完成修剪，结果如图 8-75 所示。

9. 绘制基准曲线

（1）单击"模型"功能区"基准"面板上的"曲线"按钮，弹出"曲线：通过点的曲线"操
控板。

（2）选取如图 8-76 所示的点作为曲线通过点，在"放置"下滑面板中确定点 1 和点 2，在"结
束条件"下滑面板中定义起点和终点的终止条件为"相切"，如图 8-77 所示，使绘制的曲线与相连接
的曲线在端点处相切。单击"确定"按钮，如图 8-78 所示。

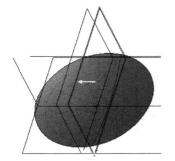

图 8-74　选取平面作为修剪工具

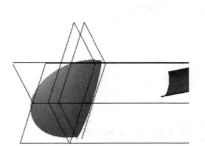

图 8-75　修剪结果（2）

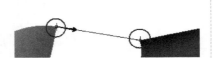

图 8-76　选取曲线通过点（1）

图 8-77　定义相切条件（1）

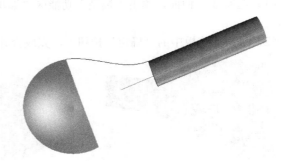

图 8-78　绘制曲线（1）

（3）重复"基准"→"曲线"→"通过点的曲线"命令，选取如图 8-79 所示的点作为曲线通过
点，再定义相切条件，使绘制的曲线与相连接的曲线在端点处相切，如图 8-80 所示。

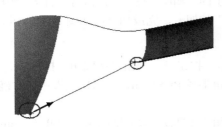

图 8-79　选取曲线通过点（2）

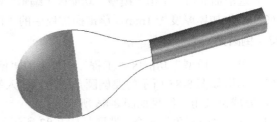

图 8-80　绘制曲线（2）

10. 边界混合曲面

（1）单击"模型"功能区"曲面"面板上的"边界混合"按钮，弹出"边界混合"操控板。

（2）依次选取两方向曲线。单击"曲线"下滑面板，单击"第一方向"的"细节"按钮，弹出"链"对话框，选择方向1的一条曲线，单击"添加"按钮，选择方向1的第二条曲线。单击"确定"按钮，关闭"链"对话框。同理，选择"第二方向"的曲线。单击"约束"下滑面板，方向1两边界条件为相切，如图8-81所示，单击操控板中的"确定"按钮，完成曲面的创建，结果如图8-82所示。

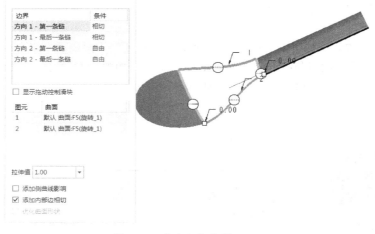

图8-81　定义相切条件（2）

11. 合并曲面

（1）选取3个曲面，单击"模型"功能区"编辑"面板上的"合并"按钮，弹出"合并"操控板。

（2）单击操控板中的"确定"按钮，完成合并，结果如图8-83所示。

图8-82　边界混合曲面

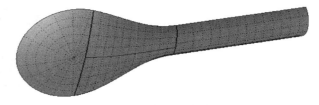

图8-83　合并曲面

12. 加厚曲面

（1）选取曲面后，单击"模型"功能区"编辑"面板上的"加厚"按钮，弹出"加厚"操控板。

（2）输入加厚厚度为1mm，单击操控板中的"确定"按钮，完成加厚，如图8-84所示。

13. 倒圆角

（1）单击"模型"功能区"工程"面板上的"倒圆角"按钮，弹出"倒圆角"操控板。

（2）选取如图8-85所示的要倒圆角的边，输入倒圆角半径R=50mm，单击操控板中的"确定"按钮，完成倒圆角，结果如图8-86所示。

（3）重复"倒圆角"命令，选取如图8-87所示的要倒圆角的边，输入倒圆角半径R=0.3mm，单击操控板中的"确定"按钮，完成倒圆角，结果如图8-88所示。

倒圆角边

50.00

1.00

图 8-84　加厚曲面　　　　　　　　　　图 8-85　要倒圆角的边（1）

图 8-86　倒圆角结果（1）　　　图 8-87　要倒圆角的边（2）　　　图 8-88　倒圆角结果（2）

8.4　综合实例——塑料壶

视频讲解

　　首先绘制塑料壶的主干曲线，然后变截面扫描生成塑料壶的侧面；再镜像到另一侧，然后将左右的曲面封闭起来以及生成上部分的曲面。最后扫描生成塑料壶的手柄。绘制的流程图如图 8-89 所示。

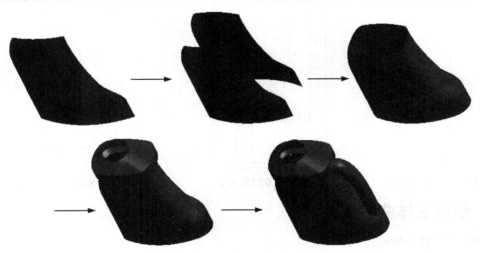

图 8-89　塑料壶绘制流程图

8.4.1　创建曲线

1．新建文件

　　单击"快速访问"工具栏中的"新建"按钮，系统打开"新建"对话框，在"类型"选项组中选中"零件"单选按钮，在"子类型"选项组中选中"实体"单选按钮，在"文件名"文本框中输入"塑料壶"，其他选项接受系统提供的默认设置，单击"确定"按钮，创建一个新的零件文件。

2. 绘制轨迹 1

（1）单击"模型"功能区"基准"面板上的"草绘"按钮，弹出"草绘"对话框，选取 FRONT 面作为草绘面，RIGHT 面作为参考，参考方向向右。

（2）单击"草绘"功能区"草绘"面板上的"线"按钮，绘制草图如图 8-90 所示。单击"确定"按钮，退出草图绘制环境。

3. 创建基准平面

（1）单击"模型"功能区"基准"面板上的"平面"按钮，弹出"基准平面"对话框。

（2）选取 FRONT 面作为参照，输入偏移距离为 1.63mm，单击"确定"按钮，完成基准平面 DTM1 的创建，再以同样的方法创建 DTM2，偏移距离为 1.75。

4. 绘制轨迹 2

（1）单击"模型"功能区"基准"面板上的"草绘"按钮，弹出"草绘"对话框，选取 DTM1 平面作为草绘面，RIGHT 面作为参考，参考方向向右。

（2）单击"草绘"功能区"草绘"面板上的"线"按钮、"3 点/相切端"按钮和"样条"按钮，绘制草图如图 8-91 所示。单击"确定"按钮，退出草图绘制环境。

5. 绘制轨迹 3

（1）单击"模型"功能区"基准"面板上的"草绘"按钮，弹出"草绘"对话框，选取 DTM2 平面作为草绘面，RIGHT 面作为参考，参考方向向右。

（2）单击"草绘"功能区"草绘"面板上的"线"按钮和"3 点/相切端"按钮，绘制草图如图 8-92 所示。单击"确定"按钮，退出草图绘制环境。

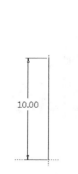

图 8-90　绘制轨迹 1

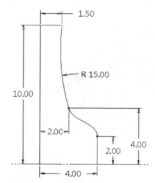

图 8-91　绘制轨迹 2

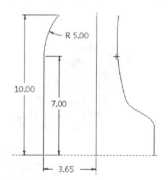

图 8-92　绘制轨迹 3

8.4.2　创建主体曲面

1. 绘制变截面扫描曲面

（1）单击"模型"功能区"形状"面板上的"扫描"按钮，弹出"扫描"操控板。

（2）选取刚绘制的轨迹 1 作为原点轨迹线，轨迹 2 和轨迹 3 作为额外轨迹线。

（3）在操控板中单击"允许截面变化"按钮，再单击"绘制截面"按钮，绘制扫描截面，如图 8-93 所示。截面绘制完毕后，单击"确定"按钮，退出草图绘制环境。

（4）单击操控板中的"确定"按钮，生成变截面扫描曲面如图 8-94 所示。

2．镜像曲面特征

（1）使刚绘制的曲面呈现选取状态，单击"模型"功能区"编辑"面板上的"镜像"按钮，弹出"镜像"操控板。

（2）选取 FRONT 面作为镜像平面，在"选项"下滑面板中取消选中"从属副本"复选框，单击操控板中的"确定"按钮，镜像结果如图 8-95 所示。

图 8-93　绘制扫描截面　　图 8-94　绘制变截面扫描曲面　　图 8-95　镜像曲面特征

3．绘制基准曲线

（1）单击"模型"功能区"基准"面板上的"曲线"按钮，弹出"曲线：通过点的曲线"操控板，再选取要经过的点，并定义端点相切条件，如图 8-96 所示。

（2）以同样的步骤绘制另外一条基准曲线，如图 8-97 所示。

4．创建边界混合曲面 1

（1）单击"模型"功能区"曲面"面板上的"边界混合"按钮，弹出"边界混合"操控板。

（2）选取刚才绘制的两条基准曲线，再切换到第二方向选取曲面的两条边，结果如图 8-98 所示。单击操控板中的"确定"按钮。

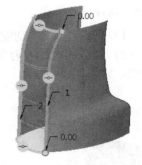

图 8-96　绘制基准曲线　　图 8-97　绘制另一条基准曲线　　图 8-98　创建边界混合曲面 1

5．创建基准图形

单击"模型"功能区"基准"面板上的"图形"按钮，输入图形名称"g"，绘制基准图形，如图 8-99 所示。

6．创建变截面扫描曲面

（1）单击"模型"功能区"形状"面板上的"扫

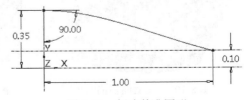

图 8-99　创建基准图形

描"按钮 ，弹出"扫描"操控板。

（2）选取 8.4.1 节绘制的轨迹 1 作为原点轨迹线，两曲面的边界作为额外轨迹线，并将两条额外轨迹线设为相切轨迹线，如图 8-100 所示。

（3）在变截面扫描操控板中单击"草绘"按钮 ，绘制圆锥曲线作为扫描截面，单击"工具"功能区"模型意图"面板上的"关系"按钮 d=，在弹出的关系编辑器中输入方程"sd18=evalgraph("g",trajpar*1)"，其中 sd18 是截面圆锥曲线的 rho 的尺寸标记，如图 8-101 所示。绘制完毕后，单击"确定"按钮 ，退出草图绘制环境。

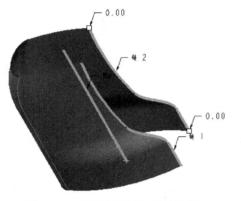

图 8-100　选取变截面扫描轨迹线

图 8-101　采用方程控制

（4）单击操控板中的"确定"按钮 ，生成变截面扫描曲面如图 8-102 所示。

7．合并曲面

（1）依次选取所有曲面，单击"模型"功能区"编辑"面板上的"合并"按钮 ，弹出"合并"操控板。

（2）单击操控板中的"确定"按钮 ，曲面合并结果如图 8-103 所示。

8．创建基准平面

（1）单击"模型"功能区"基准"面板上的"平面"按钮 ，弹出"基准平面"对话框。

（2）选取 TOP 面作为参照，输入偏移距离为 10.375，单击"确定"按钮，完成基准平面 DTM3 的创建，如图 8-104 所示。

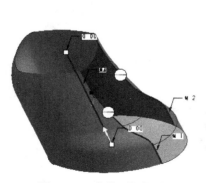

图 8-102　变截面扫描结果

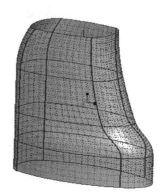

图 8-103　合并曲面

图 8-104　创建基准曲面

8.4.3　创建上部曲面

1．绘制草图

（1）单击"模型"功能区"基准"面板上的"草绘"按钮，弹出"草绘"对话框。选取 DTM3 平面作为草绘面，RIGHT 面作为参考，参考方向向右。

（2）单击"偏移"按钮，选取偏移类型为"链"，并选取曲面的边线作为参照，并将其转化为环，如图 8-105 所示。

（3）在弹出的"偏移"对话框中输入偏移距离为 0.5，单击"确定"按钮，退出草图绘制环境，绘制偏移草绘结果如图 8-106 所示。

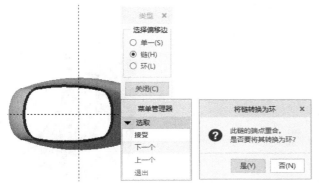

图 8-105　偏移参照

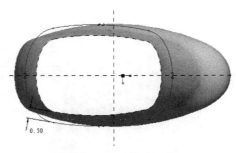

图 8-106　偏移距离

2．绘制边界混合曲面 2

（1）单击"模型"功能区"曲面"面板上的"边界混合"按钮，弹出"边界混合"操控板。

（2）选取刚才绘制的曲线和曲面的边线，单击操控板中的"确定"按钮，结果如图 8-107 所示。

3．创建基准平面 DTM4

（1）单击"模型"功能区"基准"面板上的"平面"按钮，弹出"基准平面"对话框。

（2）选取 TOP 面作为参照，输入偏移距离为 11.5mm，单击"确定"按钮，完成基准平面 DTM4 的创建，如图 8-108 所示。

图 8-107　创建边界混合曲面 2

图 8-108　创建基准平面 DTM4

4. 延伸曲面

（1）选取曲面的一个边，单击"模型"功能区"编辑"面板上的"延伸"按钮 ，弹出"延伸"操控板，单击"参考"→"细节"按钮添加其他边。

（2）将延伸的类型设为"延伸到面" ，选取刚创建的DTM4作为延伸终止面，单击操控板中的"确定"按钮 ，结果如图8-109所示。

5. 创建基准平面DTM5

（1）单击"模型"功能区"基准"面板上的"平面"按钮 ，弹出"基准平面"对话框。

（2）选取DTM4平面作为参照，输入偏移距离为1mm，单击"确定"按钮，完成基准平面DTM5的创建，如图8-110所示。

图 8-109　延伸曲面

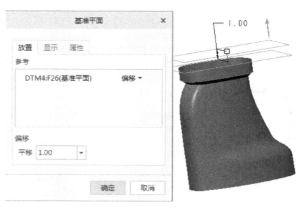

图 8-110　创建基准平面 DTM5

6. 绘制草图

（1）单击"模型"功能区"基准"面板上的"草绘"按钮 ，选取DTM5平面作为草绘面，RIGHT面作为参考，参考方向向右。

（2）绘制圆，如图8-111所示。单击"确定"按钮 ，退出草图绘制环境。

7. 创建基准点1

（1）单击"模型"功能区"基准"面板上的"点"按钮 ，弹出"基准点"对话框。

（2）创建4个基准点，基准点比率分别为0.25、0.75、0.25、0.75。结果如图8-112所示。

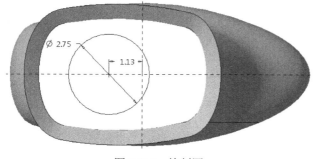

图 8-111　绘制圆

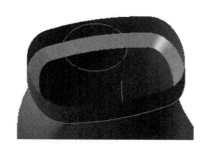

图 8-112　创建基准点 1

8. 创建边界混合曲面3

（1）单击"模型"功能区"曲面"面板上的"边界混合"按钮 ，弹出"边界混合"操控板。

（2）选取刚才绘制的圆和曲面的边线，选择下滑面板中的"控制点"选项，依次选取对应点，结果如图 8-113 所示。

9. 拉伸曲面 1

（1）将步骤 8 绘制的圆选中，单击"模型"功能区"形状"面板上的"拉伸"按钮 ，弹出"拉伸"操控板。

（2）在操控板中输入拉伸距离为 0.375，单击操控板中的"确定"按钮 ，如图 8-114 所示。

10. 合并曲面

（1）按 Ctrl 键选取所有的面组，单击"模型"功能区"编辑"面板上的"合并"按钮 ，弹出"合并"操控板。

（2）单击操控板中的"确定"按钮 ，合并结果如图 8-115 所示。

图 8-113　创建边界混合曲面 3

图 8-114　拉伸曲面 1

图 8-115　合并曲面

11. 创建拉伸曲面 2

（1）单击"模型"功能区"形状"面板上的"拉伸"按钮 ，弹出"拉伸"操控板。

（2）选取 FRONT 平面作为草绘面，绘制直线，如图 8-116 所示。单击"确定"按钮 ，退出草图绘制环境。

（3）在操控板中输入拉伸距离为双向对称深度 8，单击操控板中的"确定"按钮 ，如图 8-117 所示。

12. 合并曲面

（1）按 Ctrl 键选取先前整个曲面面组和刚绘制的曲面，单击"模型"功能区"编辑"面板上的"合并"按钮 ，弹出"合并"操控板。

（2）单击操控板中的"确定"按钮 ，合并结果如图 8-118 所示。

图 8-116　绘制直线

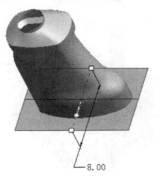
图 8-117　拉伸曲面 2

图 8-118　合并曲面

8.4.4 创建手柄

1. 创建基准点

（1）单击"模型"功能区"基准"面板上的"点"按钮，弹出"基准点"对话框。

（2）选取圆弧面作为参照面，TOP 面和 FRONT 面作为偏移参照面，输入偏移距离分别为 11mm 和 0mm。单击"确定"按钮，如图 8-119 所示。

（3）重复"基准点"命令，选取曲面的边作为参照，输入比率为 0.5，如图 8-120 所示。

图 8-119　创建基准点　　　　　　　　　　　　图 8-120　创建基准点 PNT5

2. 创建基准曲线

（1）单击"模型"功能区"基准"面板上的"通过点的曲线"按钮。

（2）选取刚才创建的基准点 PNT4 作为起始点，基准点 PNT5 作为终点，创建一条基准曲线，并设置起始点的结束条件为"垂直"于曲面，终点相切条件为"相切"于曲面，结果如图 8-121 所示。

3. 创建变截面扫描曲面

（1）单击"模型"功能区"形状"面板上的"扫描"按钮，弹出"扫描"操控板。

（2）选取刚绘制的基准曲线作为原点轨迹线，并单击操控板中的"草绘"按钮，绘制 D 形截面，如图 8-122 所示。单击操控板中的"确定"按钮，完成的变截面扫描曲面如图 8-123 所示。

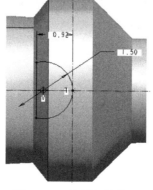

图 8-121　创建基准曲线　　　　　图 8-122　绘制扫描截面　　　　　图 8-123　创建变截面扫描曲面

4．延伸曲面

（1）将刚才绘制的变截面扫描曲面的边选中，单击"模型"功能区"编辑"面板上的"延伸"按钮 ，弹出"延伸"操控板。

（2）将延伸类型设为"延伸到平面" ，并选取 RIGHT 面作为延伸终止面，单击操控板中的"确定"按钮 ，结果如图 8-124 所示。

5．合并曲面

（1）选取要合并的两曲面，单击"模型"功能区"编辑"面板上的"合并"按钮 ，弹出"合并"操控板。

（2）单击操控板中的"确定"按钮 ，系统即将两曲面合并成一个面组。结果如图 8-125 所示。

图 8-124　延伸曲面

6．创建倒圆角特征

（1）单击"模型"功能区"工程"面板上的"倒圆角"按钮 ，弹出"倒圆角"操控板。

（2）选取曲面的交线，输入倒圆角半径为 0.2，单击操控板中的"完成"按钮 ，倒圆角结果如图 8-126 所示。

7．加厚曲面

选取整个曲面特征，单击"模型"功能区"编辑"面板上的"加厚"按钮 ，输入加厚厚度为 0.1mm，单击操控板中的"确定"按钮 ，结果如图 8-127 所示。

图 8-125　合并曲面

图 8-126　倒圆角

图 8-127　加厚曲面

8.5　上机操作

通过前面的学习，读者对本章知识也有了大体的了解，本节通过两个操作练习使读者进一步掌握本章知识要点。

1．绘制如图 8-128 所示的牙膏壳。

操作提示

（1）创建直线。绘制直线如图 8-129 所示。

（2）创建基准平面。利用"平面"命令，选择 TOP 基准平面，输入偏移距离为 90。

（3）创建圆。利用"草绘"命令，选择步骤（2）创建的基准平面为草绘平面，绘制圆如图 8-130

所示。

图 8-128　牙膏壳　　　　　　　　　　　　　图 8-129　绘制直线

（4）创建点。利用"点"命令，选择步骤（3）创建的圆，输入偏移为 0.5，创建两个圆的象限点，如图 8-131 所示。

（5）创建直线。利用"曲线"命令，创建直线，如图 8-132 所示。

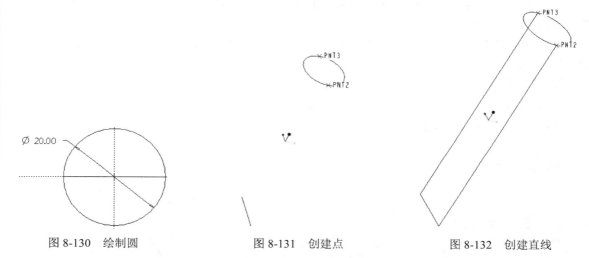

图 8-130　绘制圆　　　　　　图 8-131　创建点　　　　　　图 8-132　创建直线

（6）创建曲面。利用"边界混合"命令，创建如图 8-133 所示的边界曲面。

（7）创建圆锥。利用"混合"命令，单击"截面"→"定义"按钮，选择 DTM1 平面为草绘平面，绘制草图轮廓，如图 8-134 所示。绘制第二截面草图，如图 8-135 所示。输入截面深度为 3，如图 8-136 所示。

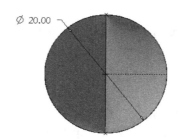
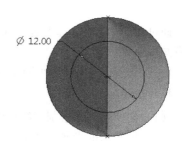

图 8-133　边界曲面　　　　图 8-134　第一截面草图　　　　图 8-135　绘制第二截面

（8）抽壳。隐藏边界曲面，利用"抽壳"命令，选择圆锥的上下两表面为移除面，抽壳厚度为 0.2，如图 8-137 所示。

（9）拉伸操作。利用"拉伸"命令，选择圆锥体的上表面为草绘平面，绘制草图，如图 8-138 所示。输入拉伸深度为 1，如图 8-139 所示。

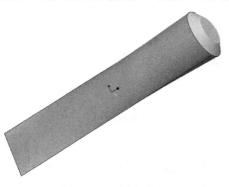

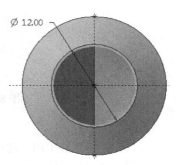

图 8-136　创建圆锥　　　　　　图 8-137　抽壳处理　　　　　图 8-138　绘制草图（1）

（10）拉伸操作。利用"拉伸"命令，选择步骤（9）创建的拉伸体上表面为草绘平面，绘制草图，如图 8-140 所示。输入拉伸深度为 12，如图 8-141 所示。

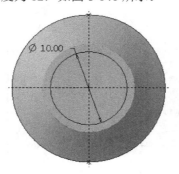

图 8-139　创建拉伸体　　　　　图 8-140　绘制草图（2）　　　　图 8-141　创建拉伸

（11）创建孔。利用"孔"命令，按 Ctrl 键，选择步骤（10）创建的拉伸体上表面和轴线为孔放置位置。输入孔直径为 6，深度为 20，如图 8-142 所示。

（12）创建螺纹。利用"螺旋扫描"命令，选择 FRONT 基准平面为扫描轨迹草绘平面，绘制轨迹线，如图 8-143 所示。绘制螺纹扫描截面草图，如图 8-144 所示。输入节距为 1.5，如图 8-145 所示。

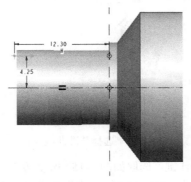

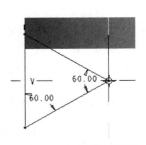

图 8-142　创建孔　　　　　　图 8-143　绘制轨迹线　　　　　图 8-144　扫描截面草图

2．绘制如图 8-146 所示的椅子。

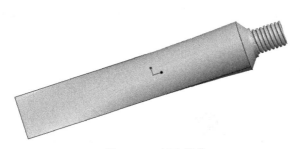

图 8-145　创建螺纹

图 8-146　椅子

操作提示

（1）创建基准平面。利用"平面"命令，将 TOP 平面进行偏移，偏移距离分别为 25、28 和 29。

（2）草绘椅子轮廓线。选取基准平面 DIM1 作为草绘平面。绘制如图 8-147 所示的草图 1。选取 DIM2 基准平面作为草绘平面，绘制如图 8-148 所示的草图 2。选取 DIM3 基准平面作为草绘平面，绘制如图 8-149 所示的草图 3。

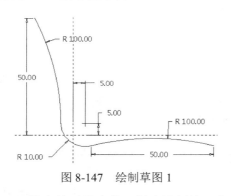

图 8-147　绘制草图 1

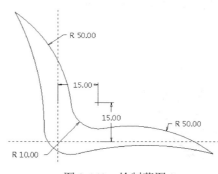

图 8-148　绘制草图 2

（3）镜向椅子轮廓线。框选绘制的 3 个草图。利用"镜像"命令，选取 TOP 基准平面作为镜像参照平面。

（4）创建边界混合曲面作为椅子边界。利用"边界混合"命令，选取图 8-149 所示的 3 条基准曲线。选取如图 8-150 和图 8-151 所示的基准曲线，创建边界混合曲面 2 和 3 的特征。

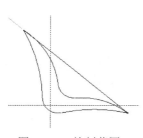

图 8-149　绘制草图 3

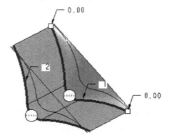

图 8-150　选择基准曲线（1）

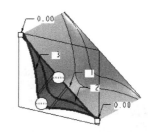

图 8-151　选择基准曲线（2）

（5）合并椅子边界。按住 Ctrl 键，选取如图 8-152 所示边界混合曲面 1 和边界混合曲面 2，利用"合并"命令，将曲面合并成一起。按住 Ctrl 键，选取如图 8-153 所示的合并 1 和边界混合曲面 3，利用"合并"命令，完成椅子边界的合并。

（6）加厚椅子边界。选取如图 8-154 所示的曲面合并 2。利用"加厚"命令，输入厚度为 1.00，完成加厚特征的创建。

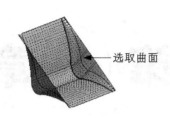

图 8-152　选择曲面（1）

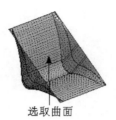

图 8-153　选择曲面（2）

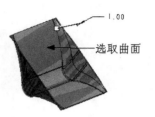

图 8-154　选择曲面（3）

（7）旋转形成椅子腿。利用"旋转"命令，选取 TOP 基准平面作为草绘平面，绘制如图 8-155 所示的草图，给定旋转角度为 360°，结果如图 8-156 所示。

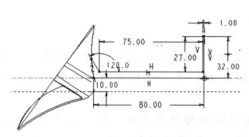

图 8-155　绘制草图 4

图 8-156　生成的特征

（8）创建倒圆角特征。利用"倒圆角"命令，选取如图 8-157 所示旋转特征底面上的圆环边，给定圆角半径值为 10。采用同样的方法选取如图 8-158 所示的旋转特征顶面上的圆环边，给定圆角半径值为 15，创建倒圆角特征。

图 8-157　选择倒角边（1）

图 8-158　选择倒角边（2）

第9章

高级曲面特征

　　对于较规则的曲面来说，可以应用前面章节介绍的方式来进行迅速而且方便的创建，但对于复杂的曲面来说，单单使用这些创建方式，显得比较困难，这就要求我们必须掌握模块化成形方式，就是高级功能。

　　本章将介绍 Creo Parametric 6.0 各种高级曲面的使用方式，极具方便性的模块化成形方式，这些特征针对特殊造型曲面或是实体所定义的高级功能。目的是让读者初步掌握 Creo Parametric 6.0 高级曲面的绘制方法与技巧。

- ☑ 圆锥曲面与 N 侧曲面片
- ☑ 将切面混合到曲面
- ☑ 自由造型曲面与顶点倒圆角
- ☑ 环形折弯与骨架折弯
- ☑ 展平面组与展平面组变形

任务驱动&项目案例

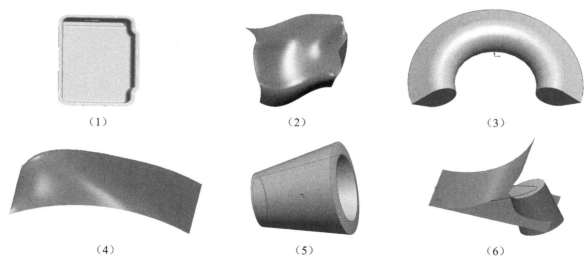

（1）　　　　　　　　　　（2）　　　　　　　　　　（3）

（4）　　　　　　　　　　（5）　　　　　　　　　　（6）

9.1 圆锥曲面与 N 侧曲面片

圆锥曲面和 N 侧曲面片命令有 3 个生成曲面的功能选项。

1. 圆锥曲面

圆锥曲面就是指以圆锥曲线扫描形成的曲面，而圆锥曲面的截面为圆锥曲线。其中，输入圆锥 RHO 参数值，该值必须落在 0.05～0.95。根据其圆锥参数值，曲面的截面可以是表 9-1 列出的类型之一。

表 9-1　曲线类型和 RHO 值的关系

曲 线 类 型	RHO 值
椭圆	0.05<参数<0.5
抛物线	参数=0.5
双曲线	0.5<参数<0.95

2. N 侧曲面片

N 侧曲面片是利用多线段的方式产生一缝合曲面，最重要的是设定 N 的参数值为 4 个以上（即 N≥5）并以此限制方式设定其参数值产生曲面。N 侧曲面片的形状由修补到一起的边界几何来决定。对某些边界来说，N 侧曲面片可能会生成具有不合乎要求的形状和特性的几何。例如，以下情况可能出现不良几何形状：

（1）边界有拐点。

（2）边界段间的角度非常大（大于 160°）或者非常小（小于 20°）。

（3）边界由很长和很短的段组成。

若 N 侧曲面不能创建令人满意的几何形状，则可用较少的边界创建一系列 N 侧曲面片，或者使用"混合曲面"功能。

3. 逼近混合

逼近混合是根据一组边界曲线创建一张混合的曲面，这个功能包含在"边界混合"特征功能中。

9.1.1 圆锥曲面

操作步骤如下：

（1）利用曲线或者草图命令绘制如图 9-1 所示（三条空间曲线）。

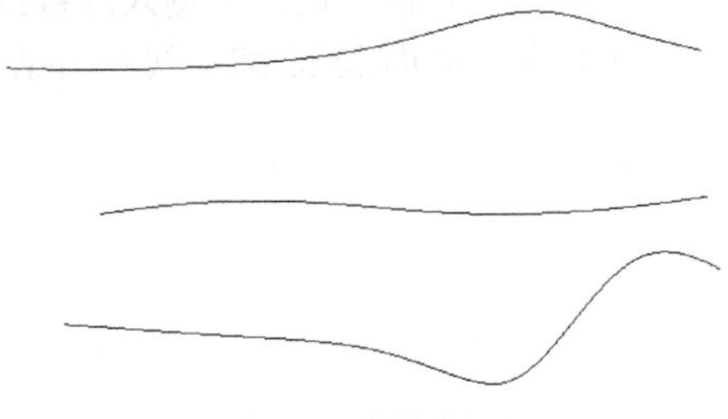

（2）单击"模型"功能区"操作"面板中的"继承"按钮 或在搜索框中输入"继承"命令，弹出"继承零件"菜单管理器，然后依次选择"曲面"→"新建"→"高级"→"完成"→"边界"→"完成"命令，切换到"边界选项"菜单管理器。

（3）在弹出的"边界选项"菜单管理器中选择"圆锥曲面"→"肩曲线"→"完成"命令，如图 9-2 所示，此时弹出"曲面:圆锥,肩曲线"对话框，如图 9-3 所示。

图 9-1　曲线图形

（4）在弹出的"曲线选项"菜单管理器中选择"边界"→"曲线"命令，如图9-4所示。

图9-2 "边界选项"菜单
管理器

图9-3 "曲面:圆锥,肩曲线"
对话框

图9-4 "曲线选项"菜单
管理器（1）

（5）按住Ctrl键在图形中选择两条曲线，如图9-5所示。

（6）在"曲线选项"菜单管理器中选择"肩曲线"→"曲线"命令，如图9-6所示。

（7）在图形中选择曲线，选择"曲线选项"菜单管理器中的"确认曲线"命令，如图9-7所示。

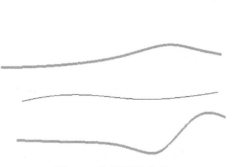

图9-5 选择边界曲线

图9-6 "曲线选项"
菜单管理器（2）

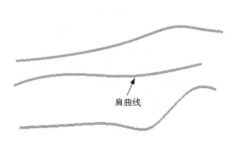

图9-7 选择肩曲线

（8）在消息输入窗口中输入圆锥线参数为0.5，并单击"确定"按钮 ✓，如图9-8所示。

（9）在"曲面:圆锥,肩曲线"对话框中单击"确定"按钮，最后得到如图9-9所示的曲面。

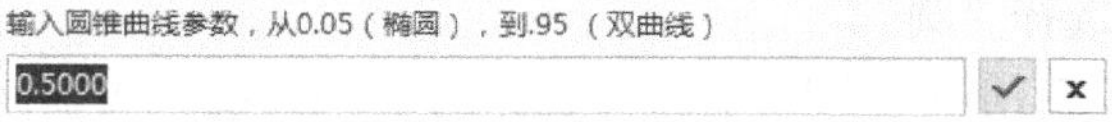

图9-8 消息输入窗口

图9-9 最后生成的曲面

📖 **说明**：若步骤（3）在"边界选项"菜单管理器中选择"圆锥曲面"→"相切曲线"→"完成"命令，以下的步骤完全相同，如图 9-10 所示，可以明显地看出肩曲线与相切曲线的差异性。

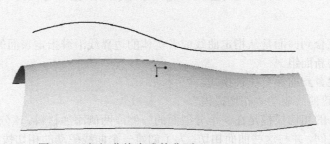

图 9-10 相切曲线生成的曲面

9.1.2 N 侧曲面片

操作步骤如下：

（1）利用曲线或者草图命令绘制如图 9-11 所示的曲线。

（2）单击"模型"功能区"操作"面板中的"继承"按钮 或在搜索框中输入"继承"命令，弹出"继承零件"菜单管理器，然后依次选择"曲面"→"新建"→"高级"→"完成"→"边界"→"完成"命令，切换到"边界选项"菜单管理器。

（3）在弹出的如图 9-12 所示的"边界选项"菜单管理器中选择"N 侧曲面"→"完成"命令，弹出"曲面:N 侧"对话框，如图 9-13 所示。

图 9-11 绘制曲线　　　　图 9-12 "边界选项"菜单管理器　　　图 9-13 "曲面:N 侧"对话框

（4）在弹出的"链"菜单管理器中选择"依次"→"选择"→"完成"命令，如图 9-14 所示。

（5）在图形中按住 Ctrl 键依次选取 5 条曲线，如图 9-15 所示。

（6）在"曲面:N 侧"对话框中单击"确定"按钮，最后得到如图 9-16 所示的曲面。

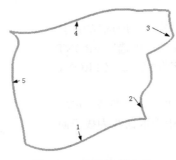

图 9-14 "链"菜单管理器　　　图 9-15 依次选择曲线　　　　图 9-16 N 侧曲面片

9.2　将切面混合到曲面

将切面混合到曲面是从指定曲线或者实体的边界线沿着指定表面的切线方向混成曲面。用于创建与曲面相切的新面组。

将切面混合到曲面有 3 种模式。

（1）创建曲线驱动"相切拔模"。

曲线驱动的相切拔模是在一个分型面的一侧或两侧添加材料。该分型面位于一条参考曲线和参考零件的曲面之间，并与这些曲面相切。为了创建一个曲线驱动的相切拔模，必须先创建一个参考曲线。

（2）使用超出拔模曲面的恒定拔模角度，进行相切拔模。

恒定角度相切拔模就是一个沿着参考曲线的轨迹，并按照与"拖动方向"所成的指定恒定角度，来创建曲面并添加材料。使用该特征，可以用不用正规"拔模"特征进行拔模的曲面来添加拔模；也可以使用此特征为带有倒圆角的筋添加拔模。

（3）在拔模曲面内部使用恒定拔模角度，进行相切拔模。

相切拔模切口将以相对于参考曲面的指定角度，来移除参考曲线一侧或者两侧上的材料，并在拔模曲面和参考零件的相邻曲面之间，提供倒圆角过渡。

9.2.1　曲线驱动

操作步骤如下：

（1）利用旋转命令创建模型，如图 9-17 所示。

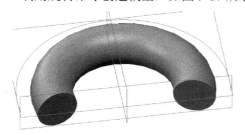

图 9-17　源文件的旋转实体与曲线

（2）单击"模型"功能区"曲面"面板下的"将切面混合到曲面"按钮，弹出"曲面:相切曲面"对话框，如图 9-18 所示。

（3）单击"相切拔模"按钮 ，在"一般选择方向"菜单管理器中选择"平面"命令，在图形中选取 FRONT 基准平面，在菜单管理器中选择"确定"命令，定义 FRONT 为参考平面，如图 9-19 所示。

（4）在"曲面:相切曲面"对话框单击"参考"选项卡下的"拔模曲线"按钮 ，在图形中选取曲线为拔模曲线线段，如图 9-20 所示。

图 9-18　"曲面:相切曲面"对话框

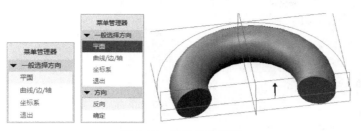

图 9-19　定义参考平面

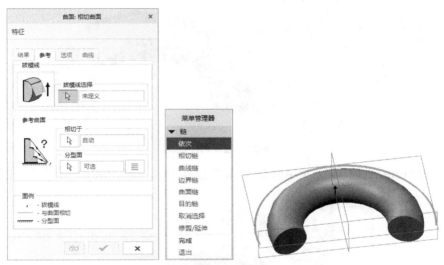

图 9-20　选择拔模线

（5）在"曲面:相切曲面"对话框的"参考"选项卡中，单击"参考曲面"按钮，按住 Ctrl 键在图形中选取上下两个表面为相切曲面，如图 9-21 所示。

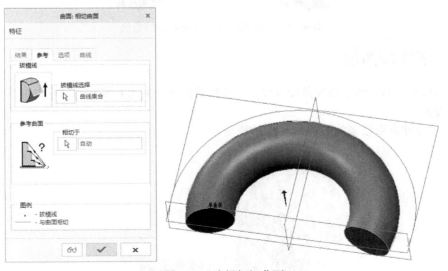

图 9-21　选择相切曲面

（6）在"曲面:相切曲面"对话框的"选项"选项卡中单击"闭合曲面"按钮，按住 Ctrl 键在图形中选择两个端面，如图 9-22 所示。

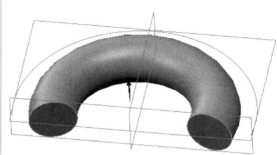

图 9-22　选择封闭曲面

（7）在"曲面:相切曲面"对话框中单击"确定"按钮 ，最后所得的两曲面混合图形如图 9-23 所示。

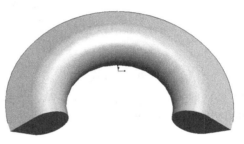

图 9-23　创建曲线驱动相切拔模的效果

9.2.2　恒定拔模角度

使用超出拔模曲面的恒定拔模角度进行相切拔模的操作，采用 L 形状特征来讲解其步骤。
操作步骤如下：

（1）利用拉伸命令绘制如图 9-24 所示的模型。

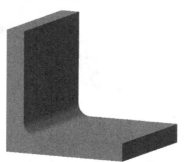

图 9-24　拉伸图形

（2）单击"模型"功能区"曲面"面板上的"将切面混合到曲面"按钮，弹出"曲面:相切曲面"对话框。

（3）在"曲面:相切曲面"对话框中选择第二种模式"使用超出拔模曲面的恒定拔模角"进行相切的方法，并设置相切的方向为"单侧"，如图 9-25 所示。

（4）在弹出的"一般选择方向"菜单管理器中选择"平面"→"确定"命令，如图 9-26 所示。在图形中选择如图 9-27 所示的平面为相切平面（定义的方向为图中相反方向）。

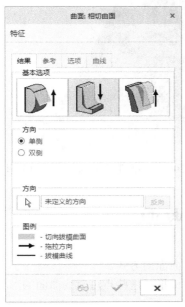

图 9-25　"曲面:相切曲面"对话框

图 9-26　"一般选择方向"菜单管理器

（5）在"曲面:相切曲面"对话框的"参考"选项卡中单击"拔模线选择"按钮，然后在图形中选取拔模线，在菜单管理器中选择"完成"命令，如图 9-28 所示。

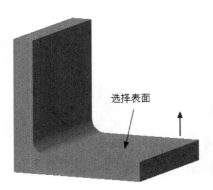

图 9-27　选择相切平面

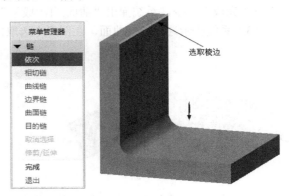

图 9-28　选择拔模曲线

（6）在"拔模参数"选项组的"角度"和"半径"文本框中输入角度值和半径值分别为 30.00、30.00，如图 9-29 所示。

（7）在"曲面:相切曲面"对话框中单击"确定"按钮 ✓ ，对于初学者需要注意的地方为设定拔模线段部分和半径与角度的合理性，如图 9-30 所示。

图 9-29　输入拔模参数

图 9-30　将切面混合到曲面完成的图形

9.3　自由造型曲面

自由造型曲面是指动态调整曲面或实体表面形状来建立曲面的方式。

在操作过程中，曲面上定义了很多可控制的点，通过自由拖动这些点可改变曲面的形状。

操作步骤如下：

（1）利用拉伸命令创建如图 9-31 所示的曲面。

（2）单击"模型"功能区"操作"面板中的"继承"按钮 或在搜索框中输入"继承"命令，弹出"继承零件"菜单管理器，然后依次选择"曲面"→"新建"→"高级"→"完成"→"自由成型"→"完成"命令，系统弹出"曲面:自由成型"对话框。

（3）系统提示选取基础曲面，在图形中选取曲面，如图 9-32 所示。

图 9-31　拉伸曲面

图 9-32　选择曲面

（4）系统提示输入在指定方向的控制曲线号，在消息输入窗口中输入数字为 9，单击"确定"按钮 ，如图 9-33 所示。

图 9-33　消息输入窗口

（5）在弹出的"修改曲面"对话框中进行细化定义，选择"动态平面"选项，并选中"法向"复选框，（以拖动方式来说明自由曲面操作方式），如图 9-34 所示。

（6）其他接受默认的设置选项，在图形中选中一个控制点，如图 9-35 所示。

图 9-34 "修改曲面"对话框

图 9-35 拖动控制点的选择

（7）对选中的控制点进行拖动，如图 9-36 所示。

（8）在"修改曲面"对话框中，单击"确定"按钮，完成扭曲操作。

（9）在"曲面:自由成型"对话框中单击"确定"按钮，最后生成的曲面特征如图 9-37 所示。

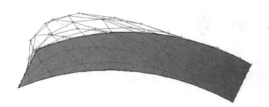

图 9-36 拖动控制点

图 9-37 最后生成的曲面

9.4 顶点倒圆角

顶点倒圆角可以在曲面边角尖点处绘制圆角。

操作步骤如下：

（1）利用拉伸命令创建如图 9-38 所示的曲面。

图 9-38 拉伸曲面

（2）单击"模型"功能区"曲面"面板上的"顶点倒圆角"按钮，弹出"顶点倒圆角"操控板，如图 9-39 所示。

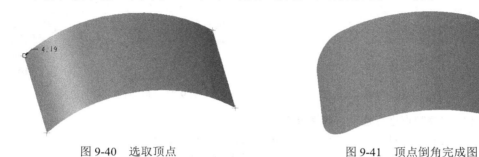

图 9-39 "顶点倒圆角"操控板

（3）按住 Ctrl 键在图形中选取 4 个顶点，如图 9-40 所示。

（4）在操控板中输入半径为 50，单击"确定"按钮✓，结果如图 9-41 所示。

图 9-40 选取顶点　　　　　　　　　　　图 9-41 顶点倒角完成图

9.5 环形折弯

"环形折弯"命令可对平板状实体、非实体曲面或基准曲线进行环（旋转）形折弯。

操作步骤如下：

（1）利用拉伸命令创建如图 9-42 所示的模型。

图 9-42 拉伸图形

（2）单击"模型"功能区"工程"面板下的"环形折弯"按钮，弹出"环形折弯"操控板，如图 9-43 所示。

图 9-43 "环形折弯"操控板

（3）在操控板中选择"360 度折弯"，在"参考"下滑面板中单击"定义"按钮，弹出"草绘"对话框，如图 9-44 所示。

（4）选择 TOP 基准平面为草绘平面，绘制折弯草绘图，如图 9-45 所示。

Note

图 9-44 "参考"下滑面板

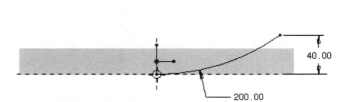

图 9-45 折弯草绘图形

📖 **说明：** 要定义折弯时，绘制草绘图形增加一个坐标系作为轨迹的起点参考，设置"参考坐标系"👆，此步骤非常重要，若是没有设置则无法结束草绘选项。

（5）在图形中选择需要设置环形折弯的平面，按住 Ctrl 键在图形中选择两个平行平面（或选取实体的上、下表面用于折弯），如图 9-46 所示。

（6）在图形中选择两平行面，将产生两平面对接模式，如图 9-47 所示。

（7）最后经过折弯后的图形如图 9-48 所示。

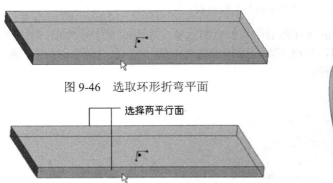

图 9-46 选取环形折弯平面

图 9-47 选择两平行平面

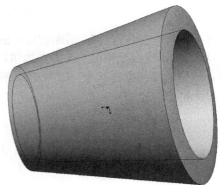

图 9-48 环形折弯的完成图

9.6 骨架折弯

骨架折弯中的骨架表示一条轨迹，"骨架折弯"命令用于将一个实体或曲面沿着某折弯轨迹进行折弯。如果折弯前的实体或曲面的截面垂直于某条轨迹线，那么折弯后的实体或曲面的截面将垂直于折弯轨迹，因此折弯后的实体的体积或表面积均发生变化。

操作步骤如下：

（1）绘制如图 9-49 所示的模型和草图。

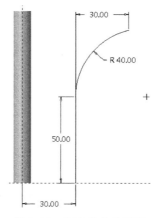

图 9-49 源文件中的图形

（2）单击"模型"功能区"工程"面板上的"骨架折弯"按钮。

（3）系统弹出"骨架折弯"操控板，如图 9-50 所示。

图 9-50 "骨架折弯"操控板

（4）单击"折弯几何"后面的选项框选择图形中要折弯的对象（曲面或实体），如图 9-51 所示。

（5）单击操控板中的"参考"按钮，弹出下滑面板，单击其中的"细节"按钮，打开"链"对话框，选择曲线为折弯参考，如图 9-52 所示。

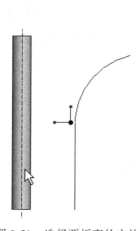

图 9-51 选择要折弯的实体

图 9-52 选择折弯路径

（6）调整起始点，如果所选的起始点不是正确的起始点，就要修改前起始点，图面上有箭头指引，单击箭头调整箭头方向及起点，如图 9-53 所示。

（7）单击操控板中的"确定"按钮✔，完成骨架折弯，结果如图 9-54 所示。

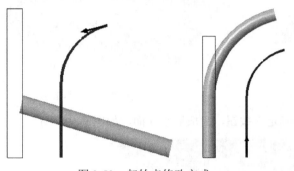

图 9-53 起始点修改方式

图 9-54 骨架折弯

9.7 展平面组

展平面组，可用来展开曲面或面组。

这就类似将曲面投影到某个平面。展开面组的原理就是：系统创建了统一的曲面参数化方式，然后将其展开，且同时保留原始面组的参数化方式。这样，展开后的曲面或面组的表面积是相等的。

操作步骤如下：

（1）利用拉伸命令绘制如图 9-55 所示的曲面。

（2）单击"模型"功能区"基准"面板下的"点"按钮✖✖，在基准平面 RIGHT、TOP 和曲面交界处的中心建立基准点，如图 9-56 所示。

图 9-55 曲面图形

图 9-56 建立基准点

（3）单击"模型"功能区"曲面"面板上的"展平面组"按钮◯，弹出"展平面组"操控板，如图 9-57 所示。

图 9-57 "展平面组"操控板

（4）在"展平面组"操控板中单击"曲面"按钮，在图形中选取该曲面，如图 9-58 所示。

（5）在"展平面组"操控板中单击"原点"按钮，在图形中选取基准点，如图 9-59 所示。

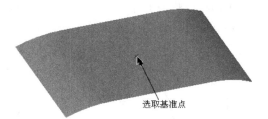

图 9-58　选择曲面

图 9-59　选取基准点

（6）单击"展平面组"操控板中的"确定"按钮，完成展平曲面，如图 9-60 所示。

图 9-60　展平面组完成图

9.8　展平面组变形

展平面组变形必须与展平面组配合使用，将位于展平面组附近的实体变换到源面组。

操作步骤如下：

（1）利用拉伸、展平面组等命令创建如图 9-61 所示的模型。

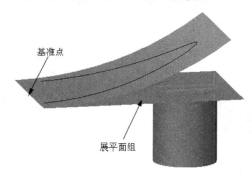

图 9-61　原始模型

（2）单击"模型"功能区"曲面"面板上的"展平面组变形"按钮，弹出"展平面组变形"操控板，如图 9-62 所示。

图 9-62　"展平面组变形"操控板

📖 **说明：** 折弯实体命令必须在展平曲面命令使用之后才有效。

（3）在操控板中单击"参考"按钮，打开如图 9-63 所示的下滑面板。

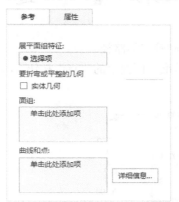

图 9-63 "参考"下滑面板

（4）选择展平面组为展平面组特征，选择上曲面为面组，拾取基准点为曲线和点，并选中"实体几何"复选框，如图 9-64 所示。

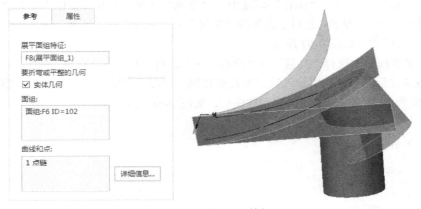

图 9-64 选择展平特征

（5）在操控板中单击"确定"按钮 ✓，最后折弯实体如图 9-65 所示。

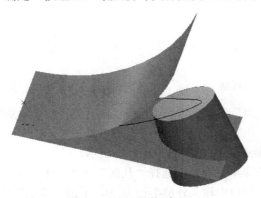

图 9-65 展平面组变形

9.9　管　道

管道是根据已有的基准点来绘制管状的路径。

（1）单击"模型"功能区"基准"面板上的"点"按钮×ˣ，绘制 6 个基准点，其距离如图 9-66 所示。

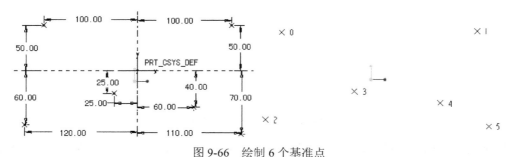

图 9-66　绘制 6 个基准点

（2）单击"模型"功能区"操作"面板中的"继承"按钮或在搜索框中输入"继承"命令，弹出"继承零件"菜单管理器，然后依次选择"特征"→"创建"→"实体"→"管道"命令，切换到"选项"菜单管理器，如图 9-67 所示。

（3）在菜单管理器中选择"几何"→"空心"→"常数半径"→"完成"命令，如图 9-67 所示。

（4）在系统提示的对话框中输入管子外径值和侧壁厚度，在消息输入窗口中分别输入外部直径和侧壁厚度分别为 20 和 2，单击"确定"按钮✓，如图 9-68 所示。

图 9-67　"选项"菜单管理器　　　　　　　　　图 9-68　输入文本对话框

（5）在弹出的"连接类型"菜单管理器中选择"单一半径"→"整个阵列"→"添加点"→"完成"命令，如图 9-69 所示。

（6）在图形中选取基准点 0、1，结果如图 9-70 所示。

（7）在弹出的"选项"菜单管理器中选择"几何"→"实体"→"多重半径"→"完成"命令，如图 9-71 所示。在消息输入窗口中输入外部半径为 20，单击"确定"按钮✓。

（8）在"连接类型"菜单管理器中选择"多重半径"→"整个阵列"→"添加点"→"完成"

命令，如图 9-72 所示。

图 9-69 "连接类型"菜单管理器（1）

图 9-70 绘制壁厚的管状特征

图 9-71 "选项"菜单管理器

图 9-72 "连接类型"菜单管理器（2）

（9）依次单击选中 2→3→4→5，并生成一条曲线路径，如图 9-73 所示。

图 9-73 选取基准点生成曲线路径

（10）在选取点 4 时系统会提示输入折弯半径，在消息输入窗口中输入折弯半径值为 40，单击"确定"按钮 ，如图 9-74 所示。

图 9-74 "输入折弯半径"文本对话框

（11）在选取 PNT5 时，在"选取值"类型菜单管理器中选择"新值"命令，系统都会提示输入折弯半径，此时在弹出消息输入窗口中输入折弯半径值，单击"确定"按钮 ✔，如图 9-75 所示。

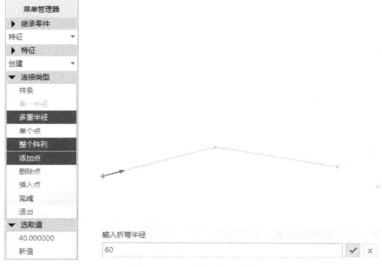

图 9-75　定义折弯半径

（12）在"连接类型"菜单管理器中选择"完成"命令，最后生成的图形如图 9-76 所示。

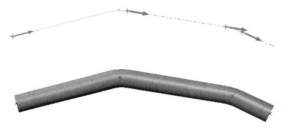

图 9-76　管状实体成形

9.10　综合实例——油底壳

本节要创建油底壳，油底壳是钣金件，但如果直接在钣金模块中建模，部分特征的创建比较难，本例采用曲面与钣金相结合的办法灵活地创建模型。先利用曲面创建基本外形，然后曲面加厚，再转到钣金模块，进行成型特征的创建。绘制流程图如图 9-77 所示。

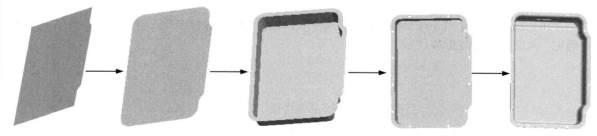

图 9-77　油底壳绘制流程图

9.10.1 创建初始平面

1. 新建文件

单击"快速访问"工具栏中的"新建"按钮，在打开的"新建"对话框中，设置"类型"为"零件"，"子类型"为"实体"，输入名称为"油底壳"，取消选中"使用默认模板"复选框，然后单击"确定"按钮。在打开的"新文件选项"中选择模板 mmns-part-solid，单击"新建"按钮。

2. 创建平面

（1）单击"模型"功能区"曲面"面板上的"填充"按钮，弹出"填充"操控板，如图 9-78 所示。选择 FRONT 基准平面为草绘平面，其他采用默认设置，进入草绘环境。

图 9-78 "填充"操控板

（2）绘制如图 9-79 所示的截面形状，然后单击"确定"按钮，退出草图绘制环境。

（3）单击操控板中的"确定"按钮。结果如图 9-80 所示。

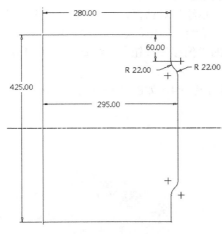

图 9-79 草绘截面

图 9-80 创建的填充曲面

3. 顶点倒圆角

（1）单击"模型"功能区"曲面"面板上的"顶点倒圆角"按钮，弹出"顶点倒圆角"操控板，如图 9-81 所示。

图 9-81 "顶点倒圆角"操控板

（2）点选刚刚创建的曲面为要裁剪的曲面，然后按住 Ctrl 键依次点选如图 9-82 所示的 4 个顶点为要倒圆角的顶点。

（3）输入倒圆角半径为 38，再单击"顶点倒圆角"操控板中的"确定"按钮 ✔，结果如图 9-83 所示。

图 9-82　顶点选取

图 9-83　顶点倒圆角结果

9.10.2　创建油底壳的底和安装孔

1．创建偏移曲面

（1）在视图窗口中选中刚刚创建的曲面，单击"模型"功能区"编辑"面板上的"偏移"按钮 ，在弹出的操控板中单击"具有拔模特征的偏移"按钮 。

（2）单击"参考"→"定义"按钮，弹出"草绘"对话框，选择 FRONT 基准平面为草绘平面，RIGHT 基准平面为参考平面，方向向右。单击"草绘"按钮，进入草绘环境。

（3）单击"草绘"功能区"草绘"面板上的"偏移"按钮 ，绘制如图 9-84 所示图形，然后单击"确定"按钮 ✔，退出草图绘制环境。

（4）在操控板中输入偏移距离为 50，拔模角度为 4，如图 9-85 所示，然后单击操控板中的"确定"按钮 ✔，结果如图 9-86 所示。

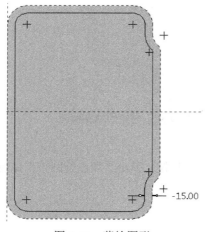

图 9-84　草绘图形

图 9-85　偏移结果

2．创建安装孔

（1）单击"模型"功能区"形状"面板上的"拉伸"按钮 ，在弹出的操控板中单击"移除材料"按钮 ，再单击"曲面"按钮 ，然后单击"放置"→"定义"按钮，弹出"草绘"对话框，选择 FRONT 基准平面为草绘平面，进入草绘环境。

图 9-86　偏移设置

（2）绘制如图 9-87 所示的 4 个圆，然后单击"确定"按钮✔，退出草图绘制环境。

（3）在操控板中选择拉伸方式为"穿透"，单击操控板中的"确定"按钮✔，结果如图 9-88 所示。

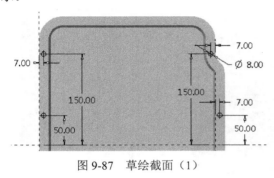

图 9-87　草绘截面（1）

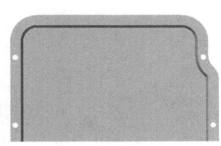

图 9-88　拉伸切除结果（1）

3. 镜像安装孔

（1）选择刚刚创建的拉伸特征。

（2）单击"模型"功能区"编辑"面板上的"镜像"按钮，点选 TOP 面为镜像参考平面。

（3）单击操控板中的"确定"按钮✔，结果如图 9-89 所示。

4. 创建安装孔

（1）单击"模型"功能区"形状"面板上的"拉伸"按钮，在弹出的操控板中单击"移除材料"按钮，单击"曲面"按钮，然后单击"放置"→"定义"按钮，弹出"草绘"对话框，选择 FRONT 基准平面为草绘平面，RIGHT 基准平面为参考平面，方向向右。单击"草绘"按钮，进入草绘环境。

（2）绘制如图 9-90 所示直径为 8 的圆，然后单击"确定"按钮✔，退出草图绘制环境。

（3）在操控板中选择拉伸方式为"穿过所有"，单击操控板中的"确定"按钮✔，结果如图 9-91 所示。

图 9-89　安装孔镜像结果（1）

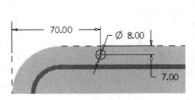

图 9-90　草绘截面（2）

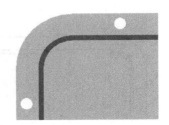

图 9-91　拉伸切除结果（2）

5. 阵列孔

（1）选择刚刚创建的拉伸特征。

（2）单击"模型"功能区"编辑"面板上的"阵列"按钮▦，选择阵列方式为"尺寸"，输入阵列个数为 2，选择数值"70"，输入增量"140"，如图 9-92 所示。

（3）单击操控板中的"确定"按钮✓，结果如图 9-93 所示。

6. 镜像孔

（1）选择刚刚创建的阵列特征。

（2）单击"模型"功能区"编辑"面板上的"镜像"按钮▷◁，点选 TOP 面为镜像参考平面。

（3）单击操控板中的"确定"按钮✓，结果如图 9-94 所示。

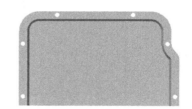

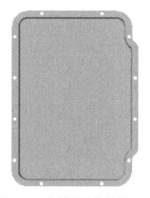

图 9-92　阵列设置　　　　　　　　图 9-93　阵列结果　　　　　　图 9-94　安装孔镜像结果（2）

9.10.3　创建底部的偏移特征

1. 创建偏移面

（1）在视图窗口中选中刚刚创建的曲面，然后单击"模型"功能区"编辑"面板上的"偏移"按钮┓，在操控板中单击"具有拔模特征的偏移"按钮▯。

（2）依次单击"参考"→"定义"按钮，弹出"草绘"对话框，选择 FRONT 基准平面为草绘平面，RIGHT 基准平面为参考平面，方向向右。单击"草绘"按钮。

（3）单击"草绘"功能区"草绘"面板上的"投影"按钮□，绘制如图 9-95 所示图形，然后单击"确定"按钮✓，退出草图绘制环境。

（4）在操控板中输入偏移距离为 15，拔模角度为 30，然后单击操控板中的"确定"按钮✓，结果如图 9-96 所示。

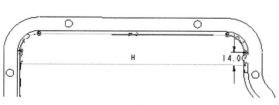

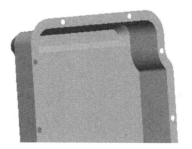

图 9-95　草绘截面（1）　　　　　　　　　　　图 9-96　偏移结果

2．倒圆角

（1）单击"模型"功能区"工程"面板上的"倒圆角"按钮 ，然后按住 Ctrl 键，选中如图 9-97 所示的棱边。输入圆角半径为 6，然后单击操控板中的"确定"按钮 。

（2）单击"模型"功能区"工程"面板上的"倒圆角"按钮 ，然后按住 Ctrl 键，选中如图 9-98 所示的棱边。输入圆角半径为 6.5，然后单击操控板中的"确定"按钮 。

（3）单击"模型"功能区"工程"面板上的"倒圆角"按钮 ，然后按住 Ctrl 键，选中如图 9-99 所示的棱边。输入圆角半径为 12，然后单击操控板中的"确定"按钮 。

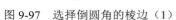

图 9-97　选择倒圆角的棱边（1）

图 9-98　选择倒圆角的棱边（2）

图 9-99　选择倒圆角的棱边（3）

（4）单击"模型"功能区"工程"面板上的"倒圆角"按钮 ，然后按住 Ctrl 键，选中如图 9-100 所示的棱边。输入圆角半径为 10，然后单击操控板中的"确定"按钮 。

（5）单击"模型"功能区"工程"面板上的"倒圆角"按钮 ，然后按住 Ctrl 键，点选如图 9-101 所示的棱边。输入圆角半径为 10，然后单击操控板中的"确定"按钮 ，最后圆角结果如图 9-102 所示。

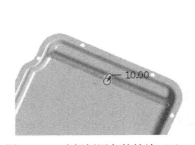

图 9-100　选择倒圆角的棱边（4）

图 9-101　选择倒圆角的棱边（5）

图 9-102　倒圆角结果

3．创建偏移面

（1）在视图窗口中选中刚刚创建的曲面，然后单击"模型"功能区"编辑"面板上的"偏移"按钮 ，在操控板中单击"具有拔模特征的偏移"按钮 。

（2）依次单击"参考"→"定义"按钮，弹出"草绘"对话框，选择 TOP 基准平面为草绘平面，单击"草绘"按钮。

（3）绘制如图 9-103 所示矩形，然后单击"确定"按钮✔，退出草图绘制环境。

（4）在操控板中输入偏移距离为 2，拔模角度为 0，然后单击操控板中的"确定"按钮✔，结果如图 9-104 所示。

4. 加厚曲面

（1）在视图窗口中选中整个曲面。

（2）单击"模型"功能区"编辑"面板上的"加厚"按钮▭，输入厚度为 2。

（3）单击操控板中的"确定"按钮✔，结果如图 9-105 所示。

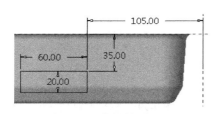

图 9-103　草绘截面（2）

图 9-104　偏移特征结果

图 9-105　加厚结果

9.11　上机操作

通过前面的学习，读者对本章知识也有了大体的了解，本节通过一个操作练习使读者进一步掌握本章知识要点。

绘制如图 9-106 所示的灯罩。

操作提示

（1）利用"曲线"命令，创建如图 9-107 所示的曲线。

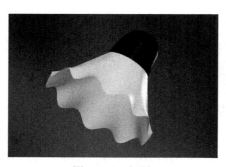

图 9-106　灯罩

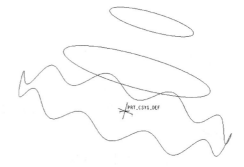

图 9-107　创建曲线

（2）利用"圆锥曲面和 N 侧曲面片"命令，选择如图 9-108 所示的两条曲线作为边界曲线。选择如图 9-109 所示的曲线作为肩曲线。生成的灯罩曲面如图 9-110 所示。

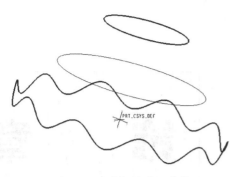

图 9-108　选择的边界曲线

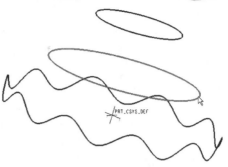

图 9-109　选取作为肩曲线的曲线

（3）利用"旋转"命令，选择 RIHGHT 面，绘制旋转特征截面如图 9-111 所示。生成的曲面如图 9-112 所示。

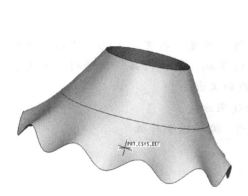

图 9-110　灯罩曲面

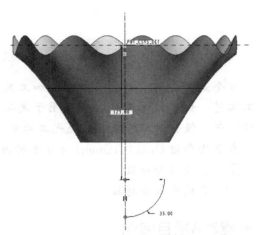

图 9-111　旋转特征截面

（4）利用"边界混合"命令，选择旋转曲面。生成的灯罩如图 9-113 所示。

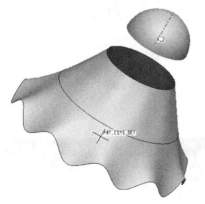

图 9-112　旋转特征曲面

图 9-113　灯罩

第 10 章

钣金设计

钣金是对金属薄板的一种综合加工工艺，包括剪、冲压、折弯、成形、焊接、拼接等加工工艺。钣金技术已经广泛应用于汽车、家电、计算机、家庭用品、装饰材料等各个相关领域中，钣金加工已经成为现代工业中一种重要的加工方法。

本章将介绍 Creo Parametric 6.0 各种钣金特征的使用方法。

☑ 基础钣金特征　　　　　　　　☑ 编辑钣金特征
☑ 后续壁钣金特征

任务驱动&项目案例

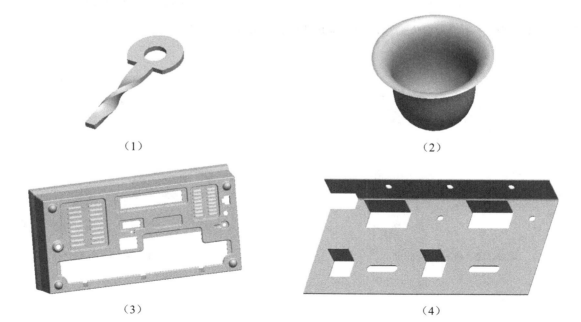

（1）　　　　　　　　　　　　　　　（2）

（3）　　　　　　　　　　　　　　　（4）

10.1　基础钣金特征

在钣金设计中,壁类结构是创建其他钣金特征的基础,任何复杂的特征都是从创建第一壁开始的。

10.1.1　平面壁

平面壁是钣金件的平面/平滑/展平的部分。它可以是主要壁（设计中的第一个壁），也可以是从属于主要壁的次要壁。平整壁可采用任何平整形状。

操作步骤如下:

（1）单击"快速访问"工具栏中的"新建"按钮，在打开的"新建"对话框中，设置"类型"为"零件"，"子类型"为"钣金件"，输入名称，取消选中"使用默认模板"复选框，选择模板mmns-part-sheetmetal，单击"确定"按钮。

（2）单击"模型"功能区"形状"面板上的"平面"按钮，在弹出的操控板中，单击"参考"→"定义"按钮，如图10-1所示。

图 10-1　"平面"操控板

（3）系统弹出"草绘"对话框，选择 FRONT 面为绘图平面。接受默认的视图方向，单击"草绘"按钮，进入草绘环境。

（4）单击"显示"工具栏中的"草绘视图"按钮，使 FRONT 基准平面正视于界面；绘制如图10-2所示的草图，然后单击"确定"按钮，退出草图绘制环境。系统回到平整特征操控板。

注意：分离的平整壁特征的草绘图形必须是闭合的。

（5）在操控板中输入钣金厚度为1。单击"反向"按钮，调整增厚方向，单击"确定"按钮。结果如图10-3所示。

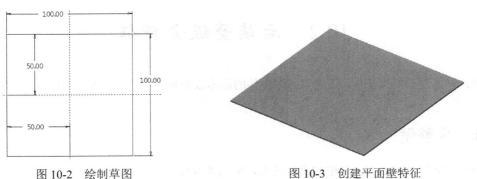

图 10-2　绘制草图　　　　　图 10-3　创建平面壁特征

10.1.2　旋转壁

旋转壁是由特征截面绕旋转中心线旋转而成的一类特征，它适合于构造回转体零件特征。

操作步骤如下：

（1）单击"模型"功能区"形状"面板上的"旋转"按钮，在弹出的操控板中单击"放置"→"定义"按钮，如图 10-4 所示。

图 10-4 "旋转"操控板

（2）系统弹出"草绘"对话框，选择 FRONT 面为绘图平面。接受默认的视图方向，单击"草绘"按钮，进入草绘环境。

（3）单击"显示"工具栏中的"草绘视图"按钮，使 FRONT 基准平面正视于界面；单击"草绘"功能区"基准"面板上的"中心线"按钮，绘制一条中心线作为轴，再绘制如图 10-5 所示尺寸的草绘截面。然后单击"确定"按钮，退出草图绘制环境。

注意：一定要绘制一条中心线作为旋转特征的旋转轴。

（4）在操控板中输入钣金厚度为 1，输入旋转角度为 360。单击"反向"按钮，调整增厚方向，如图 10-6 所示，单击"确定"按钮，如图 10-7 所示。

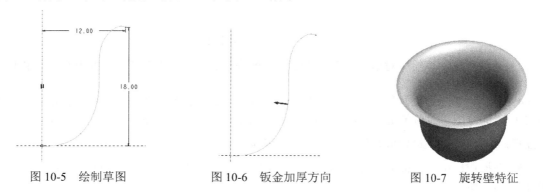

图 10-5 绘制草图　　　　图 10-6 钣金加厚方向　　　　图 10-7 旋转壁特征

10.2 后续壁钣金特征

要想设计出复杂的钣金件，仅仅掌握钣金件的基本成型是不够的，还需要掌握后续壁钣金特征的创建。

10.2.1 平整壁

平整壁只能附着在已有钣金壁的直线边上，壁的长度可以等于、大于或小于被附着壁的长度。

单击"模型"功能区"形状"面板上的"平整"按钮，系统打开"平整"操控板，如图 10-8 所示。

"平整"操控板中选项说明如下。

1. 形状

系统预设有 4 种平整壁形状，分别为矩形、梯形、L 形和 T 形，如图 10-9 所示。这 4 种形状的平整壁预览图如图 10-10 所示。

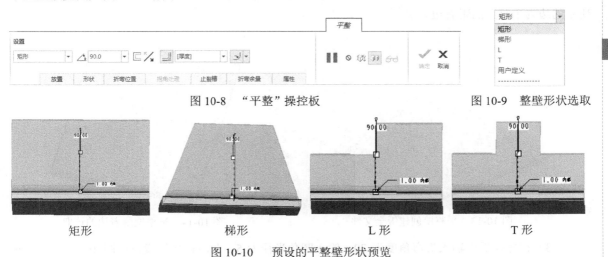

图 10-8 "平整"操控板

图 10-9 整壁形状选取

矩形　　　　　　　　　梯形　　　　　　　　　L 形　　　　　　　　　T 形

图 10-10 预设的平整壁形状预览

2. "止裂槽"下滑面板

在操控板中单击"止裂槽"按钮，打开"止裂槽"下滑面板，单击类型右侧的 按钮，如图 10-11 所示。可创建 4 种壁止裂槽类型。

☑ 拉伸：在壁连接点处拉伸用于折弯止裂槽的材料。

☑ 扯裂：割裂各连接点处的现有材料。

☑ 矩形：在每个连接点处添加一个矩形止裂槽。

☑ 长圆形：在每个连接点处添加一个长圆形止裂槽。

止裂槽有助于控制钣金件材料并防止发生不希望的变形，所以在很多情况下需要添加止裂槽，4 种止裂槽的形状如图 10-12 所示。

图 10-11 止裂槽类型

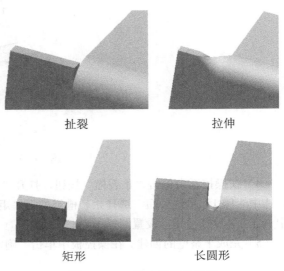

扯裂　　　　　　　　　　　　拉伸

矩形　　　　　　　　　　　　长圆形

图 10-12 4 种止裂槽的形状

操作步骤如下：

（1）利用平面壁命令创建如图 10-13 所示的钣金件。

（2）单击"模型"功能区"形状"面板上的"平整"按钮，弹出"平整"操控板，选取如图 10-14 所示的边为平整壁的附着边。

图 10-13　平整壁创建钣金文件

图 10-14　平整壁附着边的选取

（3）在操控板中输入折弯角度为 70，输入圆角半径为 5，此时操控板设置如图 10-15 所示。视图预览如图 10-16 所示。

图 10-15　操控板设置

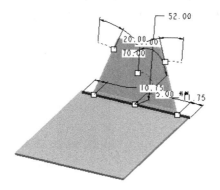

图 10-16　视图预览

（4）在操控板中单击"止裂槽"按钮，打开"止裂槽"下滑面板，选中"单独定义每侧"复选框，选中"侧 1"单选按钮，选择止裂槽类型为"矩形"，止裂槽尺寸接受默认的，如图 10-17 所示。选中"侧 2"单选按钮，设置同侧 1。

（5）完成平整壁的创建。在操控板中单击"确定"按钮，完成平整壁的创建，结果如图 10-18 所示。

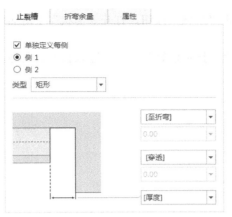

图 10-17 第一侧止裂槽设置

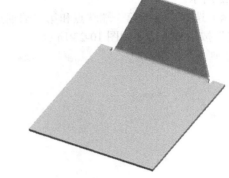

图 10-18 创建平整壁

10.2.2 法兰壁特征

法兰壁是折叠的钣金边，只能附着在已有钣金壁的边线上，可以是直线，也可以是曲线。具有拉伸和扫描的功能。

操作步骤如下：

（1）利用拉伸命令创建如图 10-19 所示的钣金文件。

图 10-19 拉伸创建钣金文件

（2）单击"模型"功能区"形状"面板上的"法兰"按钮，弹出"凸缘"操控板，如图 10-20 所示。然后选取如图 10-21 所示的边为法兰壁的附着边。

图 10-20 "凸缘"操控板

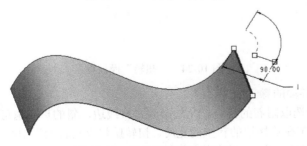

图 10-21 法兰壁附着边的选取

（3）在操控板中选择法兰壁的形状为 Z。然后单击"形状"按钮，打开"形状"下滑面板，如图 10-22 所示。

（4）选择法兰壁第一端端点和第二端端点位置为"以指定值修剪" ⊨，输入长度值为 5，单击"确定"按钮 ✓，结果如图 10-23 所示。

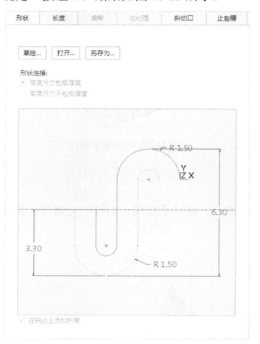

图 10-22　"形状"下滑面板

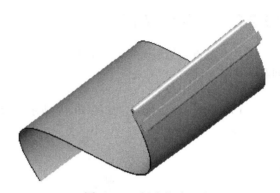

图 10-23　创建的法兰壁

10.2.3　扭转壁特征

扭转壁是钣金件的螺旋或螺线部分。扭转壁就是将壁沿中心线扭转一个角度，类似于将壁的端点反方向转动一相对小的指定角度。可将扭转连接到现有平面壁的直边上。

由于扭转壁可更改钣金零件的平面，所以通常用作两钣金件区域之间的过渡。它可以是矩形或梯形。

单击"模型"功能区"形状"面板上的"扭转"按钮，系统弹出如图 10-24 所示的"扭转"操控板。

图 10-24　"扭转"操控板

"扭转"操控板中各项的意义如下。

（1）放置边：用于选取附着的直边。此边必须是直线边，斜的直线也可以，不能是曲线。

（2）起始宽度：指定在连接边的新壁的宽度。扭转壁将以扭转轴为中心平均分配在轴线的两侧，即轴线两侧各为起始宽度的一半。

（3）终止宽度：指定在末端的新壁的宽度，它的定义与起始宽度的定义一样。

（4）扭曲长度：指定扭曲壁的长度。

（5）扭转角度：指定扭曲角度。

操作步骤如下：

（1）利用平面命令创建如图 10-25 所示的钣金件。

（2）创建扭转壁特征。

❶ 单击"模型"功能区"形状"面板上的"扭转"按钮，系统弹出"扭转"操控板。

❷ 单击操控板中的"放置"按钮，打开下滑面板，如图 10-26 所示，选取如图 10-27 所示的附着边线。

图 10-25　平面命令创建钣金文件　　　　图 10-26　"放置"下滑面板　　　　图 10-27　选取附着边

❸ 设置"扭转"操控板的各项参数如图 10-28 所示。

图 10-28　设置"扭转"操控板

❹ 单击"扭转"操控板中的"确定"按钮，完成扭转壁特征的创建，结果如图 10-29 所示。

图 10-29　创建扭转壁特征

10.3　编辑钣金特征

完成基本的钣金创建后，还需要对钣金进行编辑，如延伸、折弯、展平等操作才能完成整个零件的创建。

10.3.1 延伸壁特征

延伸壁特征也叫延拓壁特征，就是将已有的平板钣金件延伸到某一指定的位置或指定的距离，不需要绘制任何截面线。延伸壁不能建立第一壁特征，它只能用于建立额外壁特征。

单击"模型"功能区"编辑"面板上的"延伸"按钮 ，系统弹出"延伸"操控板，如图 10-30 所示。

"延伸"操控板中主要选项说明如下。

☑ ：延伸壁与参考平面相交。
☑ ：用指定延伸至平面的方法来指定延伸距离，该平面是延伸的终止面。
☑ ：用输入数值方式来指定延伸距离。
☑ 距离：用于指定延拓距离。

操作步骤如下：

（1）利用拉伸命令创建如图 10-31 所示钣金文件。

图 10-30　"延伸"操控板　　　　　图 10-31　拉伸创建钣金文件

（2）选取如图 10-32 所示的边线。

（3）单击"模型"功能区"编辑"面板上的"延伸"按钮 ，系统弹出"延伸"操控板，单击"延伸至参考平面"按钮 。

（4）选取如图 10-33 所示的延伸边对面的平面。

（5）在操控板中单击"确定"按钮 ，完成延伸壁特征的创建，结果如图 10-34 所示。

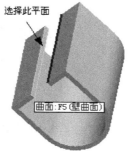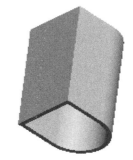

图 10-32　选取边线　　　图 10-33　选择平面　　　图 10-34　延伸壁特征

10.3.2 钣金切口

钣金模块中钣金切口特征的创建与实体模块中的拉伸去除材料特征的创建相似，拉伸的实质是绘制钣金件的二维截面，然后沿草绘面的法线方向增加材料，生成一个拉伸特征。

单击"模型"功能区"形状"面板上的"拉伸"按钮 ，系统打开如图 10-35 所示的"拉伸"操控板。

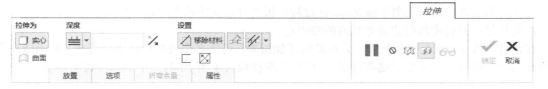

图 10-35 "拉伸"操控板（1）

操控板中各按钮功能如下。

☑ ：建立钣金切割特征时移除与曲面垂直的材料。

☑ ：材料移除的方向为垂直于偏移曲面和驱动曲面的材料。

☑ ：材料移除的方向为垂直于驱动曲面的材料。

☑ ：材料移除的方向为垂直于偏移曲面的材料。

操作步骤如下：

（1）利用平面和平整命令，创建如图 10-36 所示钣金文件。

（2）单击"模型"功能区"形状"面板上的"拉伸"按钮 ，在弹出的操控板中单击"移除材料"按钮 ，再单击"移除与曲面垂直的材料"按钮 ，切割方式为"移除垂直于驱动曲面的材料" ，如图 10-37 所示。然后单击"放置"→"定义"按钮，弹出"草绘"对话框。

图 10-36 新建零件

图 10-37 "拉伸"操控板（2）

（3）选择 FRONT 基准平面为草绘平面，RIGHT 基准平面为参照平面，方向向下。单击"草绘"按钮，进入草绘环境。绘制如图 10-38 所示的草绘图形，单击"确定"按钮 ，退出草图绘制环境。

（4）在操控板中选择拉伸方式为"穿透" ，单击 按钮，调整去除材料方向如图 10-39 所示，单击"确定"按钮 ，结果如图 10-40 所示。

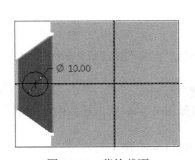

图 10-38 草绘截面

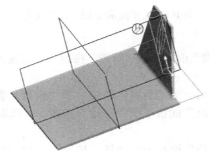

图 10-39 去除材料方向

图 10-40 创建的钣金切口特征

10.3.3 折弯特征

折弯将钣金件壁成形为斜形或筒形，此过程在钣金件设计中称为弯曲，在本软件中称为钣金折弯。折弯线是计算展开长度和创建折弯几何的参照点。

在设计过程中，只要壁特征存在，可随时添加折弯。可跨多个成形特征添加折弯，但不能在多个特征与另一个折弯交叉处添加这些特征。"折弯"操控板（见图 10-41）中的选项说明如下。

图 10-41 "折弯"操控板（1）

- ☑ ：将材料折弯到折弯线。
- ☑ ：折弯折弯线另一侧的材料。
- ☑ ：折弯折弯线两侧的材料。
- ☑ ：更改固定侧的位置。
- ☑ ：使用值来定义折弯角度。
- ☑ ：折弯至曲面的端部。
- ☑ 90.0 ：输入折弯角度。
- ☑ ：测量生成的内部折弯角度。
- ☑ ：测量自直线开始的折弯角度偏转。
- ☑ ：折弯半径在折弯的外部曲面。
- ☑ ：折弯半径在折弯的内部曲面。
- ☑ ：按参数折弯。

操作步骤如下：

（1）利用平面命令创建如图 10-42 所示的钣金件。

图 10-42 平面命令创建钣金文件

（2）创建角折弯特征。

❶ 单击"模型"功能区"折弯"面板上的"折弯"按钮，系统弹出"折弯"操控板，如图 10-43 所示。

❷ 在操控板中单击"折弯线另一侧的材料"按钮和"折弯角度"按钮。

❸ 单击"模型"功能区"基准"面板下的"草绘"按钮，选取如图 10-44 所示的曲面作为草绘平面。

❹ 单击"草绘"功能区"草绘"面板上的"线"按钮，绘制如图 10-45 所示折弯线，绘制完成后单击"确定"按钮，退出草图绘制环境。

图 10-43　"折弯"操控板（2）

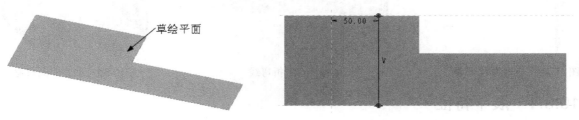

图 10-44　选取草绘平面　　　　　　　　　　图 10-45　绘制折弯线

❺ 在"折弯"操控板中单击"继续"按钮，同时系统工作区出现如图 10-46 所示的方向箭头，表示折弯侧。

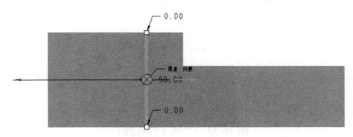

图 10-46　方向显示

❻ 在操控板中输入折弯角度为 90.0，厚度为"2.0"，如图 10-47 所示。

图 10-47　"折弯"操控板（3）

❼ 在操控板中单击"确定"按钮，完成一侧角折弯特征的创建，结果如图 10-48 所示。

（3）创建曲面折弯特征。

❶ 单击"模型"功能区"折弯"面板上的"折弯"按钮，系统弹出"折弯"操控板。

❷ 在操控板中单击"将材料折弯到折弯线"按钮和"折弯到曲面的端部"按钮。

❸ 单击"模型"功能区"基准"面板上的"草绘"按钮，选取如图 10-48 所示的曲面作为草绘平面。

❹ 单击"草绘"功能区"草绘"面板上的"线"按钮，绘制如图 10-49 所示折弯线，绘制完成后单击"确定"按钮，退出草图绘制环境。

❺ 系统工作区出现方向箭头，表示折弯侧。在操控板中输入折弯半径为 20，单击"确定"按钮，完成曲面折弯特征的创建，结果如图 10-50 所示。

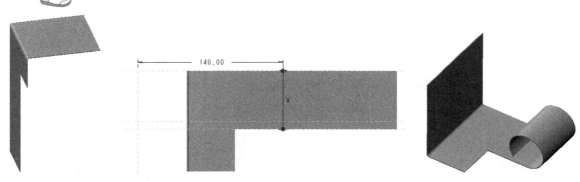

图 10-48 折弯草绘平面   图 10-49 绘制折弯线   图 10-50 创建曲面折弯

10.3.4 展平特征

在钣金设计中，不仅需要把平面钣金折弯，而且也需要将折弯的钣金展开为平面钣金。所谓的展平，在钣金中也称为展开。

单击"模型"功能区"折弯"面板上的"展平"按钮 ，系统弹出如图 10-51 所示的"展平"操控板。

图 10-51 "展平"操控板

操作步骤如下：
（1）利用前面学的命令创建如图 10-52 所示的钣金件。
（2）单击"模型"功能区"折弯"面板上的"展平"按钮 ，系统弹出"展平"操控板。
（3）选取如图 10-53 所示的平面作为固定平面。
（4）在操控板中单击"确定"按钮 ✔，完成常规展平特征的创建，结果如图 10-54 所示。

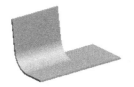 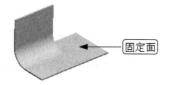 

图 10-52 创建钣金文件   图 10-53 选取固定平面   图 10-54 常规展平特征

10.3.5 折弯回去特征

系统提供了折弯回去功能，这个功能是与展平功能相对应的，用于将展平的钣金的平面薄板整个或部分平面再恢复为折弯状态。但并不是所有能展开的钣金件都能折弯回去。

单击"模型"功能区"折弯"面板上的"折回"按钮 ，系统弹出如图 10-55 所示的"折回"操控板。

图 10-55 "折回"操控板

"折回"操控板内主要选项的意义如下。

☑ ⬚：手动选择展平几何进行折回。

☑ ⬚：自动选择所有展平几何进行折回。

☑ ⬚ 曲面:F5(整曲面)：用于指定固定平面。

操作步骤如下：

（1）利用前面学过的命令创建面。

（2）单击"模型"功能区"折弯"面板上的"折回"按钮⬚，系统弹出"折回"操控板。

（3）单击"自动选择固定平面"按钮⬚，系统自动选取如图 10-56 所示的平面作为固定平面。

（4）在操控板中单击"确定"按钮✓，完成折弯回去特征的创建，结果如图 10-57 所示。

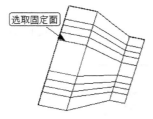

图 10-56 选取固定面

图 10-57 折弯回去特征

10.3.6 转换

将实体零件转换为钣金件后，可用钣金行业特征修改现有的实体设计。在设计过程中，可将这种转换用作快捷方式，因为为实现钣金件设计意图，可反复使用现有的实体设计，而且可在一次转换特征中包括多种特征。将零件转换为钣金件后，它就与任何其他钣金件一样。

单击"模型"功能区"工程"面板上的"转换"按钮⬚，系统弹出如图 10-58 所示的"转换"操控板。

图 10-58 "转换"操控板

"转换"操控板中各项的意义如下。

☑ ⬚：沿着零件的边线建立扯裂特征。

☑ ⬚：用于连接钣金零件上的顶点或点止裂点，以创建裂缝特征，其方法为选取两点产生裂缝直线。

☑ ⬚：利用边折弯选项可以快速对边进行倒圆角。

☑ 　：就是拐角止裂槽，用于在适当的顶角上建立倒圆
角或是斜圆形拐角止裂槽。

操作步骤如下：

1. 转换成钣金件

（1）利用拉伸命令创建如图 10-59 所示的实体模型。

（2）单击"模型"功能区"操作"面板下的"转换为钣金
件"按钮，弹出"第一壁"操控板，如图 10-60 所示。单击"壳"
按钮　。

图 10-59　创建实体模型

（3）弹出"壳"操控板，选择实体的底面为删除面如图 10-61 所示。然后输入钣金厚度"3"，
如图 10-62 所示。单击"确定"按钮　，进入钣金模块。结果如图 10-63 所示。

图 10-60　"第一壁"操控板

图 10-61　删除的曲面选取

图 10-62　输入钣金厚度

图 10-63　创建的第一壁特征

2. 创建转换特征

（1）单击"模型"功能区"工程"面板上的"转换"按钮　，系统弹出"转换"操控板。

（2）选取"边扯裂"选项，弹出"边扯裂"操控板，如图 10-64 所示。

图 10-64　"边扯裂"操控板

（3）选取如图 10-65 所示的边线。

（4）在操控板中单击"确定"按钮✔，完成转换特征的创建，结果如图 10-66 所示。

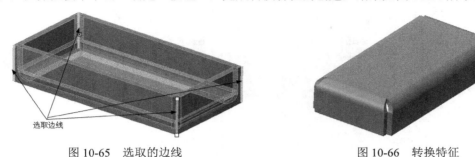

图 10-65　选取的边线　　　　　　　　　　图 10-66　转换特征

10.4　综合实例——仪器后盖

仪器后盖的建模是先在标准模块中创建其基本轮廓，然后进行抽壳、转换为壳体，再转入钣金模块中，利用转换命令将壳体的 4 个边裂缝，使零件可以展开，然后创建其他的钣金特征，绘制流程图如图 10-67 所示。

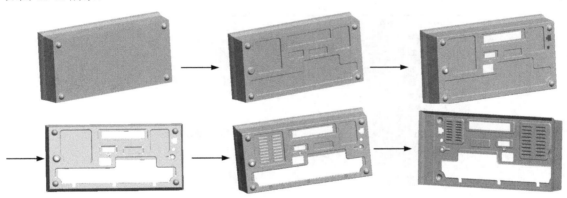

图 10-67　仪器后盖的绘制流程图

10.4.1　创建仪器后盖的基本轮廓

1. 新建文件

单击"快速访问"工具栏中的"新建"按钮，在打开的"新建"对话框中设置"类型"为"零件"，"子类型"为"实体"，输入名称为"仪器后盖"，取消选中"使用默认模板"复选框，如图 10-68 所示。然后单击"确定"按钮，在打开的"新文件选项"对话框中选择 mmns_part_solid 模板，如 10-69 所示。单击"确定"按钮。

2. 创建主体

（1）单击"模型"功能区"形状"面板下的"混合"按钮，系统弹出"混合"操控板，单击"截面"按钮，弹出下滑面板，选中"草绘截面"单选按钮，然后单击"定义"按钮，如图 10-70 所示，系统打开"草绘"对话框，选择 FRONT 基准平面为草绘平面，选择 RIGHT 基准平面为参考平面，方向为右，如图 10-71 所示，单击"草绘"按钮，进入草绘环境，绘制如图 10-72 所示的截面草图，然后单击"确定"按钮✔，退出草绘环境。

图 10-68　"新建"对话框

图 10-69　"新文件选项"对话框

图 10-70　"混合"操控板

图 10-71　"草绘"对话框

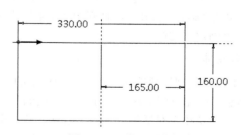

图 10-72　截面 1 草图

（2）单击操控板中的"截面"按钮，弹出下滑面板，此时系统自动插入截面 1，输入截面 1 和截面 2 的偏移距离为 40，如图 10-73 所示，单击"草绘"按钮，进入草绘环境，绘制截面草图 2，如图 10-74 所示。然后单击"确定"按钮✔，退出草绘环境。

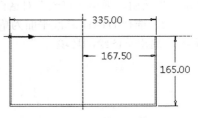

图 10-73　"截面"下滑面板（1）　　　　　　　图 10-74　截面 2 草图

（3）单击操控板中的"截面"按钮，弹出下滑面板，单击"插入"按钮，插入截面 3，输入截面 2 和截面 3 的偏移距离均为 10，如图 10-75 所示，单击"草绘"按钮，进入草绘环境，绘制截面草图 3，如图 10-76 所示。然后单击"确定"按钮✔，退出草绘环境。

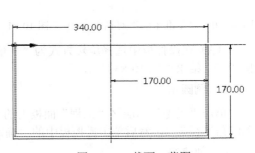

图 10-75　"截面"下滑面板（2）　　　　　　　图 10-76　截面 3 草图

（4）重复步骤（3）创建截面 4，偏移距离为 10，并绘制截面草图 4，如图 10-77 所示。

（5）单击操控板中的"选项"按钮，弹出下滑面板，选择混合曲面为"直"，如图 10-78 所示，单击操控板中的"确定"按钮✔，完成平行混合特征的创建，结果如图 10-79 所示。

图 10-77　截面 4 草图　　　　图 10-78　"选项"下滑面板　　　　图 10-79　混合特征

3．创建基准平面

（1）单击"模型"功能区"基准"面板上的"平面"按钮◰，弹出"基准平面"对话框。

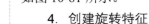

（2）选择 TOP 基准平面为新平面的参照平面，输入平移值为 146，如图 10-80 所示。单击"确定"按钮，完成新平面的创建。

（3）重复"基准"→"平面"命令，选择 TOP 基准平面为新平面的参照平面，输入平移值为 80，如图 10-81 所示。

4. 创建旋转特征

（1）单击"模型"功能区"形状"面板上的"旋转"按钮 ，在弹出的操控板中单击"放置"→"定义"按钮，弹出"草绘"对话框。

（2）选择 DTM1 基准平面为草绘平面，绘制如图 10-82 所示的草绘图形，然后单击"确定"按钮 ，退出草图绘制环境。

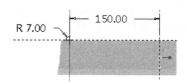

图 10-80 "基准平面"对话框（1）　　图 10-81 "基准平面"对话框（2）　　图 10-82 草绘截面

（3）在操控板中选择旋转方式为"变量" ，输入旋转角度为 360。单击操控板中的"确定"按钮 ，结果如图 10-83 所示。

5. 倒圆角

单击"模型"功能区"工程"面板上的"倒圆角" 。选取如图 10-84 所示的棱边为倒圆角。输入圆角半径为 2，然后单击操控板中的"确定"按钮 。

6. 创建组

按住 Ctrl 键，在左侧的模型树中选中最后创建的两个特征，从弹出的右键快捷菜单中选择"分组"命令，如图 10-85 所示。

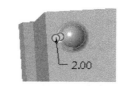
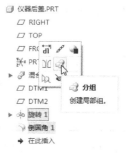

图 10-83 创建的旋转特征　　图 10-84 倒圆角棱边的选取　　图 10-85 创建组

7. 镜像特征

（1）在左侧的模型树中选中刚刚创建的组特征，然后单击"模型"功能区"编辑"面板上的"镜像"按钮![]，打开"镜像"操控板，选取 RIGHT 面为镜像参照平面，然后单击操作面板中的"确定"按钮![]，结果如图 10-86 所示。

（2）重复"镜像"命令，对组特征及其镜像，再以 DTM2 基准平面进行镜像，结果如图 10-87 所示。

图 10-86 镜像结果（1）　　　　　图 10-87 镜像结果（2）

10.4.2 创建后盖的内凹面

1．创建旋转特征

（1）单击"模型"功能区"形状"面板上的"旋转"按钮![]，在弹出的操控板中单击"放置"→"定义"按钮，弹出"草绘"对话框。

（2）选择 DTM2 基准平面为草绘平面，绘制如图 10-88 所示的草绘图形，单击"确定"按钮![]，退出草图绘制环境。

（3）在操控板上选择"变量"![]，输入旋转角度为 360，单击操控板中的"确定"按钮![]，结果如图 10-89 所示。

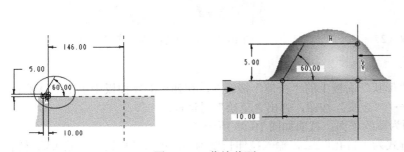

图 10-88 草绘截面 1　　　　　图 10-89 创建的旋转特征

2．倒圆角

单击"模型"功能区"工程"面板上的"倒圆角"按钮![]，选取如图 10-90 所示的棱边。输入圆角半径为 2，然后单击操控板中的"确定"按钮![]。

3．创建拉伸去除特征

（1）单击"模型"功能区"形状"面板上的"拉伸"按钮![]，在弹出的操控板中单击"移除材料"按钮![]，然后单击"放置"→"定义"按钮，弹出"草绘"对话框。

（2）选择 FRONT 基准平面为草绘平面，绘制如图 10-91 所示的图形，单击"确定"按钮![]，退出草图绘制环境。

（3）在操控板内选择拉伸方式为"盲孔"![]，输入拉伸长度为 4。单击![]按钮，调整去除材料方向，单击操控板中的"确定"按钮![]，结果如图 10-92 所示。

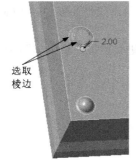

图 10-90 倒圆角棱边的选取（1）

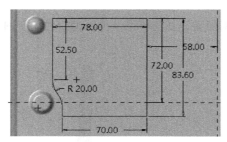

图 10-91 草绘截面（2）

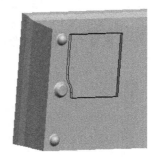

图 10-92 创建的拉伸去除特征（1）

4. 圆角处理

（1）单击"模型"功能区"工程"面板上的"倒圆角"按钮 ，选取如图 10-93 所示的棱边。输入圆角半径为 6，然后单击操控板中的"确定"按钮 。

（2）继续创建倒圆角，选取如图 10-94 所示的两条棱边，输入圆角半径为 1.2。

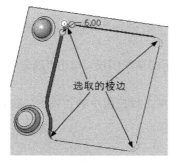

图 10-93 倒圆角棱边的选取（2）

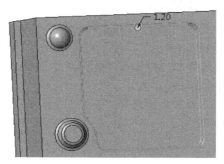

图 10-94 倒圆角棱边的选取（3）

5. 创建拉伸去除特征

（1）单击"模型"功能区"形状"面板上的"拉伸"按钮 ，在弹出的操控板中单击"移除材料"按钮 ，然后单击"放置"→"定义"按钮，弹出"草绘"对话框。

（2）选择 FRONT 基准平面为草绘平面，截面如图 10-95 所示。

（3）在操控板中选择拉伸方式为"盲孔" ，输入拉伸长度为 3。单击 按钮，调整去除材料方向，单击操控板中的"确定"按钮 ，结果如图 10-96 所示。

6. 倒圆角

对拉伸的 4 条棱边进行倒圆角，圆角半径为 4，对拉伸体的上下表面边进行倒圆角，圆角半径为 1，结果如图 10-97 所示。

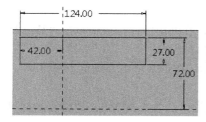

图 10-95 草绘截面（3）

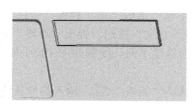

图 10-96 创建的拉伸去除特征（2）

图 10-97 创建的倒圆角（1）

7. 创建拉伸材料特征

（1）继续创建拉伸去除材料特征，截面如图 10-98 所示，拉伸长度为 3，结果如图 10-99 所示。

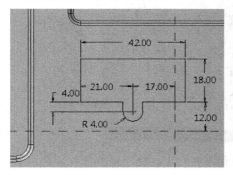

图 10-98　草绘截面（4）

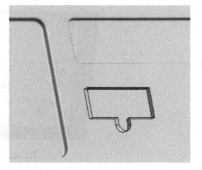

图 10-99　创建的拉伸去除特征（3）

（2）继续创建拉伸去除材料特征，截面如图 10-100 所示，拉伸长度为 3，结果如图 10-101 所示。

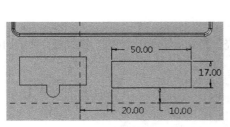

图 10-100　草绘截面（5）

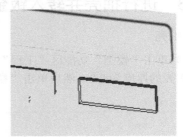

图 10-101　创建的拉伸去除特征（4）

（3）继续创建拉伸去除材料特征，截面如图 10-102 所示，拉伸长度为 2，结果如图 10-103 所示。

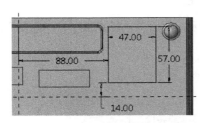

图 10-102　草绘截面（6）

图 10-103　创建的拉伸去除特征（5）

（4）继续创建拉伸去除材料特征，截面如图 10-104 所示，拉伸长度为 3，结果如图 10-105 所示。

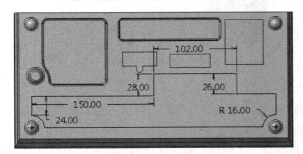

图 10-104　草绘截面（7）

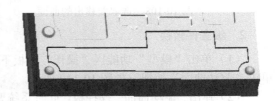

图 10-105　创建的拉伸去除特征（6）

（5）对以上几步创建的拉伸去除特征的棱边进行倒圆角，结果如图 10-106 所示。

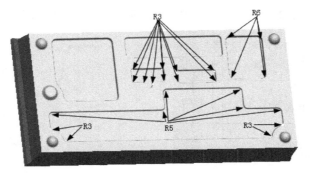

图 10-106　创建的倒圆角（2）

（6）对以上几步创建的拉伸去除特征的上下边进行倒圆角，圆角半径为 1。

10.4.3　进行抽壳并转入钣金模块

1．抽壳

（1）单击"模型"功能区"工程"面板上的"壳"按钮，弹出"壳"操控板，如图 10-107 所示，输入壳的厚度为 0.8，然后单击"参考"按钮。

图 10-107　"壳"操控板

（2）选择零件的平面为要移出的曲面，如图 10-108 所示。然后单击操控板中的"确定"按钮，结果如图 10-109 所示。

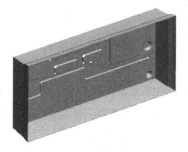

图 10-108　选取要移出的曲面　　　　图 10-109　创建的壳体

2．钣金件转换

（1）单击"模型"功能区"操作"面板下的"转换为钣金件"按钮，弹出"第一壁"操控板，单击"驱动曲面"按钮，如图 10-110 所示。

（2）弹出"驱动曲面"操控板，此时系统要求选择一个曲面，选择壳体的底面如图 10-111 所示。在"驱动曲面"操控板中设置厚度为 0.8，进入钣金模块。

Note

图 10-110 "第一壁"操控板

 图 10-111 驱动曲面的选取

3. 边缝转换

（1）单击"模型"功能区"工程"面板上的"转换"按钮 ，弹出"转换"操控板，如图 10-112 所示。

图 10-112 "转换"操控板

（2）选中"边扯裂"选项，弹出"边扯裂"操控板，如图 10-113 所示。选取如图 10-114 所示的 4 条棱边，单击"确定"按钮 ，结果如图 10-115 所示。

图 10-113 "边扯裂"操控板

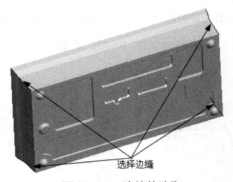

选择边缝

图 10-114 边缝的选取

图 10-115 创建的转换特征

10.4.4 创建钣金切削特征

（1）创建钣金切口。

❶ 单击"模型"功能区"形状"面板上的"拉伸"按钮 ，在弹出的操控板中单击"移除材料"按钮 和"移除垂直于驱动曲面的材料"按钮 。

❷ 单击"放置"→"定义"按钮，弹出"草绘"对话框。选择 FRONT 基准平面为草绘平面，绘制如图 10-116 所示的图形，单击"确定"按钮✔，退出草图绘制环境。

❸ 在操控板中选择拉伸方式为"穿透"，单击"确定"按钮✓，结果如图 10-117 所示。

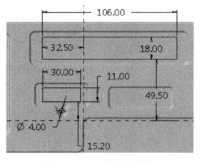

图 10-116　草绘截面

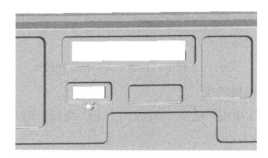

图 10-117　创建的拉伸去除特征（1）

❹ 重复"拉伸"命令。选择 FRONT 基准平面为草绘平面，绘制拉伸截面如图 10-118 所示，拉伸方式为"穿透"。结果如图 10-119 所示。

（2）倒圆角。单击"模型"功能区"工程"面板上的"倒圆角"按钮，选取如图 10-120 所示的 4 条棱创建倒圆角。输入圆角半径为 2，单击操控板中的"确定"按钮✓，结果如图 10-121 所示。

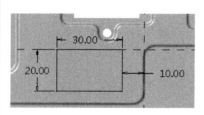

图 10-118　拉伸截面（1）

图 10-119　创建的拉伸去除特征（2）

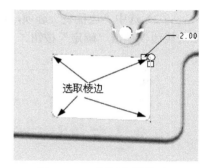

图 10-120　倒圆角棱的选取

（3）重复步骤（1），创建拉伸去除材料特征。拉伸截面如图 10-122 所示，结果如图 10-123 所示。

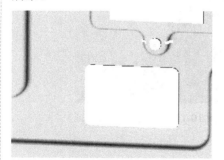

图 10-121　倒圆角结果

图 10-122　拉伸截面（2）

图 10-123　创建的拉伸去除特征（3）

（4）创建拉伸去除材料特征。拉伸截面如图 10-124 所示，结果如图 10-125 所示。

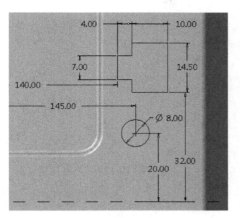

图 10-124　拉伸截面（3）

图 10-125　创建的拉伸去除特征（4）

10.4.5　创建成型特征

1. 创建凸模成型特征

（1）单击"模型"功能区"工程"面板上的"成型"下的"凸模"按钮，系统弹出"凸模"操控板，如图 10-126 所示，在操控板中单击"打开冲孔模型"按钮，弹出"打开"对话框，在工作目录中选择"源文件"→"第 10 章"→"仪器后盖模-1"，单击"打开"按钮，将"仪器后盖模-1"插入视图中，如图 10-127 所示。

图 10-126　"凸模"操控板

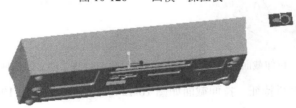

图 10-127　成型特征模型

（2）单击操控板中的"放置"按钮，弹出下滑面板，在右侧的"约束类型"中选择"重合"类型，然后选取"仪器后盖模-1"的 TOP 基准平面和零件的 FRONT 基准平面，如图 10-128 所示。

（3）在"放置"下滑面板中单击"新建约束"按钮，在右侧的"约束类型"中"重合"类型，然后依次选取"仪器后盖模-1"的 FRONT 基准平面和零件的 DTM2 基准平面，如图 10-129 所示。

（4）在"放置"下滑面板中单击"新建约束"按钮，在右侧的"约束类型"中选择"距离"类型，依次选取"仪器后盖模-1"的 RIGHT 基准平面和零件的 RIGHT 基准平面，然后输入偏移值为135。此时在"放置"下滑面板右下侧的"状况"显示"完全约束"，如图 10-130 所示。单击"确定"按钮，完成成形特征的创建，结果如图 10-131 所示。

图 10-128　约束设置（1）　　　　　　　图 10-129　约束设置（2）

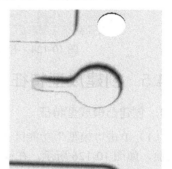

图 10-130　完成约束　　　　　　　图 10-131　创建完成的成形特征

2. 拉伸去除材料

（1）创建拉伸去除材料特征。拉伸截面如图 10-132 所示，结果如图 10-133 所示。

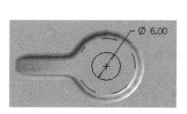

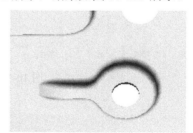

图 10-132　拉伸截面（1）　　　　　　图 10-133　创建的拉伸去除特征（1）

（2）创建拉伸去除材料特征。拉伸截面如图 10-134 所示，结果如图 10-135 所示。

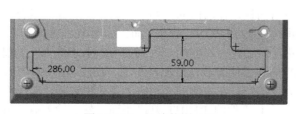

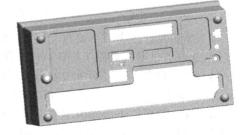

图 10-134　拉伸截面（2）　　　　　　图 10-135　创建的拉伸去除特征（2）

（3）创建拉伸去除材料特征。拉伸截面如图 10-136 所示，结果如图 10-137 所示。

3. 阵列拉伸去除

（1）在左侧的模型树中选中刚刚创建的拉伸去除特征，然后单击"模型"功能区"编辑"面板上的"阵列"按钮▦，弹出"阵列"操控板，选择阵列方式为"尺寸"，单击"尺寸"按钮，打开"尺寸"下滑面板。

（2）在绘图区选择数值"100"，输入增量"-100"，如图 10-138 所示。然后在操控板中输入阵列个数为 3。单击操控板中的"确定"按钮✔，结果如图 10-139 所示。

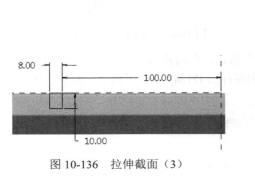

图 10-136　拉伸截面（3）

图 10-138　阵列尺寸设置

图 10-137　创建的拉伸去除特征（3）

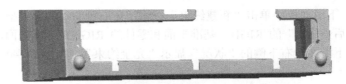

图 10-139　创建的阵列特征

10.4.6　创建百叶窗特征

1. 创建凸模成形特征

（1）单击"模型"功能区"工程"面板上的"成型"下的"凸模"按钮↘，系统弹出"凸模"操控板，在操控板中单击"打开冲孔模型"按钮▣，弹出"打开"对话框，在工作目录中选择"源文件"→"第 10 章"→"仪器后盖模-2"，单击"打开"按钮，将"仪器后盖模-2"插入视图中。

（2）在操控板中单击"指定约束时在单独的窗口中显示元件"按钮▣，系统弹出"仪器后盖模-2"窗口，如图 10-140 所示。

（3）单击操控板中的"放置"按钮，弹出下滑面板，在右侧的"约束类型"中选择"重合"类型，然后依次选取"仪器后盖模-2"的平面 1 和零件的平面 2，如图 10-141 所示，通过单击"约束类型"后的"反向"按钮，调整两零件配对的方向，设置结果如图 10-142 所示。

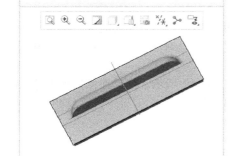

图 10-140　"仪器后盖模-2"窗口

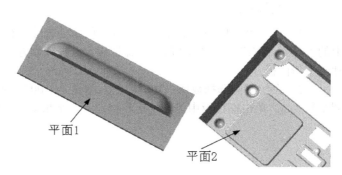

平面1

平面2

图 10-141　约束平面的选取（1）

（4）在"放置"下滑面板中单击"新建约束"按钮，在右侧的"约束类型"中选择"距离"类型，依次选取"仪器后盖模-2"的 TOP 基准平面和零件的 DTM2 基准平面，然后输入偏移值为 60，如图 10-143 所示。

图 10-142　约束设置

图 10-143　新建约束

（5）在"放置"下滑面板中单击"新建约束"按钮，在右侧的"约束类型"中选择"距离"类型，依次选取"仪器后盖模-2"的 RIGHT 基准平面和零件的 RIGHT 基准平面，然后输入偏移值为 75，此时在"放置"下滑面板右下侧的"状况"显示"完全约束"，如图 10-144 所示。

图 10-144　完成约束

（6）单击操控板中的"选项"按钮，弹出下滑面板，选择"排除冲孔模型曲面"选项，然后选择排除曲面，如图 10-145 所示。

（7）单击"凸模"操控板中的"确定"按钮✔，完成成形特征的创建，结果如图 10-146 所示。

2. 阵列成形特征

（1）在左侧的模型树中选中刚刚创建的成形特征，然后单击"模型"功能区"编辑"面板上的

"阵列"按钮▦，弹出"阵列"操控板，选择阵列方式为"尺寸"，单击"尺寸"按钮，打开"尺寸"下滑面板。

图 10-145　排除曲面的选取　　　　　　　　图 10-146　创建完成的成形特征（1）

（2）在绘图区选择数值"60"，输入增量"-8"，如图 10-147 所示。然后在操控板中输入阵列个数为 9。单击操控板中的"确定"按钮✔，结果如图 10-148 所示。

3．创建基准平面

（1）单击"模型"功能区"基准"面板上的"平面"按钮▱，弹出"基准平面"对话框。

（2）选择 RIGHT 基准平面为新平面的参照平面，输入平移值为 93，如图 10-149 所示。单击"确定"按钮，完成新平面的创建，结果如图 10-150 所示。

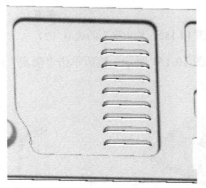

图 10-147　阵列尺寸设置（1）　　　　图 10-148　创建的阵列特征（1）　　　　图 10-149　"基准平面"对话框（1）

4．镜像特征

（1）在左侧的模型树中选中刚刚创建的阵列特征。

（2）单击"模型"功能区"编辑"面板上的"镜像"按钮🕅，打开"镜像"操控板，选取 DTM3 面为镜像参照平面。

（3）单击操控板中的"确定"按钮✔，结果如图 10-151 所示。

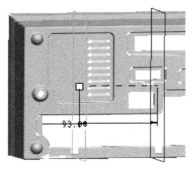
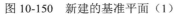

图 10-150　新建的基准平面（1）

图 10-151　阵列特征镜像结果

5. 创建成形特征

（1）以相同的方法在左侧创建成形特征，模板为"仪器后盖模-3"，模板与零件的 3 个约束分别如下。

❶ 模板的平面 1 和零件的平面 2 如图 10-152 所示，约束方式为"重合"。

❷ 模板的 TOP 基准平面与零件的 DTM2 基准平面约束方式为"距离"，偏移值为 62。

❸ 模板的 RIGHT 基准平面与零件的 RIGHT 基准平面约束方式为"距离"，偏移值为 100。

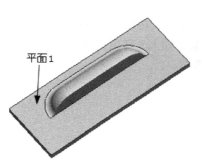
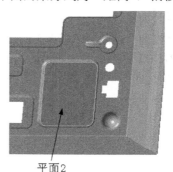

图 10-152　约束平面的选取（2）

（2）模板的排除曲面的选取如图 10-153 所示。然后单击"确定"按钮✔，完成成形特征的创建，结果如图 10-154 所示。

图 10-153　边界平面、种子/排除曲面的选取

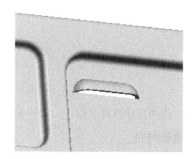

图 10-154　创建完成的成形特征（2）

6. 阵列成形特征

（1）在左侧的模型树中选中刚刚创建的成形特征，然后单击"模型"功能区"编辑"面板上的"阵列"按钮▦，弹出"阵列"操控板，选择阵列方式为"尺寸"，单击"尺寸"按钮，打开"尺寸"下滑面板。

（2）在绘图区选择数值"62"，输入增量"-6"，如图 10-155 所示。然后在操控板中输入阵列个数为 8，单击操控板中的"确定"按钮✓，结果如图 10-156 所示。

7. 创建基准平面

（1）单击"模型"功能区"基准"面板上的"平面"按钮▱，弹出"基准平面"对话框。

（2）选择 RIGHT 基准平面为新平面的参照平面，输入平移值为 112，如图 10-157 所示。单击"确定"按钮，完成新平面的创建，结果如图 10-158 所示。

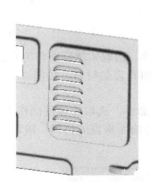

图 10-155 阵列尺寸设置（2）　　图 10-156 创建的阵列特征（2）　　图 10-157 "基准平面"对话框（2）

8. 镜像特征

（1）在左侧的模型树中选中刚刚创建的阵列特征。

（2）单击"模型"功能区"编辑"面板上的"镜像"按钮♪【，打开"镜像"操控板，选取 DTM4 面为镜像参照平面。

（3）单击操控板中的"确定"按钮✓，结果如图 10-159 所示。

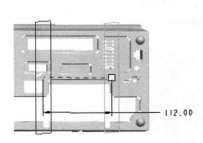

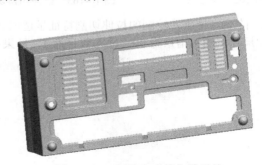

图 10-158 新建的基准平面（2）　　　　图 10-159 创建完成的仪器后盖

10.5 上 机 操 作

通过前面的学习，读者对本章知识也有了大体的了解，本节通过两个操作练习使读者进一步掌握本章知识要点。

1. 绘制如图 10-160 所示的硬盘固定架。

操作提示

（1）创建分离壁。利用"平面"命令，选取 TOP 面作为草绘面，绘制草图如图 10-161 所示。输入厚度为 0.5mm。

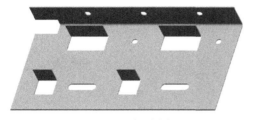

图 10-160　硬盘固定架

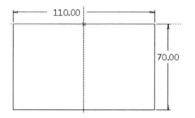

图 10-161　绘制分离壁草图

（2）创建拉伸切口。利用"拉伸"命令，选取实体顶面作为草绘面，绘制草图如图 10-162 所示。单击"切割"按钮，再单击"移除与曲面垂直的材料"按钮，设置拉伸方式为"穿透"。单击按钮，结果如图 10-163 所示。

（3）创建拉伸切口 2。利用"拉伸"命令，选取实体顶面作为草绘面，绘制草图如图 10-164 所示。单击"切割"按钮，再单击"移除与曲面垂直的材料"按钮，选择拉伸方式为"穿透"，结果如图 10-165 所示。

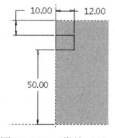

图 10-162　草绘（1）

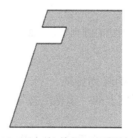

图 10-163　拉伸切口切割结果

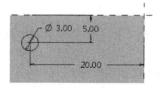

图 10-164　草绘（2）

（4）阵列。使刚才绘制的拉伸切割特征呈选取状态，利用"阵列"命令，选取定位尺寸"20"作为驱动尺寸，输入增量为 30，输入数目为 3，结果如图 10-166 所示。

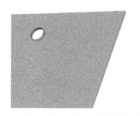

图 10-165　拉伸切口 2 切割结果

图 10-166　阵列结果

（5）折弯。利用"折弯"命令，选取上表面为草绘平面，绘制折弯线如图 10-167 所示。结果如图 10-168 所示。

图 10-167 绘制折弯线（1）

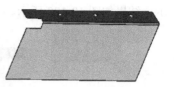

图 10-168 折弯结果（1）

（6）变形区域。利用"分割区域"命令，选取钣金件顶面作为草绘面，绘制草绘如图 10-169 所示。结果如图 10-170 所示。

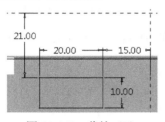

图 10-169 草绘（3）

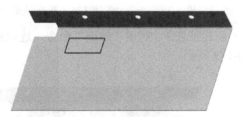

图 10-170 变形区域绘制结果

（7）镜像变形区域。使刚才绘制的变形区域呈现选取状态，利用"镜像"命令，再选取 RIGHT 面作为镜像平面，如图 10-171 所示。

（8）创建扯裂。利用"边缝"命令，选取钣金件表面作为草绘面，抽取变形区域的边界，如图 10-172 所示。

（9）镜像扯裂特征。选取刚绘制的扯裂特征，利用"镜像"命令，选取 RIGHT 面作为镜像平面，镜像结果如图 10-173 所示。

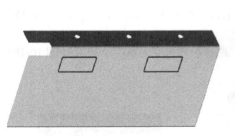

图 10-171 镜像结果（1）

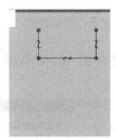

图 10-172 草绘扯裂区域

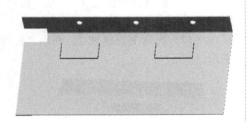

图 10-173 镜像结果（2）

（10）折弯变形区域 1。利用"折弯"命令，选取上平面为草绘平面，绘制折弯线如图 10-174 所示。输入折弯角度为 90。

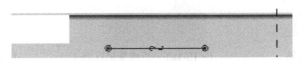

图 10-174 绘制折弯线（2）

（11）选择"完成"→"厚度"命令。单击"折弯选项"对话框中的"确定"按钮。结果如图 10-175 所示。

（12）折弯变形区域 2。重复"创建折弯"命令，半径类型为内侧半径，绘制折弯线。输入折弯角度为 90°，如图 10-176 所示。

（13）变形区域。利用"分割区域"命令，选取钣金件顶面作为草绘面，绘制草绘如图 10-177 所示。结果如图 10-178 所示。

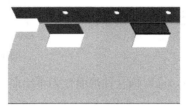

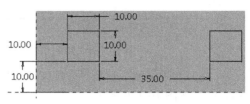

图 10-175　折弯结果（2）　　　图 10-176　折弯结果（3）　　　　图 10-177　变形草绘

（14）创建扯裂 1。利用"边缝"命令，选取钣金件表面作为草绘面，抽取变形区域的边界。结果如图 10-179 所示。

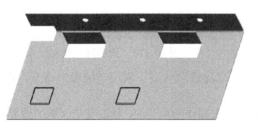

图 10-178　变形结果　　　　　　　　图 10-179　扯裂 1 结果

（15）创建扯裂 2。利用"边缝"命令，选取钣金件表面作为草绘面，抽取变形区域的边界，结果如图 10-180 所示。

（16）折弯变形区域 1。利用"折弯"命令，绘制折弯线，选择折弯角度为 90°，结果如图 10-181 所示。

（17）折弯变形区域 2。利用"折弯"命令，绘制折弯线。选择折弯角度为 90°，结果如图 10-182 所示。

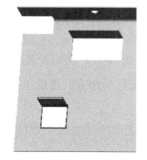

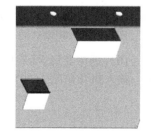

图 10-180　扯裂 2 结果　　　　图 10-181　折弯变形区域 1　　　图 10-182　折弯变形区域 2

（18）创建拉伸切口 1。利用"拉伸"命令，选取顶面作为草绘面，绘制草图如图 10-183 所示。单击"去除材料"按钮，选择拉伸方式为"穿透"，如图 10-184 所示。

（19）创建拉伸切口 2。利用"拉伸"命令，选取顶面作为草绘面，绘制草图如图 10-185 所示，单击"移除材料"按钮，选择拉伸方式为"穿透"，如图 10-186 所示。

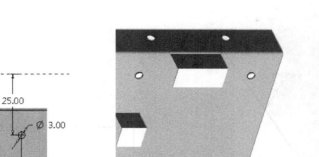

图 10-183　草绘（4）

图 10-184　穿透结果（1）

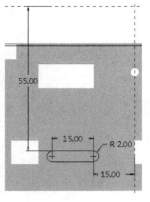

图 10-185　草绘（5）

（20）阵列。使刚才绘制的拉伸切割特征呈选取状态，利用"阵列"命令，选取定位尺寸"15"作为驱动尺寸，输入增量为"−50"，输入数目为 2，如图 10-187 所示。

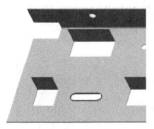

图 10-186　穿透结果（2）

图 10-187　阵列结果

2．绘制如图 10-188 所示的仪表面板。

操作提示

（1）创建分离的平整壁。利用"平面"命令，选择 FRONT 基准平面为草绘平面。绘制如图 10-189 所示的图形，输入钣金厚度为 2。

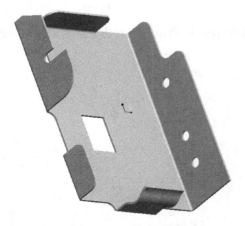

图 10-188　仪表面板

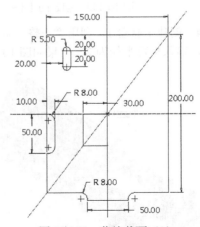

图 10-189　草绘截面（1）

（2）创建平整壁。利用"平整"命令，然后选取如图 10-190 所示的边为平整壁的附着边，绘制如图 10-191 所示的图形，输入角度为 90，折弯半径为 2，结果如 10-192 所示。

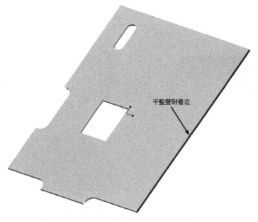

图 10-190　平整壁附着边的选取（1）

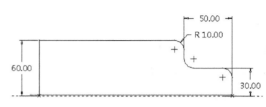

图 10-191　绘制的图形（1）

（3）创建孔。利用"拉伸"命令，在弹出的操控板中单击"移除材料"按钮和"移除垂直于驱动曲面的材料"按钮。选择 RIGHT 基准平面为草绘平面，绘制如图 10-193 所示的图形。

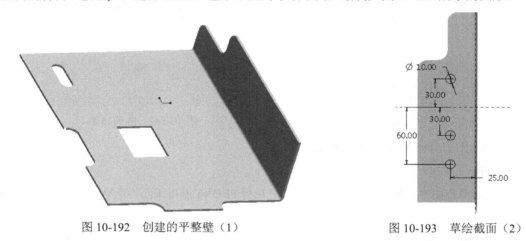

图 10-192　创建的平整壁（1）

图 10-193　草绘截面（2）

（4）创建平整壁 1。利用"平整"命令，选取如图 10-194 所示的附着边，绘制如图 10-195 所示的图形，输入折弯半径为 2，结果如图 10-196 所示。

图 10-194　平整壁附着边的选取（2）

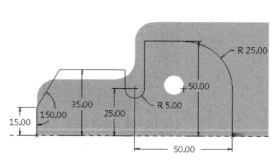

图 10-195　绘制的图形（2）

（5）创建平整壁 2。利用"平整"命令，单击选取如图 10-197 所示的边为平整壁的附着边。绘制如图 10-198 所示的图形，输入折弯半径为 2，结果如图 10-199 所示。

图 10-196　创建的平整壁（2）

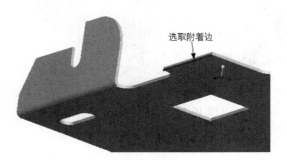

图 10-197　平整壁附着边的选取（3）

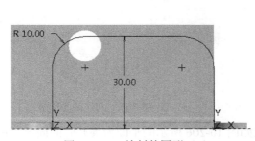

图 10-198　绘制的图形（3）

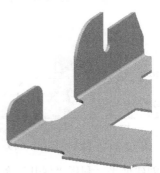

图 10-199　创建的左侧平整壁

（6）创建法兰壁。利用"法兰"命令，选取如图 10-200 所示的边为法兰壁的附着边，绘制如图 10-201 所示的图形，选择折弯半径为 2。结果如图 10-202 所示。

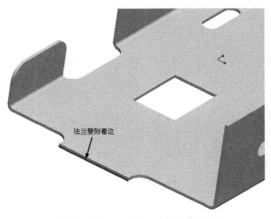

图 10-200　法兰壁附着边的选取

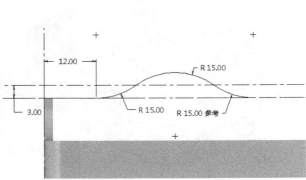

图 10-201　草绘图形

（7）创建平整壁。利用"平整"命令，选取如图 10-203 所示的边为平整壁的附着边。绘制如图 10-204 所示的图形，输入折弯半径为 2，结果如图 10-205 所示。

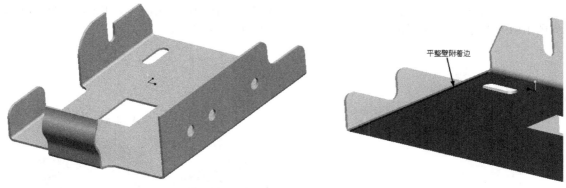

图 10-202　创建的法兰壁　　　　　　　　　图 10-203　选取平整壁附着边

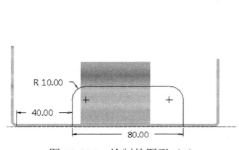

图 10-204　绘制的图形（4）

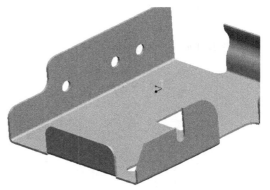

图 10-205　创建的平整壁（3）

（8）创建展平。利用"展开"命令，选取如图 10-206 所示的平面为展开时的固定平面。结果如图 10-207 所示。

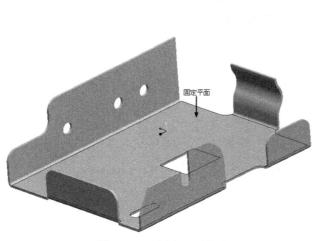

图 10-206　固定平面的选取

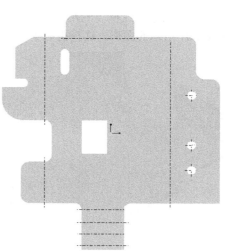

图 10-207　创建的展开特征

第 11 章

装配设计

在产品设计过程中，如果零件的 3D 模型已经设计完毕，就可以通过建立零件之间的装配关系将零件装配起来；根据需要，可以对装配的零件之间进行干涉检查操作，也可以生成装配体的爆炸图等。

- ☑ 创建装配体的一般过程
- ☑ 装配约束
- ☑ 装配体的操作
- ☑ 爆炸图的生成

任务驱动&项目案例

（1）

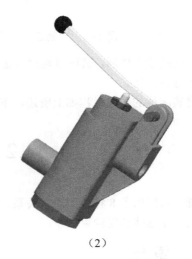

（2）

11.1　创建装配体的一般过程

本节介绍创建装配体的一般过程。

（1）单击"快速访问"工具栏中的"新建"按钮 ，在弹出的"新建"对话框中选中"装配"单选按钮，如图 11-1 所示。

（2）在"新建"对话框的"文件名"文本框中输入装配件的名称，保留此对话框中"子类型"中的"设计"选项，然后单击此对话框中的"确定"按钮，进入装配设计环境，此时设计环境中出现默认的基准面，并且在模型树浏览器中出现一个装配子项，如图 11-2 所示。

图 11-1　"新建"对话框　　　　　　　　图 11-2　模型树浏览器

插入或新建零件后，就可以通过设定零件的装配约束关系，将零件装配到当前装配体中，下面几节再详述这些操作。

创建装配体的一般过程如上所述，下面详述系统提供的几种装配约束关系。

11.2　装　配　约　束

系统一共提供了 8 种装配约束关系，其中最常用的是"重合""距离""角度偏移""居中""平行"，下面分别详述这些装配约束关系。

11.2.1　重合

重合关系，指两个面贴合在一起，两个面的垂直方向互为反向或同向。

操作步骤如下：

（1）新建一个零件，名称为 assemble1，零件尺寸如图 11-3 所示。

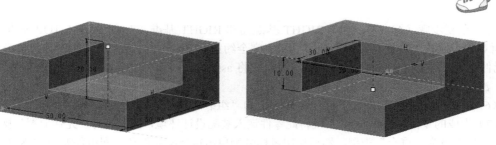

图 11-3　新建零件 1

（2）新建一个零件，名称为 assemble2，零件尺寸如图 11-4 所示。

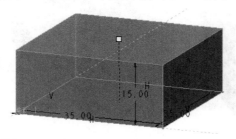

图 11-4　新建零件 2

（3）新建一个装配设计环境，名称为"重合"；单击"模型"功能区"元件"面板上的"组装"按钮，系统打开"打开"对话框，选取步骤（1）生成的零件 assemble1，系统将此零件调入装配设计环境，同时打开"元件放置"操控板，如图 11-5 所示。

图 11-5　"元件放置"操控板（1）

此时的待装配元件和组件在同一个窗口显示，单击"单独的窗口显示元件"按钮，则系统打开一个新的设计环境显示待装配元件，此时原有的设计环境中仍然显示待装配元件；单击"组件的窗口显示元件"按钮，将此命令设为取消状态，则在原有的设计环境中将不再显示待装配元件，这样待装配元件和装配组件分别在两个窗口显示，以下的装配设计过程就使用这种分别显示待装配元件和装配组件的装配设计环境。

（4）保持"约束类型"选项中的"自动"类型不变，单击装配组件中的 ASM_FRONT 基准面，然后单击待装配元件中的 FRONT 基准面，此时"元件放置"操控板中的约束类型变为"重合"类型，如图 11-6 所示。

图 11-6　"元件放置"操控板（2）

（5）重复步骤（4），将 ASM_RIGHT 基准面和 RIGHT 基准面对齐，ASM_TOP 基准面和 TOP 基准面对齐，此时"放置状态"子项中显示"完全约束"，表示此时待装配元件已经完全约束好；单击"元件放置"操控板中的"确定"按钮 ✓，系统将 assemble1 零件装配到组件装配环境中，如图 11-7 所示，注意此时设计环境中基准平面上面的名称。

（6）单击"模型"功能区"元件"面板上的"组装"按钮 ，系统打开"打开"对话框，选取步骤（2）生成的零件 assemble2，系统将此零件调入装配设计环境，同时打开"元件放置"操控板，将"约束类型"设为"重合"类型，然后使用鼠标分别单击待装配元件和装配组件如图 11-8 所示的面。

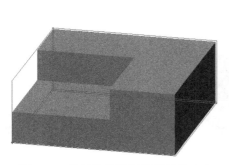
图 11-7　将零件装配到装配环境（1）

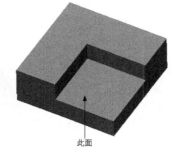
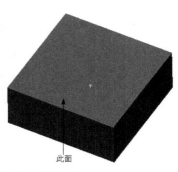
图 11-8　选取重合装配特征

（7）同样的操作，将待装配元件和装配组件的面按如图 11-9 所示的数字"重合"在一起，在工具条中单击"反向"按钮，调整方向。

（8）单击"元件放置"操控板中的"确定"按钮 ✓，系统将 assemble2 零件装配到组件装配环境中，如图 11-10 所示。

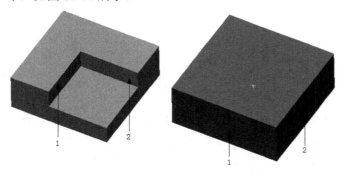

图 11-9　再选取匹配装配特征

图 11-10　将零件装配到装配环境（2）

11.2.2　距离

距离约束关系，指设置两个装配元素之间的距离。

操作步骤如下：

（1）继续使用 11.2.1 节的设计对象；单击"模型"功能区"元件"面板上的"组装"按钮 ，系统打开"打开"对话框，选取零件 assemble2，系统将此零件调入装配设计环境，同时打开"元件放置"操控板，将"约束类型"设为"距离"类型，然后使用鼠标分别单击待装配元件和装配组件如图 11-11 所示的面。

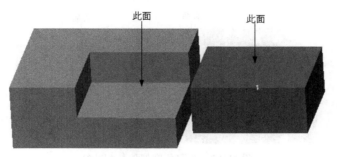

图 11-11　选取距离装配特征

（2）在操控板中输入距离为 50.00，如图 11-12 所示。

图 11-12　"元件放置"操控板设置

（3）单击"元件放置"操控板中的"确定"按钮✓，系统将 assemble2 零件装配到组件装配环境中，如图 11-13 所示。

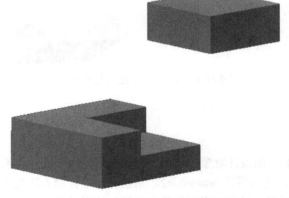

图 11-13　将零件装配到装配环境

11.2.3　角度偏移

操作步骤如下：

（1）继续使用 11.2.1 节的设计对象；单击"模型"功能区"元件"面板上的"组装"按钮，系统打开"打开"对话框，选取零件 assemble2，系统将此零件调入装配设计环境，同时打开"元件放置"操控板，将"约束类型"设为"角度偏移"类型，然后使用鼠标分别单击待装配元件和装配组件如图 11-14 所示的面。

（2）在操控板中输入角度为 60，如图 11-15 所示。

（3）单击"元件放置"操控板中的"确定"按钮✓，系统将 assemble2 零件装配到组件装配环境中，如图 11-16 所示。

图 11-14　选取角度偏移装配特征

图 11-15　"元件放置"操控板设置

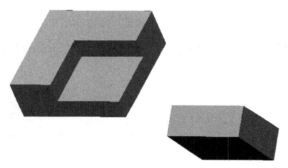

图 11-16　将零件装配到装配环境

11.2.4　平行

操作步骤如下：

（1）继续使用 11.2.1 节的设计对象；单击"模型"功能区"元件"面板上的"组装"按钮，系统打开"打开"对话框，选取零件 assemble2，系统将此零件调入装配设计环境，同时打开"元件放置"操控板，将"约束类型"设为"平行"类型，然后使用鼠标分别单击待装配元件和装配组件如图 11-17 所示的面。

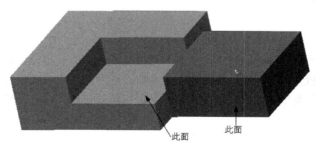

图 11-17　选取平行装配特征

（2）单击"元件放置"操控板中的"确定"按钮✔，系统将 assemble2 零件装配到组件装配环境中，如图 11-18 所示。

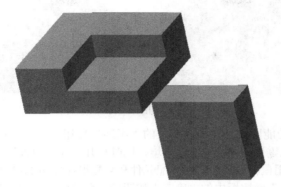

图 11-18　将零件装配到装配环境

11.2.5　法向

操作步骤如下：

（1）继续使用 11.2.1 节的设计对象；单击"模型"功能区"元件"面板上的"组装"按钮，系统打开"打开"对话框，选取零件 assemble2，系统将此零件调入装配设计环境，同时打开"元件放置"操控板，将"约束类型"设为"法向"类型，然后使用鼠标分别单击待装配元件和装配组件如图 11-19 所示的面。

（2）单击"元件放置"操控板中的"确定"按钮✔，系统将 assemble2 零件装配到组件装配环境中，如图 11-20 所示。

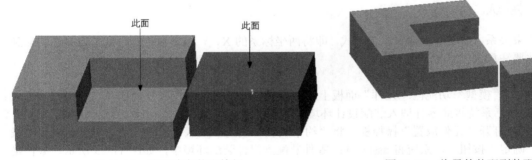

图 11-19　选取法向装配特征　　　　　　　图 11-20　将零件装配到装配环境

11.2.6　居中

操作步骤如下：

（1）利用已有的 assemble1 和 assemble2 零件，分别添加如图 11-21 所示的轴和孔，其中，assemble1 零件上添加的轴的直径为 8.00，高度为 20.00，定位尺寸都为 10.00；assemble2 零件上添加的孔的直径为 8.00，贯穿整个零件，定位尺寸都为 10.00。

（2）新建一个装配设计环境，装配体名称为 asm1；单击"模型"功能区"元件"面板上的"组装"按钮，系统打开"打开"对话框，选取零件 assemble1，系统将此零件调入装配设计环境，同时打开"元件放置"操控板，将 assemble1 装配到空的装配设计环境中。

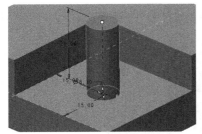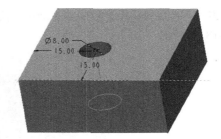

图 11-21　添加圆柱特征及孔特征

（3）单击"模型"功能区"元件"面板上的"组装"按钮，系统打开"打开"对话框，选取零件 assemble2，系统将此零件调入装配设计环境，同时打开"元件放置"操控板，将"约束类型"设为"居中"类型，然后使用鼠标分别单击待装配元件和装配组件如图 11-22 所示的面。

（4）单击"元件放置"操控板中的"确定"按钮，系统将 assemble2 零件装配到组件装配环境中，如图 11-23 所示。

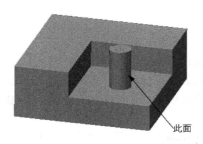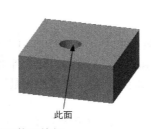

图 11-22　选取居中匹配装配特征　　　　　　　　图 11-23　将零件装配到装配环境

11.2.7　默认

默认约束关系，指利用坐标系重合方式，即将两坐标系的 X、Y 和 Z 重合在一起，将零件装配到组件，在此要注意 X、Y 和 Z 的方向。

操作步骤如下：

（1）单击"模型"功能区"元件"面板上的"组装"按钮，系统打开"打开"对话框，选取零件 assemble1，系统将此零件调入装配设计环境，如图 11-24 所示。

（2）同时打开"元件放置"操控板，将"约束类型"设为"默认"类型，单击"元件放置"操控板中的"确定"按钮，系统将 assemble1 零件装配到组件装配环境中，如图 11-25 所示。零件坐标系和装配体坐标系重合。

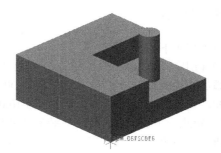

图 11-24　预览　　　　　　　　　　　　　图 11-25　通过坐标系装配好零件

（3）保存设计环境中的对象，然后关闭当前设计环境。

11.3　装配体的操作

在装配体中不仅可以对零件进行删除和修改，还可以创建新零件。

11.3.1　装配体中元件的打开、删除和修改

操作步骤如下：

（1）打开已有的装配体文件"asm0001.asm"，右击"模型树"浏览器中的 assemble2 子项，系统打开一个快捷菜单，如图 11-26 所示。

（2）从上面的快捷菜单中可以看到，可以在此对装配体元件进行"打开""删除""编辑定义"等操作。选择图 11-26 中的"打开"命令，系统将在一个新的窗口打开选中的零件，并将此零件设计窗口设为当前激活状态，如图 11-27 所示。

（3）在当前激活的零件设计窗口，将当前设计对象上的孔特征的直径修改为 10.00，然后单击"模型"功能区"操作"面板中的"重新生成"按钮，系统重新生成 assemle2 零件，此时可以看到零件上孔特征的直径已经改变；然后将当前零件设计窗口关闭，系统返回 asm1 装配体设计环境，可以看到 assemle2 零件直径的改变情况，如图 11-28 所示。

图 11-26　快捷菜单

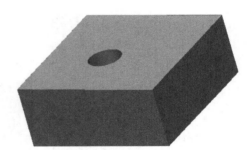

图 11-27　打开零件

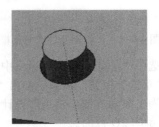

图 11-28　修改孔尺寸

（4）右击"模型树"浏览器中的 assemble2 子项，在弹出的快捷菜单中选择"编辑定义"命令，系统打开"元件放置"操控板，如图 11-29 所示，可以看到此操控板中显示装配元件现有的约束关系，

用户在此操控板中可以重新定义装配元件的约束关系。

图 11-29 "元件放置"操控板设置

（5）单击"元件放置"操控板中的"取消"按钮**X**，不对此装配元件的约束关系做任何修改。右击"模型树"浏览器中的 assemble2 子项，在弹出的快捷菜单中选择"删除"命令，系统将设计环境中的 assemble2 零件删除，如图 11-30 所示。

（6）关闭当前设计环境并且不保存当前设计对象。

11.3.2 在装配体中创建新零件

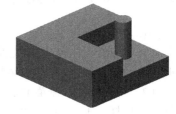

图 11-30 删除零件

操作步骤如下：

（1）打开已有的装配体文件"asm1.asm"；单击"模型"功能区"元件"面板上的"创建"按钮，系统打开"创建元件"对话框，如图 11-31 所示。

（2）在"创建元件"对话框的"文件名"文本框中输入零件名"assemble3"，然后单击此对话框中的"确定"按钮，系统打开"创建选项"对话框，如图 11-32 所示。

图 11-31 "创建元件"对话框

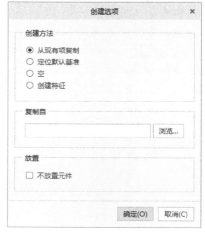

图 11-32 "创建选项"对话框

（3）选中"创建选项"对话框中的"创建特征"单选按钮，然后单击"模型"功能区"基准"面板上的"草绘"按钮，系统弹出"草绘"对话框，选取如图 11-33 所示的绘图平面和参考面。

（4）为了显示方便，将当前设计对象设为"隐藏线"显示模式；然后在草图绘制环境中绘制如图 11-34 所示的 2D 截面。

（5）生成此 2D 截面后，单击"模型"功能区"形状"面板上的"拉伸"按钮，拉伸深度为 10.00，此时设计环境中的设计对象如图 11-35 所示。

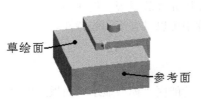

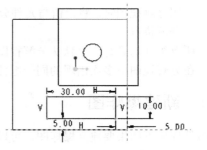

图 11-33 选取草绘面及参考面 　　　　　　　图 11-34 绘制截面

（6）此时当前设计环境的主工作窗口中有一行字：活动零件 ASSEMBLE3，并且"设计树"浏览器中的 assemble3 子项下有一个绿色图标（见图 11-36 中右下角），表示此时 assemble3 零件仍处于创建状态。

（7）右击"设计树"浏览器中的 assemble3 子项，在弹出的快捷菜单中选择"打开"命令，系统在单独设计窗口中将零件 assemble3 打开，然后再将此窗口关闭，则此时零件 assemble3 处于装配完成状态，"设计树"浏览器中的 assemble3 下的绿色图标不存在了，如图 11-37 所示。

图 11-35 生成拉伸特征 　　　图 11-36 "设计树"浏览器（1）　　　图 11-37 "设计树"浏览器（2）

（8）保存设计环境中的设计对象，然后关闭当前设计环境。

11.4 爆炸图的生成

组件的爆炸图也称之为分解视图，是将模型中每个元件与其他元件分开表示。

选择"视图管理器"中的"分解"命令可创建分解视图。分解视图仅影响组件外观，设计意图以及装配元件之间的实际距离不会改变。可创建分解视图来定义所有元件的分解位置。对于每个分解视图，可执行下列操作：

☑　打开和关闭元件的分解视图。

☑　更改元件的位置。

☑　创建偏移线。

可以为每个组件定义多个分解视图，然后可随时使用任意一个已保存的视图。还可以为组件的每个绘图视图设置一个分解状态。每个元件都具有一个由放置约束确定的默认分解位置。默认情况下，分解视图的参考元件是父组件（顶层组件或子组件）。

使用分解视图时，请牢记下列规则：

☑　如果在更高级组件范围内分解子组件，则子组件中的元件不会自动分解。可以为每个子组件指定要使用的分解状态。

☑ 关闭分解视图时，将保留与元件分解位置有关的信息。打开分解视图后，元件将返回至其上一分解位置。

☑ 所有组件均具有一个默认分解视图，该视图是使用元件放置规范创建的。

☑ 在分解视图中多次出现的同一组件在更高级组件中可以具有不同的特性。

11.4.1 新建爆炸图

在组件环境下如果要建立爆炸图，可以单击"模型"功能区"模型显示"面板上的"分解视图"按钮来建立，如图 11-38 所示。

图 11-38 "模型"操控板

打开网盘中的"联轴器"，如图 11-39 所示。

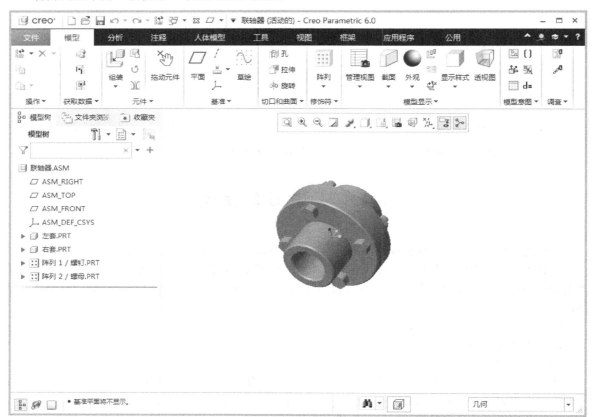

图 11-39 打开装配图

单击"模型"功能区"模型显示"面板上的"分解视图"按钮，系统就会根据使用的约束产生一个默认的分解视图，如图 11-40 所示。

图 11-40　默认的分解视图

11.4.2　编辑爆炸图

默认的分解视图产生非常简单，但是默认的分解视图通常无法贴切地表现出各个元件之间的相对位置，因此常常需要通过编辑元件位置来调整爆炸图。要编辑爆炸图，可以单击"模型"功能区"模型显示"面板中的"分解视图"按钮，然后再单击"编辑位置"按钮，打开如图 11-41 所示的"分解工具"操控板。

图 11-41　"分解工具"操控板

在"分解工具"操控板中提供了 3 种运动类型，分别如下。

☑　平移：使用"平移"移动元件时，可以通过平移参考设置移动的方向，平移的运动参考有 6 类。

☑　旋转：多个元件具有相同的分解位置，某一个元件的分解方式可以复制到其他元件上。这样就可以先处理好一个元件的分解位置，然后使用复制位置功能就可以将其他元件位置进行设定。

☑　视图平面：将元件的位置恢复到系统默认分解的情况。

单击"参考"按钮，在弹出的"参考"下滑面板中选中"移动参考"复选框，从绘图区选取要移动的螺钉，再选取移动参考，然后单击操控板中的"确定"按钮。

11.4.3　保存爆炸图

建立爆炸视图后，如果想在下一次打开文件时还可以看到相同的爆炸图，就需要对产生的爆炸视图进行保存。首先单击"模型"功能区"模型显示"面板上的"管理视图"按钮，系统打开"视图管理器"对话框，然后切换到"分解"选项卡，如图 11-42 所示。

在该对话框中单击"新建"按钮，由于前面对默认爆炸图的位置进行了调整，因此系统打开如图 11-43 所示的对话框，让用户选取是否保存修改的状态。

在该对话框中单击"是"按钮，则可打开"保存显示元素"对话框，如图 11-44 所示。如果选取"默认分解"并单击其中的"确定"按钮，即可打开如图 11-45 所示的"更新默认状态"对话框，如果选取其他则直接进入如图 11-46 所示的对话框。

图 11-42　"视图管理器"对话框

图 11-43　"已修改的状态保存"对话框

在图 11-46 所示的对话框中输入爆炸图的名称，默认的名称是"Exp000#"，其中#是按顺序编列的数字。然后单击"关闭"按钮即可完成爆炸图的保存。

图 11-44　"保存显示元素"对话框　　图 11-45　"更新默认状态"对话框　　图 11-46　输入名称

11.4.4　删除爆炸图

也可以将生成的爆炸图恢复到没有分解的装配状态。要将视图返回到其以前未分解的状态，可以再次单击"模型"功能区"模型显示"面板上的"分解视图"按钮，即可恢复到没有分解的装配状态。

11.5　综合实例——电饭煲装配

视频讲解

首先安装底座和筒身，接着安装锅体和锅体加热铁。再安装米锅和蒸锅，继续筒身上压盖和下盖，最后安装顶盖形成最终的模型。装配流程图如图 11-47 所示。

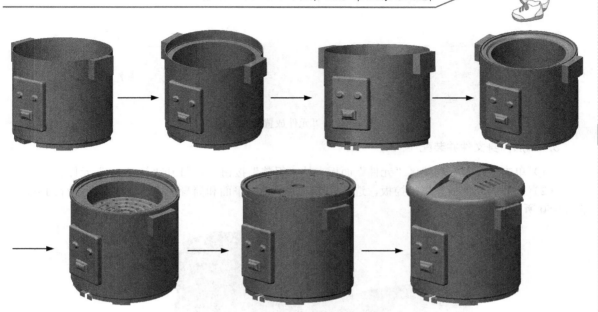

图 11-47 电饭煲装配流程图

操作步骤：

1. 新建模型

单击"快速访问"工具栏中的"新建"按钮 ，系统打开"新建"对话框，在"类型"选项组中选中"装配"单选按钮，在"子类型"选项组中选中"设计"单选按钮，在"文件名"文本框中输入"电饭煲"，其他选项接受系统默认设置，单击"确定"按钮，创建一个新的装配文件，如图 11-48 所示。

图 11-48 "新建"对话框

2. 在装配体中放置文件

（1）单击"模型"功能区"元件"面板上的"组装"按钮 ，打开"底座实体.prt"元件。

（2）打开"元件放置"操控板，如图 11-49 所示。单击"确定"按钮 ，放置元件。

图 11-49　"元件放置"操控板

3. 添加筒身文件并装配

（1）单击"模型"功能区"元件"面板上的"组装"按钮，打开"筒身.prt"元件。

（2）打开"元件放置"操控板，选择调节筒底的插座平面和筒身的操作板平面做平行约束，如图 11-50 所示。

图 11-50　选择平行平面（1）

（3）选择筒底的上端圆环面和筒身的下端圆环面做重合约束，如图 11-51 所示。

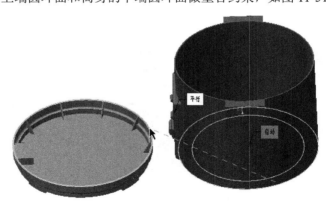

图 11-51　选择重合平面（1）

（4）选择筒底的圆周和筒身的圆周做重合约束，如图 11-52 所示。

（5）在操控板中显示"完全约束"，单击"确定"按钮，结果如图 11-53 所示。

4. 添加锅体文件并装配

（1）单击"模型"功能区"元件"面板上的"组装"按钮，打开"锅体.prt"元件。

（2）打开"元件放置"操控板，选择锅体的底部圆环面和底座的顶部圆环面做重合约束，如图 11-54 所示。

（3）把锅体的圆柱面和插入筒身的圆柱面做重合约束，如图 11-55 所示。

图 11-52　选择重合平面（2）　　　　　　图 11-53　装配筒身

图 11-54　选择重合平面（3）　　　　　　图 11-55　选择重合曲面（1）

（4）在操控板中显示"完全约束"，单击"确定"按钮✓，结果如图 11-56 所示。

5．添加锅体加热铁文件并装配

（1）单击"模型"功能区"元件"面板上的"组装"按钮，打开"锅体加热铁.prt"元件。

（2）打开"元件放置"操控板，选择锅体的插座平面和加热铁的导体面做平行约束，如图 11-57 所示。

图 11-56　装配锅体　　　　　　　　　　图 11-57　选择平行平面（2）

（3）选择锅体的底部上表面和加热铁的支脚底面做重合约束，如图 11-58 所示。

（4）选择加热铁的圆柱和筒身的圆柱面做重合约束，如图 11-59 所示。

（5）在操控板中显示"完全约束"，单击"确定"按钮✓，结果如图 11-60 所示。

图 11-58　选择重合平面（4）

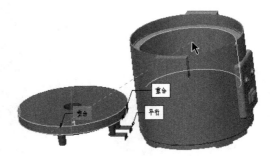

图 11-59　选择重合曲面（2）

6. 添加米锅文件并装配

（1）单击"模型"功能区"元件"面板上的"组装"按钮🔲，打开"米锅.prt"元件。

（2）选择米锅底部圆环面下方和筒体的顶部圆环面做重合约束，如图 11-61 所示。

图 11-60　装配加热体

图 11-61　选择重合平面（5）

（3）选择米锅的圆柱面和筒体的圆柱面做重合约束，如图 11-62 所示。

（4）在操控板中显示"完全约束"，单击"确定"按钮✔，结果如图 11-63 所示。

图 11-62　选择重合曲面（3）

图 11-63　装配米锅

7. 添加蒸锅文件并装配

（1）单击"模型"功能区"元件"面板上的"组装"按钮🔲，打开"蒸锅.prt"元件。

（2）选择蒸锅顶部圆环面下方和米锅的顶部圆环面做重合约束，如图 11-64 所示。

（3）蒸锅的圆柱面和米锅的圆柱面做重合约束，如图 11-65 所示。

（4）在操控板中显示"完全约束"，单击"确定"按钮✔，结果如图 11-66 所示。

图 11-64　选择重合平面（6）　　　　图 11-65　选择重合曲面（4）

8. 添加筒身上压盖文件并装配

（1）单击"模型"功能区"元件"面板上的"组装"按钮，打开"筒身上压盖.prt"元件。

（2）选择筒身上压盖的基准平面 RIGHT 和筒身手柄做角度偏移约束，角度为 90，如图 11-67 所示。

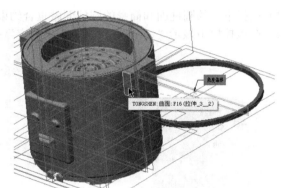

图 11-66　装配蒸锅　　　　　　　图 11-67　选择角度平面

（3）选择筒身上压盖的圆柱面和筒身圆柱面做重合约束，如图 11-68 所示。

（4）选择筒身上压盖的圆环面和筒身的上端面做重合约束，如图 11-69 所示。

图 11-68　选择重合平面（7）　　　　图 11-69　选择重合曲面（5）

（5）在操控板中显示"完全约束"，单击"确定"按钮，结果如图 11-70 所示。

9. 添加下盖文件并装配

（1）单击"模型"功能区"元件"面板上的"组装"按钮，打开"下盖.prt"元件。

（2）选择下盖的圆环面和蒸锅的上圆环面做重合约束，如图 11-71 所示。

图 11-70　装配上沿盖

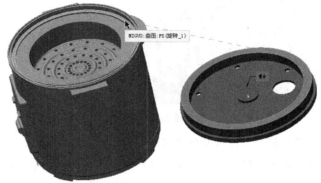

图 11-71　选择重合平面（8）

（3）选择下盖的圆柱面和筒身的圆柱面做重合约束，如图 11-72 所示。

（4）在操控板中显示"完全约束"，单击"确定"按钮，结果如图 11-73 所示。

图 11-72　选择重合曲面（6）

图 11-73　装配下盖

10. 添加顶盖文件并装配

（1）单击"模型"功能区"元件"面板上的"组装"按钮，打开"顶盖.prt"元件。

（2）选择顶盖的下端面和下盖的上圆环面做重合约束，如图 11-74 所示。

图 11-74　选择重合平面（9）

（3）选择顶盖的圆柱面和筒身的圆柱面做重合约束，如图 11-75 所示。

（4）在操控板中显示"完全约束"，单击"确定"按钮 ✓，如图 11-76 所示。

图 11-75 选择重合曲面（7）

图 11-76 装配顶盖

11.6 上机实验

通过前面的学习，读者对本章知识也有了大体的了解，本节通过装配如图 11-77 所示的手压阀使读者进一步掌握本章知识要点。

图 11-77 手压阀

操作提示

（1）添加阀体文件并装配，采用默认方式。

（2）依次添加其他各个零件并添加约束关系。

第12章

动画制作

动画制作是另一种能够让组件动起来的方法。用户可以不设定运动副，使用鼠标直接拖动组件，仿造动画影片制作过程，一步一步生产关键帧，最后连续播映这些关键制造影像。在产品销售、简报，示范说明产品的组装、拆卸与维修的程序时，处理高复杂度组件的运动仿真时，可以使用该功能制作高品质的动画。

- ☑ 初步动画制作
- ☑ 动画编辑
- ☑ 动画后处理

任务驱动&项目案例

（1）

（2）

12.1 动画初步制作

定义动画是制作动画的起步。当需要对机构进行制作动画时，首先进入动画制作模块，使用工具定义动画，然后使用动画制作工具创建动画，最后对动画进行播放和输出。当对复杂机构进行创建动画时，使用一个动画过程很难表达清楚，这时就需要定义不同动画过程。

12.1.1 动画制作环境

在 Creo Parametric 6.0 中，动画的形式主要有下面几种：伺服电动机驱动的动画（Servo Motor）、关键帧动画（Key Frames）、视图转换动画（View@Time）、透明度变化（Transparency@Time）和显示方式变化（Display@Time）。

进入"装配设计"模块，单击"应用程序"功能区"运动"面板上的"动画"按钮，系统自动进入动画制作模块，如图 12-1 所示。

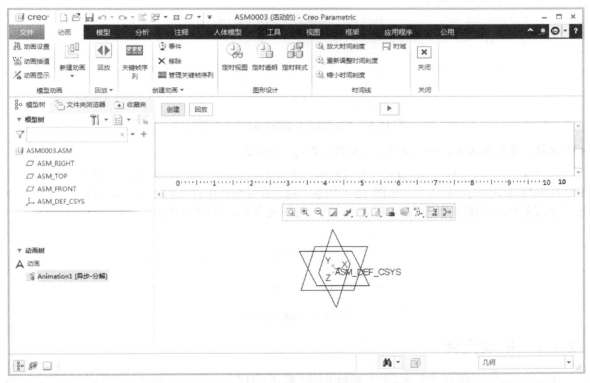

图 12-1 动画制作模块

12.1.2 新建动画

新建动画就是对机构中生成动画的过程进行创建、编辑和删除的工具。

单击"动画"功能区"模型动画"面板上的"新建动画"→"快照"按钮，系统弹出"定义动画"对话框，如图 12-2 所示。

图 12-2 "定义动画"对话框

"名称"文本框用于定义动画的名称，默认值为 Animation，也可以自定义。

12.1.3 创建子动画

"子动画"命令，是将创建的动画设置为某一动画的子动画。

注意：使用该命令生产的子动画与父动画类型必须一致。

下面以创建两个快照动画为例，讲解"子动画"命令的使用方法，具体操作步骤如下：

（1）单击"动画"功能区"创建动画"面板上的"子动画"按钮，系统弹出"包含在 Animation4 中"对话框，如图 12-3 所示。

图 12-3 "包含在 Animation4 中"对话框

注意：系统默认生产一个动画，这里只需再建一个动画。

（2）在"包含在 Animation4 中"对话框中，选中 Animation1 使其高亮显示，单击"应用"按钮，动画时间轴就添加到时间表中，如图 12-4 所示，选中该对象，使其变成红色，右击该对象，系统弹出上下文菜单，选择编辑、复制、移除、选择参考图元命令，对其进行修改。

图 12-4 动画时间轴

12.1.4 拖动元件

单击"动画"功能区"创建动画"面板上的"拖动元件"按钮，系统弹出"拖动"对话框，如图 12-5 所示。该对话框的内容如下所述。

图 12-5 "拖动"对话框

（1）"拖动点"按钮：单击此按钮，系统弹出"选取"对话框，在主体上选取某一点，该点会突出显示，并随光标移动，同时保持连接。该点不能为基础主体上的点。

（2）"拖动主体"按钮：单击此按钮，系统弹出"选取"对话框，该主体突出显示，并随光标移动，同时保持连接。不能拖动基础主体。

所谓的基础主体，就是在装配中添加元件或新建组件时，单击"固定"按钮接受默认约束定义为基础主体。

（3）单击"快照"左侧三角，展开"快照"卷展栏，如图 12-6 所示，该对话框的内容如下所述。

❶ "拍下当前配置的快照"按钮：单击此按钮给机构拍照，在其后的文本框中显示快照的名称，系统默认为 Snapshot 也可以更改，并添加到快照列表框中，如图 12-6 所示。拖动到一个新位置时，单击此按钮可以再次给机构拍照，同时该照添加到快照列表中。

❷ "快照"选项卡：用于对快照进行编辑，选中列表中的快照，单击左侧工具进行快照编辑，或者右击选中的快照，系统弹出快捷菜单，如图 12-7 所示，快捷菜单中的工具与左侧工具使用方法与作用完全相同。

☑ "显示选定快照"按钮：在列表中选定快照后单击此按钮，可以显示该快照中机构的具体位置。

☑ "从其他快照中借用零件位置"按钮：用于复制其他快照。在列表框中选中需要借用其他快照中零件位置的快照，单击该按钮，系统弹出"快照构造"对话框，如图 12-8 所示，在对话框列表中选取其他快照零件位置用于新快照，单击"确定"按钮完成快照的借用。

图 12-6 "快照"卷展栏

图 12-7 快捷菜单

图 12-8 "快照构造"对话框

☑ "将选定快照更新为屏幕上的当前位置"按钮：在列表框中选中将改变为当前屏幕上的当前位置的快照，单击该按钮，系统弹出"选取"对话框，在 3D 模型中选择一特征后单击"确定"按钮完成快照的改变。该工具相当于改变列表框中快照的名称。

☑ "使选定快照可用于绘图"按钮：可用于分解状态，分解状态可用于 Creo Parametric 绘图视图中。单击此按钮时，在列表上的快照旁添加一个图标。

☑ "删除选定快照"按钮✕：将选定快照从列表中删除。

❸ "约束"选项卡，如图 12-9 所示。

通过选中或清除列表中所选约束旁的复选框，可打开和关闭约束。也可使用左侧工具按钮进行临时约束。

- ☑ "对齐两个图元"按钮：通过选取两个点、两条线或两个平面对元件进行对齐约束。这些图元将在拖动操作期间保持对齐。
- ☑ "匹配两个图元"按钮：通过选取两个平面，创建匹配约束。两平面在拖动操作期间将保持相互匹配。
- ☑ "定向两个曲面"按钮：通过选择两个平面，在"偏移"文本框中定义两屏幕夹角，使其互成一定角度。
- ☑ "活动轴约束"按钮：通过选取连接轴以指定连接轴的位置，指定后主体将不能拖动。
- ☑ "主体－主体锁定约束"按钮：通过选取主体，可以锁定主体。
- ☑ "启动/禁止连接"按钮：通过选取连接，该连接被禁用。
- ☑ "删除选定约束"按钮✕：从列表中删除选定临时约束。
- ☑ "仅基于约束重新连接"按钮：使用所应用的临时约束来装配模型。

（4）单击"高级拖动选项"左侧三角，展开"高级拖动选项"卷展栏，如图 12-10 所示，该卷展栏的内容如下所述。

❶ "封装移动"按钮：允许进行封装移动，单击该按钮，系统弹出"移动"对话框，如图 12-11 所示，该对话框的内容如下所述。

图 12-9　"约束"选项卡　　图 12-10　"高级拖动选项"卷展栏　　图 12-11　"移动"对话框

- ☑ "运动类型"选项组用于选择手动调整元件的方式。
  - ❖ 选中"定向模式"单选按钮，可相对于特定几何重定向视图，并可更改视图重定向样式，可以提供除标准的旋转、平移、缩放之外的更多查看功能。
  - ❖ 选中"平移"单选按钮，单击机构上的一点，可以平行移动元件。
  - ❖ 选中"旋转"单选按钮，单击机构上的一点，可以旋转元件。

❖ 选中"调整"单选按钮,可以根据后面的运动参考类型,选择元件上的曲面调整到参考面、边、坐标系等。

☑ "运动参考"选项组。在图中选择运动参考对象,可以是点、线、面、基准特征等几何特征,根据选择的运动参考不同,参考方式不同,例如选择平面,其后就会出现法向和平行两个单选按钮供选择。

☑ "运动增量"选项组设置运动位置改变大小的方式。

当在"运动类型"选项组中选中"定向模式"或"平移"单选按钮时,运动增量方式为平移方式。"平移"下拉列表框列出"平滑"、1、5、10 这 4 个选项,也可以自定义输入数值。选择"平滑"选项,一次可以移动任意长度的距离。其余是按所选的长度每次移动相应的距离。

当在"运动类型"选项组中选中"旋转"单选按钮时,运动增量方式为旋转方式。"旋转"下拉列表框列出"平滑"、5、10、30、45、90 这 6 个选项,也可以自定义输入数值。其中"平滑"为每次旋转任意角度。其余是按所选的角度每次旋转相应的角度。

当在"运动类型"选项组中选中"调整"单选按钮时,对话框中添加"调整参考"选项组,单击文本框,选择曲面(只能选择曲面),如果选中"运动参考"单选按钮,并且选择参考对象,"匹配""对齐"单选按钮和"偏移"文本框可用。可以使用这些选项定义调整量。

☑ "相对"文本框显示元件使用鼠标移动的距离。

❷ "选定当前坐标系"按钮 ：指定当前坐标系。通过选择主体来选取一个坐标系,所选主体的默认坐标系是要使用的坐标系。X、Y 或 Z 平移或旋转将在该坐标系中进行。

❸ "X 向平移"按钮 ：指定沿当前坐标系的 X 方向平移。

❹ "Y 向移动"按钮 ：指定沿当前坐标系的 Y 方向平移。

❺ "Z 向移动"按钮 ：指定沿当前坐标系的 Z 方向平移。

❻ "绕 X 旋转"按钮 ：指定绕当前坐标系的 X 轴旋转。

❼ "绕 Y 旋转"按钮 ：指定绕当前坐标系的 Y 轴旋转。

❽ "绕 Z 旋转"按钮 ：指定绕当前坐标系的 Z 轴旋转。

❾ "参考坐标系"选项组:用于指定当前模型中的坐标系,单击 按钮,在当前 3D 模型中选取坐标系。

❿ "拖动点位置"选项组:用于实时显示拖动点相对于选定坐标系的 X、Y 和 Z 坐标。

12.1.5 动画显示

动画显示是在 3D 模型中显示动画图标的工具。单击"动画"功能区"模型动画"面板上的"动画显示"按钮 ,系统弹出"图元显示"对话框,如图 12-12 所示。

☑ 选中"伺服电动机"复选框,在 3D 模型中显示伺服电动机图标,如图 12-13 所示。

☑ 选中"接头"复选框,在 3D 模型中显示各种接头图标。

☑ 选中"槽"复选框,在 3D 模型中显示槽特殊连接图标。

☑ 选中"凸轮"复选框,在 3D 模型中显示凸轮特殊连接图标。

☑ 选中"3D 接触"复选框,在 3D 模型中显示 3D 接触特殊连接图标。

☑ 选中"齿轮"复选框,在 3D 模型中显示齿轮特殊连接图标。

☑ 选中"传送带"复选框,在 3D 模型中显示带传动特殊连接图标,如图 12-13 所示。

☑ 选中"LCS"复选框,在 3D 模型中显示坐标系图标,如图 12-13 所示。

☑ 选中"相关性"复选框,在 3D 模型中显示从属关系图标。

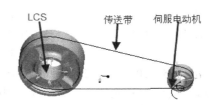

图 12-12 "图元显示"对话框　　　　图 12-13 凸轮机构

☑ 单击"全部显示"按钮，将全部选中以上复选框。相反，单击"取消全部显示"按钮，将取消所选择的复选框。

12.1.6 定义主体

主体是装配中没有相对运动的零件或子装配组合。一个主体可以有多个零件或子装配。动画移动时，是以主体为单位，而不是组件。根据"机械设计"模块下的主体原则，通过约束组装零件。在"动画设计"模块下所设定的主体信息无法传递到"机构"模块中。

单击"动画"功能区"机构设计"面板上的"主体定义"按钮，系统弹出"主体"对话框，如图 12-14 所示，该对话框的内容如下所述。

☑ 对话框左侧列表框显示当前组件中的主体，系统默认为地、零件。

☑ "新建"按钮：用于新增主体并加入组件中。单击该按钮，系统弹出"主体定义"对话框，如图 12-15 所示，在"名称"文本框中变更主体名称，单击"添加零件"选项组中的 按钮，在 3D 模型中选取零件，"零件数"文本框显示当前选取的主体数目。

☑ "编辑"按钮：用来编辑列表框中选中高亮显示的主体。单击该按钮，系统弹出"主体定义"对话框，如图 12-15 所示。

图 12-14 "主体"对话框　　　　图 12-15 "主体定义"对话框

☑ "移除"按钮：用于从组件中移除在列表框中选中的主体。

☑ "每个主体一个零件"按钮：用于一个主体仅能包含一个组件，但是当一般组件或包含次组件的情况须特别小心，因为所有组件形成一个独立的主体，可能得重定义基体。

☑ "默认主体"按钮：用于恢复至约束所定义状态，可以重新开始定义所有主体。

12.2 动 画 编 辑

动画制作是本章核心部分，本节主要通过简单的方法步骤创建高质量的动画。Creo Parametric 中主要通过关键帧、锁定主体、定时图等工具完成动画的制作。下面将详细介绍每种工具的使用方法。

12.2.1 关键帧序列

关键帧是指在动画过程中起到重要位置指示作用的快照。关键帧序列是指加入并排关键帧到已建立的关键帧，也可以改变关键帧出现时间、参考主体、主体状态等。

单击"动画"功能区"创建动画"面板上的"管理关键帧序列"按钮▦▦▦，系统弹出"关键帧序列"对话框，单击"新建"按钮，弹出如图 12-16 所示，该对话框的内容如下所述。

（1）"名称"文本框：用于自定义关键帧排序，系统默认为 ExpldKfs1。

（2）"参考主体"选项组：用于定义主体动画运动的参考物，系统默认为 Ground（地）。单击 按钮，系统弹出"选取"对话框，在 3D 模型中选择运动主体的参考物，单击"确定"按钮。

（3）"序列"选项卡：是使用拖动建立关键帧，调整每一张关键帧出现的时间、预览关键帧影像等。

☑ "关键帧"选项组：用于添加关键帧、关键帧进行排序。单击"编辑或创建快照"按钮 ，系统弹出"拖动"对话框，在该对话框中进行快照的添加、编辑、删除等操作。使用该对话框建立的快照被添加到下拉列表框中。在下拉列表框中选中一种快照，单击其后的"预览快照"按钮 ，就可以看到该快照在 3D 模型中的位置。在下拉列表框中选中一种快照，在"时间"文本框中输入该快照出现的时间，单击其后的"添加关键帧到关键帧序列"按钮 ，该快照生产的关键帧被添加到列表框中，以此类推，添加多个关键帧。"反转"按钮用于反转所选关键帧的顺序。"移除"按钮用于移除在列表框中选中的关键帧。

☑ "插值"选项组：用于在两关键帧之间产生插补。在产生关键帧时，拖动主体至关键的位置生产快照影像，而中键区域就是使用该选项组进行插补的。不管是平移还是旋转，提供两种

图 12-16 "关键帧序列"对话框（1）

插补方式：线性、平滑。使用线性化方式可以消除拖动留下的小偏差。

（4）"主体"选项卡：用于设置主体状态：必需的、必要的、未指定的。必需的和必要的是主体完全按照关键帧排序和伺服电动机的设定运动。未指定的是任意主体，也可以是受关键帧、伺服电动机设定的影像。

（5）"重新生成"按钮：是指关键帧建立后或有变化时，须再生整个关键帧影像。

修改该对象：选中该对象，使其变成红色，右击该对象，系统弹出上下文菜单，选择编辑、复制、移除、选取参考图元命令，对其进行修改。

12.2.2　事件

事件命令，是用来维持事件中各种对象（关键帧排序、伺服电动机、接头、次动画等）的特定相关性。例如某对象的事件发生变更时，其他相关的对象也同步改变。

单击"动画"功能区"创建动画"面板上的"事件"按钮，系统弹出"事件定义"对话框，如图 12-17 所示，该对话框的内容如下所述。

图 12-17　"事件定义"对话框

- ☑ "名称"文本框：用于定义事件的名称，默认为 Event，也可以自定义。
- ☑ "时间"文本框：用于定义事件发生时间。
- ☑ "后于"下拉列表框：用于选择事件发生时间参考，可以选择开始、Bodylock1 开始、Bodylock1 结束、终点 Animation1。

修改该对象：选中该对象，使其变成红色，右击该对象，系统弹出上下文菜单，选择编辑、复制、移除、选取参考图元命令，对其进行修改。

12.2.3　锁定主体

主体锁定是指在拖动的过程中维持相对固定的多个主体间的约束关系。锁定主体是创建新主体并添加到动画时间表中。

单击"动画"功能区"机构设计"面板上的"锁定主体"按钮，系统弹出"锁定主体"对话框，如图 12-18 所示，该对话框的内容如下所示。

- ☑ "名称"文本框：用于定义事件的名称，默认为 BodyLock，也可以自定义。
- ☑ "引导主体"选项组：用于定义主动动画元件。单击　按钮，系统弹出"选取"对话框，在 3D 模型中选择主动元件，单击"确定"按钮。
- ☑ "从动主体"选项组：用于定义动画从动元件。单击　按钮，系统弹出"选取"对话框，在 3D 模型中选择从动元件，单击"确定"按钮。在列表框中选中随动主体，使其高亮显示，单击"移除"按钮，可以将选中的随动主体移除。

☑ "开始时间"选项组：用于定义该主体的开始运行时间。"值"文本框用于定义锁定主体发生时间；"后于"下拉列表框用于选择锁定主体发生时间参考，可以选择开始、终点 Animation1 等时间列表中的对象。

☑ "结束时间"选项组：用于定义该主体的终止时间。"值"文本框用于定义锁定主体发生时间；"后于"下拉列表框用于选择锁定主体发生时间参考，可以选择开始、终点 Animation1 等时间列表中的对象。

☑ 单击"应用"按钮，该主体就被添加到时间表中，效果如图 12-19 所示。选中该对象，使其变成红色，右击该对象，系统弹出上下文菜单，选择编辑、复制、移除、选取参考图元命令，对其进行修改。

图 12-18 "锁定主体"对话框

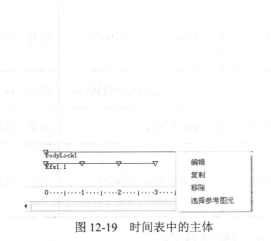

图 12-19 时间表中的主体

12.2.4 创建电动机

单击"动画"功能区"机构设计"面板上的"伺服电动机"按钮 ，系统弹出"电动机"操控板，如图 12-20 所示。

图 12-20 "电动机"操控板

"电动机"操控板中的选项含义如表 12-1 所示。

表 12-1   "电动机"操控板中选项的含义

选　项		含　义
"参考"下滑面板	"运动轴"单选按钮	用于沿某一方向明确定义的运动，选择的运动轴可以为移动轴、旋转轴或者由槽连接建立起的槽轴
"轮廓"选项卡	设置伺服电动机的运动类型	
	"驱动数量"选项组	设置电动机的角位置、角速度、角加速度、扭矩，可分别设置电动机的运动形式
	"函数类型"选项组	可以指定"模"的函数及参数，指定伺服电动机的位置、速度、加速度的变化形式。常用函数的具体含义如表 12-2 所示
	"图形"选项组	图形用来表示位置、速度、加速度的变化，选中"在单独图形中"复选框，则一个图形表示一项参数量，否则一个图形表示多个参数量

表 12-2   常用函数

函 数 类 型	公　式	含　义	参　数
常数	y=A	位置、速度、加速度恒定	A=常量
斜坡	y=A+B*t	位置、速度、加速度随时间线性变化	A=常量 B=斜率
余弦	y=A*cos(2*Pi*t/T+B)+C	位置、速度、加速度随时间呈余弦变化	A=振幅 B=相位 C=偏移量 T=周期
摆线	y=L*t/TL*sin(2*Pi*t/T)/2*Pi	用于模拟一个凸轮轮廓输出	L=总上升量 T=周期
抛物线	y=A*t+1/2B(t^2)	模拟电动机轨迹	A=线性系数 B=二次项系数
多项式	y=A+B*t+C+t^2+D*t^3	用于一般的电动机轮廓	A=常数项 B=线性项系数 C=二次项系数 D=三次项系数

12.2.5　连接状态

连接状态是用于显示连接状态并将其添加到动画中的命令。

单击"动画"功能区"机构设计"面板上的"连接状况"按钮，系统弹出"连接状况"对话框，如图 12-21 所示，该对话框的内容如下所述。

☑　"连接"选项组：用于选择机构模型中的连接。单击 按钮，系统弹出"选取"对话框，在 3D 模型中选择连接，单击"确定"按钮。

☑　"时间"选项组：用于定义该连接的开始运行时间。"值"文本框用于定义连接发生时间；"后于"下拉列表框用于选择连接发生时间参考，可以选择开始、终点 Animation1 等

图 12-21　"连接状况"对话框

时间列表中的对象。

☑ "状态"选项组：用于定义当前选中的连接的状态：启用、禁用。

☑ "锁定/解锁"选项组：用于定义当前选中的连接状态：锁定、解锁。

12.2.6 定时视图

定时视图工具是将机构模型生成一定视图在动画中显示。

单击"动画"功能区"图形设计"面板上的"定时视图"按钮 ，系统弹出"定时视图"对话框，如图 12-22 所示，该对话框的内容如下所述。

☑ "名称"下拉列表框：应用选择定时视图名称，包括 BACK、BOTTOM、DEFAULT、FRONT、LEFT、RIGHT、TOP 等默认视图。

☑ "时间"选项组：用于定义该连接的开始运行时间。"值"文本框用于定义定时视图发生时间；"后于"下拉列表框用于选择定时视图发生时间参考，可以选择开始、终点 Animation1 等时间列表中的对象。

☑ "全局视图插值设置"选项组：显示当前视图使用的全局视图插值。

☑ 单击"应用"按钮，该定时视图就添加到时间表中，如图 12-23 所示，选中该对象，使其变成红色，右击该对象，系统弹出上下文菜单，选择编辑、复制、移除、选取参考图元命令，对其进行修改。

图 12-22 "定时视图"对话框

图 12-23 创建的定时视图

12.2.7 定时透明视图

定时透明工具是将机构模型中元件生成一定透明视图在动画中显示。

单击"动画"功能区"图形设计"面板上的"定时透明"按钮 ，系统弹出"定时透明"对话框，如图 12-24 所示，该对话框的内容如下所述。

☑ "名称"文本框：用于定义透明视图的名称，系统默认为 Transparency，也可以自定义。

☑ "透明度"选项组：用于定义透明元件以及元件透明度的设置。单击 按钮，系统弹出"选取"对话框，在 3D 模型中选择欲设置透明度的元件，单击"确定"按钮；拖动滑块设置透明度，如图 12-25 所示为透明度分别为 50%和 80%的效果图。

☑ "时间"选项组：用于定义该连接的开始运行时间。"值"文本框用于定义定时透明发生时间；"后于"下拉列表框用于选择定时透明发生时间参考，可以选择开始、终点 Animation1

等时间列表中的对象。

图 12-24 "定时透明"对话框

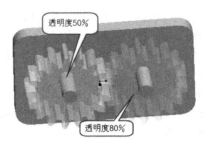

图 12-25 透明元件

☑ 单击"应用"按钮，该定时透明视图就添加到时间表中，选中该对象，使其变成红色，右击该对象，系统弹出上下文菜单，选择编辑、复制、移除、选取参考图元命令，对其进行修改。

12.2.8 定时显示

定时显示工具是定义当前视图显示的样式。

单击"动画"功能区"图形设计"面板上的"定时样式"按钮，系统弹出"定时样式"对话框，如图 12-26 所示，该对话框的内容如下所述。

☑ "样式名称"下拉列表框：用于选择定时显示的样式，即默认样式、主样式。

☑ "时间"选项组：用于定义该连接的开始运行时间。"值"文本框用于定义定时显示发生时间；"后于"下拉列表框用于选择定时显示发生时间参考，可以选择开始、终点 Animation1 等时间列表中的对象。

图 12-26 "定时样式"对话框

12.2.9 编辑和移除对象

1. 编辑对象

选定是对选中的动画对象进行相应的编辑。

在时间表中选中对象，单击"动画"功能区"创建动画"面板上的"选定"按钮，系统弹出"对象相对于的"对话框进行编辑。该工具功能相当于右键功能菜单中的编辑，或者双击对象功能。

2. 移除对象

移除是对在时间表中选中的动画对象进行移除。在时间表中选中对象，单击"动画"功能区"创建动画"面板上的"移除"按钮✕，该对象就被移除掉。该工具功能相当于右键功能菜单中的移除。

12.3 动画后处理

前面介绍了动画制作过程，本节主要介绍制作成的动画的生成和回放，使在视觉上有直观的动画。

12.3.1 回放

回放是指制作完成的动画的重复播放。回放工具是对动画进行播放的工具。

单击"动画"功能区"回放"面板上的"回放"按钮，弹出"回放"对话框，如图 12-27 所示。该对话框的内容如下所述。

（1）"播放当前结果集"按钮：用于对当前选中的分析结果集进行播放，单击该按钮，系统弹出"动画播放"控制条，如图 12-28 所示，该控制条中按钮用于控制动画播放。

图 12-27 "回放"对话框

图 12-28 "动画播放"控制条

🔊 **注意**：回放功能是对内存中的分析运行结果进行分析，每次运行回放功能，必须先进行分析运行或者从磁盘中恢复结果集。

- ☑ "帧"选项组中滑块：用于控制机构运动的位置，鼠标拖动滑块左右移动，机构随着滑块的移动而运动。
- ☑ "向后播放"按钮：用于控制动画向后连续播放。
- ☑ "停止"按钮：停止当前的动画播放。
- ☑ "向前播放"按钮：用于控制动画向前连续播放。
- ☑ "重置动画到开始"按钮：用于重新播放动画。
- ☑ "显示前一帧"按钮：用于显示前一帧。
- ☑ "显示下一帧"按钮：用于显示下一帧。
- ☑ "向前播放动画到结束"按钮：用于快进到结束。
- ☑ "重复播放"按钮：用于循环播放。
- ☑ "在结束时反转方向"按钮：用于在播放结尾反转继续播放。
- ☑ "速度"滑块：用于控制动画播放速度。

（2）"从磁盘恢复结果集"按钮：用于加载机构回放文件。

（3）"将当前结果保存到磁盘"按钮：将当前机构运行分析结果保存到磁盘中。

（4）"从会话中移除当前结果集"按钮：就是从内存中将分析结果移除。

（5）"将结果导出*.FRA 文件"按钮：是将当前内存中的分析运行结果保存到磁盘中，文件为

*.FRA。

（6）"结果集"选项组：用于选择内存中的运动分析结果。

（7）"碰撞检测设置"按钮：用于设置运动分析过程中碰撞检测设置，单击该按钮，系统弹出"碰撞检测设置"对话框，如图 12-29 所示，该对话框的内容如下所述。

图 12-29 "碰撞检测设置"对话框

- ☑ "常规"选项组：用于设置是否进行碰撞检测、进行全局还是部分碰撞检测。选中"无碰撞检测"单选按钮，表示运动分析过程中不进行碰撞检测；选中"全局碰撞检测"单选按钮，表示运动分析过程中进行全部碰撞检查；选中"部分碰撞检测"单选按钮，表示运动分析过程中进行部分碰撞检查，按 Ctrl 键，在 3D 模型中选取需要进行碰撞检查的元件；选中"包括面组"复选框，表示运动分析过程中碰撞检查包括面组。

- ☑ "可选"选项组：用于设置发生碰撞时进行的操作，选中"碰撞时铃声警告"复选框，表示发生冲突时会发出消息铃声；选中"碰撞时停止动画回放"复选框，表示发生碰撞时停止动画回放。

（8）"影片排定"选项卡：用于设置影片播放是否显示时间以及设置进步表。

12.3.2 生成动画

导出工具是将生成的动画输出到硬盘进行保存的工具。

单击"动画"功能区"回放"面板上的"导出"按钮，就将当前设计的动画保存在默认的路径文件夹下，系统默认为 Animation1.fra。

12.4 综合实例——电饭煲分解动画

首先进入动画模块，然后定义主体，再拖动元件并进行拍照，创建关键帧序列，最后播放动画，如图 12-30 所示。

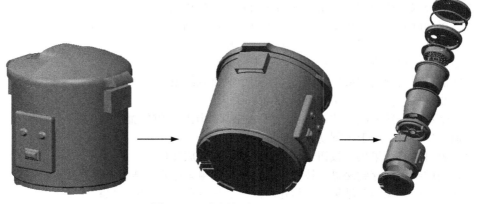

图 12-30 电饭煲分解绘制流程图

操作步骤：

1. 打开文件

单击"快速访问"工具栏中的"打开"按钮，系统打开"打开"对话框，打开"电饭煲"，其他选项接受系统默认设置，单击"确定"按钮，打开装配文件，如图 12-31 所示。

2. 进入动画模块

单击"应用程序"功能区"运动"面板上的"动画"按钮，进入动画模块。

3. 创建动画

单击"动画"功能区"模型动画"面板上的"新建动画"→"快照"按钮，系统弹出"定义动画"对话框，如图 12-32 所示。单击"确定"按钮，创建新的动画。

4. 定义主体

单击"动画"功能区"机构设计"面板上的"主体定义"按钮，系统弹出"主体"对话框，单击"每个主体一个零件"按钮，创建单个主体，如图 12-33 所示。单击"关闭"按钮，完成主体的定义。

图 12-31　电饭煲

图 12-32　"定义动画"对话框

图 12-33　"主体"对话框

5. 设置时域

单击"动画"功能区"时间线"面板上的"时域"按钮，弹出"动画时域"对话框，设置"结束时间"为 20，如图 12-34 所示，单击"确定"按钮。

图 12-34　"动画时域"对话框

6. 创建关键帧序列

在视图中将装配体调整视图位置。单击"动画"功能区"机构设计"面板上的"拖动元件"按钮，系统弹出"拖动"对话框，单击"当前快照"按钮，先将当前装配文件拍照，单击"关闭"按钮。

7. 定时视图

单击"动画"功能区"图形设计"面板上的"定时视图"按钮，系统弹出"定时视图"对话框，如图 12-35 所示，在"名称"下拉列表中选择 DEFAULT 视图，设置时间为从"开始"到值"2"，视图位置方向如图 12-36 所示，单击"应用"按钮。在时间线上添加视图标记，如图 12-37 所示。

图 12-35　"定时视图"对话框　　　　图 12-36　视图位置　　　图 12-37　时间线添加视图标记

8. 拖动元件

单击"动画"功能区"机构设计"面板上的"拖动元件"按钮，系统弹出"拖动"对话框，单击"主体拖动"按钮，然后在"高级拖动选项"卷展栏中单击"Z 向平移"按钮，在视图中选择"底座实体"零件，将其沿 Z 轴方向拖动到视图中适当位置。再将其他零件拖动到适当位置，并将其拍照，如图 12-38 所示。

9. 创建关键帧序列

单击"动画"功能区"创建动画"面板上的"管理关键帧序列"按钮，系统弹出"关键帧序列"对话框，在"关键帧"选项组的下拉列表框中选择 Snapshot1 选项，时间为 0，单击"添加关键帧到关键帧序列"按钮，将快照添加到"时间"列表中。此时，视图中的装配体恢复到第一次拍照状态。再从"关键帧"选项组的下拉列表框中选择 Snapshot2 选项，时间为 2，单击"添加关键帧到关键帧序列"按钮，将快照添加到"时间"列表中；重复此动作，将所有的关键帧添加到时间列表中，如图 12-39 所示。单击"确定"按钮。此时时间线如图 12-40 所示。

10. 定时视图

单击"动画"功能区"图形设计"面板上的"定时视图"按钮，系统弹出"定时视图"对话框，在"名称"下拉列表框中选择 BOTTOM 视图，设置时间为从"DEFAULT"到值"10"，单击"应用"按钮。时间线如图 12-41 所示。

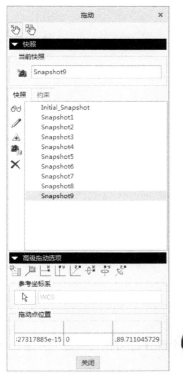

图 12-38　"拖动"对话框和拖动位置　　　　　图 12-39　"关键帧序列"对话框

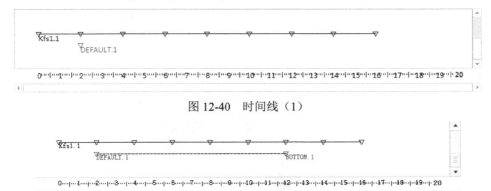

图 12-40　时间线（1）

图 12-41　时间线（2）

11. 播放动画

单击"生成并运行动画"按钮 ▶ ，播放到时间如图 12-42 所示，动画如图 12-43 所示。

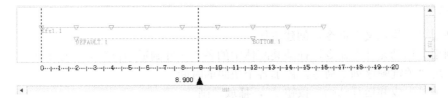

图 12-42　播放时间线

图 12-43　播放动画

12.5　上　机　操　作

通过前面的学习，读者对本章知识有了大体的了解，本节通过一个操作练习使读者进一步掌握本章知识要点。

创建如图 12-44 所示的手压阀的分解动画。

图 12-44　手压阀的分解动画

操作提示

（1）利用"主体定义"命令，创建主体。

（2）利用"拖动元件"命令，拖动装配体中的各个零件到适当位置并进行拍照。

（3）利用"关键帧序列"命令，添加各个快照的时间。

（4）单击"生成并运行动画"按钮 ▶，播放动画。

第*13*章

检测开关设计综合实例

检测开关是用于检测距离以及抗光、电、磁能力的电气元件，是工业上比较常用的检测器件之一。检测开关的制作过程比较简单，它只需要运用到几个比较常用的三维实体建模命令，通过简单的装配即可生成模型。本章以检测开关为例，对前面讲述的草绘、三维实体建模、装配与用快照生成动画的知识进行综合的应用。

☑ 实体建模   ☑ 检测开关动画的制作
☑ 检测开关的装配

任务驱动&项目案例

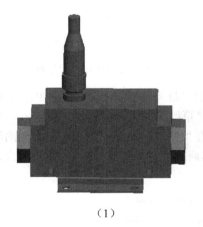

（1）

（2）

13.1 实 体 建 模

本节将讲述检测开关的各个零件的建模过程，为后面的装配和动画制作做准备。

13.1.1 底座的创建

（1）进入实体建模。启动 Creo Parametric 6.0，单击"快速访问"工具栏中的"新建"按钮，弹出"新建"对话框。在"类型"选项组中选中"零件"单选按钮，在"子类型"选项组中选中"实体"单选按钮，在"文件名"文本框中输入"底座"，取消选中"使用默认模板"复选框，如图 13-1 所示，单击"确定"按钮。然后在系统弹出的"新文件选项"对话框中选择 mmns_part_solid 模块，如图 13-2 所示，单击"确定"按钮，进入实体建模模块。

图 13-1 "新建"对话框

图 13-2 "新文件选项"对话框

（2）创建底座。单击"模型"功能区"形状"面板上的"拉伸"按钮，在视图中选择 RIGHT 基准平面作为草绘平面，进入草绘。单击"草绘"功能区"草绘"面板上的"线"按钮，绘制如图 13-3 所示的图形。单击"草绘"功能区"草绘"面板上的"中心线"按钮，以图形右侧的纵中心线为参考绘制一条中心线，按住鼠标左键框选这一图形，然后单击工具栏中的"镜像"按钮，单击绘制的中心线，得到对称图，如图 13-4 所示。

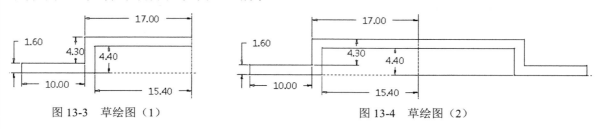

图 13-3 草绘图（1）　　　　　　　　　　　图 13-4 草绘图（2）

单击"草绘"功能区中的"确定"按钮✔，在深度值中输入"50"，然后单击"确定"按钮✔，完成"拉伸"命令，所得图形如图 13-5 所示。

（3）创建孔特征。单击"模型"功能区"工程"面板上的"孔"按钮，在∅4.50中输入孔径大小"4.5"，在 5.00 中输入孔的深度"5"，然后在底座指定的位置单击鼠标放置孔，将两个绿色小方块拖到顶面的两条边使其变成白色，并修改尺寸（双击视图中的尺寸值便可修改），到两指定边的距离都为 5，如图 13-6 所示，单击"确定"按钮✔，完成一个孔的创建。

（4）创建中心镜像平面。单击"模型"功能区"基准"面板上的"平面"按钮，弹出如图 13-7 所示的"基准平面"对话框，单击如图 13-8 所示接近孔的顶端平面，然后在"基准平面"对话框的"平移"下拉列表框中输入值-25，单击"确定"按钮，完成中心镜像平面的创建。

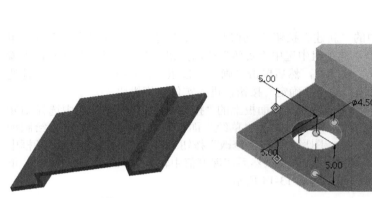

图 13-5　拉伸　　　　　图 13-6　孔特征　　　　　图 13-7　"基准平面"对话框

（5）镜像孔特征。单击步骤（3）创建的孔特征，单击"模型"功能区"编辑"面板上的"镜像"按钮，然后单击步骤（4）绘制的中心平面，单击"确定"按钮✔，得到对称孔，如图 13-9 所示。

按住 Ctrl 键选择上面创建的两个孔特征，单击"模型"功能区"编辑"面板上的"镜像"按钮，然后单击 FRONT 中心基准平面，单击"确定"按钮✔，得到对称孔，如图 13-10 所示。

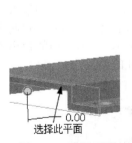

图 13-8　选择平面　　　　图 13-9　镜像孔特征　　　　图 13-10　对称孔

（6）创建倒圆角。单击"模型"功能区"工程"面板上的"倒圆角"按钮，在控制面板倒圆角输入框中输入值"1"，然后单击如图 13-11 所示的 4 条边，单击"确定"按钮✔，完成倒圆角的创建，所得图形如图 13-12 所示，完成底座的创建。

视频讲解

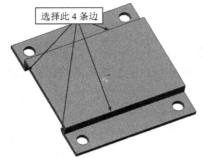

图 13-11　选择倒圆角边

图 13-12　倒圆角

13.1.2　主体的创建

（1）单击"快速访问"工具栏中的"新建"按钮 ，弹出"新建"对话框。在"类型"选项组中选中"零件"单选按钮，在"子类型"选项组中选中"实体"单选按钮，在"文件名"文本框中输入"主体"，取消选中"使用默认模板"复选框，然后单击"确定"按钮。在系统弹出的"新文件选项"对话框中选择 mmns_part_solid 模块，单击"确定"按钮，进入实体建模模块。

（2）创建拉伸特征。单击"模型"功能区"形状"面板上的"拉伸"按钮 ，在视图中选择 TOP 基准面作为草绘平面，进入草绘。单击"草绘"功能区"草绘"面板上的"线"按钮 ，绘制如图 13-13 所示的图形，按住鼠标左键框选这一图形，单击"修改"按钮 ，在"修改尺寸"对话框中修改尺寸。单击"模型"功能区中的"确定"按钮 。然后在深度值中输入"34"，按 Enter 键，单击"确定"按钮 ，完成拉伸命令，所得图形如图 13-14 所示。

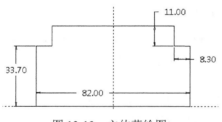

图 13-13　主体草绘图

图 13-14　主体拉伸特征

（3）创建孔特征。单击"模型"功能区"工程"面板上的"孔"按钮 ，在 中输入孔径大小"3.4"，在 中输入孔的深度"50"，然后在主体指定的位置单击鼠标放置孔，将两个绿色小方块拖到顶面的两条边使其变成白色，并修改尺寸，到一边的距离为 4，到另一边的距离为 12.21，如图 13-15 所示。单击"确定"按钮 ，如图 13-16 所示，完成一个孔的创建。

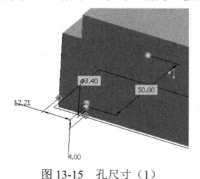

图 13-15　孔尺寸（1）

图 13-16　孔特征（1）

（4）镜像孔特征。单击步骤（3）创建的孔特征，单击"模型"功能区"编辑"面板上的"镜像"按钮 ，然后单击 RIGHT 中心基准平面，单击"确定"按钮 ✓，得到对称孔，如图 13-17 所示。

（5）创建孔特征。单击"模型"功能区"工程"面板上的"孔"按钮 🔲，在 ⌀ 5.00 中输入孔径大小"11.45"，在 ⊥ 18.46 中输入孔的深度"90"，然后在主体指定的位置单击鼠标放置孔，将两个绿色小方块拖到顶面的两条边使其变成白色，并修改尺寸，到两边的距离都为 17，如图 13-18 所示。单击"确定"按钮 ✓，如图 13-19 所示，完成孔特征的创建。

视频讲解

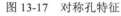

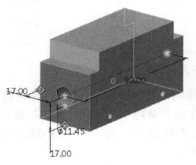

图 13-17　对称孔特征　　　　图 13-18　孔尺寸（2）　　　　图 13-19　孔特征（2）

13.1.3　螺纹杆的创建

（1）单击工具栏中的"新建"按钮 🔲，弹出"新建"对话框，在"类型"选项组中选中"零件"单选按钮，在"子类型"选项组中选中"实体"单选按钮，在"文件名"文本框中输入"螺纹杆"，取消选中"使用默认模板"复选框，单击"确定"按钮。在系统弹出的"新文件选项"对话框中选择mmns_part_solid 模块，单击"确定"按钮，进入实体建模模块。

（2）创建拉伸特征。单击"模型"功能区"形状"面板上的"拉伸"按钮 🔲，在视图中选择 RIGHT基准平面作为草绘平面，进入草绘。单击"草绘"功能区"草绘"面板上的"圆心和点"按钮 ⊙，绘制如图 13-20 所示直径为 11.45 的圆形。单击"草绘"功能区中的"确定"按钮 ✓，然后在深度值中输入"88"，单击"确定"按钮 ✓，完成"拉伸"命令，所得图形如图 13-21 所示。

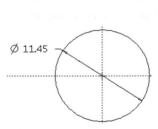

图 13-20　拉伸特征草绘图　　　　　　　　图 13-21　拉伸特征

（3）创建螺纹。单击"模型"功能区中"扫描"→"螺旋扫描"按钮 ⚙，在弹出的"螺旋扫描"操控板中的"参考"按钮，弹出如图 13-22 所示的"参考"下滑面板。单击"定义"按钮，弹出"草绘"对话框。单击视图中的 FRONT 基准平面作为草绘平面，设置方向为右，单击"草绘"按钮，进入草绘环境。单击"草绘"功能区"尺寸"面板上的"参考"按钮 🔲，单击视图中如图 13-23 所示的曲面作为参考。单击"草绘"功能区"草绘"面板上的"线"按钮 ⌁，绘制如图 13-24 所示长度为10 的直线作为扫描轮廓，单击"确定"按钮 ✓。

图 13-22　"参考"下滑面板

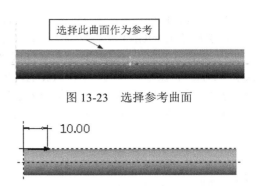

图 13-23　选择参考曲面

图 13-24　扫描轮廓

单击圆柱的中心轴作为旋转轴，单击操控板中的"移除材料"按钮 ，然后单击"草绘"按钮 。单击"草绘视图"按钮 ，并单击"草绘"功能区"草绘"面板上的"线"按钮 ，绘制如图 13-25 所示的草绘图，然后单击"确定"按钮 ，在 0.50 中输入螺纹间距"0.5"，单击"确定"按钮 ，完成螺纹的创建，如图 13-26 所示。

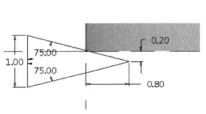

图 13-25　创建螺纹草绘图

图 13-26　螺纹

（4）创建平面。单击"模型"功能区"基准"面板上的"平面"按钮 ，弹出"基准平面"对话框，然后单击如图 13-27 所示的顶端平面，在"基准平面"对话框的"平移"下拉列表框中输入值"44"，单击"确定"按钮，完成中心镜像平面的创建。

（5）镜像螺纹特征。选中所创建的螺纹特征，单击"模型"功能区"编辑"面板上的"镜像"按钮 ，然后单击步骤（4）创建的中心平面 DTM1，单击"确定"按钮 ，得到对称螺纹，如图 13-28 所示完成螺纹杆的创建。

图 13-27　选择平面

图 13-28　镜像螺纹

13.1.4　螺母的创建

（1）单击工具栏中的"新建"按钮 ，弹出"新建"对话框，在"类型"选项组中选中"零件"单选按钮，在"子类型"选项组中选中"实体"单选按钮，在"文件名"文本框中输入"螺母"，取消选中"使用默认模板"复选框，然后单击"确定"按钮。在系统弹出的"新文件选项"对话框中选择 mmns_part_solid 模块，单击"确定"按钮，进入实体建模模块。

（2）创建拉伸特征。单击"模型"功能区"形状"面板上的"拉伸"按钮 ，在视图中选择 TOP 基准面作为草绘平面。进入草绘，单击"草绘视图"按钮 ，使草绘视图与屏幕平行，单击"草绘"功能区"草绘"面板上的"选项板"按钮 ，弹出如图 13-29 所示的"草绘器选项板"对话框，在"多边形"选项卡中双击六边形，然后在视图中指定位置单击放置六边形，单击"确定"按钮 。单击"草绘"功能区"约束"面板上的"重合"按钮 ，然后单击六边形的中心和中心线的交点，修改尺寸，六边形的边长为 13.85。单击"草绘"功能区"草绘"面板上的"圆心和点"按钮 ，在中心绘制一个直径为 11.45 的圆，所得草绘图如图 13-30 所示。单击"草绘"功能区中的"确定"按钮 ，然后在深度值中输入"8"，单击"确定"按钮 ，完成"拉伸"命令，所得图形如图 13-31 所示。

图 13-29　"草绘器选项板"对话框

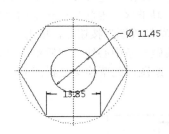

图 13-30　螺母草绘图

图 13-31　螺母拉伸特征

（3）创建倒角。单击"模型"功能区"工程"面板上的"倒角"按钮 ，在弹出的操控板的倒角输入框中输入值"1"，然后单击如图 13-32 所示的两条边，单击"确定"按钮 ，完成倒角的创建，所得图形如图 13-33 所示。

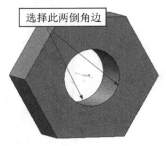

图 13-32　选择边

图 13-33　倒角

（4）创建螺纹。单击"模型"功能区中"扫描"→"螺旋扫描"按钮 ，在弹出的"螺旋扫描"操控板中单击"参考"按钮，弹出"参考"下滑面板。单击"定义"按钮，弹出"草绘"对话框，单击 FRONT 基准平面作为草绘平面，单击"草绘"按钮。进入草绘界面后单击"投影"按钮 ，然后单击视图中如图 13-34 所示的曲面，单击"确定"按钮✔。单击圆孔的中心轴作为旋转轴，单击"移除材料"按钮◢，然后单击"创建扫描截面"按钮◢，绘制如图 13-35 所示的草绘图，单击"确定"按钮✔，在 0.50 中输入螺纹间距"0.5"。单击"确定"按钮✔，完成螺纹的创建，如图 13-36 所示。

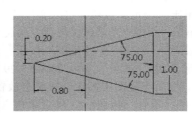

图 13-34 投影面　　　　图 13-35 螺母螺纹草绘图　　　图 13-36 螺母螺纹

13.1.5　顶杆的创建

（1）单击工具栏中的"新建"按钮 ，弹出"新建"对话框，在"类型"选项组中选中"零件"单选按钮，在"子类型"选项组中选中"实体"单选按钮，在"文件名"文本框中输入"杆"，取消选中"使用默认模板"复选框，单击"确定"按钮。在系统弹出的"新文件选项"对话框中选择 mmns_part_solid 模块，单击"确定"按钮，进入实体建模模块。

（2）旋转顶杆。单击"模型"功能区"形状"面板上的"旋转"按钮 ✧，选择 TOP 基准面作为草绘平面。进入草绘界面，单击"草绘视图"按钮 ⬚，单击"草绘"功能区"基准"面板上的"中心线"按钮┆，沿着视图中的纵中心线做一条中心线，然后单击"草绘"功能区"草绘"面板上的"线"按钮╲，绘制如图 13-37 所示的草绘图，此草绘图是封闭的，单击"确定"按钮✔，完成顶杆的创建，如图 13-38 所示。

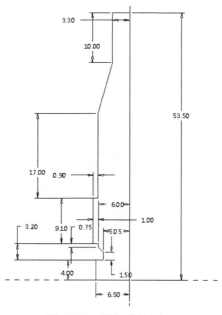

图 13-37 顶杆草绘图　　　　　　　　　　　　图 13-38 顶杆

视频讲解

Note

13.2　检测开关的装配

本节将讲述检测开关的装配过程，通过本节的学习，对前面章节所讲述的装配相关基础知识的学习进一步进行巩固和加深。

1.　进入装配模块

启动 Creo Parametric 6.0，单击工具栏中的"新建"按钮，弹出"新建"对话框，在"类型"选项组中选中"装配"单选按钮，在"子类型"选项组中选中"设计"单选按钮，在"文件名"文本框中输入"检测开关"，取消选中"使用默认模板"复选框，单击"确定"按钮。在系统弹出的"新文件选项"对话框中选择 mmns_asm_design 模块，单击"确定"按钮，进入装配模块。

2.　装配底座

单击"模型"功能区"元件"面板上的"组装"按钮，弹出"打开"对话框，打开网盘中的"底座.prt"元件，单击"打开"按钮，在操控面板的"约束类型"中选择"默认"约束，单击"确定"按钮，完成主机的装配，如图 13-39 所示。

3.　装配主体

（1）单击"模型"功能区"元件"面板上的"组装"按钮，弹出"打开"对话框，打开网盘中的"主体.prt"，单击"打开"按钮。

图 13-39　默认装配

（2）在操控面板的"用户定义"中"元件"面板上的"刚性"连接，"约束类型"中选择"重合"约束，选择如图 13-40 所示的"主体：RIGHT"和"底座：DTM1"两个平面作为重合平面，然后选择如图 13-41 所示的两个面重合对齐，最后选择主体的底面和底座的顶面重合对齐，单击"确定"按钮，完成主机的装配，如图 13-42 所示。

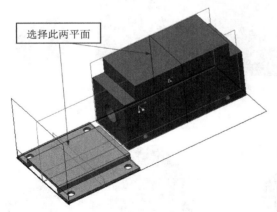

图 13-40　选择平面（1）

图 13-41　选择平面（2）

4.　装配螺纹杆

（1）单击"模型"功能区"元件"面板上的"组装"按钮，弹出"打开"对话框，打开网盘中的"螺纹杆.prt"，单击"打开"按钮。

（2）在操控面板的"用户定义"中选择"刚性"连接，"约束类型"中选择"重合"约束，选择如图 13-43 所示的两条轴重合对齐，然后选择如图 13-44 所示的"螺纹杆：DTM1"和"主体：RIGHT"两个平面作为重合平面，单击"确定"按钮 ✓，完成主机的装配，如图 13-45 所示。

图 13-42　装配体（1）

图 13-43　选择轴（1）

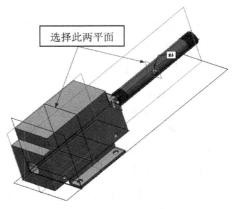

图 13-44　选择平面（3）

5. 装配螺母

（1）单击"模型"功能区"元件"面板上的"组装"按钮 ，弹出"打开"对话框，打开网盘中的"螺母.prt"，单击"打开"按钮。

（2）在操控面板的"用户定义"中选择"刚性"连接，"约束类型"中选择"重合"约束，选择如图 13-46 所示的两条轴重合对齐，然后选择如图 13-47 所示的两个平面作为重合平面，单击"确定"按钮 ✓，完成螺母的装配，如图 13-48 所示。

图 13-45　装配体（2）

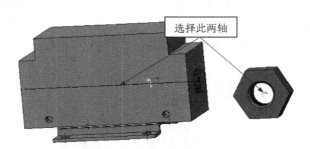

图 13-46　选择轴（2）

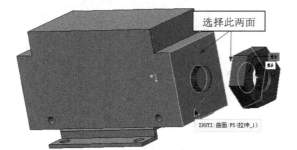

图 13-47　选择平面（4）

图 13-48　装配体（3）

（3）同理，在主体的另一端装配相同的螺母，所得图形如图 13-49 所示。

图 13-49　装配体（4）

6. 装配顶杆

（1）单击"模型"功能区"元件"面板上的"组装"按钮，弹出"打开"对话框，打开网盘中的"杆.prt"，单击"打开"按钮。

（2）在操控面板的"用户定义"中选择"刚性"连接，"约束类型"中选择"重合"约束，选择如图 13-50 所示的两个平面作为重合平面，然后选择如图 13-51 所示的"杆：TOP"和"ASM_FRONT"两个平面作为重合平面，选择如图 13-52 所示的"杆：RIGHT"和"ASM-RIGHT"两个平面，在"放置"界面的"约束类型"中选择"距离"约束，输入偏移值"9"。单击"确定"按钮，完成螺母的装配，如图 13-53 所示，完成检测开关的装配。

图 13-50　选择平面（5）

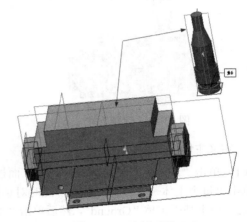

图 13-51　选择平面（6）

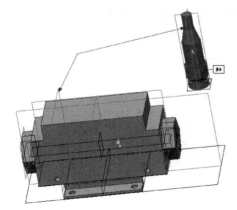

图 13-52　选择平面（7）

图 13-53　装配体（5）

13.3　检测开关动画的制作

视频讲解

本节将讲述检测开关的动画制作过程，通过本节的学习，对前面章节所讲述的动画制作相关基础知识的学习进一步进行巩固和加深。

1. 进入动画界面

（1）启动 Creo Parametric 6.0，单击工具栏中的"打开"按钮，打开网盘中的"检测开关.asm"，打开的模型如图 13-54 所示。

（2）单击功能区中的"应用程序"→"动画"按钮，进入动画界面。

2. 新建动画

单击"动画"功能区中的"新建动画"→"快照"按钮，系统弹出"定义动画"对话框，如图 13-55 所示，然后单击"确定"按钮，建立动画"Animation2"。

图 13-54　检测开关　　　　　　　　　图 13-55　"定义动画"对话框

3. 定义主体

（1）单击"动画"功能区"机构设计"面板上的"主体定义"按钮，弹出"主体"对话框，然后单击"每个主体一个零件"按钮，此时对话框如图 13-56 所示。

（2）单击基础主体"Ground"，然后单击"主体"对话框中的"编辑"按钮，系统弹出如图 13-57 所示的"主体定义"和"选择"对话框。选择视图中的主体作为基础主体，单击"选择"对话框中的"确定"按钮，再单击"主体定义"对话框中的"确定"按钮，返回"主体"对话框并单击"关闭"按钮，完成主体的定义。

图 13-56　"主体"对话框　　　　　　图 13-57　"主体定义"和"选择"对话框

4. 创建快照

（1）单击"动画"功能区"创建动画"面板上的"拖动元件"按钮，系统弹出如图 13-58 所示的"拖动"和"选择"对话框。

（2）单击对话框中的"点拖动"按钮 ，再单击 ▶ 快照 卷展栏，然后单击"高级拖动选项"卷展栏中的沿 X（水平）或 Y（竖直）方向拖动按钮，拖动视图中的检测开关，将其拖动到如图 13-59 所示的状态，单击"拖动"对话框中的"拍照"按钮，得到照片"snapshot1"。

图 13-58 "拖动"和"选择"对话框   图 13-59 snapshot1

（3）同理，拖动视图中的检测开关到如图 13-60 所示的状态，单击"拖动"对话框中的"拍照"按钮，得到照片"snapshot2"。

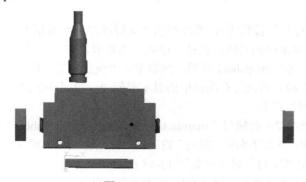

图 13-60 snapshot2

（4）同理，拖动视图中的检测开关到如图 13-61 所示的状态，单击"拖动"对话框中的"拍照"按钮，得到照片"snapshot3"。

（5）同理，拖动视图中的检测开关到如图 13-62 所示的状态，单击"拖动"对话框中的"拍照"按钮，得到照片"snapshot4"。

（6）同理，单击"高级拖动选项"卷展栏中的"沿 Y 方向拖动"按钮，拖动视图中的检测开关到如图 13-63 所示的状态，然后单击"拖动"对话框中的"拍照"按钮，得到照片"snapshot5"。

图 13-61   snapshot3

图 13-62   snapshot4

（7）同理，单击"高级拖动选项"卷展栏中的"沿 Y 方向拖动"按钮，拖动视图中的检测开关到如图 13-64 所示的状态，然后单击"拖动"对话框中的"拍照"按钮，得到照片"snapshot6"，单击"关闭"按钮，完成快照的创建。

图 13-63   snapshot5

图 13-64   snapshot6

5. 定义关键帧序列

（1）单击"关键帧序列"按钮，系统弹出"关键帧序列"对话框。

（2）接受默认的关键帧序列名称，选择"序列"选项卡，在"关键帧"选项组的下拉列表框中显示已经定义好的快照，选择 snapshot1 快照，然后单击"快照预览"按钮预览选定的快照，并在下面的"时间"输入框中输入该快照在动画中的显示时间 0s，单击右侧的"添加关键帧"按钮，将快照添加到关键帧序列列表中。

（3）同理，按照步骤（2）将快照"snapshot2""snapshot3""snapshot4""snapshot5""snapshot6"添加到关键帧序列列表中，并在下面的"时间"输入框中分别输入该快照在动画中的显示时间 2s、4s、6s、8s、10s，此时"关键帧序列"对话框如图 13-65 所示。

（4）单击对话框中的"确定"按钮，完成关键帧序列的定义。

6. 播放动画并保存分析结果

（1）单击时间域中的"播放"按钮播放动画。

（2）单击工具栏中的"回放"按钮，系统弹出"回放"对话框，如图 13-66 所示，单击对话框中的"保存"按钮，将当前结果集保存到磁盘指定的位置。

7. 将动画保存成 MPEG 格式的视频文件

（1）单击时间域中的"回放"按钮，弹出如图 13-67 所示的播放图标，单击这些图标可以使动画按照指定的命令播放。

图 13-65 "关键帧序列"对话框

图 13-66 "回放"对话框

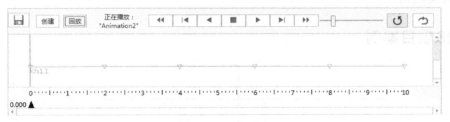

图 13-67 播放图标

（2）单击时间域左上方的"保存"按钮![save]，系统弹出如图 13-68 所示的"捕获"对话框，单击"浏览"按钮设置视频的保存位置。设置好对话框的一些参数后，单击"确定"按钮，完成视频保存。

图 13-68 "捕获"对话框

工程图绘制

直接从 Creo Parametric 6.0 的实体造型产品按 ANSI/ISO/JIS/DIN 标准生成工程图，并且能自动标注尺寸，在工程图中添加注释、使用层来管理不同类型的内容、支持多文档等。可以向工程图中添加或修改文本和符号形式的信息。

- ☑ 创建视图
- ☑ 编辑视图
- ☑ 工程图标注

任务驱动&项目案例

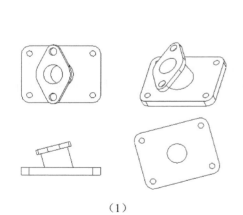

（1）

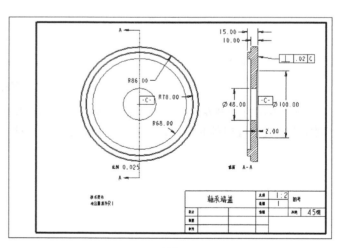

（2）

14.1　建立工程图

在创建工程图之前首先要新建一个工程图文件，下面介绍工程图文件的创建过程。
操作步骤如下：

（1）单击"快速访问"工具栏中的"打开"按钮，打开"文件打开"对话框，打开"支架"文件，如图 14-1 所示。

（2）单击"快速访问"工具栏中的"新建"按钮，打开"新建"对话框，在"类型"选项组中选中"绘图"单选按钮，并在"文件名"文本框中输入新建文件的名称"工程 1"，如图 14-2 所示。

（3）单击对话框中"确定"按钮，系统弹出如图 14-3 所示的"新建绘图"对话框，在"默认模型"选项组中自动选择指定了当前处于活动的模型。用户也可以单击其后的"浏览"按钮选择其他模型。然后在"指定模板"选项组中选中"空"单选按钮，并在图纸"标准大小"下拉列表框中选择 A4 选项。

图 14-1　"支架"文件

图 14-2　"新建"对话框

图 14-3　"新建绘图"对话框

（4）单击"确定"按钮可以启动绘图设计模块，其界面如图 14-4 所示。在该界面顶部显示当前绘图文件。

图 14-4 "绘图"模块界面

14.2 创 建 视 图

插入视图就是指定视图类型、特定类型可能具有的属性，然后在页面上为该视图选择位置的一个过程。最后放置视图，再为其设置所需方向。Pro/Engineer 中所使用的基本视图类型包括常规视图、投影视图、辅助视图和详细视图。

14.2.1 常规视图

单击"布局"功能区"模型视图"面板上的"普通视图"按钮 。系统提示，要求用户选择视图的放置中心，在图纸范围内要放置常规视图的位置单击。常规视图将显示所选组合状态指定的方向，并且打开"绘图视图"对话框，如图 14-5 所示。

视图类型：显示用于定义视图类型和方向的选项。

（1）视图名称：修改视图名称。

（2）类型：更改视图类型。

（3）视图方向：更改当前方向。

❶ 查看来自模型的名称：使用来自模型的已保存视图定向。从"模型视图名"列表框中选取相应的模型视图。通过选取所需的"默认方向"定义 X 和 Y 方向。可以选取"等轴测""斜轴测"或"用户定义"。对于"用户定义"，必须指定定制角度值。

注意：在创建视图时，如果已经选取一个组合状态，则在所选组合中的已命名方向将保留在"模型视图名"列表框中。如果该命名视图被更改，则组合状态将不再列出。

❷ 几何参考：使用来自绘图中预览模型的几何参考进行定向。选取方向以定向来自于当前所定义参考旁边列表中的参考。此列表提供几个选项，包括"前""后""上""下"，如图 14-6 所示。在绘图中预览的模型上选取所需参考。模型根据定义的方向和选取的参考重新定位。通过从方向列表中选取其他方向可改变此方向。通过单击参考收集器并在绘图模型上选取新参考可更改选定参考。

图 14-5　"绘图视图"对话框

图 14-6　"绘图视图"对话框几何参考

注意：要将视图恢复为其原始方向，请单击"默认方向"按钮。

❸ 角度：使用选定参考的角度或定制角度定向。如图 14-7 所示"参考角度"表列出用于定向视图的参考。默认情况下，将新参考添加到列表中并加亮显示。针对表中加亮的参考，从"旋转参考"下拉列表框中选取所需的选项。

☑　法向：绕通过视图原点并法向于绘图页面的轴旋转模型。

☑　竖直：绕通过视图原点并垂直于绘图页面的轴旋转模型。

☑　水平：绕通过视图原点并与绘图页面保持水平的轴旋转模型。

☑　边/轴：绕通过视图原点并根据与绘图页面所成指定角度的轴旋转模型。在预览的绘图视图上选取适当的边或轴参考。选定参考被加亮，并在"参考角度"表中列出。

在"角度值"文本框中输入参考的角度值。要创建附加参考，单击并重复角度定向过程。

图 14-7　角度类型下的"绘图视图"对话框

14.2.2　投影视图

操作步骤如下：

（1）单击"布局"功能区"模型视图"面板上的"投影视图"按钮，然后选取要在投影中显示的父视图，系统提示选取绘制视图的中心点，这时父视图上方就会出现一个矩形框来代表投影。

（2）将此框水平或垂直地拖到所需的位置，单击放置视图。

（3）如果要修改投影的属性，双击该视图即可弹出如图 14-8 所示的"绘图视图"对话框，从中可以修改投影视图的属性。修改完成后要继续定义绘图视图的其他属性，请单击"应用"按钮，然后选取适当的类别。如果已完全定义绘图视图，单击"确定"按钮。

图 14-8　"绘图视图"对话框视图类型

也可通过选取并右击父视图，然后在弹出的快捷菜单中选择"插入投影视图"命令来创建投影视图。

14.2.3 辅助视图

操作步骤如下：

（1）单击"布局"功能区"模型视图"面板上的"辅助视图"按钮◇。

（2）选取要从中创建辅助视图的边、轴、基准平面或曲面。父视图上方出现一个框，代表辅助视图。

（3）将此框水平或垂直地拖到所需的位置，然后左键单击放置视图。

（4）要修改辅助视图的属性，通过双击投影视图，打开"绘图视图"对话框。可使用"绘图视图"对话框中的类别定义绘图视图的其他属性。定义完每个类别后，单击"应用"按钮，然后选取下一个适当的类别。完全定义了绘图视图后，单击"确定"按钮退出对话框。

14.2.4 局部放大图

局部放大图是指在另一个视图中放大显示的模型其中一小部分视图。在父视图中包括一个参考注释和边界作为详细视图设置的一部分。将详图视图放置在绘图页上后，即可使用"绘图视图"对话框修改视图，包括其样条边界。

操作步骤如下：

（1）利用前面章节学到的命令创建模型如图 14-9 所示。

（2）建立一个新的工程图文件"详细视图"，并通过 14.2.1 节讲述的建立常规视图的方法建立一个常规视图，结果如图 14-10 所示。

（3）单击"布局"功能区"模型视图"面板上的"局部放大图"按钮，选取要在详细视图中放大的现有绘图视图中的点。

图 14-9　模型

（4）绘图项目加亮，并且系统提示绕点草绘样条。草绘环绕要详细显示区域的样条。注意不要使用草绘工具栏启动样条草绘，如果访问草绘器工具栏以绘制样条，则将退出详图视图的创建。直接单击绘图区域，开始草绘样条。绘制完成后如图 14-11 所示。

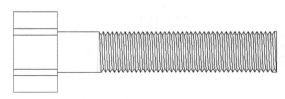

图 14-10　螺钉主视图

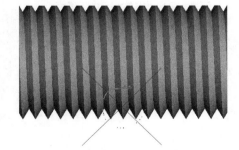

图 14-11　选取要建立的详细视图的中心

不必担心能否草绘出完美形状，因为样条会自动更正。可以在"绘图视图"对话框的"视图类型"类别中定义草绘的形状。从"父项视图上的边界类型"框中选取所需的选项。

☑ 圆：在父视图中为详细视图绘制圆。

☑ 椭圆：在父视图中为详细视图绘制椭圆与样条紧密配合，并提示在椭圆上选取一个视图注释的连接点。

☑ 水平/垂直椭圆：绘制具有水平或垂直主轴的椭圆，并提示在椭圆上选取一个视图注释的连接点。

☑ 样条：在父视图上显示详细视图的实际样条边界，并提示在样条上选取一个视图注释的连接点。

☑ ASME94 圆：在父视图中将符合 ASME 标准的圆显示为带有箭头和详细视图名称的圆弧。

（5）草绘完成后单击鼠标中键确认草绘。样条显示为一个圆和一个详图视图名称的注释，如图 14-12 所示。

（6）在绘图上选取要放置详图视图的位置。将显示样条范围内的父视图区域，并标注上详图视图的名称和缩放比例，如图 14-13 所示。

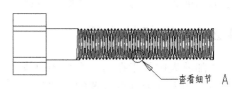

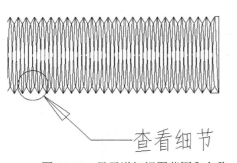

图 14-12　显示详细视图范围和名称　　　　　　　　图 14-13　创建详细视图

（7）双击该视图，打开如图 14-14 所示的"绘图视图"对话框，在"类别"列表框中选择"比例"选项，修改比例数值为 5，单击"确定"按钮，即可更改详细视图的比例，如图 14-15 所示。

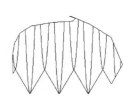

图 14-14　"绘图视图"对话框修改比例　　　　　　　图 14-15　修改比例

如果双击整个标签，可以打开"格式"操控板，如图 14-16 所示。

图 14-16 "格式"操控板

在该操控板的"文本"面板中可以对注释内容进行编辑，如果要插入文本符号，可以单击"文本"面板中的"符号"下拉按钮，打开如图 14-17 所示的"符号"菜单，在该菜单中有各种常用的符号。

图 14-17 "符号"对话框

如果选择"文本"下拉按钮中的"文本编辑器"命令，可以打开系统安装时选定的默认编辑器记事本的窗口，如图 14-18 所示，可以在这里编辑注释文本，完成后进行保存退出。

编辑完成后可以保存注释文件，另外还可以编写新的注释文件。

单击"格式"操控板"样式"面板中的"激活"按钮，可以打开如图 14-19 所示的"文本样式"对话框。在这个对话框中可以对注释的文本样式进行修改。

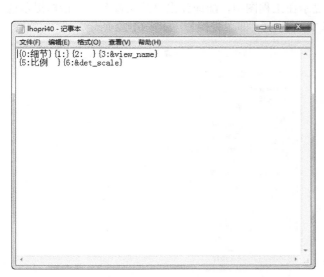

图 14-18 记事本窗口

图 14-19 "文本样式"对话框

完成后将该文件进行保存，该文件将在后面继续应用。

14.2.5 实例——创建支座视图

本例创建支座视图。首先创建支座的主、俯以及轴测视图，然后创建辅助视图。绘制流程图如图 14-20 所示。

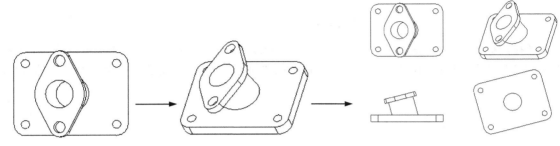

图 14-20 绘制支座流程图

操作步骤：

（1）打开文件。单击"快速访问"工具栏中的"打开"按钮，打开"文件打开"对话框，打开"支座"文件，如图 14-21 所示。

（2）单击"快速访问"工具栏中的"新建"按钮，弹出"新建"对话框，在"类型"选项组中选中"绘图"单选按钮，在"文件名"文本框中输入"支座"，取消选中"使用默认模板"复选框，单击"确定"按钮，系统弹出"新建绘图"对话框。在"新建绘图"对话框中，"默认模型"选项组自动选定当前打开模型"支座.prt"（也可以单击"浏览"按钮选择需要的模型），设置"指定模板"为"空"，在图纸"标准大小"下拉列表框中选择 A4 选项，单击"确定"按钮，进入工程图主操作窗口。

（3）单击"布局"功能区"模型视图"面板上的"普通视图"按钮。在页面上选取左上角位置作为主视图的放置中心，模型将以 3D 形式显示在工程图中，随即弹出"绘图视图"对话框提示选择视图方向，在"模型视图名"列表框中选择 TOP 方向（即主视图），如图 14-22 所示。

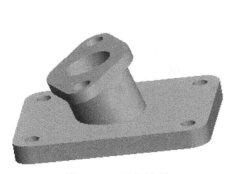

图 14-21 零件模型

图 14-22 设置视图方向

（4）单击"绘图视图"对话框中的"确定"按钮，产生主视图，结果如图14-23所示。

（5）单击"布局"功能区"模型视图"面板上的"投影视图"按钮，系统提示选择绘图视图的放置中心点，在主视图的下部选择俯视图放置中心点，结果如图14-24所示。

（6）单击"布局"功能区"模型视图"面板上的"普通视图"按钮，系统提示选择绘图视图的放置中心点，在图纸的右上角选择轴测视图放置中心点，系统弹出"绘图视图"对话框，单击"确定"按钮，结果如图14-25所示。

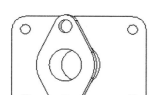

图14-23　产生主视图

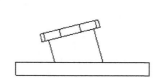

图14-24　选择俯视图放置中心点

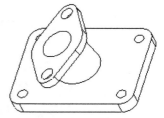

图14-25　产生轴测视图

（7）单击"布局"功能区"模型视图"面板上的"辅助视图"按钮，系统提示"在主视图上选取穿过前侧曲面的轴或作为基准曲面的前侧曲面的基准平面"，在主视图上选择顶面边线，如图14-26所示。

（8）系统提示选择辅助视图的放置点，在俯视图的下方选择放置点，结果如图14-27所示。

（9）双击新生成的辅助视图，系统弹出"绘图视图"对话框，在"类别"列表中选择"截面"选项，在"截面选项"选项组中选中"单个零件曲面"单选按钮，如图14-28所示。

图14-26　选择边线

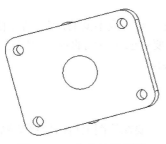

图14-27　产生辅助视图

图14-28　设置剖面选项

（10）选择如图14-29所示辅助视图中要保留的曲面。单击"绘图视图"对话框中的"应用"按钮。

（11）在"绘图视图"对话框的"类别"列表中选择"对齐"选项，取消选中"将此视图与其他视图对齐"复选框，解除辅助视图与主视图的对齐关系，如图14-30所示。单击"确定"按钮。

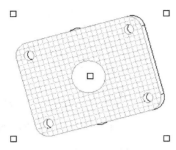

图 14-29　选择要保留的曲面

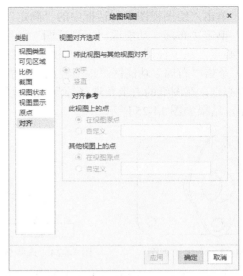

图 14-30　取消辅助视图与主视图的对齐关系

（12）鼠标左键选择辅助视图，将辅助视图移动到轴测视图的下方，单击"确定"按钮完成辅助视图的创建。结果如图 14-31 所示。

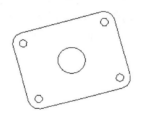

图 14-31　辅助视图结果

14.3　编　辑　视　图

常规视图、投影视图、辅助视图和详细视图在创建完成后并不是一成不变的，为了后面尺寸标注和文本注释的方便以及各个视图在整个图纸上的布局，常常需要对创建完成的各个视图进行调整编辑，例如移动、拭除和删除等操作。本节将讲述视图的调整方法。

14.3.1　移动视图

为防止意外移动视图，默认情况下是将它们锁定在适当位置。要在绘图上自由地移动视图，必须解锁视图。

操作步骤如下：

（1）首先创建一个零件的三视图如图 14-32 所示。

（2）选取并右击任一视图，然后在弹出的快捷菜单中选择"锁定视图移动"命令即可解除试图的锁定，如图 14-33 所示。这样绘图中的所有视图（包括选定视图）将被解锁，解锁后可以通过选取并拖动视图水平或垂直地移动视图。

Note

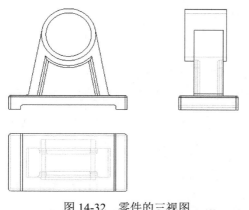

图 14-32　零件的三视图

图 14-33　快捷菜单

（3）选取视图，该视图轮廓加亮。然后通过拐角拖动句柄或中心点将该视图拖动到新位置。当拖动模式激活时，光标变为十字形。

（4）选取一个视图，该视图轮廓加亮显示，如图 14-34 所示。

（5）单击"布局"功能区"文档"面板上的"锁定视图移动"按钮，移动视图如图 14-35 所示。由图中可以看出视图的相对位置发生了变化。

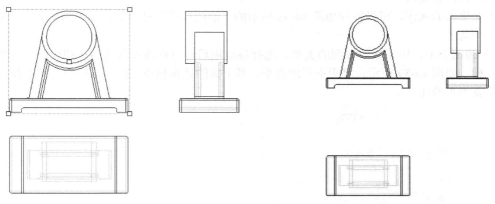

图 14-34　选取视图　　　　　　　　　　图 14-35　移动结果

如果移动其他视图自其进行投影的某一父视图，则投影视图也会移动以保持对齐。即使模型改变，投影视图间的这种对齐和父/子关系保持不变。可将一般和详细视图移动到任何新位置，因为它们不是其他视图的投影。

如果无意中移动了视图，在移动过程中可按 Esc 键使视图快速恢复到原始位置。

如果要将某一视图移动到其他页面，则选取要移动到另一页面的视图，然后单击"布局"功能区"编辑"面板上的"移动到页面"按钮。系统会提示输入目标页编号。输入编号，然后按 Enter 键。视图被移动到目标页上的相同坐标处。

14.3.2　删除视图

（1）如果要删除某一视图则需要选取要删除的视图，该视图加亮显示，如图 14-36 所示。

（2）右击并从弹出的快捷菜单中选择"删除"命令或单击"注释"功能区"删除"面板上的"删除"按钮，此视图被删除，如图 14-37 所示。

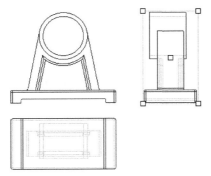

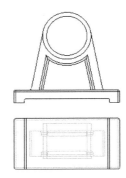

图 14-36　选取删除视图　　　　　图 14-37　删除结果

> **注意：** 如果选取的视图具有投影子视图，则投影子视图会与该视图一起被删除。可使用撤销命令撤销删除。

14.3.3　修改视图

在设计工程图的过程中，可以对不符合设计意图或设计规范要求的地方进行视图修改，通过修改编辑可以使其符合要求。

双击要修改的视图，可以打开如图 14-38 所示的"绘图视图"对话框。在该对话框的"类别"列表中有 8 个选项。

（1）视图类型：用于修改视图的类型。选择该选项后可以修改视图的名称和视图的类型，类型主要有几种，如图 14-39 所示。对应不同的类型，其下面的选项也不相同，常用的几种前面已经讲述过，这里就不再赘述。

图 14-38　"绘图视图"对话框　　　　　图 14-39　不同的类型

（2）可见区域：选取该类别后，"绘图视图"对话框界面转换为如图 14-40 所示。在"视图可见性"下拉列表框中可以修改视图的可见性区域，如"全视图""半视图""局部视图""破断视图"。

（3）比例：用于修改视图的比例，主要针对设有比例的视图，如详细视图。界面如图 14-41 所示。在该对话框中可以选择页面的默认比例，也可以定制比例，定制比例时直接输入比例值即可。另外在该对话框中还可以设置透视图的观察距离和视图直径。

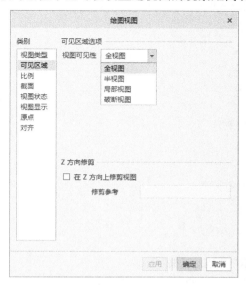

图 14-40 "可见区域"类别对话框

图 14-41 "比例"类别对话框

（4）截面：用于修改视图的剖截面，界面如图 14-42 所示。在其中可以添加 2D 和 3D 横截面，还可以添加单个零件曲面。

（5）视图状态：用于修改视图的处理状态或者简化表示，如图 14-43 所示。

图 14-42 "截面"类别对话框

图 14-43 "视图状态"类别对话框

（6）视图显示：用于修改视图显示的选项和颜色配置，如图 14-44 所示，可以从"显示样式"下拉列表框中选择显示的线型。在"相切边显示样式"下拉列表框中可以选择相切边的处理方式。

（7）原点：用于修改视图的原点位置。

（8）对齐：用于修改视图的对齐情况。

图 14-44　"视图显示"类别对话框

14.3.4　实例——创建轴承座视图

本例创建轴承座视图。首先创建轴承座三视图，然后创建主视图的局部视图，再创建左视图的全剖视图，最后创建轴测视图。绘制流程图如图 14-45 所示。

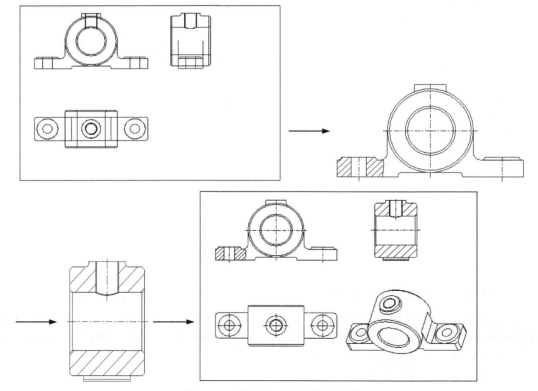

图 14-45　绘制轴承座视图流程图

操作步骤:

1. 打开文件

单击"快速访问"工具栏中的"打开"按钮,打开"文件打开"对话框,打开"轴承座"文件,如图 14-46 所示。

图 14-46 轴承座零件图

2. 创建三视图

(1)单击"快速访问"工具栏中的"新建"按钮 ,在弹出的"新建"对话框中选中"绘图"单选按钮,并输入绘图文件名,单击"确定"按钮。

(2)在弹出的"新建绘图"对话框中,以轴承座为默认模型,单击"浏览"按钮在目录中选择轴承座文件名。

(3)在"指定模板"选项组中选中"使用模板"单选按钮,并在"模板"选项组中单击"浏览"按钮,在目录中选择 A4 绘图模板。

(4)单击"确定"按钮,系统进入"绘图"工作环境,并且轴承座的三视图显示在绘图边线框内,调整三视图后,如图 14-47 所示。

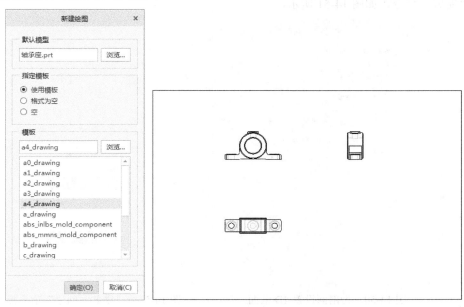

图 14-47 轴承座三视图

3. 编辑主视图

(1)双击主视图,系统弹出"绘图视图"对话框,如图 14-48 所示。

（2）在"类别"列表中选择"比例"选项，选中"自定义比例"单选按钮，设置比例为 0.150，如图 14-49 所示。

图 14-48　主视图"绘图视图"对话框

图 14-49　"比例"设置选项

（3）在"类别"列表中选择"截面"选项，在"截面选项"选项组中选中"2D 横截面"单选按钮，并单击"添加截面"按钮 ➕ ，创建新截面，如图 14-50 所示。

（4）系统弹出"横截面创建"菜单管理器，为剖面设置剖截面。选择"平面"→"单一"命令，最后选择"完成"命令，如图 14-51 所示。

图 14-50　为剖面设置 2D 截面

图 14-51　"横截面创建"菜单管理器

（5）系统给出提示，输入横截面的截面名称，如图 14-52 所示。

（6）系统弹出"设置平面"菜单管理器，如图 14-53 所示。在菜单管理器中选择"产生基准"命令。

图 14-52 输入创建的剖面名称　　　　图 14-53 "设置平面"菜单管理器

（7）系统弹出"基准平面"菜单管理器，选择"穿过"命令，如图 14-54 所示。系统给出提示选择轴线、边、曲线等。

（8）在主视图中选择第一个孔特征轴线，然后在"基准平面"菜单管理器中选择"穿过"命令，之后选择第二个孔特征轴线，如图 14-55 所示。

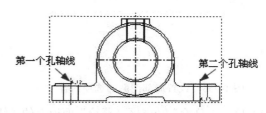

图 14-54 设置"基准平面"菜单管理器　　　图 14-55 选取基准平面穿过两个孔特征轴线

（9）这样横截面设置完成，并将有效横截面 P1 列在"名称"列表中，如图 14-56 所示。

（10）在"剖切区域"选项中选择"局部"，系统将提示选取局部剖面的中心点，并且围绕中心点绘制局部剖面的边界样条曲线，如图 14-57 所示。

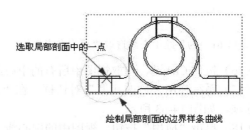

图 14-56 创建出有效截面　　　图 14-57 选取局部剖面的中心点和绘制边界样条曲线

（11）单击"绘图视图"对话框中的"应用"按钮，设置内容如图 14-58 所示。

（12）局部剖面的主视图如图 14-59 所示。

（13）选择注释图中的注释，单击"注释"功能区"删除"面板上的"删除"按钮✕，删除注释，如图 14-60 所示。

图 14-58　设置局部剖面的选项内容

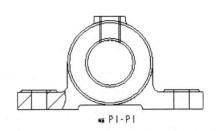

图 14-59　带有局部剖面的主视图

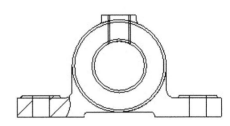

图 14-60　删除注释

（14）单击"草绘"功能区"草绘"面板上的"线"按钮，系统弹出"捕捉参考"对话框，在主视图中选取具有孔特征的边线，如图 14-61 所示。

注意： 选取捕捉参考的目的是为了在绘制孔特征中心线时系统可以自动捕捉孔特征的中心点。

（15）分别为孔特征绘制中心线，如图 14-62 所示。

图 14-61　为草绘中心线选取"捕捉参考"

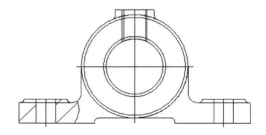

图 14-62　为孔特征绘制中心线

（16）按住 Ctrl 键，选取视图中所有的中心线，然后双击鼠标左键。

（17）系统弹出"修改线型"对话框，在"属性"选项组的"线型"下拉列表框中选择"控制线"选项，如图 14-63 所示。

（18）单击"应用"按钮，视图中的中心线变为点画线，如图 14-64 所示。

4．编辑左视图

（1）双击左视图，打开"绘图视图"对话框，在"类别"列表中选择"截面"选项，选中"2D 横截面"单选按钮，并单击"添加横截面"按钮 ，以新建一个剖面 P2。

图 14-63　修改中心线线型

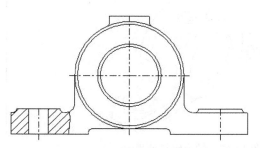

图 14-64　编辑完成的主视图

（2）在"剖截面创建"菜单管理器中选择"平面"→"单一"命令，然后选择"完成"命令。输入横截面名称 P2。在"横截面创建"菜单管理器中选择"平面"命令，在视图中选择 RIGHT 基准平面作为横截面。

（3）在"截面"选项的"剖切区域"中选择"完整"选项，如图 14-65 所示。

（4）单击"绘图视图"对话框中的"应用"按钮，并关闭对话框。剖视图显示如图 14-66 所示。

（5）用鼠标选中剖面注释，再右击，在弹出的快捷菜单中选择"删除"命令即可去掉左视图下面的注释。为孔特征草绘中心线，并将实线线型转换为点画线。最后得到如图 14-67 所示的左视图。

图 14-65　左视图"截面"选项设置

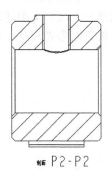

图 14-66　左视图的全剖视图

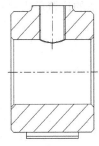

图 14-67　绘制左视图中心线

5．增加常规视图

单击"布局"功能区"模型视图"面板上的"普通视图"按钮，在绘图区合适位置选取一点作为轴测图的中心点，同时系统弹出"绘图视图"对话框，单击"应用"按钮，完成轴测图的生成，如图 14-68 所示。

删除俯视图，然后单击"布局"功能区"模型视图"面板上的"投影视图"按钮，选择主视图，然后向下移动鼠标，将新建的俯视图拖放到适当位置，再添加俯视图的中心线，轴承座的视图编辑完成，如图 14-69 所示。

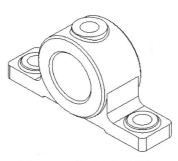

图 14-68 轴承座斜轴测图

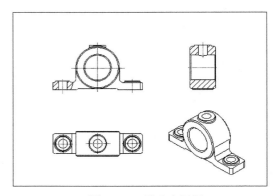

图 14-69 轴承座视图

14.4 工程图标注

创建完视图后，需要对工程图进行尺寸标注。尺寸标注是工程图设计中的重要环节，它关系到零件的加工、检验和实用各个环节。只有配合合理的尺寸标注才能帮助设计者更好地表达其设计意图。

14.4.1 创建驱动尺寸

驱动尺寸是通过现有的基线为参考来定义的尺寸。通过手动方式可以创建驱动尺寸。如果要创建驱动尺寸，单击"注释"功能区"注释"面板上的"尺寸"按钮，在打开的"选择参考"菜单管理器中可以选择参考的类型，包括选择图元、选择曲面、选择圆弧或圆的切线、选择边或图元的中点、选择由两个对象定义的相交等类型，如图 14-70 所示。

从依附类型菜单管理器中选择一个依附类型选项后，系统要求添加新参考，选择两个参考以后，在合适的位置单击鼠标中键即可放置新参考尺寸，如图 14-71 所示。

图 14-70 "选择参考"菜单管理器中参考类型

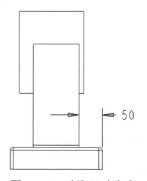

图 14-71 选取尺寸参考

14.4.2 创建参考尺寸

参考尺寸和驱动尺寸一样，也是根据参考定义的尺寸，不同之处在于参考尺寸不显示公差。用户可以通过括号或者在尺寸值后面添加 REF 来表示参考尺寸。通过手动方式可以创建参考尺寸。如果要创建驱动尺寸，可以单击"注释"功能区"注释"面板上的"参考尺寸-新参考"按钮。

这时可以打开"选择参考"菜单管理器，可以选择参考的类型，包括选择图元、选择曲面、选择圆弧或圆的切线、选择边或图元的中点、选择由两个对象定义的相交等类型。

从依附类型菜单管理器中选择一个依附类型选项后，系统要求添加新参考，用鼠标选择两个参考以后，在合适的位置单击鼠标中键即可放置新参考尺寸，如图 14-72 所示。

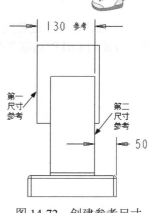

图 14-72　创建参考尺寸

14.4.3　尺寸的编辑

尺寸创建完成后，可能位置安排不合理或者尺寸相互重叠，这就需要对尺寸进行编辑修改。通过编辑修改可以使视图更加美观、合理。可整理绘图尺寸的放置以符合工业标准，并且使模型细节更易读取。

1. 移动尺寸

（1）打开网盘文件"压盖.drw"文件，如图 14-73 所示。

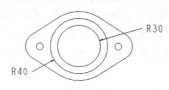

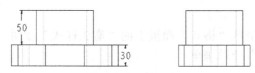

图 14-73　原始图形

（2）需要选取要移动的尺寸，光标变为四角箭头形状，如图 14-74 所示。

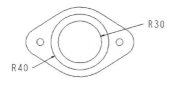

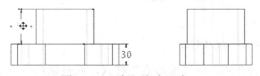

图 14-74　选取移动尺寸

（3）按住鼠标左键将尺寸拖动到所需位置并释放鼠标则尺寸就可以移动到新的位置，如图 14-75 所示。可使用 Ctrl 键选取多个尺寸，如果移动选定尺寸中的一个，所有的都随之移动。

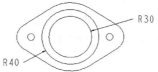

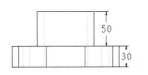

图 14-75　移动尺寸后的图形

2. 对齐尺寸

可通过对齐线性和径向和角度尺寸来整理绘图显示。选定尺寸与所选择的第一尺寸对齐（假设它们共享一条平行的尺寸界线）。无法与选定尺寸对齐的任何尺寸都不会移动。

首先选取要将其他尺寸与之对齐的尺寸，该尺寸会加亮显示。按 Ctrl 键并选取要对齐的剩余尺寸。可单独地选取附加尺寸或使用区域选取。还可以选取未标注尺寸的对象，但是，对齐只适用于选定尺寸，选定尺寸加亮。然后右击并从弹出的快捷菜单中选择"对齐尺寸"命令，则尺寸与第一个选定尺寸对齐，如图 14-76 所示。

注意：每个尺寸可独立地移动到一个新位置。如果其中一个尺寸被移动，则已对齐的尺寸不会保持其对齐状态。

3. 修改尺寸线样式

（1）单击"注释"功能区"格式"面板上的"箭头样式"按钮 右侧的下拉三角，打开如图 14-77 所示的"箭头样式"下拉菜单。

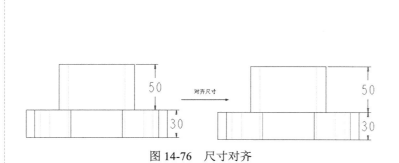

图 14-76　尺寸对齐　　　　　　　　　　　　图 14-77　"箭头样式"下拉菜单

（2）在菜单中选择一种样式，如"实心点"样式，此时鼠标变为毛笔状，然后选择待修改的尺寸线箭头，则视图中的箭头就会改变样式，如图 14-78 所示。

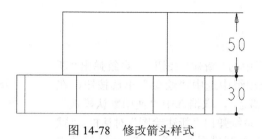

图 14-78 修改箭头样式

4. 删除尺寸

如果要删除某一尺寸可以直接用鼠标选取该尺寸，该尺寸加量显示。然后右击，从弹出的快捷菜单中选择"删除"命令，即可将该尺寸删除。

14.4.4 实例——盘盖

本例创建盘盖视图。首先创建盘盖三视图，然后创建轴测视图，最后标注尺寸。绘制流程图如图 14-79 所示。

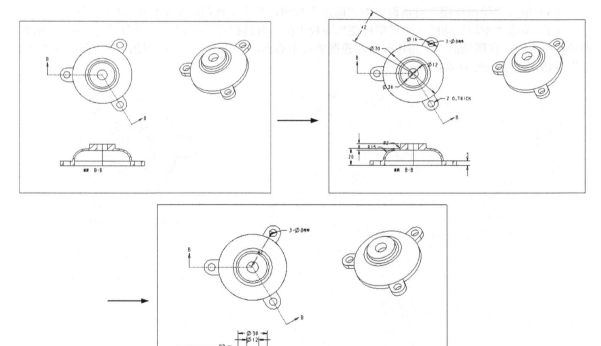

图 14-79 绘制盘盖流程图

操作步骤：

1. 打开文件

单击"快速访问"工具栏中的"打开"按钮，打开"文件打开"对话框，打开"盘盖"文件，如图 14-80 所示。

2. 新建文件

单击"快速访问"工具栏中的"新建"按钮 ，系统弹出"新建"对话框，在"类型"选项组中选中"绘图"单选按钮，在"文件名"文本框中输入"盘盖"，取消选中"使用默认模板"复选框，单击"确定"按钮，系统弹出"新建绘图"对话框。"默认模型"选项组自动选定当前打开模型"盘盖.prt"（也可以单击"浏览"按钮选择需要的模型），设置"指定模板"为"空"，在图纸"标准大小"下拉列表框中选择 A4 选项，单击"确定"按钮，进入工程图主操作窗口。

图 14-80　盘盖模型

3. 创建常规视图

（1）单击"布局"功能区"模型视图"面板上的"普通视图"按钮 ，在页面上选取一个位置作为新视图的放置中心，模型将以 3D 形式显示在工程图中。

（2）弹出"绘图视图"对话框提示选择视图方向，在"模型视图名"列表框中选择 TOP 方向（即主视图），如图 14-81 所示。

（3）单击"绘图视图"对话框中的"确定"按钮，产生主视图，结果如图 14-82 所示。

（4）单击"布局"功能区"模型视图"面板上的"普通视图"按钮 ，系统提示选择绘图视图的放置中心点，在图纸的右上角选择轴测视图放置中心点，系统弹出"绘图视图"对话框，单击"确定"按钮，结果如图 14-83 所示。

图 14-81　设置俯视图方向

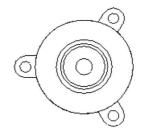

图 14-82　产生主视图

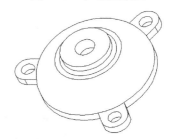

图 14-83　产生轴测视图

4. 创建俯视图

（1）单击"布局"功能区"模型视图"面板上的"投影视图"按钮 ，系统提示选择绘图视图的放置中心点，在主视图的下部选择俯视图放置中心点，结果如图 14-84 所示。

（2）双击俯视图，系统弹出"绘图视图"对话框，在"类别"列表中选择"截面"选项，在"截面选项"选项组中选中"2D 横截面"单选按钮，如图 14-85 所示。

Note

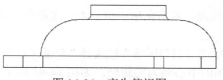

图 14-84　产生俯视图

（3）单击"增加截面"按钮 ➕，系统弹出"横截面创建"菜单管理器，如图 14-86 所示。

图 14-85　设置"截面"选项

图 14-86　设置横截面形式

（4）选择"横截面创建"菜单管理器中的"偏移"→"双侧"→"单一"→"完成"命令，在提示区输入截面名称"C"，单击"确定"按钮 ✓，如图 14-87 所示。

图 14-87　输入截面名称

（5）系统进入 3D 零件模块，提示选择草绘平面，选择如图 14-88 所示模型顶面为草绘平面。

（6）系统提示选择草绘视图方向参考，选择"确定"→"默认"命令，如图 14-89 所示，接受系统默认的尺寸标注参考。

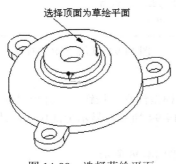

图 14-88　选择草绘平面

图 14-89　设置草绘视图方向

（7）绘制如图 14-90 所示线段，双击鼠标中键结束绘线命令。单击"确定"按钮✔，退出草图绘制环境。

（8）在"绘图视图"对话框的"剖切区域"栏选择"全部（对齐）"选项，系统提示选择旋转轴，打开基准轴显示，选择轴测视图的中心轴为旋转轴，如图 14-91 所示。

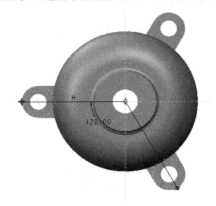

图 14-90　绘制线段

选择中心轴为旋转轴

图 14-91　选择旋转轴

（9）选择"绘图视图"对话框中的"箭头显示"栏下的"选取项目"选项，如图 14-92 所示。系统提示选择旋转剖面箭头的放置视图，选择主视图为剖面箭头的放置视图。

（10）单击"绘图视图"对话框中的"确定"按钮，产生旋转剖视图，结果如图 14-93 所示。

图 14-92　设置剖面箭头选项

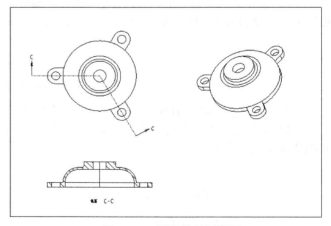

图 14-93　压盖旋转剖视图

5. 标注尺寸

（1）单击"注释"功能区"注释"面板上的"显示模型注释"按钮，弹出"显示模型注释"对话框，选择主视图和俯视图，选中所有的尺寸，如图 14-94 所示，显示全部尺寸，结果如图 14-95 所示。

（2）删除不需要的尺寸，并调整尺寸位置，结果如图 14-96 所示。

图 14-94　"显示模型注释"对话框

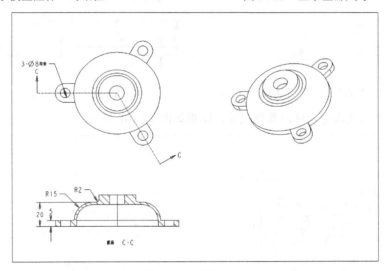

图 14-95　显示全部尺寸

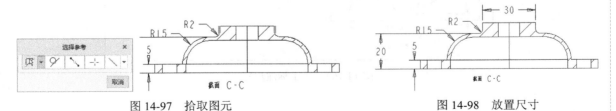

图 14-96　调整尺寸

（3）单击"注释"功能区"注释"面板上的"尺寸"按钮，弹出"选择参考"对话框，选择"选择图元"选项，在视图中拾取要标注的图元，如图 14-97 所示，在放置尺寸位置单击鼠标中键，结果如图 14-98 所示。

图 14-97　拾取图元　　　　　　　　　　图 14-98　放置尺寸

（4）单击刚标注的尺寸，弹出"尺寸"操控板，如图 14-99 所示。单击"尺寸文本"按钮，弹出对话框，如图 14-100 所示，将鼠标放到"@D"的前方，选择"符号"列表框中的∅符号，完成尺寸的修改，结果如图 14-101 所示。

Note

图 14-99   "尺寸"操控板

图 14-100   "文本符号"对话框

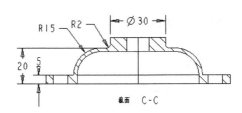

图 14-101   添加符号

（5）重复尺寸标注命令，标注其他尺寸，结果如图 14-102 所示。

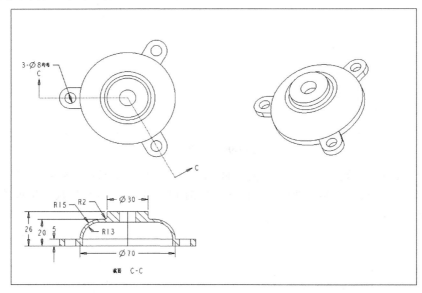

图 14-102   手工标注尺寸

14.5   创建注释文本

文本注释可以和尺寸组合在一起，用引线（或不用引线）连接到模型的一条边或几条边上，或"自由"定位。创建第一个注释后，系统使用先前指定的属性要求来创建后面的注释。

14.5.1　注释标注

（1）单击"注释"功能区"注释"面板上的"注解"按钮右侧的下拉三角，弹出下拉菜单，如图 14-103 所示。

"注解"菜单中的命令分为 4 类，说明如下。

☑　独立注解：创建为附加到任何参考的新注解，没有箭头，绕过任何引线设置选项并且只提示给出页面上的注释文本和位置。

☑　偏移注解：创建一个相对选定参考偏移放置的新注解，绕过任何引线设置选项并且只提示给出偏移文本的注释文本和尺寸。

☑　项上注解：创建一个放置在选定参考上的新注解，直接注释到选定图元上。

☑　引线注解：创建带引线的新注解。

（2）单击"引线注解"按钮，弹出"选择参考"对话框，单击"选择参考"选项，如图 14-104 所示。

（3）在绘图界面中单击放置注释位置处，在提示输入栏输入注释文本"2×M3.5"，如图 14-105 所示。结束注释的输入，如图 14-106 所示。

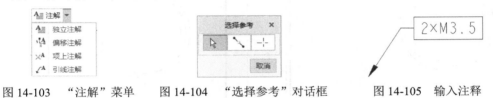

图 14-103　"注解"菜单　　　图 14-104　"选择参考"对话框　　　图 14-105　输入注释

对于键盘无法输入的符号，可以在打开的"文本符号"对话框中选取，如图 14-107 所示。

图 14-106　创建的注释　　　　　图 14-107　"文本符号"对话框

14.5.2　几何公差的标注

几何公差用来标注产品工程图中的直线度、平面度、圆度、圆柱度、线轮廓度、面轮廓度、倾斜度、垂直度、平行度、位置度、同轴度、对称度、圆跳动度和全跳动等。

操作步骤如下：

（1）单击"注释"功能区"注释"面板上的"几何公差"按钮，在需要标注"几何公差"的地方单击，打开"几何公差"操控板，如图 14-108 所示。

图 14-108　"几何公差"操控板

视频讲解

（2）在"几何公差"操控板左边的"参考"功能区中定义参考模型、参考图素的选取方式及几何公差的放置方式，在"符号"功能区中选择基准符号，在"公差和基准"功能区中定义参考基准，用户可在"主要""次要""第三"功能区中分别定义主要、次要、第三基准。在"公差值"编辑框中输入复合公差的数值，如图 14-108 所示。

（3）在"几何公差"操控板的"公差值"功能区中输入几何公差的公差值，同时指定材料状态。

（4）在"几何公差"操控板的"附加文本"功能区中可以添加文本说明。

14.6　综合实例——轴承端盖工程图

首先生成轴承端盖的主视图，再生成一个投影视图，并将投影视图转成剖视图，然后对各个视图进行尺寸标注和几何公差标注，标注几何公差时还需要插入一个基准轴，最后填写标题栏，从而完成轴承端盖零件图的绘制，如图 14-109 所示。

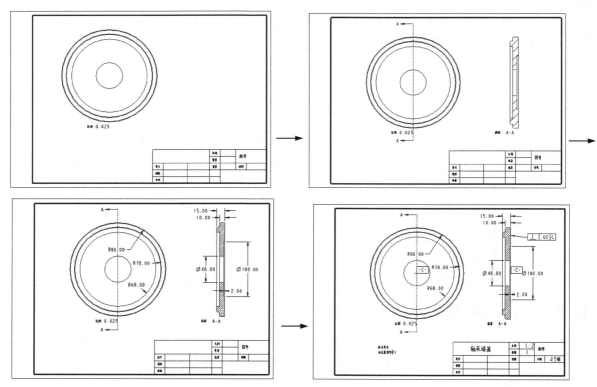

图 14-109　绘制轴承端盖流程图

操作步骤：

1．新建文件

（1）单击"快速访问"工具栏中的"新建"按钮 ，弹出"新建"对话框，在"类型"选项组中选中"绘图"单选按钮，在"文件名"文本框中输入零件图名称"轴承端盖"，如图 14-110 所示，单击"确定"按钮，弹出如图 14-111 所示的"新建绘图"对话框，单击"默认模型"选项组下的"浏览"按钮，又弹出"打开"对话框，选取网盘中的"轴承端盖.prt"文件作为默认模型，单击"打开"

按钮，又回到"新建绘图"对话框。

（2）在"指定模板"选项组中选中"格式为空"单选按钮，再单击"格式"选项组下的"浏览"按钮，弹出"打开"对话框，选取网盘中的"format14_A4.frm"图形格式文件作为工程制图的模板，如图 14-111 所示，单击"确定"按钮进入工程图模式。

图 14-110 "新建"对话框

图 14-111 "新建绘图"对话框

2. 主视图

单击"布局"功能区"模型视图"面板上的"普通视图"按钮，在图纸上单击选取视图的放置中心后，系统弹出如图 14-112 所示的"绘图视图"对话框。选择模型视图名为 FRONT，单击"应用"按钮，在"类型"列表中选择"比例"选项，如图 14-113 所示，选中"自定义比例"单选按钮，输入比例为 0.025，单击"确定"按钮，轴承端盖的主视图如图 14-114 所示。

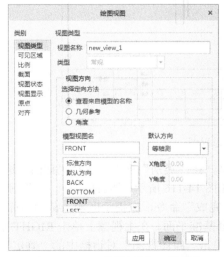

图 14-112 "绘图视图"对话框

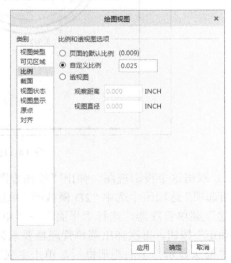

图 14-113 设置比例

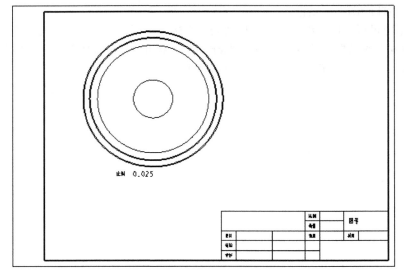

图 14-114　生成主视图

3．投影视图

（1）单击刚生成的主视图，单击"布局"功能区"模型视图"面板上的"投影视图"按钮 ，这时绘图区出现随鼠标一起移动的方框，在主视图右侧单击插入投影视图，如图 14-115 所示。

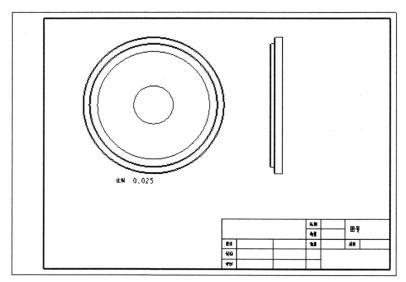

图 14-115　生成投影视图

（2）双击这个投影视图，弹出"绘图视图"对话框，在"类别"列表中选择"截面"选项，再在"截面选项"选项组中选中"2D 横截面"单选按钮，如图 14-116 所示，然后单击 按钮，弹出"横截面创建"菜单管理器，选择"平面"→"单一"→"完成"命令，在提示区输入截面名称"A"，单击"确定"按钮。再次弹出菜单管理器要求为剖面选择基准平面。在主视图上单击 RIGHT 基准面，再单击"箭头显示"下的矩形框后，单击主视图，然后单击"绘图视图"对话框中的"确定"按钮，生成如图 14-117 所示的剖视图。

图 14-116　"绘图视图"对话框和菜单管理器

（3）双击剖视图中的剖面线，弹出"修改剖面线"菜单管理器，选择"间距"命令，在弹出的"修改模式"菜单管理器中选择"半倍"命令，最后选择"完成"命令确认剖面线的修改，如图 14-118 所示。用鼠标拖动生成的两个视图来调整其位置，以使其符合国内工程图标准，结果如图 14-119 所示。

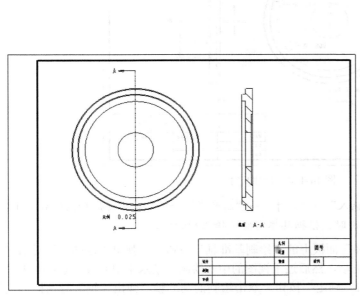

图 14-117　生成剖视图　　　　　　　　　　　图 14-118　"修改剖面线"菜单管理器

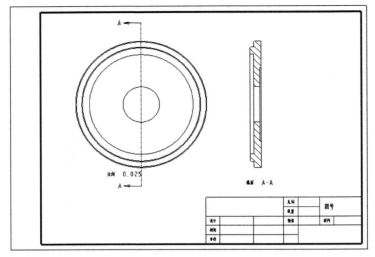

图 14-119　修改剖面线间距

4. 标注视图

（1）单击"注释"功能区"注释"面板上的"尺寸"按钮 ，弹出"选择参考"对话框，单击"选择图元"选项，对线段或圆进行尺寸标注，单击鼠标中键确认；单击"选择边或图元的中点"选项，对线段和圆等图元的间距进行标注，单击鼠标中键确认；双击标注的尺寸，弹出"尺寸属性"对话框，可以对其进行编辑。最终的尺寸标注结果如图 14-120 所示。

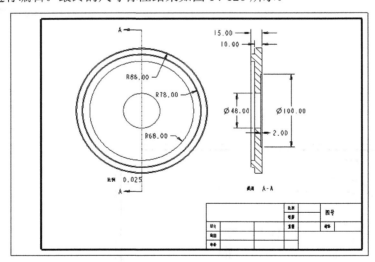

图 14-120　标注尺寸

📢 **注意**：标注圆弧时，如果选择"插入"→"尺寸"→"新参考"命令，单击圆弧标注形式为半径，双击圆弧为直径标注。使用时，根据具体需要选择正确的方式。

（2）单击"注释"功能区"注释"面板上的"绘制基准轴"按钮 ，弹出"选择点"对话框，如图 14-121 所示，选择"自由点"选项，然后过主视图的中心绘制一条水平中心线，系统弹出"名称"文本框，输入名称为"C"，单击"确定"按钮，双击绘制的基准轴，弹出"轴"对话框，选择显示类型为 -A- ，如图 14-122 所示，单击"确定"按钮，创建基准轴 C，同理，创建剖视图的基准轴

C，结果如图 14-123 所示。

图 14-121 "选择点"对话框

图 14-122 "轴"对话框

（3）单击"注释"功能区"注释"面板上的"几何公差"按钮，在剖视图右侧边线单击，拖动到适当位置单击鼠标中键，如图 14-124 所示，系统弹出如图 14-125 所示的"几何公差"操控板。在"符号"面板中单击"垂直度"按钮，再在"公差和基准"面板的"主要基准参考"文本框中输入"C"，将"总公差"设置为 0.02，结果如图 14-126 所示。

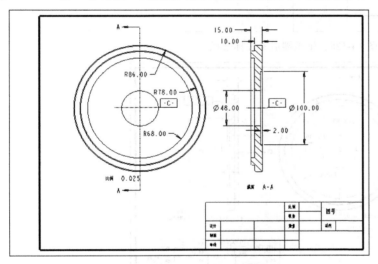

图 14-123 创建基准轴 C

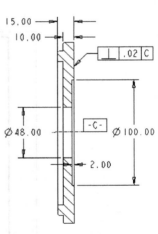

图 14-124 选择放置平面

图 14-125 "几何公差"操控板

5. 插入表及注释

（1）单击"注释"功能区"注释"面板上的"独立注解"按钮，系统弹出文本框，将文本框拖放到适当位置，单击，然后插入文本（使用 Enter 键可以换行），结果如图 14-127 所示。

（2）在标题栏中双击要填写内容的单元格，弹出"格式"操控板，在其中输入要填写的内容，单击"确定"按钮确认，同样的方法填写整个标题栏，直到所有的单元格都填写完毕。填写好的表格如图 14-128 所示。到此为止，轴承端盖的零件图全部创建完成，结果如图 14-129 所示。

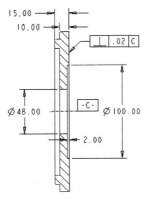

图 14-126 插入垂直度公差   图 14-127 添加技术要求

技术要求
未注圆角为R1

图 14-128 轴承端盖零件标题栏

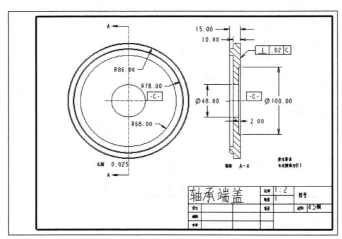

图 14-129 轴承端盖零件图

14.7 上 机 操 作

通过前面的学习，读者对本章知识有了大体的了解，本节通过两个操作练习使读者进一步掌握本章知识要点。

1. 绘制如图 14-130 所示的通盖支座工程图。

操作提示

（1）创建主视图。利用"普通视图"命令，创建主视图，如图 14-131 所示。

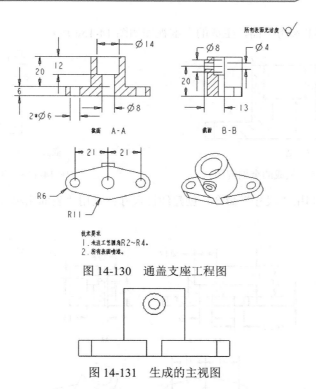

图 14-130 通盖支座工程图

图 14-131 生成的主视图

（2）创建左视图。利用"投影视图"命令，创建左视图，如图 14-132 所示。

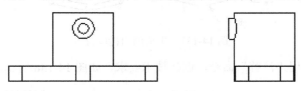

图 14-132 生成的左视图

（3）创建俯视图。利用"投影视图"命令，创建俯视图，如图 14-133 所示。

（4）创建轴测视图。利用"普通视图"命令，创建轴测视图，结果如图 14-134 所示。

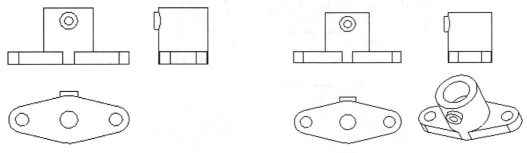

图 14-133 生成的俯视图　　　　　　　　图 14-134 生成的轴测视图

（5）创建全剖视图。双击主视图，打开"绘图视图"对话框，在俯视图上选择 FRONT 基准平面，结果如图 14-135 所示。

（6）创建半剖视图。双击左视图，打开"绘图视图"对话框，在主视图中选择 RIGHT 基准平面，在左视图中选择 FRONT 参考平面，生成的半剖视图如图 14-136 所示。

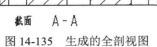
图 14-135　生成的全剖视图

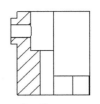
截面　B-B
图 14-136　生成的半剖视图

（7）标注尺寸。利用"尺寸"命令，创建线性尺寸；利用"表面粗糙度"命令，创建粗糙度，如图 14-137 所示。

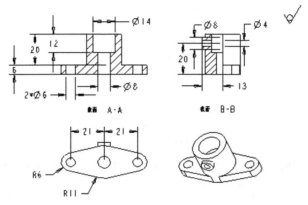
图 14-137　生成的粗糙度符号

（8）创建注释。利用"注解"命令，创建技术要求，如图 14-138 所示。

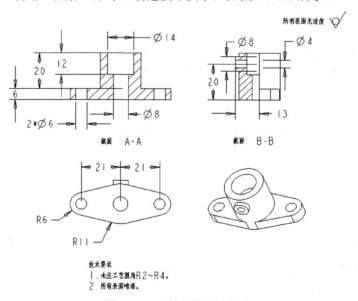
图 14-138　生成的注释结果

2．绘制如图14-139所示的平键工程图图形。

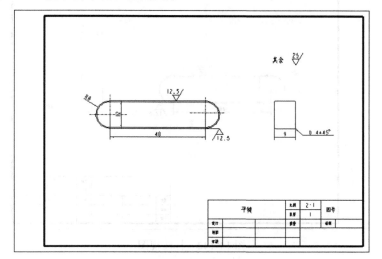

图14-139 平键工程图图形

操作提示

（1）主视图。利用"普通视图"命令，创建平键的主视图，如图14-140所示。

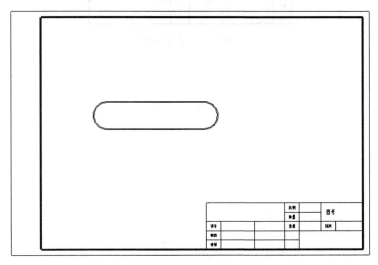

图14-140 生成平键主视图

（2）投影视图。利用"投影视图"命令，插入投影视图。结果如图14-141所示。

图14-141 生成投影视图

（3）标注视图。利用"尺寸"命令，分别对主视图和投影视图进行尺寸标注、公差标注和表面光洁度标注。完成后的结果如图14-142所示。

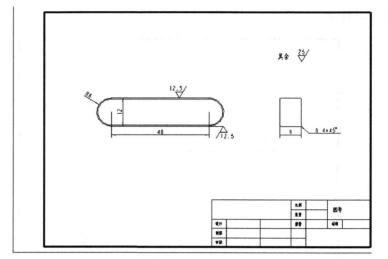

图 14-142　标注视图

（4）插入注释。利用"注解"命令，填写标题栏，如图 14-143 所示。

平键		比例	2:1	图号	
		数量	1		
设计		重量		划制	
相图					
审核					

图 14-143　平键标题栏

第15章

模型的渲染

渲染功能为工业设计人员提供了一种更有效地表示设计概念的工具，让工业设计人员快速实现模型概念化，生成光照、颜色效果，形成逼真的图片，减少原型样机成本并能够快速地将产品投放市场。

- ☑ 模型外观的设置
- ☑ 场景的设置
- ☑ 环境的设置
- ☑ 光源的设置
- ☑ 模型透视图的设置

任务驱动&项目案例

（1）

（2）

15.1 概　述

完成产品的三维建模后，为了更好地观察模型的造型、结构和外观颜色及纹理情况，需要对产品进行外观的设置及渲染处理。本节将介绍渲染有关基础知识。

15.1.1 渲染的简介

Creo Parametric 6.0 中的渲染模块可将房间、光源以及环境效果添加到模型，然后创建渲染的图像，使模型从视觉上更加逼真，更加可视化。使用渲染模块可以实现以下效果：

- ☑ 使用"外观库"将外观应用到模型，或使用"外观管理器"修改模型的外观或材质。
- ☑ 使用"场景"对话框中的"房间"选项卡将模型放置到房间中，并可以修改房间的墙壁、天花板和地板。
- ☑ 使用"场景"对话框中的"光源"选项卡添加或修改模型中的光照效果。
- ☑ 使用"场景"对话框中的"效果"选项卡添加环境效果，如反射设置、色调映射、背景设置等。
- ☑ 使用"场景"对话框中的"场景"选项卡，将上述所有效果组合保存为场景文件。可将这些场景重新用于不同的模型，或修改现有的场景，以适合当前模型化的对象。
- ☑ 设置模型的透视图。
- ☑ 对模型进行贴图（贴花）。

以上的这些功能都可以在渲染模块中实现，渲染中外观的设置、房间的布置和灯光的调整都是本章的重点和难点，要获得比较美观的渲染效果，要求熟练掌握渲染的各项功能，反复练习调试，从而获得一定的渲染经验。

15.1.2 渲染的主要术语

要得到一张美观的效果图，就要运用到渲染中的许多功能，这里就涉及比较多的专业术语，了解专业术语有助于更加方便地运用渲染的各种功能。本节将介绍渲染过程中比较常用的专业术语的含义及其用法。

- ☑ Alpha：图像文件中可选的第四通道，通常用于复合图像，就是将图像中的某种颜色处理成透明。
- ☑ RGB：将红、绿、蓝三原色以各种方式组合而生成其他颜色的颜色模型。
- ☑ 凹凸图：一种单通道纹理图，创建曲面凹凸不平的效果。
- ☑ 背景：在其中渲染模型的环境。
- ☑ 场景：应用于模型的渲染设置集合。这些设置包括光源、房间和效果。
- ☑ 成角度锐化纹理：一种渲染选项，对于与视图成某一阴影角度渲染的纹理图像进行锐化。
- ☑ 锐化几何纹理：一种渲染选项，使渲染几何纹理更加清晰。
- ☑ 地面阴影：一种切换地面阴影的渲染选项。
- ☑ 反射：模型反射环境的程度。
- ☑ 反射房间：一种渲染选项，可控制房间在模型上的反射。
- ☑ 反射深度：光线从表面反射的次数。增加深度会增加渲染的时间。

- ☑ 折射深度：光线从表面折射的次数。增加深度会增加渲染的时间。
- ☑ 房间：渲染模型的环境。一个长方体房间具有 4 个壁、一个天花板和一个地板。一个圆柱形房间具有一个壁、一个地板和一个天花板。
- ☑ 光源：所有渲染均需要光源，光源具有位置、颜色和亮度。有些光源还具有方向性、扩散性和汇聚性。6 种类型光源是指室内光、环境光、天空光源、远光源、灯泡和聚光灯。
- ☑ 环境光：平均作用于渲染场景中所有对象各部分的一种光。
- ☑ 环境光反射：一种曲面属性，用于决定该曲面对环境光源光的反射量，而不考虑光源的位置或角度。
- ☑ 加亮强度：突出显示颜色区的亮度。
- ☑ 加亮颜色：从模型中反映出来的加亮部分的颜色。
- ☑ 景深：照相机的最近聚焦点和最远聚焦点之间的距离。
- ☑ 聚光灯：一种光源类型，其光线被限制在一个锥体中。聚光灯作用于曲面的效果取决于光源距曲面的位置。
- ☑ 散射：光散射用于模拟光在一种介质（如充满烟雾的房间或多烟雾的大气）中的空气散射或体积散射的效果。
- ☑ 色调：颜色的基本阴影或色泽。
- ☑ 饱和度：颜色中色调的纯度。
- ☑ 亮度：颜色的明暗程度。
- ☑ 调色板：在编辑器中一起显示的渲染对象的集合。调色板可用于外观、光源和场景。
- ☑ 贴花：四通道纹理图，由标准颜色纹理图和透明度（或 Alpha）通道组成。
- ☑ 透视图：以肉眼感知现实世界中 3D 对象的方式查看模型。
- ☑ 像素：图像的单个点，通过将红、绿和蓝三原色加以组合来显示。
- ☑ 消除锯齿：平滑位图图像中对角线和边的锯齿外观的方法。
- ☑ PhotoRender：Creo Parametric 6.0 提供的一种渲染程序（渲染器），专门用来建立场景的光感图像。
- ☑ Photolux：Creo Parametric 6.0 提供的另一种高级渲染程序（渲染器），实际应用中建议使用这种渲染器。

15.2 模型外观的设置

模型的外观可以通过颜色、纹理，或者通过颜色和纹理的组合来定义。外观的设置主要是通过"外观管理器"进行的。

15.2.1 外观管理器

单击"视图"功能区按钮，进入视图模块，单击"视图"功能区"外观"面板上的"外观"下的倒三角符号，弹出如图 15-1 所示的下拉列表。单击列表中的"外观管理器"按钮，系统弹出如图 15-2 所示的"外观管理器"对话框，在此对话框中可以对模型的外观进行设置。

外观管理器主要由以下几个部分构成：外观过滤器、"视图"选项、"我的外观"调色板、"模型"调色板、"库"调色板、外观预览区和外观属性区。下面介绍以上几个部分的功能及其用法。

外观过滤器　　　　　"视图"选项

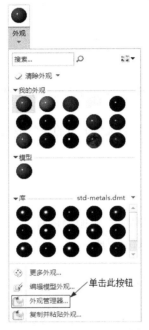

图 15-1　"外观"下拉列表

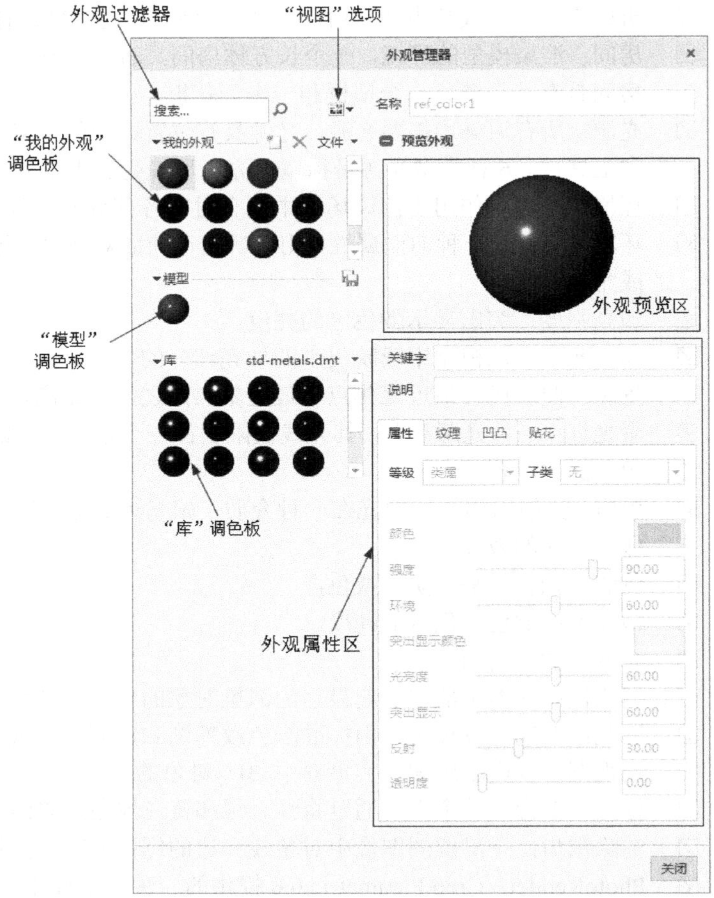

图 15-2　"外观管理器"对话框

1. 外观过滤器

外观过滤器可用于在"我的外观""模型""库"调色板中查找外观。要过滤调色板中显示的外观列表，可以在外观过滤器文本框中指定关键字符串，然后单击🔍按钮。搜索后单击✕按钮可取消搜索，并显示调色板中的所有外观。

2. "视图"选项

单击 ⊞▼中的倒三角符号，弹出如图 15-3 所示的下拉列表。通过"小缩略图""大缩略图""名称和缩略图""仅名称"可以设置调色板中的缩略图显示。默认设置为"小缩略图"。单击"渲染的示例"可对缩略图进行渲染。选中"显示工具提示"复选框可启用外观缩略图的工具提示。

图 15-3　"视图"选项下拉列表

3. "我的外观"调色板

"我的外观"调色板显示用户创建并存储在启动目录或指定路径中的外观。该调色板显示缩略图颜色样本以及外观名称。

单击外观库中的某一外观，可以修改该外观的名称、说明、关键字或属性，但是默认外观 ref_color1 始终显示在调色板中。默认外观没有关键字，无法修改默认外观的名称、说明、关键字或属性。

可通过选择以下选项来新建、删除或保存"我的外观"：

☑　单击 按钮创建新外观。

☑　单击 按钮删除现有外观。

☑　单击"文件"下的倒三角符号，弹出如图 15-4 所示的下拉列
表；单击"打开"表示打开现有外观文件（.dmt）；单击"附
加"表示打开外观文件（.dmt），并将其内容添加到调色板；
单击"另存为"将所选外观另存为 .dmt 文件，同时也会保存
外观的名称、说明和关键字。

图 15-4　　"文件"下拉列表

4．"模型"调色板

"模型"调色板显示在活动模型中存储和使用的外观。右击缩略图，在弹出的快捷菜单中选择"新
建 Copy to My Appearances"命令，即可将选定外观复制到"我的外观"调色板。单击 按钮将"模
型"调色板中的选定外观另存为.dmt 文件。

5．"库"调色板

"库"调色板将 Photolux 库和系统库中的预定义外观显示为缩略图颜色样本。右击缩略图，在弹
出的快捷菜单中选择 Copy to My Appearances 命令，即可将选定外观复制到"我的外观"调色板。

6．外观预览区

外观预览区由以下元素组成：

☑　显示当前材料属性的外观球。

☑　"名称"显示选定外观的名称。

☑　"关键字"显示选定外观的关键字。搜索外观时，外观过滤器使用这些关键字。

☑　"说明"显示选定外观的说明。搜索外观时，外观过滤器不使用该说明。

7．外观属性区

外观属性区由以下两元素组成。

☑　"基本"功能区：包含外观"类"和"子类"，分别列出了外观的不同类以及选定类中的材
料类型。

☑　"贴图"功能区：可在模型表面上附着图片，用来表达模型表面凹凸不平的程度、模型的材
质纹理和模型表面上的图案。

15.2.2　　"属性"选项卡

在如图 15-5 所示的"外观管理器"对话框的"属性"选项卡中，"属性"外观主要用来设置模型
的材质及外观颜色外观，可模拟模型的外表和观感，以及光源在其上所产生的效果。它包括了颜色、
环境、光亮度、强度、反射率、透明、外观映射等，以满足消费者对产品视觉效果上的需求。

在"属性"选项卡的"等级"和"子类"中可以对产品的外观进行分类，在"等级"中有如
图 15-6 所示的几个分类，每个分类对应不同的着色类型。

"属性"选项卡中包括"颜色"和"突出显示颜色"两个部分，颜色用于设置模型材料本体的颜
色、强度、环境；突出显示颜色用于控制模型的突出显示颜色区。

1．颜色

（1）单击"颜色"后面的颜色矩形框，系统弹出如图 15-7 所示的"颜色编辑器"对话框，可创
建和修改颜色、定制几何项目（如曲线和曲面）以及界面项目（字体和背景）的显示。对话框中包括

以下几个部分。

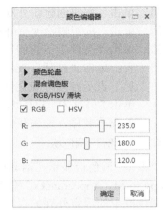

图 15-5　外观属性区　　　　图 15-6　等级　　　图 15-7　"颜色编辑器"对话框

☑　颜色轮盘：用于选取颜色及其亮度级，如图 15-8 所示。

☑　混合调色板：用于将多达 4 种颜色进行连续混合，如图 15-9 所示。

图 15-8　颜色轮盘　　　　　　　图 15-9　混合调色板

☑　RGB：拖动滚动条可以改变 RGB 的值，RGB 的取值范围为 0～255。将所有这 3 个 RGB 值都设为 0 可产生黑色；将它们都设为 255 可产生白色。

☑　HSV：使用色调、饱和度和亮度来选取颜色。色调用于定义主光谱颜色；饱和度决定颜色的浓度；亮度可控制颜色的明暗。色调值的范围为 0～360，而饱和度和亮度值的范围是 0～100。

（2）强度：控制模型表面反射光源光线的程度，反映在视觉效果上是模型材料本体的颜色变明或变暗。可拖动滚动条或输入值来设置强度的大小。

（3）环境：控制模型表面反射环境光的程度，反映在视觉效果上是模型表面变明或者变暗。可拖动滚动条或输入值来设置环境的大小。

2．突出显示颜色

（1）单击"突出显示颜色"后面的颜色矩形框，弹出"颜色编辑器"对话框，可以编辑突出显示颜色区的颜色。

📢 注意：在"场景"的"光源"功能区中，单击颜色矩形框，也可以弹出"颜色编辑器"对话框。

（2）光亮度：控制突出显示颜色区的范围大小。突出显示颜色区越小，则模型表面越有光泽。

（3）突出显示：控制突出显示颜色区的光强度，它与光强度和材质的种类直接相关。高度抛光的金属应设置成较明亮，使其具有较小的明突出显示颜色区；而蚀刻过的塑料应设置成较暗淡，使其具有较大的暗突出显示颜色区。

（4）反射：控制局部对空间的反射程度。阴暗的外观比光亮的外观对空间的反射要少。

（5）透明度：控制透过曲面可见的程度。

15.2.3　"纹理"选项卡

在"外观管理器"对话框"纹理"选项卡的下拉列表框中可以选择"图像"选项，如图 15-10 所示，单击后面的▢按钮，弹出"打开"对话框，可以选择所需的纹理图像。

图 15-10　"纹理"选项卡

🔊 **注意**：在模型表面加上"颜色纹理"后，纹理将覆盖模型的整个表面，从而使模型本身的颜色不起作用。

15.2.4　"凹凸"选项卡

单击"外观管理器"对话框中的"凹凸"按钮，在选项卡中单击"关闭"后面的倒三角符号可以选择"图像""毛坯""注塑"或"泡沫"纹理类型。单击"凹凸"矩形框，弹出"打开"对话框，选取某种图像，可在模型上放置凹凸图片；单击"清除"按钮✓可以清除凹凸图像。

🔊 **注意**：只有将渲染器设置为 PhotoLux 时，用于"凹凸"的"毛坯""注塑""泡沫"值才可用。

15.2.5　"贴花"选项卡

贴花，可在零件的表面放置一种图案，一般是在模型上的指定位置进行贴花。贴花后，指定区域内部将填充图案并覆盖其下面的外观，没有贴花之处则显示其下面的外观，即贴花位于所有颜色纹理的顶层，就像是黏膜或徽标。贴花也可包括透明区域，即使该区域位于图像之内，也允许透过它显示基本颜色或颜色纹理。单击"外观管理器"对话框中的"贴花"按钮，单击"关闭"后面的倒三角符号可以选择"图像"贴花类型；单击"贴花"矩形框，弹出"打开"对话框，选取某种图像，可在模型上放置贴花图片；单击"清除"按钮✓可以清除贴花图像。

下面以例子来说明"贴花"选项卡的使用方法。

1．打开模型

启动 Creo Parametric 6.0，单击"快速访问"工具栏中的"打开"按钮📂，弹出"打开"对话框，打开网盘"源文件"→"第 15 章"→"圆柱"，然后打开模型"圆柱.prt.1"文件，模型如图 15-11 所示。

2．进入"视图"模块

打开模型后，单击"视图"功能区按钮，进入"视图"模块。

3．进入"外观管理器"

图 15-11　打开模型

单击"视图"功能区"外观"面板上的"外观"→"外观管理器"按钮🖼，弹出"外观管理器"对话框，如图 15-12 所示。

4．对模型进行贴花

单击"我的外观"调色板中（除了默认外观 ref_color 以外）的任何一个外观球，单击对话框中的"贴花"按钮，然后在"贴花"选项卡中单击"关闭"后面的倒三角符号，选择"图像"贴花类型，单击"贴花"左边的矩形框按钮，弹出"打开"对话框，选择"圆柱"中的"龙"图像，单击"打开"

按钮，单击"关闭"按钮。

5. 应用外观

单击"视图"功能区"外观"面板上的"外观库"按钮 ，此时鼠标在图形区显示毛笔状态，选择如图 15-13 所示圆柱的曲面，然后单击"选择"对话框中的"确定"按钮，可以看到模型贴花后的效果如图 15-14 所示。

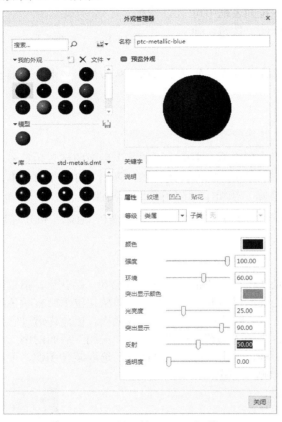

图 15-12　"外观管理器"对话框

图 15-13　选择曲面

图 15-14　贴花的模型

15.2.6　外观的应用、保存与修改

1. 外观的应用

（1）选定某种外观后，单击"外观管理器"对话框中的"关闭"按钮。

（2）单击"视图"功能区"外观"面板上的"外观库"按钮 ，此时鼠标在图形区显示毛笔状态。

（3）选择要设置外观的对象，然后单击"选择"对话框中的"确定"按钮。

（4）如果要清除所定义的外观，可单击工具栏外观球下的倒三角符，在弹出的下拉菜单中单击"清除外观"按钮 ，然后选取此前定义外观的对象，单击"选择"对话框中的"确定"按钮，完成清除外观。

2. 外观的保存

设置好模型的外观后，可单击"外观管理器"对话框中 文件 ▼ 的倒三角符号，单击"另存为"按钮，弹出另存为对话框，将外观保存为外观文件。默认时，外观文件以.dmt 格式保存。若要再次使用此外观，单击"文件"→"打开"按钮，即可恢复外观。

3．外观的修改

（1）单击"视图"功能区"外观"面板上的"外观"→"外观管理器"按钮，弹出"外观管理器"对话框。

（2）单击"清除外观"按钮。

（3）单击"文件"→"附加"按钮，载入一个保存的外观文件，并将其内容添加到调色板。

（4）在"我的外观"调色板中单击要修改的外观，然后在"外观管理器"对话框的"属性""纹理""凹凸""贴花"几个选项卡中修改外观。

（5）设置好模型的外观后，单击"编辑模型外观"按钮，弹出"模型外观编辑器"对话框，以编辑应用于模型的外观，如图 15-15 所示。单击对话框右上方的按钮，在视图中选择一个对象以编辑外观，则"贴花"选项卡如图 15-16 所示。

图 15-15　"模型外观编辑器"对话框

图 15-16　"贴花"选项卡

☑　在"类型"下拉列表框中包括 4 种放置纹理的类型：平面、圆柱、球、参数。

❖　平面：用于平整、不复杂的对象或曲面，映像落在整个应用区域上。

❖　圆柱：用于圆柱形的对象或曲面。

Note

❖ 球：用于球面对象或曲面。

❖ 参数：用于模型中可以使用某种材料单独进行映射的曲面，此方法根据曲面的 u-v 坐标系进行映射。

☑ 极：用于设置极的旋转角度。

☑ "X/Y 比例"区域：X 是指为单个副本设置 X 方向的比例，或为多个副本设置 X 方向的副本数。Y 是指为单个副本设置 Y 方向的比例，或为多个副本设置 Y 方向的副本数。

☑ "X/Y 位置"区域：X 是指设置 X 方向上图的位置。Y 是指设置 Y 方向上图的位置。

☑ 旋转：是指设置图的旋转角度。

☑ "反向"区域：🖳是将图设置成竖直反向。🖵是指将图设置成水平反向。

15.2.7　更改艺术灯外观

下面以一盏艺术灯为例说明设置模型外观的方法。

1. 打开模型

启动 Creo Parametric 6.0，单击"快速访问"工具栏中的"打开"按钮🗁，弹出"打开"对话框，打开网盘"源文件"→"第 15 章"→"艺术灯"，然后打开装配模型"艺术灯.asm"文件，模型如图 15-17 所示。

2. 进入渲染模块

打开模型后，单击"视图"功能区按钮，进入视图模块。

3. 渲染底板

（1）单击"视图"功能区"外观"面板上的"外观"下的倒三角符号，弹出如图 15-18 所示的下拉列表，单击"外观管理器"按钮🖻，弹出"外观管理器"对话框。

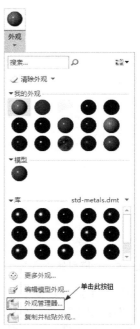

图 15-17　打开模型　　　　　　　　　图 15-18　"外观"下拉列表

Note

（2）单击"我的外观"调色板中（除了默认外观 ref_color 以外）的任何一个外观球，"贴花"选项卡被激活，在"贴花"选项卡中单击"关闭"后面的倒三角符号，选择"图像"贴花类型，然后单击"贴花"矩形框，弹出"打开"对话框，选择软件图片库中的 metal→Brushed-bump.jpg 图像，如图 15-19 所示，单击"打开"按钮。

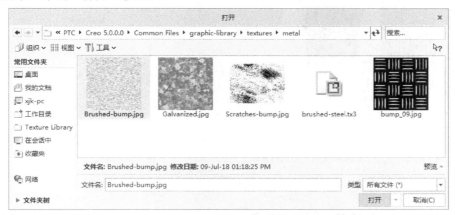

图 15-19　选择贴花图像

（3）在"外观管理器"对话框的"属性"选项卡中编辑外观属性，将"颜色"和"突出显示颜色"的参数调整至如图 15-20 所示的数值，单击"关闭"按钮。

（4）单击"视图"功能区"外观"面板上的"外观"按钮●，此时鼠标在图形区显示毛笔状态，选择视图中的底板元件，如图 15-21 所示，单击鼠标中键结束命令，可以看到模型贴花后的效果如图 15-22 所示。

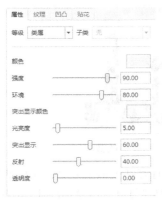

选择底板

图 15-20　设置参数值　　　　图 15-21　选择底板　　　　图 15-22　效果图

4. 为元件进行木质贴花

（1）单击"视图"功能区"外观"面板上的"外观"→"外观管理器"按钮，弹出"外观管理器"对话框。

（2）单击"我的外观"调色板中（除了默认外观 ref_color 以外）的任何一个外观球，"贴花"选项卡被激活，在"贴花"选项卡中单击"关闭"后面的倒三角符号，选择"图像"贴花类型，然后单击"贴花"矩形框，弹出"打开"对话框，选择软件图片库中的 wood→Mahogany→Mahogany-color.jpg 图像，如图 15-23 所示，单击"打开"按钮。

（3）在"外观管理器"对话框的"属性"选项卡中编辑外观属性，将"颜色"和"突出显示颜色"的参数调整至如图 15-24 所示的数值，然后单击"关闭"按钮。

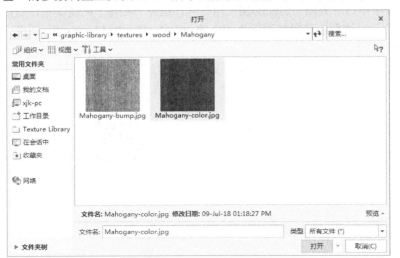
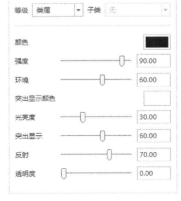

图 15-23   选择贴花图像   图 15-24   设置参数值

（4）单击"视图"功能区"外观"面板上的"外观"按钮●，此时鼠标在图形区显示为毛笔状态，按住 Ctrl 键选择如图 15-25 所示的元件，单击鼠标中键结束命令，可以看到模型贴花后的效果如图 15-26 所示。

图 15-25   选择元件（1）   图 15-26   模型贴花后的效果图

（5）由于开关外面的壳在整个装配图中不能被单独选中，所以要打开开关渲染外壳。在模型树中右击⬜ ᵇ底座.ASM组件下的⬜ ᵇ开关.PRT元件，在弹出的快捷菜单中选择"打开"命令，打开"开关"元件，如图 15-27 所示，按照步骤（2）的方法设置外观球●，然后按住 Ctrl 键选择开关的外壳。单击鼠标中键结束命令，可以看到模型渲染后的效果，如图 15-28 所示。

图 15-27   选择元件（2）   图 15-28   开关外壳渲染效果图

5. 渲染开关

在"我的外观"调色板中选择红色外观球●，并在"渲染"功能区"外观"面板上单击此外观球，然后按住 Ctrl 键在上面的开关视图中选择开关按钮，如图 15-29 所示。单击鼠标中键结束命令，可以看到模型渲染后的效果如图 15-30 所示。

图 15-29　选择开关按钮

图 15-30　开关渲染效果图

6. 渲染 5 个圆球和灯柱

（1）切换窗口回到整个艺术灯，在"我的外观"调色板中选择黄色外观球●，并在"视图"功能区"外观"面板中单击此外观球，然后按住 Ctrl 键选择如图 15-31 所示的元件。单击鼠标中键结束命令，可以看到模型渲染后的效果如图 15-32 所示。

图 15-31　选择元件（3）

图 15-32　圆球和灯柱渲染效果图

（2）由于灯柱和电灯连在一起，在整个装配图中不能被单独选中，所以要单独打开灯柱。右击模型树中的□┗灯罩.ASM下的□┗支撑杆2.PRT，在弹出的快捷菜单中选择"打开"命令，弹出窗口，按住 Ctrl 键选择除灯泡外的所有元件，单击鼠标中键结束命令，可以看到模型渲染后的效果如图 15-33 所示。

7. 渲染灯泡

（1）在"我的外观"调色板中选择 ptc-glass 外观球，单击"外观管理器"按钮□，弹出"外观管理器"对话框。在"属性"选项卡中编辑外观属性，将"颜色"和"突出显示颜色"的参数调整至如图 15-34 所示的数值，单击"关闭"按钮。

（2）在"渲染"功能区"外观"面板上单击"外观库"按钮●，并选择灯泡元件，然后单击"选择"对话框中的"确定"按钮，可以看到模型渲染后的效果如图 15-35 所示。

8. 渲染灯盖

切换窗口回到整个艺术灯，在"我的外观"调色板中选择绿色外观球●，并在"渲染"功能区"外观"面板中单击此外观球，然后按住 Ctrl 键选择如图 15-36 所示的元件。单击鼠标中键结束命令，可以看到模型渲染后的效果如图 15-37 所示，完成艺术灯外观的设置。

图 15-33　灯柱渲染效果图

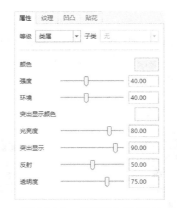

图 15-34　"属性"选项卡

图 15-35　灯泡渲染效果图

图 15-36　选择灯盖

图 15-37　灯盖渲染效果图

15.3　场景的设置

　　场景文件是一组应用到模型的渲染设置，它可以将场景库中的场景应用到模型中。本节将介绍场景设置有关的基础知识。

　　单击"视图"功能区"外观"面板上的"场景"→"编辑场景"按钮，系统弹出"场景编辑器"对话框，如图 15-38 所示。在"场景编辑器"对话框中可以向"场景库"中添加场景、创建新场景、复制现有场景、编辑当前场景以及保存供日后使用。

　　双击"场景编辑器"对话框中的场景缩略图，可以将场景应用到模型，也可右击缩略图，在弹出的快捷菜单中选择"激活"命令来应用场景。应用场景时，只有当相应功能区中启用了光源和房间设置时，光源和房间才会显示。下面介绍"场景编辑器"对话框中的各功能选项。

　　（1）单击"场景编辑器"对话框中的　按钮，带有默认设置的场景即会添加到"场景库"中，同时应用到模型中。

　　（2）在活动场景中，新建的场景是系统默认的，不能改动，但是可以在"说明"输入框中填上一些信息。

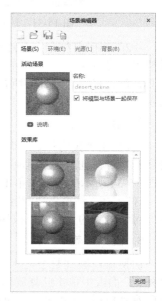

图 15-38　"场景编辑器"对话框

（3）选中"将模型与场景一起保存"复选框，可以将模型与场景一起保存。

（4）可根据需要编辑光源、环境和背景选项。

（5）单击"场景编辑器"对话框中的 按钮打开"另存为"对话框，可以将场景保存为带有.scn 扩展名的场景文件。

（6）单击"场景编辑器"对话框中的 按钮，可以将场景添加到调色板中。

（7）单击"场景编辑器"对话框中的 按钮，可以复制场景文件。

15.4 环境的布置

环境是用于设置渲染的场所，是渲染图像的组成部分。一个定义明确的环境可展示模型的最佳特征。

下面介绍环境布置的一般过程。

（1）单击"视图"功能区"外观"面板上的"场景"→"编辑场景"按钮，弹出"场景编辑器"对话框，如图 15-39 所示，打开"环境"选项卡，如图 15-40 所示。

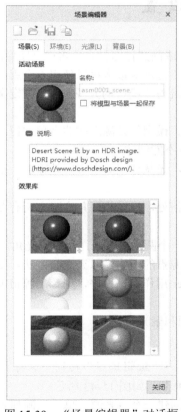

图 15-39 "场景编辑器"对话框

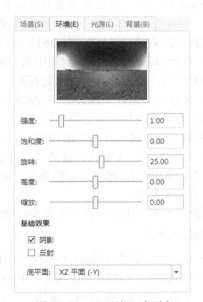

图 15-40 "环境"选项卡

（2）单击"环境"选项卡中选取框，系统弹出如图 15-41 所示的"打开"对话框，在此对话框中可以设置所需的环境。

图 15-41　"打开"对话框

15.5　光源的设置

所有渲染都必须有光源。使用光源加亮模型的某些部分或创建背面衬光，将提高图像的质量。

对于着色图像，通过"场景编辑器"对话框中的"光源"选项卡最多可以使用 6 个用户定义光源和两个默认光源。仅能将光散射效果应用到"灯泡"和"聚光灯"类型的光源。为模型定义的每个光源都会增加渲染时间。可用光源类型有以下几种。

（1）环境光源：环境光源能均匀地照亮所有曲面。不管模型与光源之间的夹角如何，光源在房间中的位置对渲染没有任何影响。环境光源默认存在，而且不能创建。

（2）点光源：这种光源与房间中的灯泡发出的光相似，光从灯泡的中心向外辐射。根据曲面与光源的相对位置，曲面的反射光也会有所不同。

（3）平行光：定向光源投射平行光线，无论模型位于何处，均以相同角度照亮所有曲面。此类光源可模拟太阳光或其他远距离光源。

（4）聚光灯：聚光灯与灯泡相似，但其光线被限制在一个圆锥体之内，称为聚光角。

（5）天空光源：天空光源提供了一种使用包含多个光源点的半球模拟天空的方法。要精确地渲染天空光源，必须使用 Photolux 渲染器。如果将 Photorender 用作渲染程序，则该光源将被处理为远距离类型的单个光源。

下面介绍经常要用到的两种光源的创建方法——点光源和聚光灯。

1. 创建点光源

（1）单击"视图"功能区"外观"面板上的"场景"→"编辑场景"按钮，系统弹出"场景编辑器"对话框，如图 15-42 所示，切换到"光源"选项卡，如图 15-43 所示。

（2）单击"添加新的灯泡"按钮，在光源列表中新创建一个点光源。单击光源列表中的按钮，可以设置光源的显示状态。

（3）在"名称"文本框中可以定义所建点光源的名称，拖动"强度"滑块或在文本框中输入值可以设置光源的强度。

（4）选中"启用阴影"复选框，拖动滑块或在文本框中输入值调整阴影的柔和度或硬度。

注意： 只有在使用 Photolux 渲染器时，才能看到清晰的阴影与柔和阴影的效果。

（5）设置光源的位置，单击 位置… 按钮，系统弹出"光源位置"对话框，如图 15-44 所示。在"源位置"选项组中，滚动 X、Y、Z 滚轮或在文本框中输入值可以调整光源在 X、Y、Z 方向的位置；在"瞄准点位置"选项组中，滚动 X、Y、Z 滚轮或在文本框中输入值可以调整瞄准点在 X、Y、Z 方向的位置。

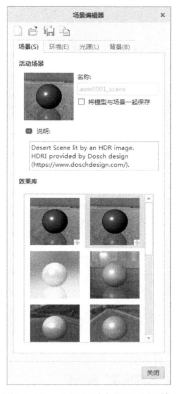

图 15-42　"场景编辑器"对话框　　　　图 15-43　"光源"选项卡　　　　图 15-44　"光源位置"对话框

注意： 这里的 X 方向指的是正方向向右的水平方向 X，Y 方向是指正方向向上的竖直方向 Y，Z 方向是指与显示器屏幕垂直的方向，这 3 个方向始终保持不变，与系统默认的坐标系无关。

（6）选中"显示光源"复选框，可以控制光源的显示状态。

（7）在 锁定到： 照相室 中可以设置光源的锁定方式，有以下几种锁定方式：

☑　照相室：将光源固定到某照相室。光源始终照亮视图的同一点，与房间和模型的旋转无关。

☑　模型：将光源固定到模型。光源始终照亮模型的同一点，与视点无关。

☑　相机：光源固定在与相机相对的某位置。

2. 创建聚光灯

（1）单击"视图"功能区"外观"面板上的"场景"→"编辑场景"按钮，系统弹出"场景编辑器"对话框，切换到"光源"选项卡，如图 15-45 所示。

（2）单击"添加新聚光灯"按钮，在光源列表中新创建一个聚光灯。单击光源列表中的 按钮，可以设置光源的显示状态。

（3）在"名称"文本框中可以定义所建聚光灯的名称，拖动"强度"滑块或在文本框中输入值可以设置光源的强度。

（4）在"聚光灯"区域，可以设置"角度"和"焦点"，"角度"用来控制光束的角度，"焦点"用来控制光束的焦点。

（5）选中"启用阴影"复选框，拖动滑块或在文本框中输入值调整阴影的柔和度或硬度。

（6）设置光源的位置，单击 位置 按钮，系统弹出"光源位置"对话框，如图15-46所示。

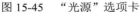

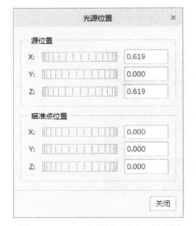

图15-45　"光源"选项卡　　　　　　　图15-46　"光源位置"对话框

注意：开始时，好的光照位置是稍高于视点并偏向旁边（试一下45°角），类似于一个位于肩膀上方的光源。

散布各个光源，不要使某个光源过强。

如果使用只从一边发出的光源，模型看起来将太刺目。

太多的光源将使模型看起来像洗过一样。

15.6　模型透视图的设置

透视图渲染模型、图像或图形的真实视图。远处对象看起来比前景中的对象小。透视是指人眼看到的模型是与模型的空间属性或尺寸有关，还是与人眼相对于模型的位置有关。

透视图设置可用于在透视图中操控模型视图，也可以操控目视距离和焦距，以调整模型的透视量和观察角度。

单击"视图"功能区"模型显示"面板上的"透视图"按钮，可以将视图中的模型快速地设置为透视图。透视图的参数是系统默认的，如图 15-47 所示是设置透视图前的状态，如图 15-48 所示是设置透视图后的状态。

图 15-47　设置透视图前的状态

图 15-48　设置透视图后的状态

15.7　综合实例——战斗机

本节将以战斗机的渲染过程为例综合说明渲染的一般操作过程。最终效果图如图 15-49 所示。

操作步骤：

1. 打开模型

启动 Creo Parametric 6.0，单击"快速访问"工具栏中的"打开"按钮🗁，弹出"打开"对话框，打开网盘"源文件"→"第 15 章"→"飞机"，然后打开装配模型"战斗机.asm"文件，模型如图 15-50 所示。

图 15-49　战斗机渲染效果图

图 15-50　打开模型

2. 重定向视图

单击"视图"功能区，进入"视图"模块。单击"方向"工具栏中的"已保存方向"按钮下的倒三角，单击下拉列表中的"重定向"按钮，弹出如图 15-51 所示的"视图"对话框，将模型调整至如图 15-50 所示的状态，在"视图名称"文本框中输入名称"1"，单击"保存"按钮，再单击"确定"按钮，完成视图的重定向。

3. 设置头部的外观

（1）在模型树中选中 机身.PRT 元件，右击，在弹出的快捷菜单中选择"打开"命令，则弹出机身窗口，单击"视图"功能区，进入"视图"模块。

（2）单击"视图"功能区"外观"面板上的"外观"→"外观管理器"按钮，弹出如图 15-52 所示的"外观管理器"对话框。

（3）在"我的外观"调色板中选择 ptc-metallic-aluminium 外观球，"属性"选项卡中各项参数的设置如图 15-53 所示，单击"关闭"按钮。

图 15-51　"视图"对话框

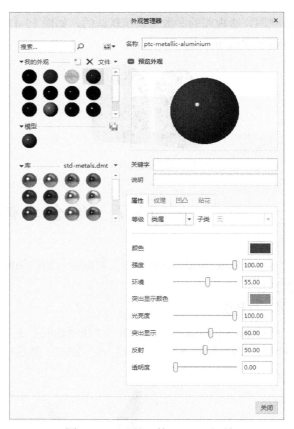

图 15-52　"外观管理器"对话框

（4）单击"视图"功能区"外观"面板上的"外观"按钮●，鼠标变成毛笔状态，单击如图 15-54 所示的机头部分，然后单击鼠标中键结束命令，完成机头的外观设置。

图 15-53　头部外观"属性"选项卡

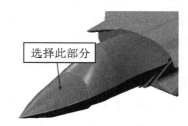

图 15-54　选择头部设置对象

4. 设置机头与玻璃窗交界部分的外观

（1）单击"视图"功能区"外观"面板上的"外观"→"外观管理器"按钮，弹出"外观管理器"对话框。

（2）在"我的外观"调色板中选择 ptc-metallic-gold 外观球，"属性"选项卡中各项参数的设置如图 15-55 所示，单击"关闭"按钮。

（3）单击"渲染"功能区"外观"面板上的"外观"按钮 ●，鼠标变成毛笔状态，按住 Ctrl 键选择如图 15-56 所示的机头与玻璃窗交界部分，然后单击鼠标中键结束命令，完成机头与玻璃窗交界部分的外观设置。

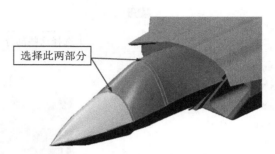

选择此两部分

图 15-55　交界部分外观"属性"选项卡

图 15-56　选择交界部分设置对象

5. 设置玻璃窗部分的外观

（1）单击"视图"功能区"外观"面板上的"外观"→"外观管理器"按钮 🖼，弹出"外观管理器"对话框。

（2）在"我的外观"调色板中选择 ptc-glass 外观球，"属性"选项卡中各项参数的设置如图 15-57 所示，单击"关闭"按钮。

（3）单击"视图"功能区"外观"面板上的"外观"按钮 ●，鼠标变成毛笔状态，单击如图 15-58 所示的玻璃窗部分，然后单击鼠标中键结束命令，完成玻璃窗部分的外观设置。

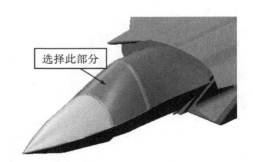

选择此部分

图 15-57　玻璃窗部分外观"属性"选项卡

图 15-58　选择玻璃窗部分设置对象

6. 设置机身五角星和矩形图标的外观

（1）单击"视图"功能区"外观"面板上的"外观"→"外观管理器"按钮 🖼，弹出"外观管理器"对话框。

（2）在"我的外观"调色板中选择 ptc-painted-red 外观球，"属性"选项卡中各项参数的设置如图 15-59 所示，单击"关闭"按钮。

（3）单击"视图"功能区"外观"面板上的"外观"按钮●，鼠标变成毛笔状态，按住 Ctrl 键选择如图 15-60 所示的五角星和矩形图标部分，然后单击鼠标中键结束命令，完成机身五角星和矩形图标部分的外观设置。

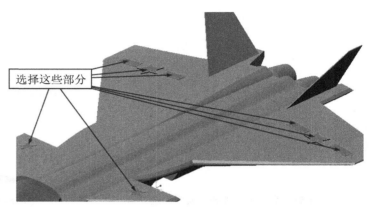

选择这些部分

图 15-59　机身五角星和矩形图标
"属性"选项卡

图 15-60　选择机身五角星和矩形图标设置对象

7. 设置排气筒的外观

（1）单击"视图"功能区"外观"面板上的"外观"→"外观管理器"按钮，弹出"外观管理器"对话框。

（2）在"我的外观"调色板中选择 ptc-metallic-steel-light 外观球，"属性"选项卡中各项参数的设置如图 15-61 所示，单击"关闭"按钮。

（3）单击"视图"功能区"外观"面板上的"外观"按钮●，鼠标变成毛笔状态，按住 Ctrl 键选择如图 15-62 所示的排气筒部分，然后单击鼠标中键结束命令，完成排气筒部分的外观设置。

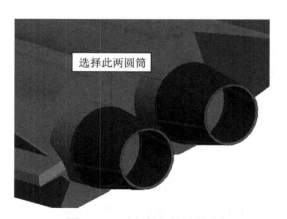

选择此两圆筒

图 15-61　排气筒"属性"选项卡

图 15-62　选择排气筒设置对象

8. 设置排气筒与机尾连接部分的外观

（1）单击"视图"功能区"外观"面板上的"外观"→"外观管理器"按钮 ，弹出"外观管理器"对话框。

（2）在"我的外观"调色板中选择 ptc-metallic-aluminium 外观球，"属性"选项卡中各项参数的设置如图 15-63 所示，单击"关闭"按钮。

（3）单击"视图"功能区"外观"面板上的"外观"按钮 ，鼠标变成毛笔状态，按住 Ctrl 键选择如图 15-64 所示的排气筒与机尾连接部分，然后单击鼠标中键结束命令，完成排气筒与机尾连接部分的外观设置。

图 15-63 排气筒与机尾连接部分"属性"选项卡

图 15-64 选择排气筒与机尾连接部分设置对象

9. 设置机身其余部分的外观

（1）单击"视图"功能区"外观"面板上的"外观"→"外观管理器"按钮 ，弹出"外观管理器"对话框。

（2）在"我的外观"调色板中选择 ptc-ceramic 外观球，将"属性"选项卡的各项参数按如图 15-65 所示进行设置，然后单击"关闭"按钮。

（3）单击"视图"功能区"外观"面板上的"外观"按钮 ，鼠标变成毛笔状态，按住 Ctrl 键选择机身其余未设置外观的部分，然后单击鼠标中键结束命令，完成机身其余部分的外观设置。

10. 设置前轮的外观

（1）在模型树中选中 前轮.PRT 元件，右击，在弹出的快捷菜单中选择"打开"命令，则弹出前轮窗口，单击功能区中的"渲染"按钮，进入"渲染"模块。

图 15-65 机身其余部分"属性"选项卡

（2）单击"视图"功能区"外观"面板上的"外观"→"外观管理器"按钮 ，弹出"外观管理器"对话框。

（3）在"我的外观"调色板中选择 ptc-metallic-aluminium 外观球，"属性"选项卡中各项参数的设置如图 15-66 所示，单击"关闭"按钮。

（4）单击"视图"功能区"外观"面板上的"外观"按钮 ，鼠标变成毛笔状态，按住 Ctrl 键选择如图 15-67 所示的前轮的轮胎部分，然后单击"选择"对话框中的"确定"按钮。

图 15-66　前轮外观"属性"选项卡

图 15-67　选择前轮设置对象

（5）同理，在"我的外观"调色板中选择 ptc-ceramic 外观球，"属性"选项卡中各项参数的设置如图 15-68 所示，单击"关闭"按钮。

（6）单击"渲染"功能区"外观"面板上的"外观库"按钮🔵，鼠标变成毛笔状态，按住 Ctrl 键选择如图 15-69 所示的前轮钢圈部分，然后单击鼠标中键结束命令。

图 15-68　前轮钢圈"属性"选项卡

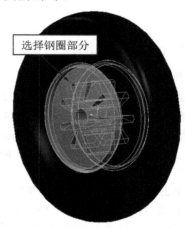

图 15-69　选择前轮钢圈设置对象

（7）同理，采用与前轮外观设置相同的方法设置两个后轮的外观，在此不再赘述。

11. 设置轮子内轴承的外观

（1）返回总装配图，单击"视图"功能区"外观"面板上的"外观"→"外观管理器"按钮🖼️，弹出"外观管理器"对话框。

（2）在"我的外观"调色板中选择步骤 10 的外观球 ptc-ceramic🔵，鼠标变成毛笔状态，按住 Ctrl 键选择如图 15-70 所示前后轮的 3 个轴承部分，

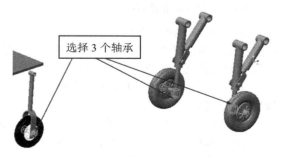

图 15-70　选择轴承设置对象

然后单击鼠标中键结束命令。

12.　定义导弹的外观

（1）在模型树中选中 导弹1.PRT元件，右击，在弹出的快捷菜单中选择"打开"命令，则弹出前轮窗口，单击"视图"功能区，进入"视图"模块。

（2）单击"视图"功能区"外观"面板上的"外观"→"外观管理器"按钮，弹出"外观管理器"对话框。

（3）在"我的外观"调色板中选择 ptc-metallic-aluminium 外观球，将"属性"选项卡的各项参数按照如图 15-71 所示进行设置，然后单击"关闭"按钮。

（4）单击"视图"功能区"外观"面板上的"外观"按钮，鼠标变成毛笔状态，按住 Ctrl 键选择如图 15-72 所示的导弹顶部，然后单击鼠标中键结束命令。

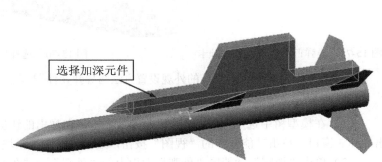

选择加深元件

图 15-71　导弹外观"属性"选项卡　　　　　　图 15-72　选择导弹外观设置对象

（5）设置导弹体的外观。在"我的外观"调色板中选择 ptc-metallic-steel-light 外观球，"属性"选项卡中各项参数的设置如图 15-73 所示，单击"关闭"按钮。

（6）单击"渲染"功能区"外观"面板上的"外观库"按钮，鼠标变成毛笔状态，按住 Ctrl 键选择如图 15-74 所示的导弹体部分，然后单击鼠标中键结束命令。

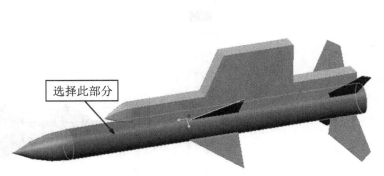

选择此部分

图 15-73　导弹体"属性"选项卡　　　　　　图 15-74　选择导弹体设置对象

（7）设置导弹前端的外观。在"我的外观"调色板中选择 ptc-metallic-steel-light 外观球，"属性"选项卡中各项参数的设置如图 15-75 所示，单击"关闭"按钮。

（8）单击"视图"功能区"外观"面板上的"外观"按钮●，鼠标变成毛笔状态，按住 Ctrl 键选择如图 15-76 所示的导弹体部分，然后单击鼠标中键结束命令。

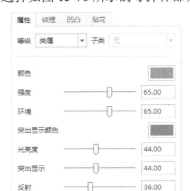

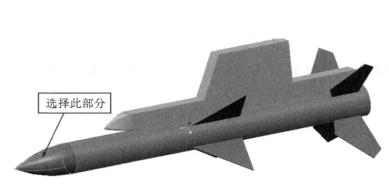

选择此部分

图 15-75　导弹前端"属性"选项卡　　　　　图 15-76　选择导弹前端设置对象

（9）导弹元件🔲导弹2.PRT的外观设置方法与导弹元件🔲导弹1.PRT的方法一样，在此不再赘述。

13．设置🔲导弹3.PRT的外观

（1）在模型树中选中🔲导弹3.PRT元件，右击，在弹出的快捷菜单中选择"打开"命令，则弹出导弹 3 窗口，单击功能区中的"视图"按钮，进入"视图"模块。

（2）单击"视图"功能区"外观"面板上的"外观"→"外观管理器"按钮🖼，弹出"外观管理器"对话框。

（3）在"我的外观"调色板中选择 ptc-painted-red 外观球，"属性"选项卡的各项参数设置如图 15-77 所示，单击"关闭"按钮。

（4）单击"渲染"功能区"外观"面板上的"外观库"按钮●，鼠标变成毛笔状态，按住 Ctrl 键选择如图 15-78 所示的导弹主体，然后单击鼠标中键结束命令。

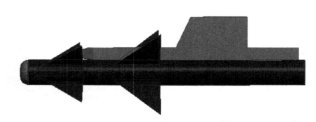

图 15-77　导弹主体"属性"选项卡　　　　　图 15-78　选择导弹主体设置对象

（5）如图 15-79 所示的导弹前端部分的外观设置方法与步骤 12 中的（7）和（8）一样；如图 15-80 所示的导弹顶部部分与步骤 12 中的（3）和（4）一样，在此不再赘述。

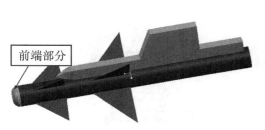

图 15-79　前端部分

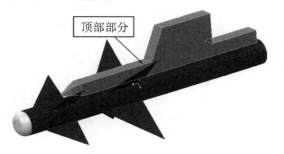

图 15-80　顶部部分

14. 设置飞行员的外观

（1）在模型树中选中 ⬜ 飞行员.ASM元件，右击，在弹出的快捷菜单中选择"打开"命令，在打开的窗口模型树中选择 ⬜ 飞行员前.PRT。右击，在弹出的快捷菜单中选中"打开"命令，弹出人的前身部分，单击"视图"功能区，进入"视图"模块。

（2）单击"视图"功能区"外观"面板上的"外观库"→"外观管理器"按钮，弹出"外观管理器"对话框。

（3）在"我的外观"调色板中选择 ptc-ceramic 外观球，"属性"选项卡的各项参数设置如图 15-81 所示，单击"关闭"按钮。

（4）单击"视图"功能区"外观"面板上的"外观"按钮●，鼠标变成毛笔状态，按住 Ctrl 键选择如图 15-82 所示的人的头盔前部分，然后单击鼠标中键结束命令。

（5）同理，打开人的后身元件 ⬜ 飞行员后.PRT，选择如图 15-83 所示的头盔后部分，设置其外观的方法与头盔前部分的设置方法一样，在此不再赘述。

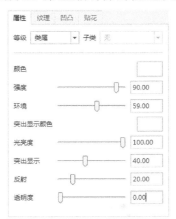

图 15-81　飞行员头盔前部分
"属性"选项卡

图 15-82　选择飞行员头盔前
部分设置对象

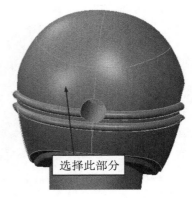

图 15-83　选择飞行员头盔后
部分设置对象

（6）在模型树中打开人的前身元件 ⬜ 飞行员前.PRT，单击功能区中的"视图"按钮，进入"视图"模块。

（7）在"我的外观"调色板中选择 ptc-metallic-aluminium 外观球，"视图"选项卡的各项参数设置如图 15-84 所示，单击"关闭"按钮。

（8）单击"视图"功能区"外观"面板上的"外观"按钮●，鼠标变成毛笔状态，按住 Ctrl 键选择如图 15-85 所示的墨镜，然后单击鼠标中键结束命令。

图 15-84 墨镜"属性"选项卡

图 15-85 选择墨镜设置对象

15. 光源的设置

（1）单击"视图"功能区"外观"面板上的"场景"→"编辑场景"按钮，弹出"场景编辑器"对话框，选择"光源"选项卡，如图 15-86 所示。

（2）单击光源列表中的●按钮，使其全部变成，屏蔽掉所有光源，然后单击右侧的"添加新的远光源"按钮，创建一个平行光源来照亮模型内侧，在"强度"文本框中输入"1"。单击 位置... 按钮，弹出"光源位置"对话框，参数设置如图 15-87 所示，图中的光源如图 15-88 所示。在"锁定到"下拉列表框中选择"模型"选项，完成 distant3 平行光源的创建。

图 15-86 "光源"选项卡

图 15-87 内侧"光源位置"对话框

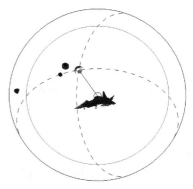

图 15-88 内侧平行光源

（3）单击右侧的"添加新的远光源"按钮✐，创建一个平行光源以照亮模型外侧，在"强度"文本框中输入"4"，选中"启用阴影"复选框并在文本框中输入"73"。单击 位置 按钮，弹出"光源位置"对话框，参数设置如图 15-89 所示，图中的光源如图 15-90 所示，然后在"锁定到"下拉列表框中选择"模型"选项，完成 distant4 平行光源的创建。

图 15-89　外侧"光源位置"对话框

图 15-90　外侧平行光源

（4）单击右侧的"添加新聚光灯"按钮✐，创建一个聚光灯以照亮模型的头部，在"强度"文本框中输入"2"，设置"角度"为 7，"焦点"为 25。单击 位置 按钮，弹出"光源位置"对话框，参数设置如图 15-91 所示，图中的光源如图 15-92 所示，然后在"锁定到"下拉列表框中选择"模型"选项，单击"关闭"按钮，完成 spot1 聚光灯的创建。

图 15-91　头部"光源位置"对话框

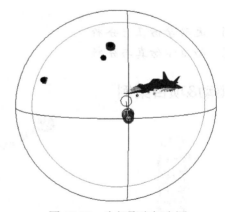

图 15-92　头部聚光灯光源

16.　进行渲染

单击"应用程序"功能区"渲染"面板上的 Render Studio 按钮🌑，对模型进行渲染，得到的结果如图 15-49 所示。

第 16 章

机构的运动仿真与分析

　　在进行机械设计时，建立模型后设计者往往需要通过虚拟的手段，在电脑上模拟所设计的机构，来达到在虚拟的环境中模拟现实机构运动的目的。对于提高设计效率、降低成本有很大的作用。Creo 中 Mechanism 模块是专门用来进行运动仿真和动态分析的模块。本章通过实例操作来讲解运动分析有关内容，包括建立运动学分析模型、进行运动学分析等。

☑ 运动学仿真与分析　　　　　　　☑ 运动仿真模块下的特殊连接
☑ 动力学仿真与分析

任务驱动&项目案例

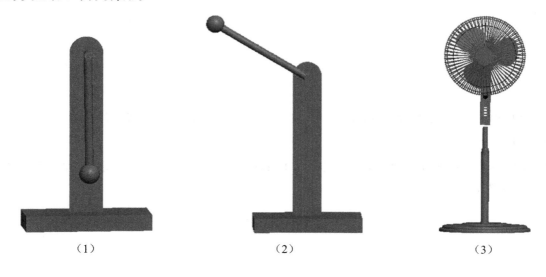

（1）　　　　　　　　　　　（2）　　　　　　　　　　　（3）

16.1 概　　述

本节将讲述机构运动学仿真与分析的有关基本概念和软件的基本模块。

1. 模块简介

机构运动分析（Mechanism）模块是 Creo Parametric 6.0 中一个功能强大的模块。该模块集运动仿真和机构分析于一身，可将已有的机构根据设计意图定义各构件间的运动副、设置动力源，进行机构运动仿真，并能检查干涉以及测量各种机构中需要的参数等。大大提高了设计产品的效率以及可靠性。

运动学和动力学是运动仿真与分析中常用到的两个重点内容，运动学运用几何学的方法来研究物体的运动，不考虑力和质量等因素的影响，即机构在不受力情况下运动；而物体运动和力的关系，则是动力学的研究内容，即机构在受力情况下运动。本章将分为运动学和动力学两种情况进行功能介绍，主要内容为添加动力源、设置初始条件、机构分析与定义以及仿真结果测量与分析。

2. 运动仿真与分析的一般过程

（1）装配约束：进入装配界面，对对象机构创建必要的固定元件以及各构件间的约束，并且检测机构的相关自由度是否符合要求（此部分内容，已在第 11 章详细陈述，故在此章节省略）。

（2）参数设置：在动力学里需要定义质量属性、重力、弹簧、阻尼器等力学因素。

（3）添加动力源：为机构添加动力源，如伺服电动机、执行电动机等，为机构的仿真做准备。

（4）设置初始条件：运用"快照"功能设置机构的起始位置。

（5）机构分析与定义：进行运动分析，设置运动仿真的运行时间、帧数、电动机的运行时间以及外部载荷等因素。

（6）仿真结果测量与分析：演示机构的运动，进行碰撞等相关检测，并根据之前的数据，将机构的运动用图片或视频的形式展示，而且可以测量机构的仿真结果。

3. 常用功能图标介绍

Creo Parametric 6.0 的机械仿真模块，主要有如下功能图标，机械运动仿真模块的大部分功能都可以通过这些图标来实现。为方便下文介绍功能，现对相关图标做简要说明。后面的几节将会详细介绍各个工具的使用方法。

- ☑ 机构显示：选择显示或隐藏机构图标。
- ☑ 凸轮：定义凸轮从动机构连接。
- ☑ 3D 接触：定义 3D 接触。
- ☑ 定义齿轮副连接。
- ☑ 定义伺服电机。
- ☑ 进行机构分析。
- ☑ 回放以前的运动分析。
- ☑ 生成分析的测量结果。
- ☑ 重力：定义重力。
- ☑ 执行电动机：定义执行电动机。
- ☑ 弹簧：定义弹簧。
- ☑ 阻尼器：定义阻尼器。
- ☑ 力/扭矩：定义力/扭矩。

☑ 🗋 初始条件：定义初始条件。

☑ 📐：定义质量属性。

16.2 运动学仿真与分析

本节将讲述运动学仿真各个参数设置的基本方法和过程。

16.2.1 伺服电动机的定义

伺服电动机能为机构提供驱动，而驱动就是机构的动力源。通过设置伺服电动机可以实现旋转及平移运动，并且能以函数的方式定义运动轮廓。

1. 执行方式

单击"机构"功能区"插入"面板上的"伺服电动机"按钮 🔗。

2. 操作步骤

（1）打开网盘"源文件"→"第 16 章"→"齿轮传动"，单击"快速访问"工具栏中的"打开"按钮 🖿，然后打开装配模型"Z-齿轮传动.asm"文件。

（2）单击"应用程序"功能区"运动"面板中的"机构"按钮 ✿，进入运动仿真模块。

（3）单击"机构"功能区"插入"面板上的"伺服电动机"按钮 🔗。

（4）执行上述方式后系统弹出"电动机"操控板，如图 16-1 所示。

图 16-1 "电动机"操控板

（5）单击操控板中的"参考"按钮，弹出下滑面板，选择齿轮组 3 中的轴为"从动图元"，如图 16-2 所示。

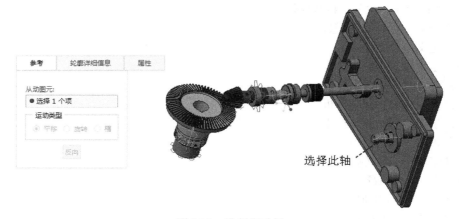

图 16-2 选择运动轴

（6）打开操控板中的"配置文件详情"下滑面板，在"驱动数量"下拉列表框中选择"角速度"选项，在"函数类型"下拉列表框中选择"常量"选项，在 A 下拉列表框中输入速度值"500"，在"图形"选项组中选中"位置""速度""加速度"复选框，如图 16-3 所示，单击"图形"选项组中的 ⌐ 按钮，系统弹出"图形工具"对话框，如图 16-4 所示，观察完后单击"关闭"按钮✖，单击"确定"按钮✔，完成伺服电动机的定义，如图 16-5 所示。

图 16-3　"配置文件详情"下滑面板

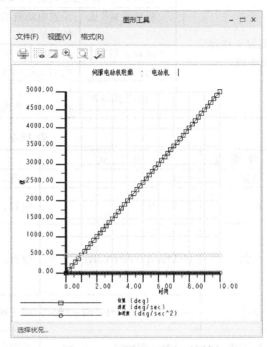

图 16-4　"图形工具"对话框

图 16-5　伺服电动机定义

🔊 **注意**：选择机构模型树中的"电动机"节点，右击图中的"电动机 1"，在弹出的快捷菜单中单击"编辑定义"按钮🖑，打开"电动机"操控板，可以对已经定义好的电动机进行修改。

3. 选项说明

"电动机"操控板中的选项含义如表 16-1 所示。

表 16-1　"电动机"操控板选项含义

选　项		含　　　　义
"参考"下滑面板	"运动类型"选项组	用于沿某一方向明确定义的运动，选择的运动轴可以为移动轴、旋转轴或者由槽连接建立起的槽轴
"配置文件详情"下滑面板	设置伺服电动机的运动类型	
	"驱动数量"选项组	设置电动机的角位置、角速度、角加速度、扭矩，可分别设置电动机的运动形式
	"函数类型"下拉列表框	可以指定"模"的函数及参数，指定伺服电动机的位置、速度、加速度的变化形式。常用函数的具体含义如表 16-2 所示
	"图形"选项组	图形来表示位置、速度、加速度的变化，选中"在单独图形中"复选框，则一个图形表示一项参数量，否则一个图形表示多个参数量

表 16-2　常用函数

函 数 类 型	公　式	含　　　义	参　　数
常量	y=A	位置、速度、加速度恒定	A=常量
斜坡	y=A+B*t	位置、速度、加速度随时间线性变化	A=常量 B=斜率
余弦	y=A*cos(2*Pi*t/T+B)+C	位置、速度、加速度随时间呈余弦变化	A=振幅 B=相位 C=偏移量 T=周期
摆线	y=L*t/TL*sin(2*Pi*t/T)/2*Pi	用于模拟一个凸轮轮廓输出	L=总上升量 T=周期
抛物线	y=A*t+1/2B(t^2)	模拟电动机轨迹	A=线性系数 B=二次项系数
多项式	y=A+B*t+C*t^2+D*t^3	用于一般的电动机轮廓	A=常数项 B=线性项系数 C=二次项系数 D=三次项系数

16.2.2　初始条件设置

有些机构的运动是从指定的位置开始的，因此要进行初始位置定义，如果希望运动分析从零件指定位置开始，则需要使用"拖动"对话框中的"快照"功能拍下机构指定的状态作为运动仿真的初始条件。

1. 执行方式

单击"机构"功能区"运动"面板上的"拖动元件"按钮👆。

2. 操作步骤

（1）打开网盘"源文件"→"第 16 章"→"齿轮传动"，单击"快速访问"工具栏中的"打开"按钮📂，然后打开装配模型"Z-齿轮传动.asm"文件，进入仿真环境。

（2）单击"机构"功能区"运动"面板上的"拖动元件"按钮👆。

（3）执行上述方式，系统弹出"拖动"对话框和"选择"对话框，如图 16-6 所示。

（4）把模型调整到如图 16-7 所示的位置，单击"快照"按钮 ，单击"选择"对话框中的"确定"按钮，单击"拖动"对话框中的"关闭"按钮，完成初始位置快照的定义。

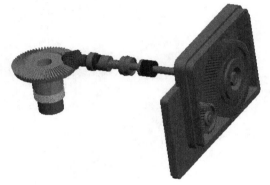

图 16-6 "拖动"和"选择"对话框　　　　　　　图 16-7 模型的位置

3. 选项说明

"拖动"对话框中的选项含义如表 16-3 所示。

表 16-3 "拖动"对话框选项含义

选　　项	含　　义
"主体拖动"按钮	将主体拖动到关键的位置。默认情况下，主体可以被自由地拖动，也可以定义主体沿某一方向拖动
"快照"按钮	拍下当前位置的快照
"显示快照"按钮	显示指定的当前快照
"删除快照"按钮✕	如果不满意所拍得的快照，可以选定指定的快照后，单击此按钮，删除快照

16.2.3 机构分析与定义

机构分析与定义是指对模型在伺服电动机的作用下模拟机构的运动并进行运动分析，分析时先指定分析的类型，然后在"首选项"选项卡中设置运动仿真的"时间""帧数""帧频""最小间隔"等参数，然后在"电动机"选项卡中选择伺服电动机并设定其开始时间与终止时间，最后模拟机构的运行。

1. 执行方式

单击"机构"功能区"分析"面板上的"机构分析"按钮 。

2. 操作步骤

（1）打开网盘"源文件"→"第 16 章"→"齿轮传动"，单击"快速访问"工具栏中的"打开"按钮 ，然后打开装配模型"Z-齿轮传动.asm"文件，进入仿真环境。

（2）单击"机构"功能区"分析"面板上的"机构分析"按钮 。

（3）执行上述方式后，系统弹出"分析定义"对话框，如图 16-8 所示。

图 16-8　"分析定义"对话框

（4）接受默认的分析定义的名称，在"类型"下拉列表框中选择"运动学"选项，选择"长度和帧频"选项，设置"开始时间"为 0，"结束时间"为 10，"帧频"为 10，选中"快照"单选按钮，将 Snapshot1 定为初始位置。

（5）单击"运行"按钮，可以看到两幅齿轮都运动起来，单击"确定"按钮，完成模型的分析。

注意：由于这个例子中只有一个电动机，所以不需要定义电动机运行的时间，默认为时间域的开始运行到终止。

3. 选项说明

"分析定义"对话框中的选项含义如表 16-4 所示。

表 16-4　"分析定义"对话框选项含义

选　　项	含　　义	
"名称"文本框	输入此次分析的名称	
"类型"下拉列表框	该下拉列表框中包含了"运动学""位置""动态""静态""力平衡"5 种机构分析类型	
	运动学	运动学是动力学的一个分支，它考虑除质量和力之外的运动所有方面，运动分析不考虑受力。因此，不能使用执行电动机，也不必为机构指定质量属性。模型中的动态图元，如弹簧、阻尼器、重力、力/力矩以及执行电动机等，不会影响运动分析

选 项	含 义	
"类型"下拉列表框	位置	由伺服电动机驱动的一系列组件分析。只有运动轴或几何伺服电动机可进行位置分析,不考虑受力
	动态	动态分析是力学的一个分支,主要研究主体运动(有时也研究平衡)的受力情况以及力之间的关系。使用动态分析可研究作用于主体上的力、主体质量与主体运动之间的关系
	静态	静态学是力学的一个分支,研究主体平衡时的受力状况,使用静态分析可确定机构在承受已知力时的状态,静态分析比动态分析能更快地识别出静态配置,因为静态分析在计算中不考虑速度
	力平衡	力平衡分析是指为了保持机构在特定位置的静止状态,计算在特定点需要施加力的大小的过程
"首选项"选项卡	有3种测量时间域的方式	
	长度和帧频	输入开始时间、终止时间和帧频(每秒运行的帧数),系统计算总的帧数和时间运行长度
	长度和帧数	输入开始时间、终止时间和帧数,系统计算帧频和时间运行长度
	帧频和帧数	输入总帧数和帧频,系统计算结束时间
	🔒	锁定主体
	🔒	创建连接锁定
	✕	删除锁定的图元
	🔒	启用和禁用连接
	当前	以机构当前的位置为初始位置
	快照	以前面元件拖动所拍得的快照来定义初始位置
"电动机"选项卡	如果有多个电动机,需要调节电动机的顺序,可以在"电动机"选项卡中调整电动机的顺序。单击电动机后面的"开始"或"终止"可以输入相应的时间值,如图16-9所示	
	▣	添加电动机
	▣	删除电动机
	▤	添加机构中所有的电动机

图16-9 "电动机"选项卡

16.2.4　分析结果的查看

回放用来查看先前运行的机构分析。每个分析运行都可以作为独立的结果集存储起来，将此结果集保存在一个文件中，此文件可以在另一进程中运行。使用"回放"命令可以查看机构中零件的干涉情况、将回放结果集捕捉为 mpg 文件、显示力和扭矩对机构的影响、在分析期间跟踪测量的值以及保存运动包络。

1. 执行方式

单击"机构"功能区"分析"面板中的"回放"按钮 。

2. 操作步骤

（1）打开网盘"源文件"→"第 16 章"→"齿轮传动"，单击"快速访问"工具栏中的"打开"按钮，然后打开装配模型"Z-齿轮传动.asm"文件，进入运动仿真模块。

（2）单击机构树下的 分析前面的三角符号，在下拉列表的 AnalysisDefinition1 (运动学)命令处单击，在弹出的快捷菜单中单击"运行"按钮，机构运行停止后单击"机构"功能区"分析"面板上的"回放"按钮，系统弹出"回放"对话框，如图 16-10 所示。单击"回放"对话框中的"保存"按钮，在指定的位置保存分析结果。

（3）单击对话框中的"碰撞检测设置"按钮，在弹出的"碰撞检测设置"对话框中选中"无碰撞检测"单选按钮，单击"确定"按钮。

（4）在"回放"对话框中单击"回放"按钮，系统弹出"动画"对话框，如图 16-11 所示，单击 按钮，播放绘图窗口中的机构运动。

图 16-10　"回放"对话框

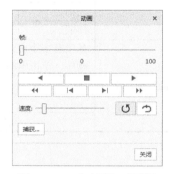

图 16-11　"动画"对话框

（5）机构播放结束后，单击对话框中的"捕获"按钮，系统弹出"捕获"对话框，如图 16-12 所示，单击对话框中的"浏览"按钮，系统弹出"保存副本"对话框，指定保存位置，在"文件名"文本框中输入视频名称"齿轮传动.mpg"，如图 16-13 所示，单击"确定"按钮，然后在"捕获"对话框单击"确定"按钮，生成 mpg 视频文件。

> **注意**：分析结果可以作为一个文件单独保存，单击"回放"对话框中的"保存"按钮单独保存分析结果。若要运用分析结果，则在"回放"对话框中单击"从磁盘中恢复结果集"按钮恢复分析结果。

3. 选项说明

"回放"对话框中的选项含义如表 16-5 所示。

图 16-12　"捕获"对话框

图 16-13　"保存副本"对话框

表 16-5　"回放"对话框选项含义

选　　项	含　　义
	播放当前结果集
💾	保存结果集，可在当前或以后的进程中检索此文件，以回放结果或计算测量值，保存为 pbk 文件
📂	表示从磁盘中恢复结果集
✕	表示删除选中的结果集
📇	导出结果集，将信息导出到.fra 文件
⊘	创建运动包络，表示机构在分析期间一个或多个元件的运动范围。单击此按钮，弹出"创建运动包络"对话框，如图 16-14 所示
"碰撞检测设置"按钮	指定结果集回放中是否包含冲突检测，包含多少以及回放如何显示冲突检测

图 16-14　"创建运动包络"对话框

"动画"对话框中的选项含义如表 16-6 所示。

表 16-6   "动画"对话框选项含义

选 项	含 义
"帧"滑动条	拖动进度条上的滑块可以表示某一位置上的帧
"速度"滑动条	拖动进度条上的滑块可以调节动画播放的速度
◄	表示向后播放动画
■	表示停止播放动画
►	表示向前播放动画
◄◄	表示重置动画到开始
I◄	表示显示前一帧
►I	表示显示后一帧
↻	表示重复循环动画
↺	表示在结束时反转方向
捕获...	表示生成 mpg 格式的视频文件

16.3   动力学仿真与分析

本节将讲述动力学仿真各个参数设置的基本方法和过程。

16.3.1   质量属性的定义

质量属性由材料的密度、体积、质量、重心及惯性矩组成，由于每种材料的密度、体积、质量都各不相同，质量属性将影响启用力时机构的加速度、速度和位置的变化。要运行动态和静态分析，必须为机构指定质量属性。

1. 执行方式

单击"机构"功能区"属性和条件"面板上的"质量属性"按钮。

2. 操作步骤

（1）执行上述方式后，系统弹出"质量属性"对话框，如图 16-15 所示。

（2）选择"参考类型"下拉列表框中的"零件或顶级布局""装配"或"主体"选项，选择参考类型后在绘图窗口中选择对应的参考（可在模型树中选择），单击"选择"对话框中的"确定"按钮。

（3）选择"定义属性"下拉列表框中"默认""密度""质量属性"中的一项，编辑"基本属性""重心""惯量"等设置项，单击"确定"按钮，完成质量属性的定义。

图 16-15   "质量属性"对话框

3. 选项说明

"质量属性"对话框中的选项含义如表 16-7 所示。

表 16-7　"质量属性"对话框选项含义

选　项		含　义
"参考类型"下拉列表框	零件或顶级布局	可在组件中选择任意零件（包括子组件的元件零件），以指定或查看其质量属性
	装配	可从图形窗口或模型树选择元件子组件或顶级组件
	主体	可以查看选定主体的质量属性，但不能对其进行编辑
"定义属性"下拉列表框	选择定义质量属性的方法	
	默认	对于所有 3 种参考类型，此选项会使所有输入字段保持非活动状态
	密度	如果已经选择一个零件或组件作为参考类型，则可以通过密度来定义质量属性。选择此选项时，除密度外的其他设置项将处于非活动状态
	质量属性	如果已经选择一个零件或组件作为参考类型，则可以定义质量、重心和惯性矩
"惯量"选项组	使用此区域计算惯性矩。惯性矩是对机构的旋转惯量的定量测量，换言之，也就是主体围绕固定轴旋转以反抗旋转运动发生改变的这种趋势	
	"在坐标系原点"单选按钮	测量相对于当前坐标系的惯性矩
	"在重心"单选按钮	测量相对于机构的主惯性轴的惯性矩

16.3.2　重力的定义

1. 执行方式

单击"机构"功能区"属性和条件"面板上的"重力"按钮 。

2. 操作步骤

（1）进入运动仿真模块，执行上述方式后，系统弹出"重力"对话框，如图 16-16 所示。

图 16-16　"重力"对话框

（2）定义模的大小和重力的方向，单击对话框中的"确定"按钮，完成重力的定义。

3. 选项说明

"重力"对话框中的选项含义如表 16-8 所示。

表 16-8   "重力"对话框选项含义

选　　项	含　　义
"模"选项组	指重力的大小
"方向"选项组	指重力的方向，系统默认的方向是 Y 轴的负方向

16.3.3　力与扭矩

力和扭矩用来模拟对机构运动的外部影响。力表现为拉力与推力，它可导致对象改变其平移运动；扭矩是一种旋转力或扭曲力，使物体产生旋转。

1. 执行方式

单击"机构"功能区"插入"面板上的"力/扭矩"按钮 。

2. 操作步骤

（1）打开网盘"源文件"→"第 16 章"→"滑动机构"，单击"快速访问"工具栏中的"打开"按钮 ，然后打开装配模型"滑动机构.asm"文件，如图 16-17 所示。然后进入运动仿真模块。

（2）单击"机构"功能区"插入"面板上的"力/扭矩"按钮 。

（3）执行上述方式后，系统弹出"电动机"操控板。单击操控板中的"参考"按钮，弹出下滑面板，选择滑块中的 PNT0 基准点为从动图元，如图 16-18（a）所示。

图 16-17　模型

（4）定义力的模与方向。选择完从动图元后，"参考"下滑面板增加"运动方向"选项组，在 X 和 Z 方向输入"0"，Y 输入"1"，选中"基础"单选按钮，如图 16-18（b）；单击"配置文件详情"按钮，弹出下滑面板，选择"函数类型"下拉列表框中的"常量"选项，在 A 下拉列表框中输入模的大小为 0.05，如图 16-18（c）所示，单击"确定"按钮，完成力的定义。

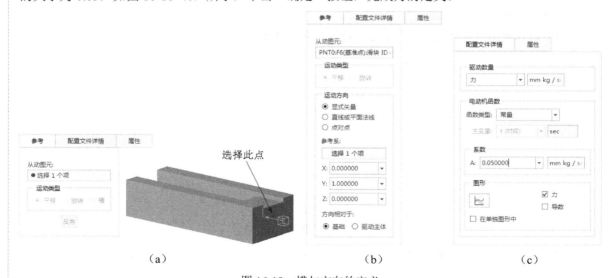

（a）　　　　　　　　　　　　　（b）　　　　　　　　　　　　　（c）

图 16-18　模与方向的定义

（5）单击"机构"功能区"属性和条件"面板上的"质量属性"按钮 ，系统弹出"质量属性"

对话框。选择"滑块.prt"元件,在"定义属性"下拉列表框中选择"密度"选项,并设置其密度为7.8e-09,如图16-19所示,单击"确定"按钮。

（6）单击"机构"功能区"分析"面板上的"机构分析"按钮,系统弹出"分析定义"对话框。在"类型"下拉列表框中选择"动态"选项,在"持续时间"文本框中输入"20",其他参数接受默认值,如图16-20所示。

图16-19 "质量属性"对话框

图16-20 "分析定义"对话框

（7）单击"运行"按钮,可以看到滑块做加速运动。单击"确定"按钮,完成模型的分析。

（8）单击"机构"功能区"分析"面板上的"回放"按钮,系统弹出"回放"对话框,如图16-21所示。单击"回放"对话框中的"保存"按钮,保存分析结果到指定的位置。

图16-21 "回放"对话框

（9）在"回放"对话框中单击⬥按钮，系统弹出"动画"对话框，单击对话框中的"捕获"按钮，系统弹出"捕获"对话框，单击对话框中的"浏览"按钮，系统弹出"保存副本"对话框，指定保存位置，并在"名称"文本框中输入视频名称"滑动机构.mpg"，单击"确定"按钮，然后在"捕获"对话框中单击"确定"按钮，生成 mpg 视频文件。

3．选项说明

"力和力矩"对话框中的选项含义如表 16-9 所示。

表 16-9　"力和力矩"对话框选项含义

选　　项		含　　义
"参考"下滑面板		选择力与力矩的类型
	从动图元	选择主体上的一点和另一点或顶点作为参考图元
"配置文件详情" 下滑面板		模为力或力矩的大小，用函数来控制。函数的类型有以下几种
	常量	将模指定为常数值
	斜坡	位置、速度、加速度随时间线性变化
	余弦	位置、速度、加速度随时间呈余弦变化
	摆线	用于模拟一个凸轮轮廓输出
	抛物线	模拟电动机轨迹
	多项式	用于一般的电动机轮廓
	表	利用两列表格中的值生成模。第一列包含自变量 x 的值，它可与时间或测量有关。第二列包含因变量的值，它表示力/扭矩的模
	用户定义	利用创建的函数生成模
	自定义载荷	将复杂的、外部定义的载荷集应用于模型

16.3.4　执行电动机

使用执行电动机可向机构施加特定的负荷。执行电动机通过以单个自由度施加力（沿着平移或旋转运动轴，或沿着槽轴）来产生运动。

1．执行方式

单击"机构"功能区"插入"面板中的"执行电动机"按钮。

2．操作步骤

（1）打开网盘"源文件"→"第 16 章"→"球摆"，单击"快速访问"工具栏中的"打开"按钮，然后打开装配模型"球摆.asm"文件，进入运动仿真模块。

（2）单击"机构"功能区"插入"面板上的"执行电动机"按钮。

（3）执行上述方式后，系统弹出"电动机"操控板。单击操控板中的"参考"按钮，弹出下滑面板，选择如图 16-22 所示的 Connection_1.first_rot_.axis 为旋转轴；单击"配置文件详情"按钮，弹出下滑面板，在"函数类型"下拉列表框中选择"常量"选项，在 A 下拉列表框中输入"系数"的大小为 10，如图 16-23 所示，单击"确定"按钮，完成执行电动机的定义。

（4）单击"机构"功能区"属性和条件"面板上的"质量属性"按钮，系统弹出"质量属性"对话框。选择"摆球.prt"元件，在"定义属性"下拉列表框中选择"密度"选项，并设置其密度为7.8e-09，如图 16-24 所示，单击"确定"按钮。

图 16-22 选择旋转轴

图 16-23 "配置文件详情"下滑面板

（5）单击"机构"功能区"分析"面板上的"机构分析"按钮，系统弹出"分析定义"对话框。在"类型"下拉列表框中选择"动态"选项，在"持续时间"文本框中输入"20"，其他参数接受默认值，如图 16-25 所示。单击"运行"按钮，可以看到摆球做加速旋转运动。单击"确定"按钮，完成模型的分析。

图 16-24 "质量属性"对话框

图 16-25 "分析定义"对话框

（6）单击"机构"功能区"分析"面板上的"回放"按钮，系统弹出"回放"对话框，如图 16-26 所示。

（7）单击"回放"对话框中的"保存"按钮，在指定的位置保存分析结果。

（8）在"回放"对话框中单击"回放"按钮，系统弹出"动画"对话框，如图 16-27 所示。单击对话框中的"捕获"按钮，系统弹出"捕获"对话框；单击对话框中的"浏览"按钮，系统弹出"保存副本"对话框，指定保存位置，在"名称"文本框中输入视频名称"球摆.mpg"，单击"确定"按钮，然后在"捕获"对话框中单击"确定"按钮，生成 mpg 视频文件。

图 16-26 "回放"对话框

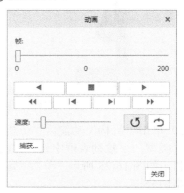

图 16-27 "动画"对话框

16.3.5 弹簧

弹簧在机构中生成平移或旋转弹力。弹簧被拉伸或压缩时产生线性弹力，在旋转时产生扭转力。这种力能使弹簧返回平衡位置，即无任何外力影响的位置（松弛）。弹力的大小与距平衡位置的位移成正比，弹力计算公式为 $F=kx$，F 为弹力，k 为弹性刚度系数，x 为偏离平衡位置的距离。

可以沿着平移轴或在不同主体上的两点间创建一个拉伸弹簧。可以沿着旋转轴创建一个扭转弹簧。

1. 执行方式

单击"机构"功能区"插入"面板中的"弹簧"按钮。

2. 操作步骤

（1）打开网盘"源文件"→"第 16 章"→"弹簧振子"，单击"快速访问"工具栏中的"打开"按钮，然后打开装配模型"弹簧振子.asm"文件，如图 16-28 所示，进入运动仿真模块。

（2）单击"机构"功能区"插入"面板上的"弹簧"按钮。

（3）执行上述方式后，系统弹出"弹簧"操控板，如图 16-29 所示。

图 16-28 装配模型

（4）选择要创建的弹簧类型，单击"延伸/压缩"弹簧，单击"参考"按钮，弹出下滑面板，按住 Ctrl 键选择两个元件的基准点 PNT0，如图 16-30 所示，生成弹簧预览，如图 16-31 所示。

（5）单击"选项"按钮，弹出"选项"下滑面板，为拉伸弹簧设置直径尺寸。选中"调整图标直径"复选框并在"直径"下拉列表框中输入值"40"，如图 16-32 所示。

图 16-29　"弹簧"操控板

图 16-30　"参考"下滑面板

图 16-31　弹簧预览

图 16-32　"选项"下滑面板

（6）输入弹簧刚度系数值为 10，平衡位置处的长度为 235，如图 16-33 所示。单击"确定"按钮 ✓，完成弹簧的定义，如图 16-34 所示。

图 16-33　"弹簧"操控板设置

图 16-34　弹簧振子

（7）单击"机构"功能区"属性和条件"面板上的"质量属性"按钮 🔧，系统弹出"质量属性"对话框。选择"振子.pr"元件，在"定义属性"下拉列表框中选择"密度"选项，并设置其密度为 7.8e-09，如图 16-35 所示，单击"确定"按钮。

（8）单击"机构"功能区"分析"面板上的"机构分析"按钮 ✗，系统弹出"分析定义"对话框。在"类型"下拉列表框中选择"动态"选项，在"持续时间"文本框中输入"10"，其他参数接受默认值，如图 16-36 所示。单击"运行"按钮，可以看到弹簧振子按规律运动。单击"确定"按钮，完成模型的分析。

（9）单击"机构"功能区"分析"面板上的"回放"按钮 ◀▶，系统弹出"回放"对话框，如图 16-37 所示。

图 16-35　"质量属性"对话框

（10）单击"回放"对话框中的"保存"按钮 💾，在指定的位置保存分析结果。

（11）在"回放"对话框中单击 ◀▶ 按钮，系统弹出"动画"对话框，如图 16-38 所示，单击对话框中的"捕获"按钮，系统弹出"捕获"对话框，单击对话框中的"打开"按钮，系统弹出"保存副本"对话框，指定保存位置，在"名称"文本框中输入视频名称"弹簧振子.mpg"，单击"确定"按钮，然后在"捕获"对话框中单击"确定"按钮，生成 mpg 视频文件。

图 16-36　"分析定义"对话框

图 16-37　弹簧运动的"回放"对话框

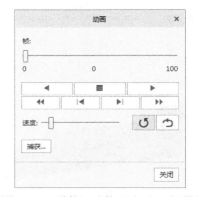

图 16-38　弹簧运动的"动画"对话框

> **注意**：运动仿真下所建立的弹簧与零件模式下用螺旋扫描所建立的弹簧有着本质上的区别，运动仿真模块下建立的弹簧是一种建模图元，在建模模式下并不显示；而零件模式下所建立的弹簧是刚体，读者不要混淆。

16.3.6　阻尼器

阻尼器是一种负荷类型，可创建用来模拟机构上真实的力。阻尼器产生的力会消耗运动机构的能量并阻碍其运动。

1. 执行方式

单击"机构"功能区"插入"面板上的"阻尼器"按钮。

2. 操作步骤

（1）打开网盘"源文件"→"第 16 章"→"弹簧振子"，单击"快速访问"工具栏中的"打开"按钮，然后打开装配模型"弹簧振子.asm"文件，模型如图 16-39 所示，进入运动仿真模块。

（2）单击"机构"功能区"插入"面板上的"阻尼器"按钮。

图 16-39　弹簧振子模型

（3）执行上述方式后，系统弹出"阻尼器"操控板，如图 16-40 所示。

图 16-40　"阻尼器"操控板

（4）单击"阻尼器平移运动"按钮 ，单击"参考"按钮，弹出下滑面板，按住 Ctrl 键选择两个元件的 PNT0 基准点来定义阻尼器，如图 16-41 所示。

（5）在操控板中输入阻尼系数 **C** 为 0.001。单击"确定"按钮 ，完成阻尼器的定义。

（6）单击"机构"功能区"属性和条件"面板中的"质量属性"按钮 ，系统弹出"质量属性"对话框。选择"振子.prt"元件，在"定义属性"下拉列表框中选择"密度"选项，并设置其密度为 7.8e-09，如图 16-42 所示，单击"确定"按钮。

（7）单击机构树的"分析"节点后方的三角，在 AnalysisDefinition1（动态）上单击，在弹出的快捷菜单中单击"编辑定义"按钮 ，如图 16-43 所示，系统弹出"分析定义"对话框，如图 16-44 所示。

图 16-41　"参考"下滑面板　　　图 16-42　阻尼器"质量属性"对话框　　　图 16-43　机构树

（8）单击"运行"按钮，可以看到弹簧振动而且振幅减小，大约六秒左右振动停止，单击"确定"按钮。

（9）单击"机构"功能区"分析"面板中的"回放"按钮◀▶，系统弹出"回放"对话框，如图 16-45 所示。

（10）单击"回放"对话框中的"保存"按钮💾，在指定的位置保存分析结果。

（11）在"回放"对话框中单击◀▶按钮，系统弹出"动画"对话框，如图 16-46 所示；单击对话框中的"捕获"按钮，系统弹出"捕获"对话框；单击对话框中的"打开"按钮，系统弹出"保存副本"对话框，指定保存位置，并在"名称"文本框中输入视频名称"弹簧振子.mpg"，单击"确定"按钮，然后在"捕获"对话框中单击"确定"按钮，生成 mpg 视频文件。

图 16-44　阻尼器"分析定义"对话框

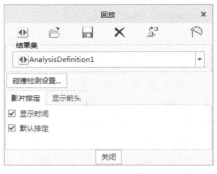

图 16-45　阻尼器"回放"对话框

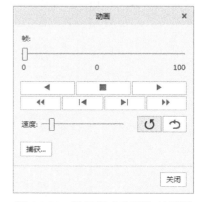

图 16-46　阻尼器"动画"对话框

3. 选项说明

"阻尼器"操控板中的选项含义如表 16-10 所示。

表 16-10　"阻尼器"操控板选项含义

选　项	含　义
⇥	将阻尼器类型设置为平移
↻	将阻尼器类型设置为扭转
C 0.000000	设置阻尼系数

16.3.7 初始条件

初始条件是为了使用动态分析而分配给机构的初始位置和初始速度。

1. 执行方式

单击"机构"功能区"属性和条件"面板中的"初始条件"按钮 。

2. 操作步骤

（1）打开网盘"源文件"→"第16章"→"球摆"，单击"快速访问"工具栏中的"打开"按钮 ，然后打开装配模型"球摆.asm"文件，如图16-47所示，进入运动仿真模块。

（2）单击"机构"功能区"运动"面板中的"拖动"按钮 ，弹出"拖动"对话框，如图16-48所示。单击摆杆上一点，拖动摆杆将模型调整至图16-49所示的状态，然后单击对话框中的"快照"按钮 ，生成Snapshot1快照。

图16-47 球摆装配模型　　　　图16-48 "拖动"对话框　　　　图16-49 模型状态

（3）单击"机构"功能区"属性和条件"面板中的"初始条件"按钮 。

（4）系统弹出"初始条件定义"对话框，如图16-50所示。单击"快照"下拉列表，选择步骤（2）定义的Snapshot1作为初始位置。

（5）单击对话框中的"定义运动轴速度"按钮 ，并在绘图窗口中选择销钉旋转轴，在"模"文本框中输入值50，如图16-51所示。单击"确定"按钮，完成初始条件的定义。

（6）单击"机构"功能区"插入"面板上的"执行电动机"按钮 ，系统弹出"电动机"操控板。

（7）单击操控板中的"参考"按钮，弹出下滑面板，选择Connection_1.first_rot_.axis为旋转轴；单击操控板中的"配置文件详情"按钮，弹出下滑面板，在"函数类型"下拉列表框中选择"常量"选项，在A下拉列表框中输入系数的大小为10，如图16-52所示。单击"确定"按钮 ，完成执行电动机的定义。

图 16-50　球摆 "初始条件定义" 对话框

图 16-51　定义运动轴速度

（8）单击 "机构" 功能区 "属性和条件" 面板中的 "质量属性" 按钮，系统弹出 "质量属性" 对话框。选择 "摆球.prt" 元件，在 "定义属性" 下拉列表框中选择 "密度" 选项，并设置其密度为 7.8e-09，如图 16-53 所示，单击 "确定" 按钮。

图 16-52　"配置文件详情" 下滑面板

图 16-53　球摆 "质量属性" 对话框

（9）单击 "机构" 功能区 "分析" 面板上的 "机构分析" 按钮，系统弹出 "分析定义" 对话框。在 "类型" 下拉列表框中选择 "动态" 选项，在 "持续时间" 文本框中输入 "20"，在 "初始配置"选项组中选中"初始条件状态"单选按钮，其他参数接受默认值，如图 16-54 所示。单击"运行"按钮，可以看到摆球做加速旋转运动。单击"确定"按钮，完成模型的分析。

（10）单击"机构"功能区"分析"面板中的"回放"按钮 ，系统弹出"回放"对话框，如图 16-55 所示。

（11）单击"回放"对话框中的"保存"按钮 ，在指定的位置保存分析结果。

（12）在"回放"对话框中单击 按钮，系统弹出"动画"对话框，如图 16-56 所示，单击对话框中的"捕获"按钮，系统弹出"捕获"对话框；单击对话框中的"浏览"按钮，系统弹出"保存副本"对话框，指定保存位置，并在"名称"文本框中输入视频名称"球摆.mpg"，单击"确定"按钮，然后在"捕获"对话框中单击"确定"按钮，生成 mpg 视频文件。

图 16-54　球摆"分析定义"对话框

图 16-55　球摆"回放"对话框

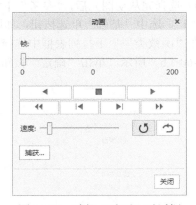

图 16-56　球摆"动画"对话框

16.3.8　静态分析

静态学是力学的一个分支，研究主体平衡时的受力状况。使用静态分析可确定机构在承受已知力时的状态。机构中所有负荷和力处于平衡状态，并且势能为零。静态分析比动态分析能更快地识别出静态配置，因为静态分析在计算中不考虑速度。具体操作步骤如下：

（1）打开网盘"源文件"→"第 16 章"→"球摆"，单击"快速访问"工具栏中的"打开"按钮 ，然后打开装配模型"球摆.asm"文件，如图 16-57 所示，进入运动仿真模块。

（2）单击"机构"功能区"运动"面板上的"拖动"按钮 ，弹出"拖动"对话框，如图 16-58

所示。单击摆杆上一点，拖动摆杆将模型调整至图 16-59 所示的状态，然后单击对话框中的"快照"按钮 📷，生成 Snapshot1 快照。

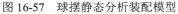

图 16-57　球摆静态分析装配模型

图 16-58　"拖动"对话框

图 16-59　模型状态

（3）单击"机构"功能区"插入"面板上的"力/扭矩"按钮 ⊥，系统弹出"电动机"操控板。单击操控板中的"参考"按钮，弹出下滑面板，选择摆球中的 PNT0 基准点为从动图元。

（4）选择完从动图元后，"参考"下滑面板增加"运动方向"选项组，在 Y 和 Z 方向输入"0"，X 输入"1"，选中"基础"单选按钮，如图 16-60（a）所示；单击"配置文件详情"按钮，弹出下滑面板，在"函数类型"下拉列表框中选择"常量"选项，在 A 下拉列表框中输入模的大小为 20N，如图 16-60（b）所示，单击"确定"按钮，完成力的定义。

（a）

（b）

图 16-60　模与方向的定义

（5）单击"机构"功能区"属性和条件"面板上的"质量属性"按钮，系统弹出"质量属性"对话框。选择"零件"类型，选择"摆球.prt"元件，在"定义属性"下拉列表框中选择"密度"选项，并设置其密度为 7.8e-09，如图 16-61 所示，单击"确定"按钮。

（6）单击"机构"功能区"属性和条件"面板上的"重力"按钮，系统弹出"重力"对话框。定义模的大小和重力的方向，X 和 Y 方向输入"0"，Z 方向输入"1"，单击"确定"按钮，完成重力的定义，如图 16-62 所示。

（7）单击"机构"功能区"分析"面板上的"机构分析"按钮，系统弹出"分析定义"对话框。接受默认的分析名称为 AnalysisDefinition1，在"类型"下拉列表框中选择"静态"选项。

（8）完成电动机首选项，在"初始配置"选项组的下拉列表中选中快照 Snapshot1，在"最大步距因子"选项组中取消选中"默认"复选框，并输入因子"0.01"，如图 16-63 所示。

图 16-61　摆球静态分析"质量属性"对话框　　图 16-62　"重力"对话框　　图 16-63　"分析定义"对话框

（9）在"外部载荷"选项卡中选中"启用重力"复选框，如图 16-64 所示。

（10）单击"运行"按钮，查看创建的分析，系统弹出"图形工具"对话框，如图 16-65 所示，主体的加速度逐渐变为 0 并停止，主体受力平衡，如图 16-66 所示，然后单击"确定"按钮，完成静态分析的创建。

注意：最大步距因子能够改变静态分析中的默认步长，它是一个处于 0～1 的常数，在分析具有巨大加速度的机构时，推荐减小此值。

（11）单击"机构"功能区"分析"面板上的"回放"按钮，系统弹出"回放"对话框，如图 16-67 所示。

（12）单击"回放"对话框中的"保存"按钮，保存分析结果在指定的位置。

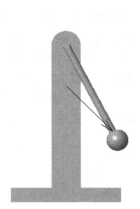

图 16-64　"外部载荷"选项卡　　　　图 16-65　"图表工具"对话框　　　　图 16-66　主体受力平衡

（13）在"回放"对话框中单击 按钮，系统弹出"动画"对话框，如图 16-68 所示；单击对话框中的"捕获"按钮，系统弹出"捕获"对话框；单击对话框中的"打开"按钮 ，系统弹出"保存副本"对话框，指定保存位置，在"名称"文本框中输入视频名称"球摆.mpg"，单击"确定"按钮，然后在"捕获"对话框中单击"确定"按钮，生成 mpg 视频文件。

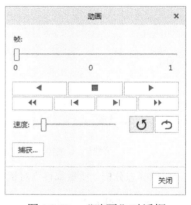

图 16-67　"回放"对话框　　　　　　　　图 16-68　"动画"对话框

16.3.9　力平衡分析

力平衡分析是一种逆向的静态分析。在力平衡分析中，从具体的静态形态获得所施加的作用力；而在静态分析中，是向机构施加力来获得静态形态。具体操作步骤如下：

（1）打开网盘"源文件"→"第 16 章"→"球摆"，单击"快速访问"工具栏中的"打开"按钮 ，然后打开装配模型"球摆.asm"文件，模型如图 16-69 所示，进入运动仿真模块。

（2）单击"机构"功能区"运动"面板上的"拖动"按钮 ，弹出"拖动"对话框，如图 16-70 所示。单击摆杆上一点，拖动摆杆将模型调整至图 16-71 所示的状态，然后单击对话框中的"快照"按钮 ，生成 Snapshot1 快照。

图 16-69　组件模型

图 16-70　"拖动"对话框

图 16-71　模型状态

（3）单击"机构"功能区"属性和条件"面板上的"质量属性"按钮，系统弹出"质量属性"对话框。选择"零件"类型，选择"摆球.prt"元件，在"定义属性"下拉列表框中选择"密度"选项，并设置其密度为7.8e-09，如图16-72所示，单击"确定"按钮。

（4）单击"机构"功能区"属性和条件"面板上的"重力"按钮，系统弹出"重力"对话框。定义模的大小和重力的方向，X和Y方向输入"0"，Z方向输入"1"，单击"确定"按钮，完成重力的定义，如图16-73所示。

图 16-72　"质量属性"对话框

图 16-73　"重力"对话框

（5）单击"机构"功能区"分析"面板上的"机构分析"按钮⊠，系统弹出"分析定义"对话框。在"类型"下拉列表框中选择"力平衡"分析类型。

（6）单击"创建测力计锁定"按钮，选择元件的 PNT0 作为受力点，单击"选择"对话框中的"确定"按钮，在弹出的测力计向量分量中 X 输入"1"，单击"确定"按钮，同理 Y 和 Z 输入"0"，完成测力计锁定的创建。

（7）在"初始配置"选项组的下拉列表中选择快照 Snapshot1，此时"首选项"选项卡如图 16-74 所示。

（8）在"外部载荷"选项卡中选中"启用重力"复选框，如图 16-75 所示。

图 16-74　"首选项"选项卡　　　　　　　　　　　图 16-75　"外部载荷"选项卡

（9）单击"运行"按钮，系统弹出"力平衡反作用负荷"对话框，可以得出反作用力约为 21.25，如图 16-76 所示，单击"确定"按钮，完成力平衡分析的创建。

（10）单击"机构"功能区"分析"面板上的"回放"按钮◧，系统弹出"回放"对话框，如图 16-77 所示。

图 16-76　"力平衡反作用负荷"对话框　　　　　　图 16-77　"回放"对话框

（11）单击"回放"对话框中的"保存"按钮，在指定的位置保存分析结果。

16.4　运动仿真模块下的特殊连接

本节将介绍在运动仿真模块下的特殊连接：凸轮连接、齿轮连接和带连接。这些连接只能在运动仿真模块下才能定义，本节详细介绍这些连接的创建方法。

16.4.1　凸轮连接

通过在两个主体上指定曲面或曲线来定义凸轮从动机构连接。不必在创建凸轮从动机构连接前定义特定的凸轮几何。

1. 执行方式

单击"机构"功能区"连接"面板中的"凸轮"按钮。

2. 操作步骤

（1）执行上述方式后，系统弹出"凸轮从动机构连接定义"对话框，如图16-78所示。

（2）接受默认的凸轮名称"Cam Follower1"或输入新名称，选择"凸轮1"选项卡。

（3）单击按钮，在第一主体上选择曲面或曲线定义第一个凸轮。单击"确定"按钮或单击鼠标中键确认选择，如果选中"自动选择"复选框，则在选择第一个曲面后将自动选择凸轮的曲面。如果有多个可供选择的相邻曲面，则系统会提示再选择一个曲面。如果要反转凸轮曲面的法向，则单击"反向"按钮。

（4）如果选择了一个曲面，用自动、前参考、后参考、中心参考和深度将凸轮定位到该曲面上。

（5）在"凸轮2"选项卡中执行步骤（3）和步骤（4）以填写信息。

（6）在"属性"选项卡中输入信息。单击"确定"按钮，完成凸轮从动机构的创建。

图16-78　"凸轮从动机构连接定义"对话框

16.4.2　实例——凸轮从动机构

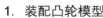
操作步骤：

1. 装配凸轮模型

（1）启动Creo Parametric 6.0，直接单击"快速访问"工具栏中的"新建"按钮，弹出"新建"对话框，在"类型"选项组中选中"装配"单选按钮，在"子类型"选项组中选中"设计"单选按钮，在"文件名"文本框中输入"凸轮"，取消选中"使用默认模板"复选框，在弹出的"新文件选项"对话框中选择mmns_asm_design模板，进入装配界面。

（2）单击"模型"功能区"元件"面板上的"组装"按钮，弹出"打开"对话框，选择"板.prt"，

视频讲解

单击"打开"按钮，在约束类型中选择"默认"约束，单击"确定"按钮✓，添加固定元件。

（3）单击"模型"功能区"元件"面板上的"组装"按钮💾，选择零件"滑竿.prt"，在操控板的"用户定义"中选择"滑块"连接，选择如图 16-79 所示的两条轴作为对齐轴以及视图中的两个面作为旋转面，所得装配体如 16-80 所示。

（4）单击"放置"下滑面板中的"平移轴"，选择如图 16-81 所示的两个平面作为参考，设定"当前位置"为 54.80，选中"最小限制"和"最大限制"复选框，并设定"最小限制"为 5.00，"最大限制"为 66.00，如图 16-82 所示，单击"确定"按钮✓，完成运动限制的设定。

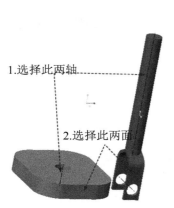

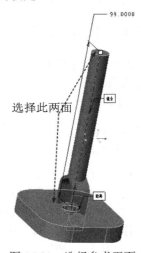

图 16-79　选择对齐轴和旋转面　　　图 16-80　滑块连接　　　图 16-81　选择参考平面

（5）单击"模型"功能区"元件"面板上的"组装"按钮💾，选择零件"轴.prt"，单击"放置"按钮，新建 3 个约束，选择如图 16-83 所示的两个元件的面重合；选择如图 16-84 所示的"轴:FRONT"和"板:TOP"面为距离约束，偏移值为-96；选择如图 16-85 所示的"轴:RIGHT"和"滑竿:RIGHT"面重合约束，所得装配体如图 16-86 所示。"轴"到达上述位置时，在"放置"下滑面板中右击"删除"按钮，删除上述 3 个约束，然后在约束类型中选择"固定"约束，使元件固定在当前位置，单击"确定"按钮✓。

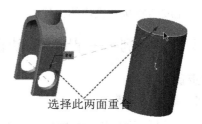

图 16-82　"放置"下滑面板　　　　　图 16-83　选择基准面（1）

（6）单击"模型"功能区"元件"面板上的"组装"按钮💾，选择零件"凸轮 1.prt"，在操控面板的"用户定义"中选择"销"连接，选择如图 16-87 所示的两根轴作为对齐参考，选择如图 16-88 所示的"凸轮 1:FRONT"及"滑竿:FRONT"面作为平移参考，所得装配体如图 16-89 所示。

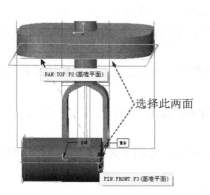

图 16-84 选择基准面（2）

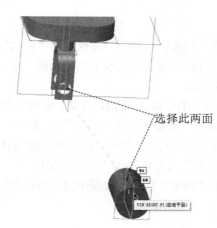

图 16-85 选择基准面（3）

图 16-86 装配体（1）

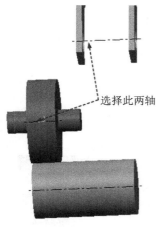

图 16-87 选择对齐参考

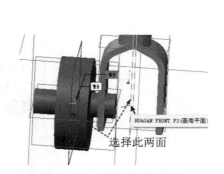

图 16-88 选择基准面（4）

图 16-89 装配体（2）

（7）单击"模型"功能区"元件"面板上的"组装"按钮，选择零件"凸轮 2.prt"，在操控板的"用户定义"中选择"销"连接，选择如图 16-90 所示的两根轴为对齐参考，选择"凸轮 2:FRONT"及"ASM_FRONT"面作为平移参考，所得装配体如图 16-91 所示，完成凸轮模型的创建。

图 16-90 选择基准轴和基准面

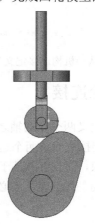

图 16-91 装配体（3）

2. 定义凸轮机构

（1）单击"应用程序"功能区"运动"面板上的"机构"按钮，进入运动仿真模块。

（2）单击"机构"功能区"连接"面板上的"凸轮"按钮，系统弹出"凸轮从动机构连接定义"对话框，如图 16-92 所示。

（3）在"凸轮 1"选项卡中单击 按钮，按住 Ctrl 键选择"凸轮 1.prt"元件上的凸轮边缘曲线，如图 16-93 所示，单击"选择"对话框中的"确定"按钮，

（4）在"凸轮 2"选项卡中单击 按钮，按住 Ctrl 键选择"凸轮 2.prt"元件上的凸轮边缘曲线，如图 16-93 所示，单击"选择"对话框中的"确定"按钮。

（5）单击对话框中的"确定"按钮，视图中出现凸轮图标，完成凸轮的定义，拖动凸轮 2 可以看到凸轮 1 也运动起来，如图 16-94 所示。

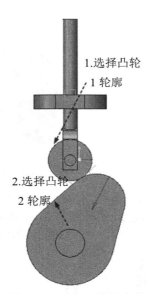

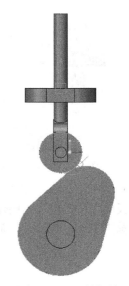

图 16-92　"凸轮从动机构连接定义"对话框　　图 16-93　选择凸轮轮廓线　　图 16-94　凸轮机构

16.4.3　齿轮连接

创建齿轮副定义两个运动轴之间的运动关系。齿轮副中的每个齿轮都需要有两个主体和一个运动轴连接。齿轮副连接可约束两个运动轴的速度，但是不能约束由轴连接的主体的相对空间方位。齿轮副被视为速度约束，而且并非基于模型几何，因此可直接指定齿轮比，并且可更改节圆直径值。在齿轮副中，两个运动主体的表面不必相互接触就可工作。

1. 执行方式

单击"机构"功能区"连接"面板中的"齿轮"按钮。

2. 操作步骤

（1）执行上述方式后，系统弹出"齿轮副定义"对话框，如图 16-95 所示。

（2）选择齿轮的类型，有一般齿轮、正齿轮、锥齿轮、涡轮、齿条与小齿轮等齿轮类型。

（3）在"齿轮 1"选项卡中选择旋转或平移运动轴。

（4）完成"主体"选项组，定义"小齿轮"与"托架"，单击 按钮可以切换小齿轮与托架。

（5）如果选择旋转轴，则输入节圆的直径。显示直径为输入值的圆，该圆以所选运动轴为中心。

（6）在"图标位置"选项组中单击 按钮并为节圆的偏移选择点、顶点、基准平面或与轴垂直的曲面。

（7）完成"齿轮 2"选项卡，重复上述步骤（3）～（6）。

（8）单击"确定"按钮，完成齿轮副的定义。

图 16-95 "齿轮副定义"对话框

16.4.4 实例——齿轮副定义

操作步骤：

1. 装配齿轮副模型

（1）启动 Creo Parametric 6.0，直接单击"快速访问"工具栏中的"新建"按钮 ，弹出"新建"对话框，在"类型"选项组中选中"装配"单选按钮，在"子类型"选项组中选中"设计"单选按钮，在"文件名"文本框中输入"齿轮"，取消选中"使用默认模板"复选框，弹出"新文件选项"对话框，选择 mmns_asm_design 模板，进入装配界面。

（2）单击"模型"功能区"元件"面板上的"组装"按钮 ，弹出"打开"对话框，选择"轴1.prt"，单击"打开"按钮，在约束类型中选择"默认"约束，单击"确定"按钮 ，添加固定元件。

（3）单击"模型"功能区"元件"面板上的"组装"按钮 ，选择零件"齿轮 1.prt"，在操控板的"用户定义"中选择"销"连接，选择如图 16-96 所示的两根轴为对齐参考，选择如图 16-97 所示的两个面作为平移参考，"约束类型"选择"重合"约束。

图 16-96 选择轴对齐参考

图 16-97 选择平移参考

（4）单击"模型"功能区"元件"面板上的"组装"按钮 ，选择零件"齿轮 2.prt"，在操控板的"用户定义"中选择"销"连接，选择如图 16-98 所示的两根轴为对齐参考，选择图 16-99 所示的两个面作为平移参考，"约束类型"选择"重合"约束，所得装配体如图 16-100 所示，完成齿轮副的装配。

图 16-98　选择基准轴　　　　　图 16-99　选择基准面　　　　　图 16-100　齿轮连接

2. 创建齿轮副

（1）单击"应用程序"功能区"运动"面板上的"机构"按钮✿，进入运动仿真模块。

（2）单击"机构"功能区"连接"面板上的"齿轮"按钮✿，系统弹出"齿轮副定义"对话框。

（3）在"类型"下拉列表框中选择"一般"选项，在"齿轮 1"选项卡中选择 Connection_1.axis_1 作为运动轴，如图 16-101 所示，在"直径"文本框中输入"25"，如图 16-102 所示。

图 16-101　选择运动轴（1）

图 16-102　"齿轮 1"选项卡

（4）在"齿轮 2"选项卡中选择 Connection_2.axis_1 作为运动轴，如图 16-103 所示，在"直径"文本框中输入"80"，如图 16-104 所示。

（5）单击"确定"按钮，完成齿轮副的定义。

选择此运动轴

图 16-103　选择运动轴（2）

图 16-104　"齿轮 2"选项卡

Note

16.4.5　带连接

视 频 讲 解

　　滑轮是一种在其周边有凹槽的轮盘。在带和滑轮系统中，电缆或带沿着该凹槽运行，并将滑轮连接到下一个滑轮。使用滑轮来更改所施加的力的方向、传输旋转运动，如果各滑轮的直径不同，可由此增减沿着线性或旋转运动轴的力。

1. 执行方式

　　单击"机构"功能区"连接"面板中的"带"按钮🔗。

2. 操作步骤

　　（1）执行上述方式后，系统弹出"带"操控板，如图 16-105 所示。

图 16-105　"带"操控板

　　（2）打开"参考"下滑面板，并按住 Ctrl 键选择要在其上包络带的曲面，或者按住 Ctrl 键依次选择两个滑轮的旋转轴。在对话框的旋转轴后输入滑轮的直径大小，单击🗙按钮反转滑轮方向，单击向上或向下箭头，更改带路径。

　　（3）设置路径后，可以为"带平面"选择曲面，关闭面板。

　　（4）打开"选项"下滑面板定义滑轮连接。默认情况下，将第一个滑轮定义为"滑轮主体"，将第二个滑轮定义为"托架主体"，单击🗙按钮反转主体顺序，输入"包络数"的值，单击"下一连接"

定义更多滑轮。

（5）单击 按钮激活未拉伸带长度收集器。输入值或从最近使用的值的列表中选择一个值。

（6）单击 **E*A** 按钮定义杨氏模量与带截面面积的乘积。

（7）单击"预览"按钮 预览带连接，单击"确定"按钮 ，完成带连接的定义。

16.4.6 实例——滑轮带连接

操作步骤：

1. 创建滑轮模型

（1）启动 Creo Parametric 6.0，直接单击"快速访问"工具栏中的"新建"按钮 ，弹出"新建"对话框，在"类型"选项组中选中"装配"单选按钮，在"子类型"选项组中选中"设计"单选按钮，在"文件名"文本框中输入"带连接"，取消选中"使用默认模板"复选框，弹出"新文件选项"对话框，选择 mmns_asm_design 模板，进入装配界面。

（2）单击"模型"功能区"元件"面板上的"组装"按钮 ，弹出"打开"对话框，选择"板.prt"，单击"打开"按钮，在约束类型中选择"默认"约束，单击"确定"按钮 ，添加固定元件。

（3）单击"模型"功能区"元件"面板上的"组装"按钮 ，选择零件"滑轮 1.prt"，在操控板的"用户定义"中选择"销"连接，选择如图 16-106 所示的两根轴为轴对齐参考，选择如图 16-107 所示的两个面作为平移参考，"约束类型"选择"重合"约束，所得装配体如图 16-108 所示，单击"确定"按钮 。

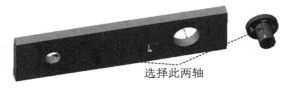

图 16-106　选择轴对齐参考（1）

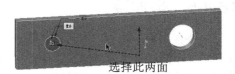

图 16-107　选择平移参考（1）

图 16-108　滑轮装配体（1）

（4）单击"模型"功能区"元件"面板上的"组装"按钮 ，选择零件"滑轮 2.prt"，在操控板的"用户定义"中选择"销"连接，选择如图 16-109 所示的两根轴为对齐参考，选择如图 16-110 所示的两个面作为平移参考，"约束类型"选择"重合"约束，所得装配体如图 16-111 所示，完成滑轮模型的创建。

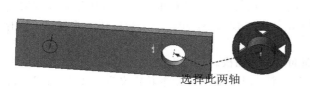

图 16-109　选择轴对齐参考（2）

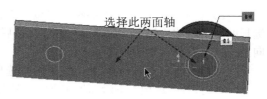

图 16-110　选择平移参考（2）

图 16-111　滑轮装配体（2）

2．创建带连接

（1）单击"应用程序"功能区"运动"面板上的"机构"按钮，进入运动仿真模块。

（2）单击"机构"功能区"连接"面板上的"带"按钮带，系统弹出"带"控制板，如图 16-112 所示。

图 16-112　"带"控制板

（3）打开"参数"下滑面板，并按住 Ctrl 键选择要在其上包络带的曲面，选择如图 16-113 所示的两个滑轮凹槽曲面，所创建的带连接如图 16-114 所示。

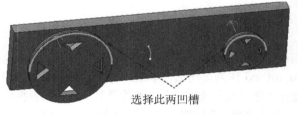

选择此两凹槽

图 16-113　选择曲面

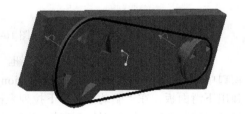

图 16-114　带连接

（4）单击"确定"按钮，完成带连接的定义。

16.5　综合实例 1——电风扇运动学分析

本节将以电风扇运动学分析过程为例讲述 Creo Parametric 运动学分析的具体实施方法。

操作步骤：

1．打开模型

启动 Creo Parametric 6.0，单击"快速访问"工具栏中的"打开"按钮，弹出"打开"对话框，打开网盘"源文件"→"第 16 章"→"电风扇"，单击"打开"按钮，然后打开装配模型"电风扇.asm"文件，如图 16-115 所示。

视频讲解

图 16-115 电风扇

2．添加伺服电动机

（1）定义第一个伺服电动机，单击"应用程序"功能区"运动"面板上的"机构"按钮，进入机构运动仿真模块；单击"机构"功能区"插入"面板上的"伺服电动机"按钮，系统弹出"电动机"操控板，如图 16-116 所示。

图 16-116 "电动机"操控板

（2）单击操控板中的"参考"按钮，弹出下滑面板，在"从动图元"中选择"运动轴"，在绘图窗口中选择如图 16-117 所示的 Connection_5.first_rot_axi 作为运动轴。单击"配置文件详情"按钮，弹出下滑面板，在"驱动数量"下拉列表框中选择"角速度"选项，在"函数类型"下拉列表框中选择"常量"选项，在 A 下拉列表框中输入常数 3，单击"确定"按钮，完成第一个伺服电动机的定义，如图 16-118 所示。

图 16-117 选择电风扇运动轴（1）

图 16-118 第一个伺服电动机

（3）定义第二个伺服电动机。单击"机构"功能区"插入"面板上的"伺服电动机"按钮，系统弹出"电动机"操控板，同样选择步骤（2）中的运动轴，然后单击"参考"下滑面板中的"反向"按钮，定义风扇头可以朝反方向转动；单击"配置文件详情"按钮，弹出下滑面板，在"驱动数量"下拉列表框中选择"角速度"选项，在"函数类型"下拉列表框中选"常量"选项，在 A 下拉列表框中输入常数 3，单击"确定"按钮，完成第二个伺服电动机的定义。

（4）定义第三个伺服电动机。单击"机构"功能区"插入"面板上的"伺服电动机"按钮，系统弹出"电动机"操控板，在绘图窗口中选择如图 16-119 所示的 Connection_7.first_rot_axi 作为运动轴。打开"配置文件详情"下滑面板，在"驱动数量"下拉列表框中选择"角速度"选项，在"函数类型"下拉列表框中选"常量"选项，在 A 下拉列表框中输入常数 500，单击"确定"按钮，完成第三个伺服电动机的定义，如图 16-120 所示。

图 16-119　选择电风扇运动轴（2）　　　图 16-120　第三个伺服电动机

3. 定义初始位置

（1）单击"机构"功能区"运动"面板上的"拖动元件"按钮，系统弹出"拖动"对话框和"选择"对话框，如图 16-121 所示。

（2）把模型调整到如图 16-122 所示的位置，单击"快照"按钮，单击"选择"对话框中的"确定"按钮，单击"拖动"对话框中的"关闭"按钮，完成初始位置快照的定义。

图 16-121　"拖动"和"选择"对话框　　　图 16-122　调整位置

4．电风扇的分析与定义

（1）单击"机构"功能区"分析"面板上的"机构分析"按钮 ，系统弹出"分析定义"对话框，如图 16-123 所示。

（2）接受默认的分析定义的名称，在"类型"下拉列表框中选择"运动学"选项，选择"长度和帧频"选项，设置"开始时间"为 0，"结束时间"为 34，"帧频"为 10，选中"快照"单选按钮，将 Snapshot1 定为初始位置。

（3）定义电动机的运动顺序。在"电动机"选项卡中，单击"电动机 1"后面的"终止"，输入值 10；单击"电动机 2"后面的"开始"，输入值 12，如图 16-124 所示，然后单击"运行"按钮，最后单击"确定"按钮，完成模型的分析。

图 16-123　"分析定义"对话框（1）

图 16-124　"分析定义"对话框（2）

5．查看分析结果

（1）单击"机构"功能区"分析"面板上的"回放"按钮，系统弹出"回放"对话框，如图 16-125 所示。单击"回放"对话框中的"保存"按钮，在指定的位置保存分析结果。

（2）单击对话框中的"碰撞检测设置"按钮，在弹出的"碰撞检测设置"对话框中选中"全局碰撞检测"单选按钮，单击"确定"按钮。

（3）在"回放"对话框中单击按钮，系统弹出"动画"对话框，如图 16-126 所示，单击对话框中的　　　　按钮，播放绘图窗口中的机构运动。

（4）播放结束后，单击对话框中的"捕获"按钮，系统弹出"捕获"对话框，单击对话框中的"打开"按钮，系统弹出"保存副本"对话框，指定保存位置，并在"名称"文本框中输入视频名称"电风扇.mpg"，单击"确定"按钮，然后在"捕获"对话框中单击"确定"按钮，生成 mpg 视频文件。

图 16-125　"回放"对话框

图 16-126　"动画"对话框

注意： 在设定时间时，要考虑到电风扇转头的转动范围。若设置转头朝一个方向运动的时间过大，则理论上转头运动完这一段时间后可能已经超过了它装配时的转动范围，这样是不允许的，系统会弹出如图 16-127 所示的窗口。

图 16-127　错误窗口

16.6　综合实例 2——压力机动力学分析

本节将以压力机动力学分析过程为例讲述 Creo Parametric 动力学分析的具体实施方法。

操作步骤：

本节将对一个压力机机构进行动态分析，使大家对动态分析有更进一步的了解。

1．打开模型

（1）启动 Creo Parametric 6.0，单击"快速访问"工具栏中的"打开"按钮，弹出"打开"对话框，打开网盘中的"压力机.asm"装配体文件，如图 16-128 所示。

（2）单击"文件"→"管理会话"→"选择工作目录"，设置工作目录至"源文件"→"第 16 章"→"压力机"。

2．定义质量属性

（1）单击"应用程序"功能区"运动"面板上的"机构"按钮，进入运动仿真模块。

（2）单击"机构"功能区"属性和条件"面板上的"质量属性"按钮，系统弹出"质量属性"对话框。

视 频 讲 解

（3）在"参考类型"下拉列表框中选择"装配"选项，选择模型树上的组件"压力机.ASM"，设置其密度为 7.8e-9，如图 16-129 所示，单击"确定"按钮，完成质量属性的定义。

3. 定义重力

单击"机构"功能区"属性和条件"面板上的"重力"按钮，系统弹出"重力"对话框，在 X、Z 方向上输入"0"，Y 方向上输入"-1"，接受默认的模大小，如图 16-130 所示，单击"确定"按钮，完成重力的定义。

图 16-128　压力机装配体　　　　图 16-129　"质量属性"对话框　　　　图 16-130　"重力"对话框

4. 定义伺服电动机

（1）单击"机构"功能区"插入"面板上的"伺服电动机"按钮，系统弹出"电动机"操控板，如图 16-131 所示。

图 16-131　"电动机"操控板

（2）打开"参考"下滑面板，在"从动图元"中选择"运动轴"，在绘图窗口中选择 Connection_4.axis_1 作为运动轴，如图 16-132 所示。

（3）单击"配置文件详情"按钮，弹出下滑面板，在"驱动数量"下拉列表框中选择"角速度"选项，在"函数类型"下拉列表框中选择"常量"选项，在 A 下拉列表框中输入速度值 30，如图 16-133 所示，单击"确定"按钮，完成电动机的定义。

5. 定义阻尼器

（1）单击"机构"功能区"插入"面板上的"阻尼器"按钮，系统弹出"阻尼器"操控板，如图 16-134 所示。

（2）选择"阻尼器平移运动"阻尼器类型，在"参考"下滑面板中选择如图 16-135 所示的运动轴定义阻尼器的位置。

（3）输入阻尼系数 C 为 10。

（4）单击"确定"按钮，完成阻尼器的定义。

Note

图 16-132　选择压力机运动轴（1）

图 16-133　"配置文件详情"下滑面板

图 16-134　"阻尼器"操控板

图 16-135　选择压力机运动轴（2）

6. 机构的分析与定义

（1）单击"机构"功能区"分析"面板上的"机构分析"按钮，系统弹出"分析定义"对话框。

（2）在"类型"下拉列表框中选择"动态"选项，在"持续时间"文本框中输入"20"，其他参数接受默认值，如图 16-136（a）所示。在"外部载荷"选项卡中选中"启用重力"复选框，如图 16-136（b）所示，单击"运行"按钮，可以看到机构上下来回运动，单击"确定"按钮，完成模型的分析。

7. 查看测量

（1）单击"机构"功能区"分析"面板上的"测量"按钮，系统弹出"测量结果"对话框，如图 16-137 所示。

（a）　　　　　　　　　　　（b）

图 16-136　"分析定义"对话框　　　　　图 16-137　"测量结果"对话框

（2）单击"测量"选项组中的"创建新测量"按钮□，弹出"测量定义"对话框，输入名称"position"，在"类型"下拉列表框中选择"位置"项目；选择如图 16-138 所示的"活塞:PNT0"作为测量参考；在弹出的"分量"下拉列表框中选择"Y 分量"选项，如图 16-139 所示，单击"确定"按钮。

图 16-138　选择基准点　　　　　　　图 16-139　"测量定义"对话框

（3）返回到"测量结果"对话框，单击创建的 position 后，单击"结果集"选项组中的分析结果 analysisDefinitional，然后单击对话框上部的"绘制图形"按钮 ，弹出"图形工具"对话框，描述了点的位置变化情况，如图 16-140 所示。单击 Expot the data to an Excel file 按钮 ，将图形以 Excel 形式导出到指定位置。

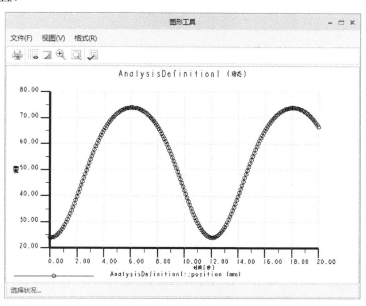

图 16-140 "图形工具"对话框

8. 保存分析结果

（1）单击"机构"功能区"分析"面板上的"回放"按钮，系统弹出"回放"对话框，如图 16-141 所示。

（2）单击"回放"对话框中的"保存"按钮，在指定的位置保存分析结果。

在"回放"对话框中单击按钮，系统弹出"动画"对话框，如图 16-142 所示，单击对话框中的"捕获"按钮，系统弹出"捕获"对话框；单击对话框中的"打开"按钮，系统弹出"保存副本"对话框，指定保存位置，在"名称"文本框中输入视频名称"压力机.mpg"，单击"确定"按钮，然后在"捕获"对话框中单击"确定"按钮，生成 mpg 视频文件。

图 16-141 "回放"对话框

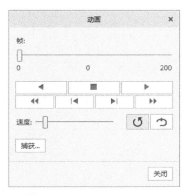

图 16-142 "动画"对话框

书 目 推 荐（一）

   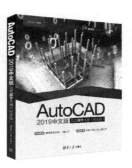

◎ 面向初学者，分为标准版、电子电气设计、CAXA、UG 等不同方向。

◎ 提供 AutoCAD、CAXA、UG 命令合集，工程师案头常备的工具书。根据功能用途分类，即时查询，快速方便。

◎ 资深 3D 打印工程师工作经验总结，产品造型与 3D 打印实操手册。

◎ 选材+建模+打印+处理，快速掌握 3D 打印全过程。

◎ 涵盖小家电、电子、电器、机械装备、航空器材等各类综合案例。

书 目 推 荐（二）

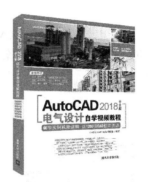

◎ 高清微课+常用图块集+工程案例+1200 项 CAD 学习资源。

◎ Autodesk 认证考试速练。256 项习题精选，快速掌握考试题型和答题思路。

◎ AutoCAD 命令+快捷键+工具按钮速查手册，CAD 制图标准。

◎ 98 个 AutoCAD 应用技巧，178 个 AutoCAD 疑难问题解答。